"十四五"职业教育国家规划教材

计算机网络技术专业

网络服务器配置与管理
——Windows Server 2012 平台

Wangluo Fuwuqi Peizhi yu Guanli
——Windows Server 2012 Pingtai

（第3版）

主 编 高晓飞

中国教育出版传媒集团

高等教育出版社·北京

内容提要

本书是"十四五"职业教育国家规划教材，依据教育部《中等职业学校计算机网络技术专业教学标准》，并参照计算机网络技术相关行业标准，在第 2 版基础上编写而成。

本书全面详细地介绍了中小型网络服务器的规划设计、配置与管理等技术。包括：Widows Server 2012 的安装、磁盘系统的管理、活动目录与域用户的管理和远程桌面连接等 Windows Server 2012 系统的基本使用；文件服务器、DNS 服务器、DHCP 服务器、NAT 服务器和 Hyper-V 虚拟化等的配置与应用；Web 服务器及 ASP 与 PHP、FTP 服务器、认证服务器、VPN 服务器、虚拟化等网络服务器的配置与应用。非常适应网络管理员的实际需求。

本书配套教学课件等辅教辅学资源，请登录高等教育出版社 Abook 新形态教材网（http://abook.hep.com.cn）获取相关资源。详细使用方法见本书最后一页"郑重声明"下方的"学习卡账号使用说明"。

本书可作为中等职业学校计算机网络技术专业教材，对于计算机对口升学的学生，能够帮助其掌握网络服务器的概念、应用等专业知识。也可以作为各培训中心的培训教材和网络爱好者的实用教程。

图书在版编目（CIP）数据

网络服务器配置与管理：Windows Server 2012 平台/高晓飞主编．--3 版．--北京：高等教育出版社，2021.11（2024.12重印）

ISBN 978-7-04-057363-3

Ⅰ.①网… Ⅱ.①高… Ⅲ.①Windows 操作系统-网络服务器-职业教育-教材 Ⅳ.①TP316.86

中国版本图书馆 CIP 数据核字（2021）第 235587 号

| 策划编辑 | 赵美琪 | 责任编辑 | 赵美琪 | 封面设计 | 杨立新 | 版式设计 | 王艳红 |
| 责任校对 | 张慧玉 窦丽娜 | 责任印制 | 沈心怡 | | | | |

出版发行	高等教育出版社	网 址	http://www.hep.edu.cn
社 址	北京市西城区德外大街 4 号		http://www.hep.com.cn
邮政编码	100120	网上订购	http://www.hepmall.com.cn
印 刷	运河（唐山）印务有限公司		http://www.hepmall.com
开 本	889 mm×1194 mm 1/16		http://www.hepmall.cn
印 张	24.25	版 次	2009 年 6 月第 1 版
字 数	590 千字		2021 年 11 月第 3 版
购书热线	010-58581118	印 次	2024 年 12 月第 9 次印刷
咨询电话	400-810-0598	定 价	49.50 元

本书如有缺页、倒页、脱页等质量问题，请到所购图书销售部门联系调换
版权所有 侵权必究
物 料 号 57363-A0

前　　言

本书是"十四五"职业教育国家规划教材，依据教育部《中等职业学校计算机网络技术专业教学标准》，并参照计算机网络技术相关行业标准，在第 2 版基础上修订而成。

本书采用任务驱动的方法，从实际工作及应用的角度出发，以 Windows Server 2012 为平台，将网络服务的配置、应用及管理等知识、方法技能融汇到每个项目中。本书根据实际应用的范围、技术的难度，将全书分为 12 个项目，32 个任务，每个任务又分为"任务描述""自己动手""举一反三" 3 个环节。在具体的任务中掌握网络应用和服务的配置与管理的方法，提高对网络应用及网络服务的认识。

主要内容包括：Widows Server 2012 的安装、磁盘系统的管理、活动目录与域用户的管理和远程桌面连接等 Windows Server 2012 系统的基本使用；文件服务器、DNS 服务器、DHCP 服务器、NAT 服务器和 Hyper-V 虚拟化等的配置与应用；Web 服务器及 ASP 与 PHP、FTP 服务器、认证服务器、VPN 服务器、虚拟化等网络服务器的配置与应用。全面详细地介绍了中小型网络服务器的规划设计、配置与管理等技术，是一套紧贴实际应用的完整解决方案。

本次修订较第 2 版进行了如下更改：删除了打印服务器、邮件服务器和流媒体服务器的搭建部分。随着打印机成本的降低与无纸化办公，打印服务器已无用武之地。小型邮件服务器的搭建可以参看本书作者编写的《服务器配置与管理——Linux CentOS7 平台（第 2 版）》一书，微软使用的邮件服务器需要单独购买 Exchange Server 软件，并且非常庞大，不适合再放到本书中。流媒体服务器 2012 Server 也较为繁杂不实用，建议使用第三方的流媒体服务软件更方便快捷；增加了远程桌面连接、Web 服务器的 ASP 和 PHP 应用、Hyper-V 虚拟化 3 部分，更加具有时代感，接近实际应用，适应交互性网站建设和云计算服务。

本书尽量避免繁杂的理论赘述，把概念、知识等融汇到实操讲解中，从网络的应用中理解复杂的网络概念。本书可作为中等职业学校计算机网络技术专业教材，对于计算机对口升学的学生，能够帮助其掌握网络服务器的概念、应用等专业知识。也可以作为各培训中心的培训教材和网络爱好者的实用教程。

课时分配建议：

前言

内容		建议课时
项目 1　Windows Server 2012 操作系统基本配置方法		8
任务 1　安装 Windows Server 2012 操作系统	2	
任务 2　创建与管理本地用户和组	2	
任务 3　管理和配置磁盘系统	4	
项目 2　活动目录与域用户的管理		8
任务 1　域控制器的安装	4	
任务 2　创建与管理域用户账户	4	
项目 3　安装与配置文件服务器		16
任务 1　设置文件服务与资源共享	4	
任务 2　文件权限与磁盘配额管理	4	
任务 3　创建域 DFS 命名空间	4	
任务 4　创建域 DFS 复制	4	
项目 4　远程桌面连接		6
任务 1　IP 地址方式远程桌面连接	2	
任务 2　远程桌面 Web 连接	4	
项目 5　安装与配置 DNS 服务器		8
任务 1　安装 DNS 服务并创建正向区域和资源记录	4	
任务 2　配置辅助 DNS 服务与创建反向搜索区域	4	
项目 6　安装与配置 DHCP 服务器		6
任务 1　DHCP 服务器的安装与使用	4	
任务 2　管理 DHCP 服务器	2	
项目 7　配置 Web 服务器		8
任务 1　安装 IIS 及架设 Web 服务器	4	
任务 2　使用多个 IP 地址创建 Web 网站	2	
任务 3　使用主机创建多个 Web 网站	2	
项目 8　安装 ASP 和 PHP 应用程序		8
任务 1　安装 ASP 和 ASP.NET 应用程序	4	
任务 2　安装 PHP 应用程序	4	
项目 9　配置 FTP 服务器		8
任务 1　安装 FTP 服务器并新建站点	2	
任务 2　FTP 站点的基本设置	2	
任务 3　新建多个 FTP 站点	2	
任务 4　安装并设置 FTP 客户端软件	2	
项目 10　配置认证服务器		10
任务 1　架设 CA 服务器	4	
任务 2　SSL 网站证书的安装与测试	4	
任务 3　数字证书的管理	2	
项目 11　配置 NAT 服务器和 VPN 服务器		6
任务 1　配置 NAT 服务器	2	
任务 2　架设 VPN 服务器	2	
任务 3　设置 VPN 客户端	2	

续表

内容		建议课时
项目 12　Hyper-V 虚拟化 　　任务 1　安装 Hyper-V 虚拟化角色 　　任务 2　创建虚拟交换机和虚拟机	2 2	4
合计	96	96

本书配套教学课件等辅教辅学资源，请登录高等教育出版社 Abook 新形态教材网（http://abook.hep.com.cn）获取相关资源。详细使用方法见本书最后一页"郑重声明"下方的"学习卡账号使用说明"。

本书由高晓飞担任主编，杨雪飞、王建微参与编写。在编写过程中，得到了锐捷网络股份有限公司相关工程技术人员的指导和帮助，在此表示衷心感谢！

由于时间仓促，水平有限，而且计算机及网络发展日新月异，书中难免存在一些疏漏之处，恳请广大师生批评指正，以便我们修改完善。读者意见反馈邮箱是：zz_dzyj@ pub.hep.cn。

编　者

2021 年 7 月

目 录

项目 1 Windows Server 2012 操作系统基本配置方法 …………… 1
  任务 1 安装 Windows Server 2012 操作系统 ………………………… 2
  任务 2 创建与管理本地用户和组 …… 16
  任务 3 管理和配置磁盘系统 ………… 27

项目 2 活动目录与域用户的管理 ……… 40
  任务 1 域控制器的安装 ……………… 41
  任务 2 创建与管理域用户账户 ……… 55

项目 3 安装与配置文件服务器 ………… 70
  任务 1 设置文件服务与资源共享 …… 71
  任务 2 文件权限与磁盘配额管理 …… 82
  任务 3 创建域 DFS 命名空间 ………… 91
  任务 4 创建域 DFS 复制 …………… 107

项目 4 远程桌面连接 …………………… 118
  任务 1 IP 地址方式远程桌面连接 … 118
  任务 2 远程桌面 Web 连接 ………… 132

项目 5 安装与配置 DNS 服务器 ……… 144
  任务 1 安装 DNS 服务并创建正向区域和资源记录 ……………… 145
  任务 2 配置辅助 DNS 服务与创建反向搜索区域 ………………… 160

项目 6 安装与配置 DHCP 服务器 …… 172
  任务 1 DHCP 服务器的安装与使用 … 173
  任务 2 管理 DHCP 服务器 ………… 190

项目 7 配置 Web 服务器 ……………… 198
  任务 1 安装 IIS 及架设 Web 服务器 … 199

  任务 2 使用多个 IP 地址创建 Web 网站 ………………………… 210
  任务 3 使用主机创建多个 Web 网站 ………………………… 215

项目 8 安装 ASP 和 PHP 应用程序 … 222
  任务 1 安装 ASP 和 ASP.NET 应用程序 ………………………… 223
  任务 2 安装 PHP 应用程序 ………… 233

项目 9 配置 FTP 服务器 ……………… 243
  任务 1 安装 FTP 服务器并新建站点 ………………………… 244
  任务 2 FTP 站点的基本设置 ……… 256
  任务 3 新建多个 FTP 站点 ………… 263
  任务 4 安装并设置 FTP 客户端软件 ………………………… 269

项目 10 配置认证服务器 ……………… 275
  任务 1 架设 CA 服务器 …………… 276
  任务 2 SSL 网站证书的安装与测试 … 295
  任务 3 数字证书的管理 …………… 307

项目 11 配置 NAT 服务器和 VPN 服务器 ……………………… 319
  任务 1 配置 NAT 服务器 ………… 321
  任务 2 架设 VPN 服务器 ………… 331
  任务 3 设置 VPN 客户端 ………… 346

项目 12 Hyper-V 虚拟化 ……………… 354
  任务 1 安装 Hyper-V 虚拟化角色 … 355
  任务 2 创建虚拟交换机和虚拟机 … 365

项目 1

Windows Server 2012 操作系统基本配置方法

项目概述：

小韩是一个公司的网络主管，开始公司不大，人员不多，有几十台计算机，使用对等网方式进行网络互联，通过一台简单的路由器接入 Internet。随着企业的发展和人员的增加，发现对等网方式弊端很多，使用网络时经常出现 IP 地址冲突错误；公司的主要文件没有一个安全的保存之地；公司人员闲暇时下载的视频文件随处都是，既占用空间又浪费资源。开始时公司内部为了传送文件方便，每台计算机设置了文件共享，但是发现这条路也成了病毒、木马方便的入口，且不符合保密的要求。后来，把这些共享全部取消，公司的文件传送改用了 U 盘传送，或通过外网的邮箱或网盘传送，虽然方便，但很不安全。

小韩发现添加 1、2 台服务器并安装 Windows Server 2012 操作系统，配置相应的服务使用 C/S 模式可以解决以上矛盾。

Windows Server 2012 操作系统，在 Windows Server 2008 的基础上提供了很多新功能和对原有功能的改进。在业务关键应用与云计算方面，Windows Server 2012 拥有性能很强的虚拟化核心，让需要庞大运算能力的企业关键应用（ERP 和数据库系统等）可以实现由物理服务器向虚拟机的迁移。基于 Windows Server 2012 平台的新型 SQL 数据库云服务，将为企业带来更高水平的应用能力，结合云端商业智能与大数据等技术，可充分利用云计算所带来的优势，支持业务的高速发展。在虚拟化方面，通过 Windows Server 2012 中的 Hyper-V，用简单方式通过虚拟化节约成本，并通过将多个服务器角色作为独立的虚拟机进行整合，优化服务器硬件投资。Windows Server 2012 通过更多功能，更高扩展性，以及内建可靠性机制，进一步扩展了 Hyper-V 的价值。

Windows Server 2012 提供的网络服务提高了企业和员工的工作效率，包括文件服务、活动目录、管理服务、存储服务和终端服务等。对于没有经过 Linux 或 UNIX 培训的系统管理员而言，Windows Server 2012 更具亲和力。

项目 1　Windows Server 2012 操作系统基本配置方法

> Windows Server 2012 最低的硬件配置为：1.4 GHz，64 位的 CPU；512 MB 内存（建议 2 GB 以上）；32 GB 磁盘空间（建议 60 GB 以上）；标准的以太网络连接；显示器分辨率在 800 像素×600 像素以上。
>
> **项目准备：**
>
> 完成本项目需要准备一台具备安装 Windows Server 2012 条件的计算机，一张 Widows Server 2012 的 DVD 系统安装光盘或安装镜像文件。安装镜像文件可以到微软下载中心网站上下载。任务 3 还需要 4 块型号和容量一样的硬盘。
>
> **学习目标：**
>
> 本项目通过安装 Windows Server 2012 操作系统、创建与管理本地用户和组、管理和配置磁盘系统 3 个任务，使读者对 Windows Server 2012 操作系统有一个基本的了解，具有初级系统管理员的能力，为配置其他服务器打好基础。

任务 1　安装 Windows Server 2012 操作系统

任务描述

同 Windows Server 2008 一样，Windows Server 2012 也有 4 个版本，全部为 64 位操作系统。安装所服务的企业规模从低往高，分别为 Foundation（基础）、Essentials（精简）、Standard（标准）及 Datacenter（数据中心）。其中，Windows Server 2012 Foundation 仅提供给 OEM 厂商，限定用户 15 位，提供通用服务器功能，不支持虚拟化。Windows Server 2012 Essentials 面向中小型企业，用户限定在 25 位以内，该版本简化了界面，预先配置云服务连接，不支持虚拟化。Windows Server 2012 Standard 提供完整的 Windows Server 功能，限制使用两台虚拟主机。Windows Server 2012 Datacenter 提供完整的 Windows Server 功能，不限制虚拟主机的数量。

本任务完成 Windows Server 2012 标准版的主要系统的安装，正确设置本服务器的计算机名称和 IP 地址，能够正常登录和退出系统。

下面，就以安装 Windows Server 2012 标准版为例，说明 Windows Server 2012 操作系统的基本安装方法。

自己动手

☞ 步骤1 准备计算机

安装 Windows Server 2012 标准版，准备一台符合安装要求的计算机，一张 Windows Server 2012 的 DVD 系统安装光盘或带安装镜像文件的启动 U 盘。

☞ 步骤2 选择系统版本与磁盘信息

将 Windows Server 2012 标准版安装光盘放入到光驱，在 BIOS 中设置从光驱引导，重新启动计算机后，Windows Server 2012 会自动检查计算机硬件是否符合安装要求，稍等一会儿，弹出选择语言和其他首选项的窗口，如图 1-1 所示。

图 1-1 选择语言和其他首选项的窗口

在"要安装的语言"下拉列表框中，选择"中文（简体，中国）"；在"时间和货币格式"下拉列表框中，选择"中文（简体，中国）"；在"键盘和输入方法"下拉列表框中，选择"微软拼音简捷"。单击"下一步"按钮，弹出"现在安装"窗口，如图 1-2 所示。

单击"现在安装"按钮，弹出操作系统选择对话框，如图 1-3 所示。

本例中有 4 个选择，即"Windows Server 2012 Standard（服务器核心安装）""Windows Server 2012 Standard（带有 GUI 的服务器）""Windows Server 2012 Datacenter（服务器核心安装）""Windows Server 2012 Datacenter（带有 GUI 的服务器）"。本例选择"Windows Server 2012 Standard（带有 GUI 的服务器）"，即图形界面的标准版，单击"下一步"按钮，弹出"许可条款"对话框，如图 1-4 所示。

项目1 Windows Server 2012 操作系统基本配置方法

图 1-2 "现在安装"窗口

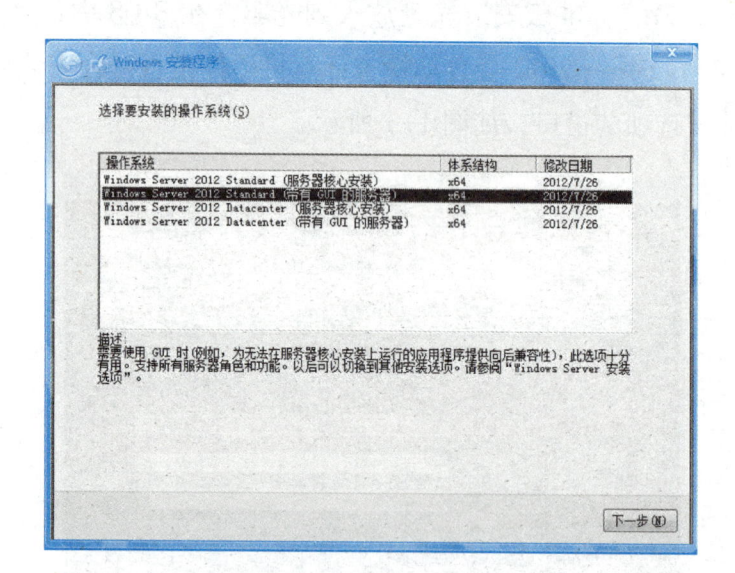

图 1-3 操作系统选择对话框

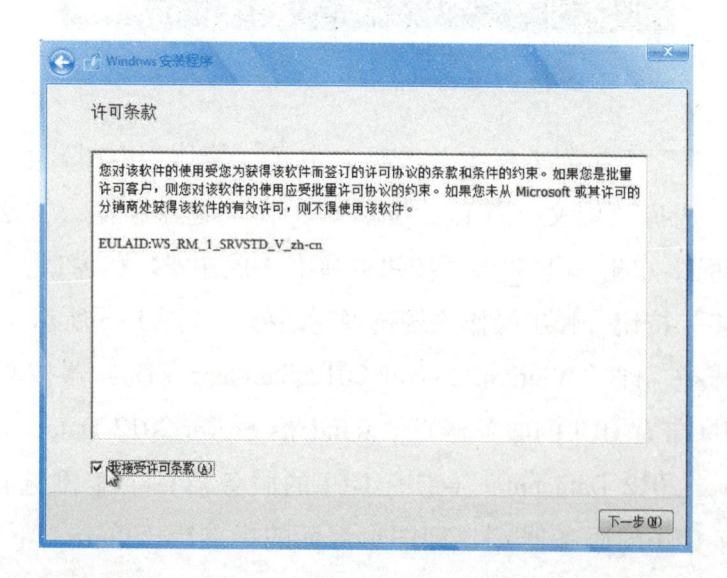

图 1-4 "许可条款"对话框

任务 1　安装 Windows Server 2012 操作系统

选中"我接受许可条款"复选框，单击"下一步"按钮，出现安装类型选择对话框，如图 1-5 所示。

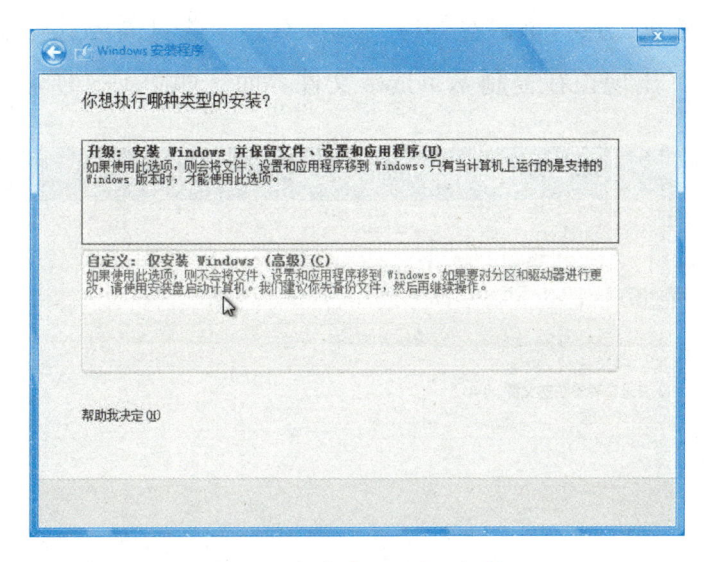

图 1-5　安装类型选择对话框

这时一般单击中间文字"自定义：仅安装 Windows（高级）"部分，出现磁盘选择对话框，如图 1-6 所示。

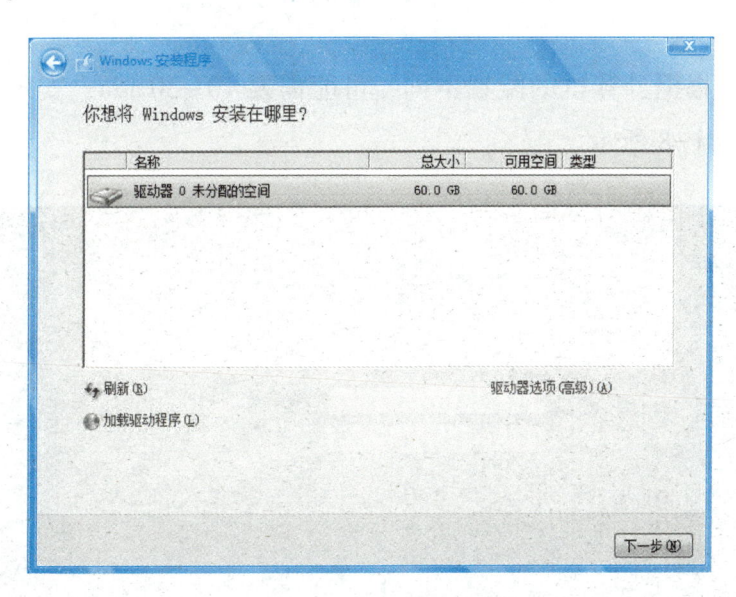

图 1-6　磁盘选择对话框

提个醒

新安装系统，会破坏硬盘的全部数据，所以在全新安装 Windows Server 2012 前，建议将硬盘的数据备份，以防丢失。即便是升级安装，为了防止出现意外，也建议做好硬盘数据的备份。

5

步骤 3　开始安装系统

本例中只有一个磁盘，选择该磁盘即可（如果有多个磁盘需要选择要安装系统的磁盘）。单击"下一步"按钮，出现正在复制 Windows 文件界面，如图 1-7 所示。

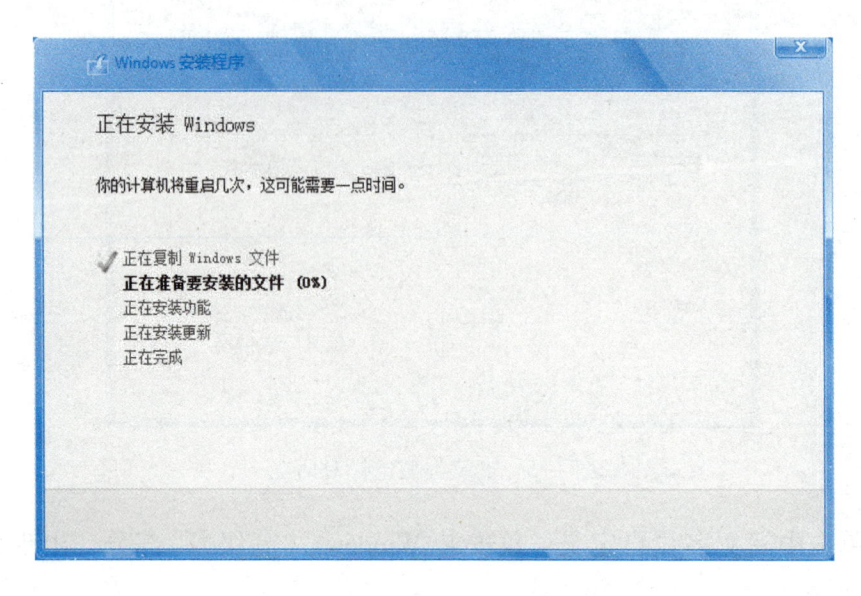

图 1-7　正在复制 Windows 文件界面

系统开始安装，根据计算机的配置不同，可能需要 10～30 min，安装到最后，会出现设置密码对话框，如图 1-8 所示。

图 1-8　设置密码对话框

☞ 步骤 4　设置密码

在该对话框中输入两次相同的密码,最后单击"完成"按钮,完成超级用户密码的设置。

> **提个醒**
>
> 超级用户(administrator)的密码一定要牢记,建议对于服务器的安装,建立一个日志笔记,安装中的配置、密码等保存在日志笔记中。

☞ 步骤 5　启动系统

Windows Server 2012 开始启动,根据计算机的配置与性能启动时间不同,最后出现如图 1-9 所示的界面。

图 1-9　Windows Server 2012 启动完成界面

同时按快捷键 Ctrl+Alt+Delete 后出现密码输入对话框,输入正确的密码后,系统启动完成,同时启动了"服务器管理器-仪表板"窗口,如图 1-10 所示。

此时 Windows Server 2012 系统基本安装完成。

项目 1　Windows Server 2012 操作系统基本配置方法

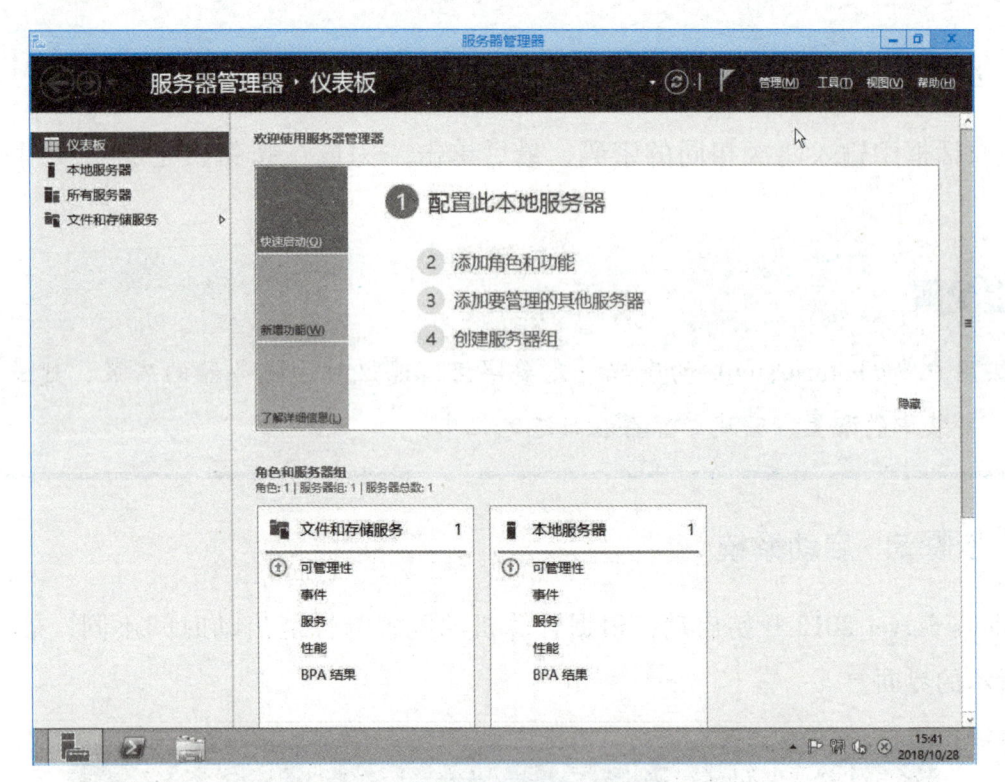

图 1-10　"服务器管理器-仪表板"窗口

步骤 6　进入系统并更改计算机名称

Windows Server 2012 系统的界面和 Windows 10 的界面类似，没有传统的"开始"菜单，桌面上也没有传统的"计算机"图标，寻找"计算机"属性略微麻烦一些。可以将鼠标移动到屏幕的右上角单击屏幕，在屏幕的右边就会出现"搜索""开始"和"设置"等内容，单击"开始"部分，计算机的屏幕转换为开始屏幕，有"服务器管理器""任务管理器""控制面板""计算机"和"管理工具"等图标内容。单击"计算机"图标，弹出"计算机"窗口，如图 1-11 所示。

在此窗口中选择左侧的"计算机"，右击，弹出右键快捷菜单，选择"属性"命令，弹出"系统"窗口，如图 1-12 所示。

在该窗口中，单击"计算机名"后面的"更改设置"按钮，弹出"系统属性"对话框，如图 1-13 所示。

在"计算机名"选项卡中，单击"更改"按钮，弹出"计算机名/域更改"对话框，如图 1-14 所示。

在"计算机名"下面的文本框中重新输入一个计算机名，本例输入"ADServer"。由于现在还没有安装域控制器，暂时保持"WORKGROUP"工作组不变。单击"确定"按钮，系统会提示更改计算机名需要重新启动计算机，建议暂时不重新启动，等执行完步骤 7 后，一并重启系统。

任务1　安装 Windows Server 2012 操作系统

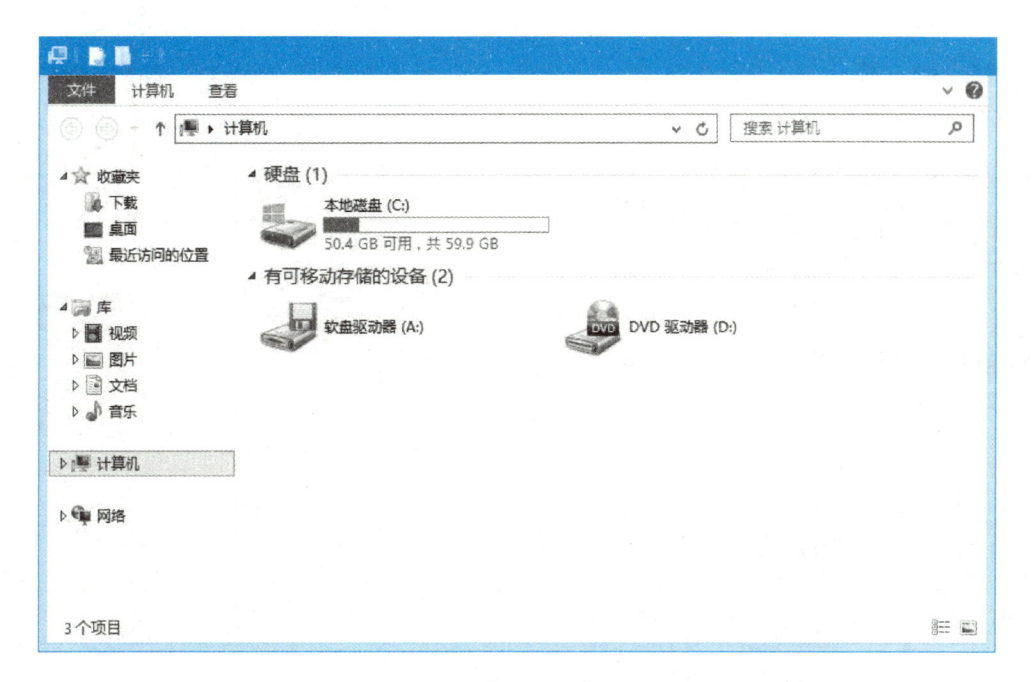

图 1-11　"计算机"窗口

图 1-12　"系统"窗口

9

项目 1　Windows Server 2012 操作系统基本配置方法

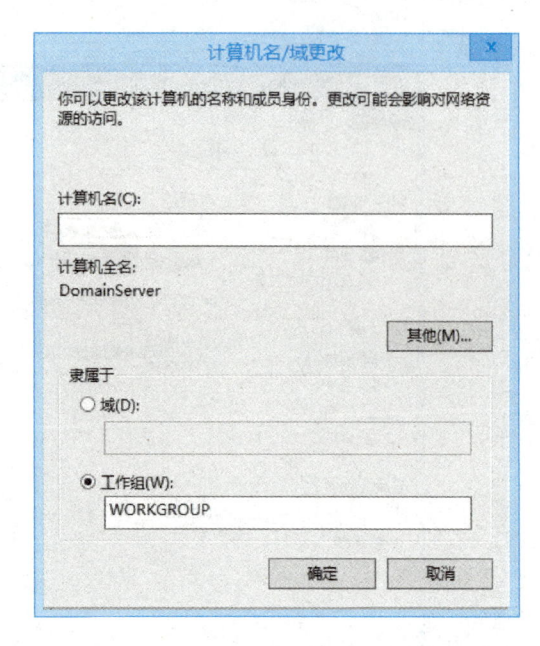

图 1-13　"系统属性"对话框　　　　　图 1-14　"计算机名/域更改"对话框

☞ 步骤 7　设置固定的 IP 地址

1. 设置 IPv4 地址

将计算机屏幕转换为开始屏幕，单击"控制面板"图标，弹出"控制面板"窗口，如图 1-15 所示。

图 1-15　"控制面板"窗口

任务 1　安装 Windows Server 2012 操作系统

在此窗口中单击"网络和 Internet",弹出"网络和共享中心"窗口,如图 1-16 所示。

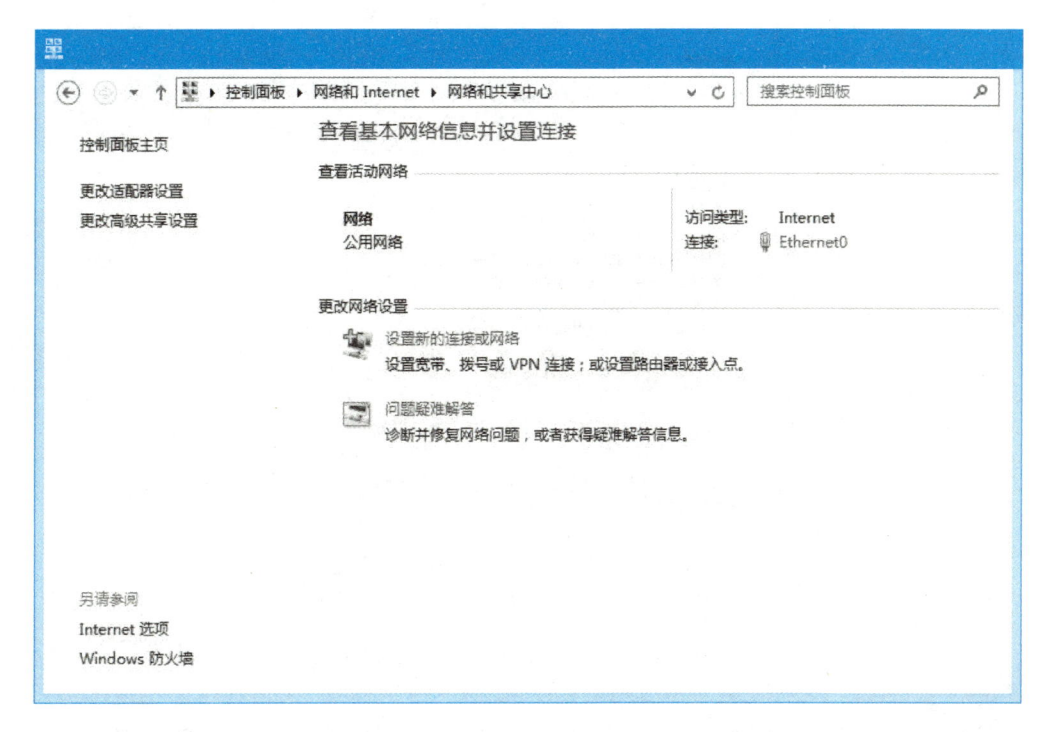

图 1-16　"网络和共享中心"窗口

在此窗口中,单击左侧"更改适配器设置"超链接,弹出"网络连接"窗口,如图 1-17 所示。

图 1-17　"网络连接"窗口

选中"网络"图标,右击,在出现的右键快捷菜单中,选择"属性"命令,弹出"本地连接 属性"对话框(本例为"Ethernet0 属性"),如图 1-18 所示。

11

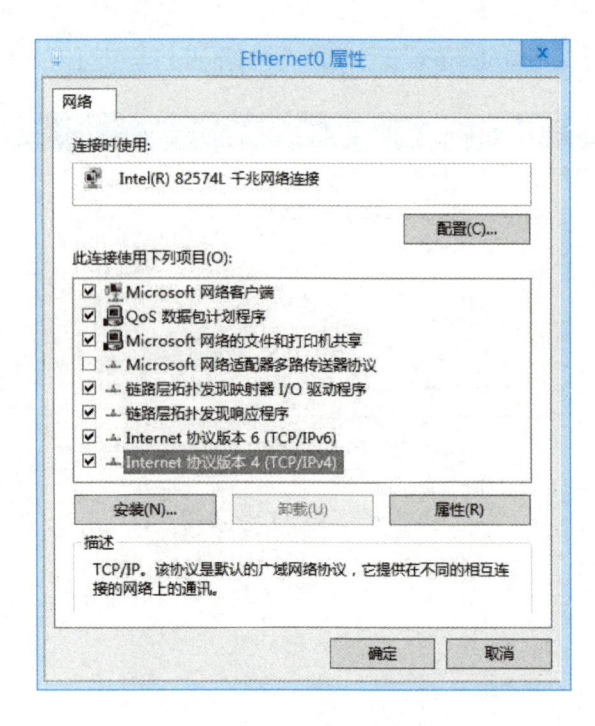

图 1-18 "本地连接 属性"对话框

选中"此连接使用下列项目"列表框中的"Internet 协议版本 4（TCP/IPv4）"复选框，单击下面的"属性"按钮，弹出"Internet 协议版本 4（TCP/IPv4）属性"对话框，如图 1-19 所示。

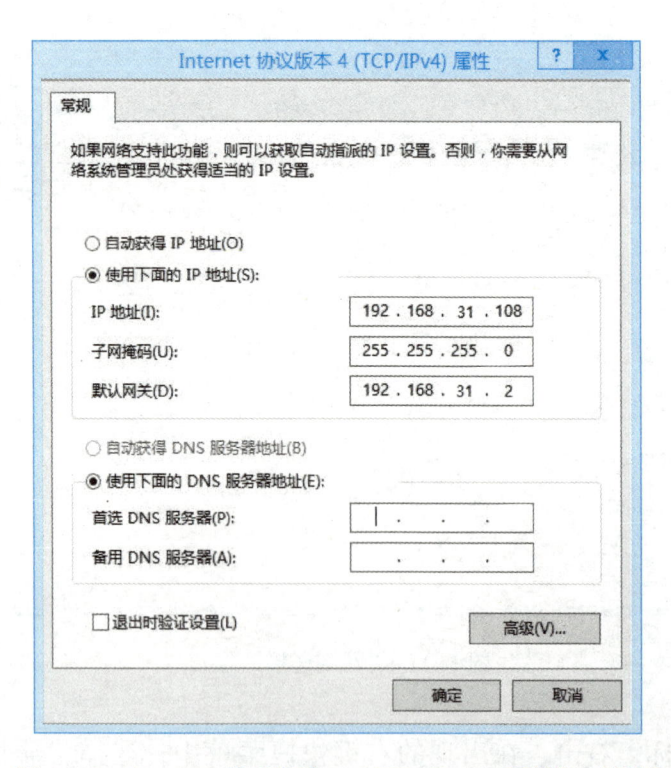

图 1-19 "Internet 协议版本 4（TCP/IPv4）属性"对话框

选中"使用下面的 IP 地址"单选按钮,在"IP 地址"文本框中输入 IP 地址,本例为"192.168.31.108";在"子网掩码"文本框中输入子网掩码,本例为"255.255.255.0";在"默认网关"文本框中输入默认网关,本例为"192.168.31.2"。选中"使用下面的 DNS 服务器地址"单选按钮,首选和备用 DNS 服务器地址不用输入。最后单击"确定"按钮即可完成设置。

2. 设置 IPv6 地址

同样在"本地连接 属性"对话框中,选中"此连接使用下列项目"列表框中的"Internet 协议版本 6(TCP/IPv6)"复选框,单击"属性"按钮,弹出"Internet 协议版本 6(TCP/IPv6)属性"对话框,在该对话框中设置 IP 地址即可。

基本规则是:IPv6 地址长度为 128 位,被分为 8 段,每段 16 位,段之间用冒号":"隔开,一般采用十六进制数的表达方式,就是每段有 4 个十六进制数值(即数字"0~9"或"a~f"中的内容之一),共 32 个十六进制数。

"子网前缀长度"项设置为 64,表示前 64 位是 1,其他为 0。其他项空着即可。

本例由于是局域网,并没有使用 IPv6 地址。

> **小知识　IP 地址**
>
> IP 地址是一种在 Internet 上给主机编址的方式。常见的 IP 地址,分为 IPv4 与 IPv6 两大类。
>
> 1. IPv4 版本的 IP 地址
>
> IPv4 版本的 IP 地址简称 IP 地址,是由 32 位的二进制数组成。通常为了记忆方便,把这 32 位二进制数分成 4 组,每组 8 位。转换成十进制后,就成为每组最小值为 0,最大值为 255,所以就有我们所见到的 192.168.0.1 之类的 IP 地址。
>
> Internet 网络体系组织委员会规定 IP 地址分为 A、B、C、D、E 5 类,分别用于不同类型的网络。A 类地址的第一组为网络编号,后三组为标识主机,第一组数值的范围为 1~126;B 类地址的第一组、第二组为网络编号,后两组为标识主机,第一组数值的范围为 128~191;C 类地址的前三组为网络编号,后一组为标识主机,第一组数值的范围为 192~223;D 类和 E 类地址专用。
>
> 2. 网络地址与主机地址
>
> 为了方便寻址,IP 地址分为"网络"和"主机"两部分。这两部分是 IP 地址与子网掩码的不同运算得到的结果。IP 地址与子网掩码进行"与"运算得到网络地址;将子网掩码取反,再与 IP 地址进行"与"运算得到主机地址。
>
> 例如,IP 地址 192.168.0.1,换成二进制为 11000000 10101000 00000000 00000001,子网掩码 255.255.255.0 换为二进制数为 11111111 11111111 11111111 00000000,两者按

位进行"与"运算后得到 11000000 10101000 00000000 00000000，即十进制的 192.168.0.0。同样的方法把 IP 地址 192.168.0.2、192.168.0.3、192.168.0.x 等与子网掩码 255.255.255.0 进行"与"运算后都得到 192.168.0.0，所以 192.168.0 就是这个网络的网络地址，这些主机就在一个网络中。

把子网掩码取反后与 IP 地址进行"与"运算，会得到 0.0.0.1、0.0.0.2 之类的数，其中 1、2 就是主机地址。

由以上可知，并不是只有 255.0.0.0、255.255.0.0、255.255.255.0 可以为子网掩码，凡是前面连续位都是 1 后面连续位都是 0 的 32 位二进制数都可以是子网掩码。如 255.255.255.224、255.192.0.0、255.255.240.0、224.0.0.0 等。

3. IPv6 地址

随着网络的发展，Internet 中的主机越来越多，现在 IP 地址已经严重不足，新一代的互联网络提出了一种新的方案——IPv6 版本。IPv6 地址长度为 128 位的二进制数。表达上被分为 8 段，每段 16 位，段之间用冒号":"隔开，一般采用十六进制数的表达方式，就是每段有 4 个十六进制数值，共 32 个十六进制数。

如 2001:0db8:85a3:08d3:1319:8a2e:0370:7344 就是一个合法的 IPv6 地址。

为了简化 IPv6 地址的表达方式，可以省略某些数字为 0 的部分，如前面的地址可以写成 2001:db8:85a3:8d3:1319:8a2e:370:7344，其中 0db8 写成了 db8、08d3 写成了 8d3、0370 写成了 370。注意段中只有靠左边的 0 可以省略，而靠右边或中间的 0 不可以省略。

如果四个数字都是 0，也可以被省略。如 2001:0db8:85a3:0000:1319:8a2e:0370:7344 等价于 2001:0db8:85a3::1319:8a2e:0370:7344，遵从这个规则，如果因为省略而出现了两个以上的冒号，可以压缩为一对，但这种零压缩在地址中只能出现一次。

因此：

2001:0DB8:0000:0000:0000:0000:1428:57ab

2001:0DB8:0000:0000:0000::1428:57ab

2001:0DB8:0:0:0::1428:57ab

2001:0DB8:0::0:1428:57ab

2001:0DB8::1428:57ab

都是合法的地址，并且它们是等价的。但 2001::25de::cade 是非法的。

4. 默认网关

如需与本网络以外的计算机通信，需要通过本网中一台固定的计算机（或设备）与外部的计算机通信，此计算机（或设备）IP 地址就是默认网关，本网络与外网的所有通信与联络都要通过该计算机来实现。

步骤 8　重启与关机

将鼠标移动到屏幕的右上角，单击"设置"部分，在屏幕的下方出现"电源"按钮，单击出现"关机"和"重启"两个选项，根据自己的需要选择一项，单击，系统会弹出 Windows Server 2012 的关闭（重启）服务器原因对话框，如图 1-20 所示。

图 1-20　关闭服务器原因对话框

在下拉列表框中，选择一个需要关机或重启的原因，在本次可以选择任意一项，再单击"继续"按钮，系统会开始关机前的保存工作，自动关机，最后用户可手动关闭总电源。

提个醒

作为服务器，一般安装完毕后不会关闭或重新启动，如果关机或重新启动，一定要选择关机的原因，并且是真实的原因。Windows Server 2012 有关机或重启的日志。

举一反三

1. 在计算机或虚拟机上安装 Windows Server 2012。
2. 登录刚安装的服务器操作系统，设置计算机名称，设置固定的 IP 地址，并安全退出。

小知识　Windows Server 2012 服务器的类别

1. 独立服务器

独立服务器是指虽然运行着 Windows Server 2012 操作系统，但不作为域成员的计算机。也就是说它是一台具有独立操作功能的计算机，在此计算机上不再提供其他计算机用户的账号信息，也不提供登录网络的身份验证等工作。独立服务器可以以工作组的形式与其他计算机组建成对等网，与其他计算机相互提供资源。本项目建立的是独立服务器。

2. 域控制器

域控制器是安装 Active Directory（活动目录）的计算机。域控制器主要负责管理用户对网络的各种权限，包括登录网络、账号的身份验证及访问目录和共享资源等。每一台域控制器都（几乎）是平等的，它们各自存储着一份相同的 AD DS 数据库，当在任何一台域控制器内添加了一个用户账号后，该账号信息会自动被复制到其他的域控制器的 AD DS 数据库中。在项目 2 中将介绍该类型的服务器。

3. 成员服务器

服务器级别的计算机加入域后就是成员服务器。它没有 AD DS 数据库，也不负责处理与账号相关的信息，如登入网络、身份验证等。其主要作为专用服务器，如 Web 服务器、数据库服务器、远程访问服务器等。

任务 2　创建与管理本地用户和组

任务描述

用户账户是计算机的基本安全组件，计算机通过用户账户来辨别用户身份，让有使用权限的人登录计算机，访问本地计算机资源或从网络访问这台计算机的共享资源。

Windows Server 2012 支持两种用户账户：域账户和本地账户。域账户可以登录到域上，并获得访问该域的权限；本地账户则只能登录到一台特定的计算机上，并访问该计算机上的资源。严格定义各种账户权限，阻止用户可能进行具有危害性的网络操作。使用组规划用户权限，可以简化账户权限的管理。所以创建本地的用户和组有着相当的必要性。

本任务介绍如何创建与管理本地用户和组。

自己动手

☞ 步骤 1　创建本地用户账户

将鼠标移动到屏幕的右上角，单击"开始"部分，再单击"管理工具"图标，弹出

"管理工具"窗口,如图 1-21 所示。

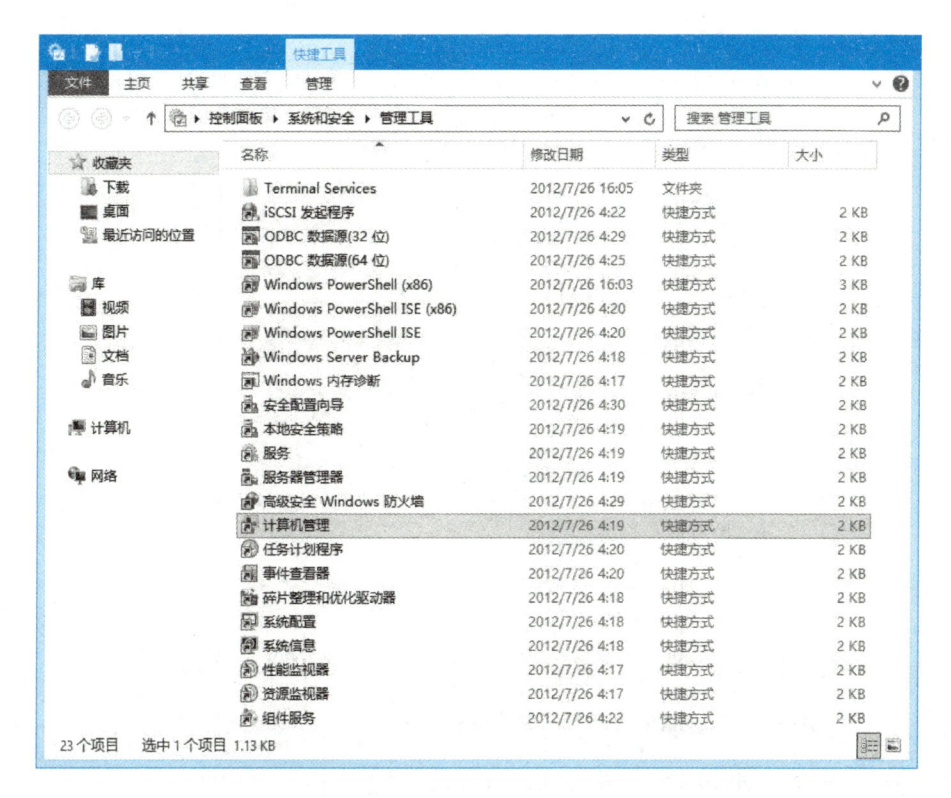

图 1-21 "管理工具"窗口

双击"计算机管理"项,打开"计算机管理"控制台,如图 1-22 所示。

图 1-22 "计算机管理"控制台

在左边的"计算机管理(本地)"窗格中,展开"本地用户和组"项。选中"用户"项目,右击,在弹出的右键快捷菜单中选择"新用户"命令,打开"新用户"对话框,如图 1-23 所示。

图 1-23 "新用户"对话框

在相应的文本框中输入用户名、全名和描述,并且两次输入相同的密码,单击"创建"按钮,就创建了一个用户。本例在"用户名"和"全名"文本框处均输入"user1","描述"文本框处没有输入内容,如图 1-24 所示的"user1"就是新建的用户。

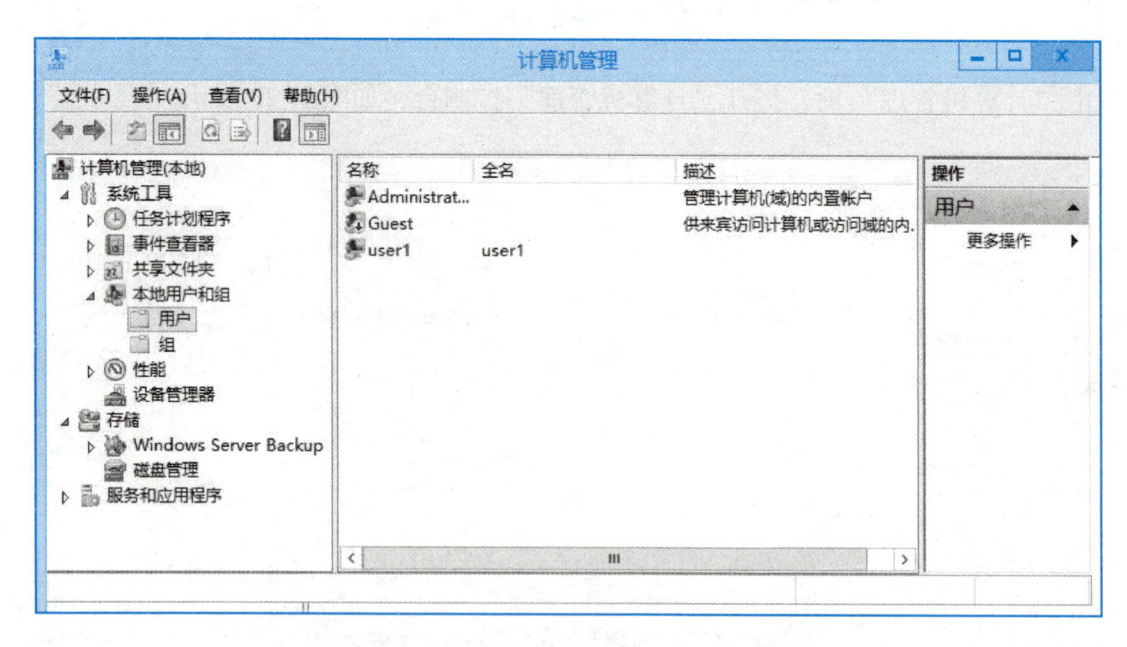

图 1-24 有新用户的"计算机管理"控制台

☞ **步骤 2　设置用户账户的属性**

双击新建的用户"user1",将显示该用户的属性对话框,如图 1-25 所示。

图 1-25 "user1 属性"对话框

从该对话框中可以看到，用户账户不只包括用户名和密码等信息，还包括其他的一些属性，如用户隶属的用户组、配置文件、拨入权限、终端用户设置等，都可以在这里进行修改。

☞ 步骤 3 创建本地用户组

在左边的"计算机管理（本地）"窗格中，展开"本地用户和组"项。选中"组"项目，在中间的详细信息窗格中，可以查看本地内置的所有组账户。选中"组"项目，右击，在弹出的右键快捷菜单中选择"新建组"命令，弹出"新建组"对话框，如图 1-26 所示。

图 1-26 "新建组"对话框

本例在"组名"文本框中输入"first","描述"文本框中输入"第一个组",其他项没有输入。单击"创建"按钮,就添加了一个名字为"fisrt"的组。

☞ 步骤 4　给本地组添加成员

双击新建组"first"账户,显示该组的属性对话框,如图 1-27 所示。

单击"添加"按钮,弹出"选择用户"对话框,如图 1-28 所示。

图 1-27　"first 属性"对话框

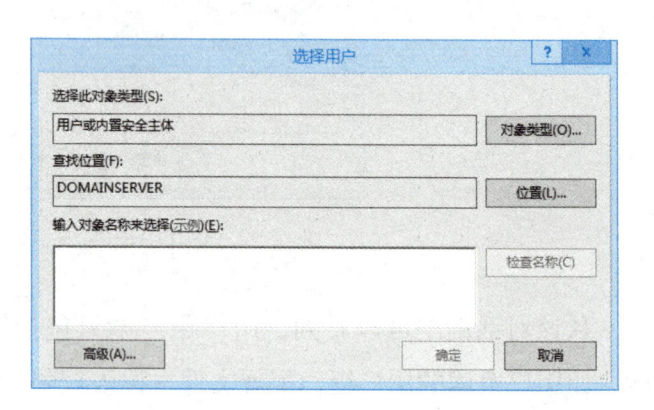

图 1-28　"选择用户"对话框

在"输入对象名称来选择"文本框中输入新建的用户"user1",单击"确定"按钮,该用户就添加到了"first"组内。再回到"first 属性"对话框会看到在"成员"的下面多了一个"user1"用户,如图 1-29 所示。

图 1-29　有"user1"用户的"first 属性"对话框

步骤 5　账户策略

在图 1-21 所示的"管理工具"窗口中,双击"本地安全策略"项,打开"本地安全策略"管理控制台。在"账户策略"下面可以看到"密码策略"和"账户锁定策略"项目,如图 1-30 所示。

图 1-30　"本地安全策略"管理控制台-"密码策略"

1. 密码策略

单击"密码策略"会看到右边内容值的变化。

"密码必须符合复杂性要求"项"已启用",表示设置的用户登录密码需要满足微软的密码复杂性要求。

> **小知识　Windows Server 2012 密码默认规则**
>
> (1) 包含大写字母;
> (2) 包含小写字母;
> (3) 包含数字。
>
> 如果输入的密码不符合上述要求则会提示密码设置不成功。

双击"密码长度最小值"项,会弹出该项的属性对话框,如图 1-31 所示。

在该对话框中有"本地安全设置"和"说明"两个选项卡,可以在"本地安全设置"选项卡中进行密码长度最小值的设置,设置范围和注意可以查看"说明"选项卡。

双击"密码最短使用期限"项,会弹出该项的属性对话框,如图 1-32 所示。

在该对话框中也有"本地安全设置"和"说明"两个选项卡,可以在"本地安全设置"选项卡中进行密码最短使用期限的设置,设置范围和注意可以查看"说明"选项卡。

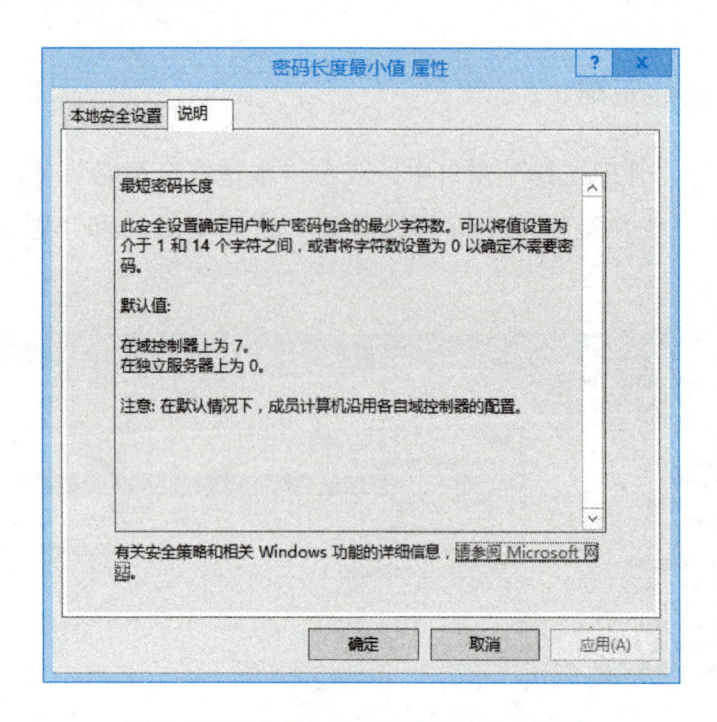

图 1-31 "密码长度最小值 属性"对话框

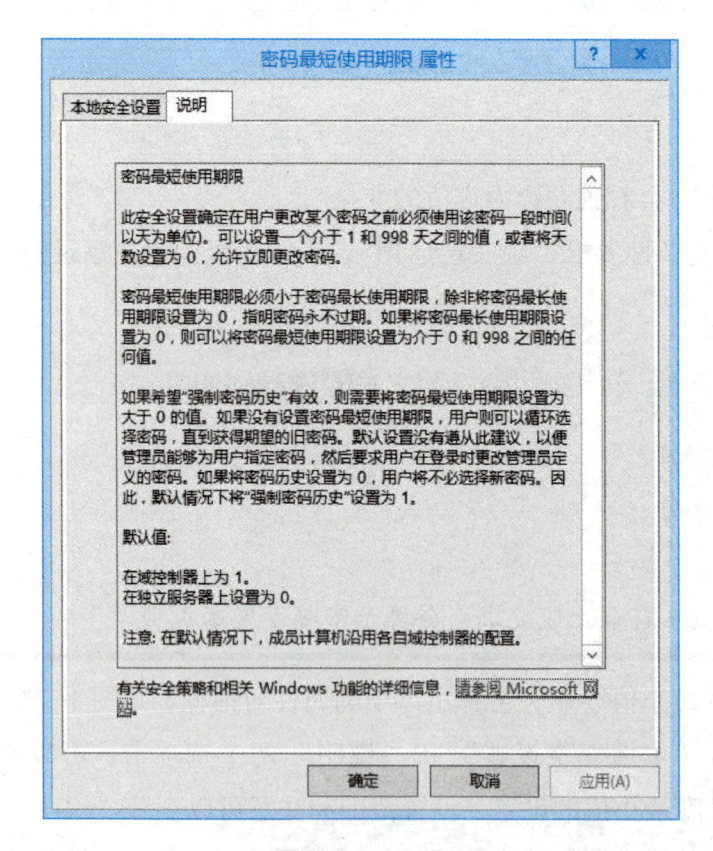

图 1-32 "密码最短使用期限 属性"对话框

双击"密码最长使用期限"项，会弹出该项的属性对话框，如图 1-33 所示。

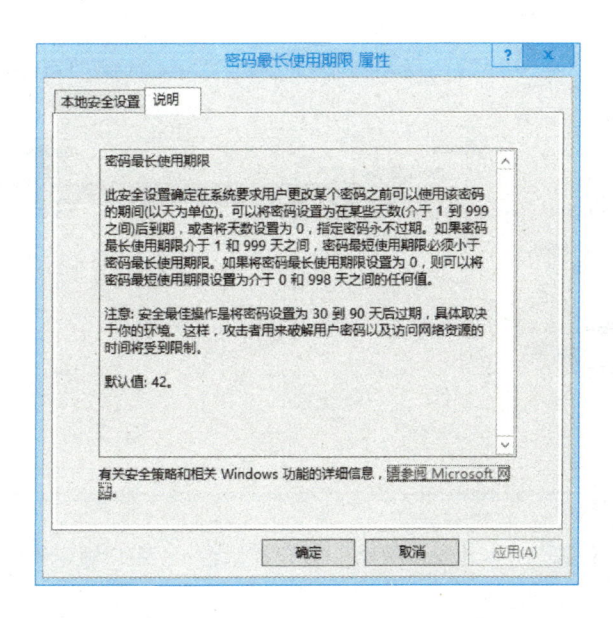

图 1-33 "密码最长使用期限 属性"对话框

在该对话框中也有"本地安全设置"和"说明"两个选项卡，可以在"本地安全设置"选项卡中进行密码最长使用期限的设置，设置范围和注意可以查看"说明"选项卡。

双击"强制密码历史"项，会弹出该项的属性对话框，如图1-34所示。

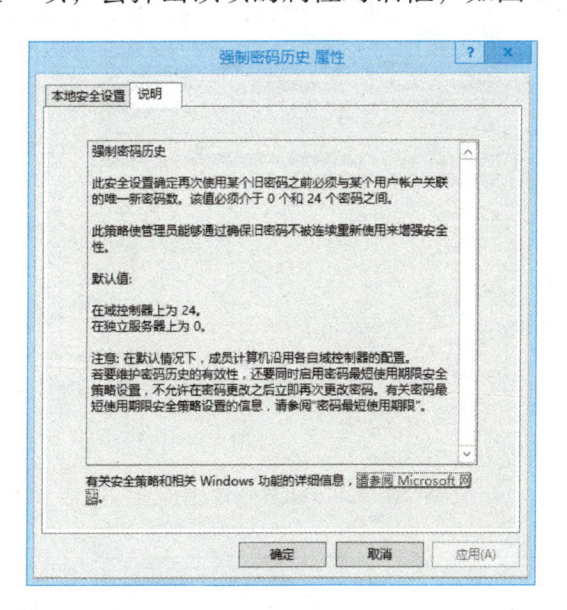

图 1-34 "强制密码历史 属性"对话框

在该对话框中也有"本地安全设置"和"说明"两个选项卡，可以在"本地安全设置"选项卡中进行强制密码历史的设置，设置范围和注意可以查看"说明"选项卡。使用了该项能够保证旧密码不能用来重新使用，增加其安全性。

2. 账户锁定策略

单击"账户锁定策略"会在右边看到三个值，如图1-35所示。

图 1-35 "本地安全策略"管理控制台-"账户锁定策略"

"账户锁定时间"和"重置账户锁定计数器"一般默认为"不适用"即可。

双击"账户锁定阈值"项，会弹出"账户锁定阈值 属性"对话框，如图 1-36 所示。

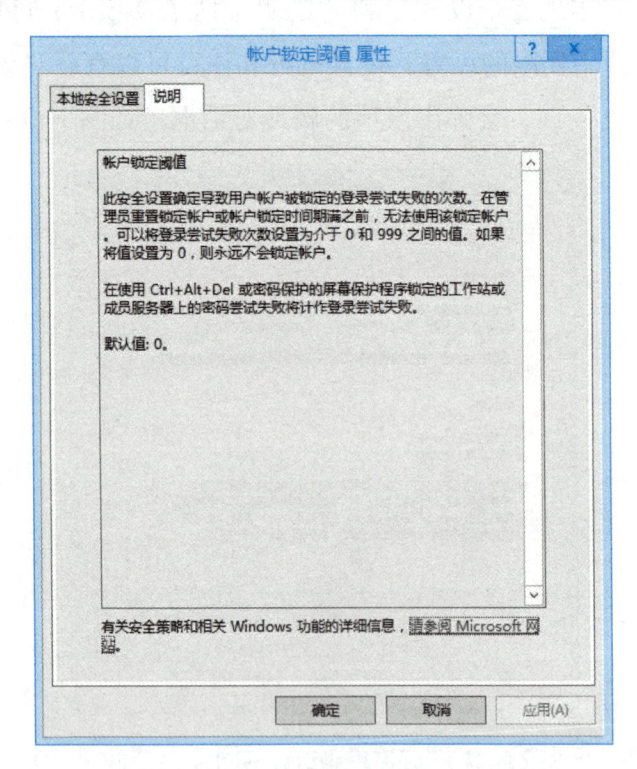

图 1-36 "账户锁定阈值 属性"对话框

在该对话框中也有"本地安全设置"和"说明"两个选项卡，可以在"本地安全设置"选项卡中进行账户锁定阈值的设置，设置范围和注意可以查看"说明"选项卡。在"账户不锁定"下面的数值框中，选择"账户不锁定"数值选择框的上下按钮，改变其值，会发现上面的内容变为"在发生以下情况之后锁定账户"。如果值为 5，则 5 次登录尝试失败后该账户锁定。

步骤 6 用户权限分配

在"本地安全策略"管理控制台下,单击"本地策略"下的"用户权限分配"项,会在右边窗格中看到"拒绝本地登录""拒绝从网络访问这台计算机"等内容,如图 1-37 所示。

图 1-37 "本地安全策略"管理控制台-"用户权限分配"

双击这些项,在弹出的对话框中添加需要的用户或组,实现给这些用户和组分配权限的目的,这里不再赘述。

步骤 7 删除本地用户账户

在"计算机管理"控制台中,选中要删除的用户账户,右击,在弹出的右键快捷菜单中,执行"删除"命令,如图 1-38 所示。但是系统内置账户如 Administrator、Guest 等无法删除。

步骤 8 删除本地用户组

当计算机中的组不需要时,系统管理员可以对组执行清除任务。每个组都拥有一个唯一的安全标识符(SID),所以一旦删除了用户组,就不能恢复,即使新建一个与被删除组有相同名字和成员的组,也不会与被删除组有相同的特性和特权。

在"计算机管理"控制台中选中要删除的组账户,右击,在弹出右键快捷菜单中,执行"删除"命令,如图 1-39 所示。

项目1　Windows Server 2012 操作系统基本配置方法

图 1-38　"计算机管理"控制台-删除用户

图 1-39　"计算机管理"控制台-删除组

在弹出的对话框中选择"是"按钮，即可删除该组账户。

举一反三

1. 在任务 1 安装了 Windows Server 2012 系统的计算机上，建立两个本地用户，将其中一个用户设置为只能登录 5 次。

2. 在安装了 Windows Server 2012 系统的计算机上，建立两个本地组，将上两个用户分别添加到这两个组中，其中一个组只能本地登录，另一个组只能网络登录。

任务 3　管理和配置磁盘系统

任务描述

磁盘管理是计算机系统管理的一项重要内容，除了在安装 Windows Server 2012 的过程中需要配置磁盘外，在使用计算机过程中经常要进行磁盘管理，如新建分区、删除磁盘分区、升级到动态磁盘、更改卷容量、设置简单镜像 RAID-1、设置 RAID-5 等。本项目主要介绍 Windows Server 2012 中有关磁盘管理方面的内容。Windows Server 2012 对分区的操作既可以在 Windows 图形界面下完成，也可以使用命令行的方式完成，本任务主要使用在 Windows 图形界面下进行操作的方法。

完成本任务对计算机硬件要求比较高，需要安装 4 块硬盘，最好与系统盘容量、型号一致，以免在以下操作中产生不匹配。在虚拟机下可以再添加 3 个硬盘，加上系统盘共计 4 块硬盘。

自己动手

☞ 步骤 1　磁盘联机

将鼠标移动到屏幕的右上角，单击"开始"部分，再单击"管理工具"图标，弹出"管理工具"窗口。双击"计算机管理"，打开"计算机管理"控制台，选中"磁盘管理"项，在中间窗格中会看到第一个系统盘，即"磁盘 0"，以及新安装的 3 个硬盘，即"磁盘 1""磁盘 2""磁盘 3"和"CD-ROM 0"的内容，如图 1-40 所示。

仔细观察该窗口，会看到系统盘"磁盘 0"右边的状态标签是蓝色的，表示已分配；下面显示了磁盘容量及"基本""联机"等信息。而 3 个新安装的磁盘右边的状态标签是黑色的，表示未分配；磁盘图标还有一个红色的箭头，下面显示了磁盘容量及"未知""脱机"等信息，表示此磁盘没有联机，该磁盘不能够使用。

项目 1　Windows Server 2012 操作系统基本配置方法

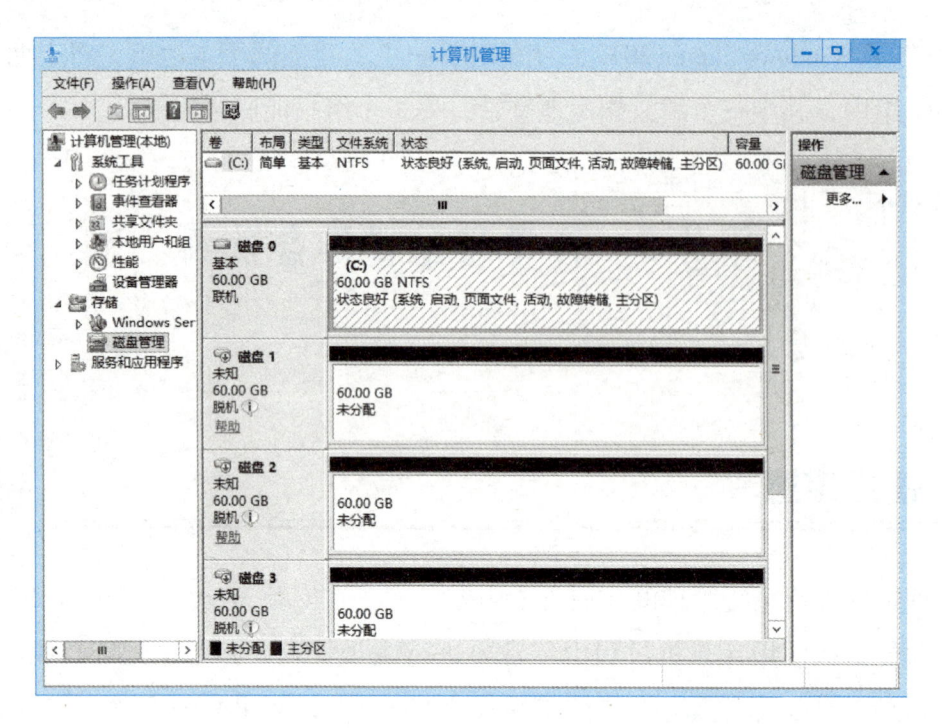

图 1-40　"计算机管理"控制台-"磁盘管理"

☞ 步骤 2　联机与初始化磁盘

1. 联机

要使用这三个磁盘需要给每个磁盘联机，具体方法为：选中要联机的磁盘，右击，弹出右键快捷菜单，此时有三个选项，即"联机""属性"和"帮助"。单击"联机"命令，稍等片刻就会看到该磁盘状态从"脱机"变成了"没有初始化"。

2. 初始化磁盘

仍然选择该磁盘，右击，此时的右键快捷菜单中多了个"初始化磁盘"选项，单击此选项，弹出"初始化磁盘"对话框，如图 1-41 所示。

图 1-41　"初始化磁盘"对话框

此对话框有两个选项,即"MBR(主启动记录)(M)"和"GPT(GUID 分区表)(G)",根据该磁盘的类型选择相应的磁盘分区形式,单击"确定"按钮完成磁盘的初始化。

> **小知识 MBR 和 GPT 分区**
>
> MBR 分区:MBR 分区是传统的分区方案,其磁盘分区表存储在 MBR 内,MBR 位于磁盘的第一个扇区,使用传统 BIOS 系统的计算机,BIOS 在自检之后,读取 MBR 并将控制权交给 MBR 内的程序代码,然后由此程序代码继续后续的启动工作。它有一些限制,如主分区数不能超过 4 个,硬盘总容量只支持到 2.2 TB。
>
> GPT 分区:GPT 分区模式使用 GUID 分区表,是源自 UEFI 标准的一种较新的磁盘分区表结构的标准。与普遍使用的 MBR 分区方案相比,GPT 提供了更加灵活的磁盘分区机制。此分区形式将磁盘分区表存储在 GPT 内,也是位于磁盘的最前面的几个扇区,而且有主分区表和备份分区表。使用新式的 UEFI BIOS 的计算机,其 BIOS 会先读取 GPT,并将控制权交给 GPT 内的程序代码,然后由此程序代码继续来完成后续启动工作。它有以下优点:一是支持 2 TB 以上的大磁盘,GUID 分区表支持最大卷为 18 EB(1 EB=1024 PB,1 PB=1024 TB);二是分区表自带备份,其中一份被破坏后,可以通过另一份恢复;三是重要的平台操作数据位于分区,而不是位于非分区或隐藏扇区。另外,GPT 分区磁盘有多余的主要及备份分区表来提高分区数据结构的完整性。在大数据、云计算的环境下使用 GPT 分区将成为一种趋势。

步骤 3 将基本磁盘转换为动态磁盘

只有动态磁盘才可以设置跨区卷、带区卷、镜像、RAID-5 等,因此,要想设置以上内容,需要将基本磁盘转换成动态磁盘,具体方法如下。

以磁盘 0 为例,选中"磁盘 0",右击,弹出右键快捷菜单,单击"转换为动态磁盘"命令,弹出选择磁盘的对话框,如图 1-42 所示。

选择"磁盘 0"后,单击"确定"按钮,弹出确定转换磁盘的对话框,如图 1-43 所示。

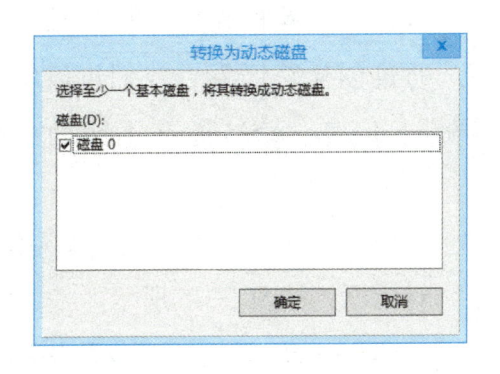

图 1-42 选择磁盘的对话框

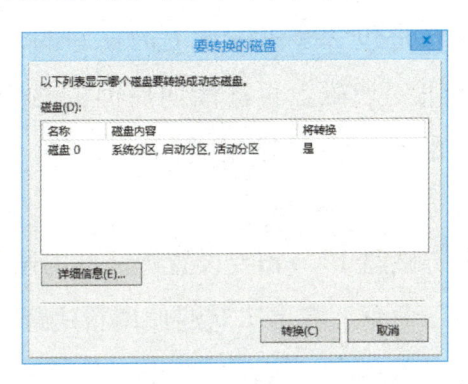

图 1-43 确定转换磁盘的对话框

单击"转换"按钮，弹出警示对话框，如图 1-44 所示。

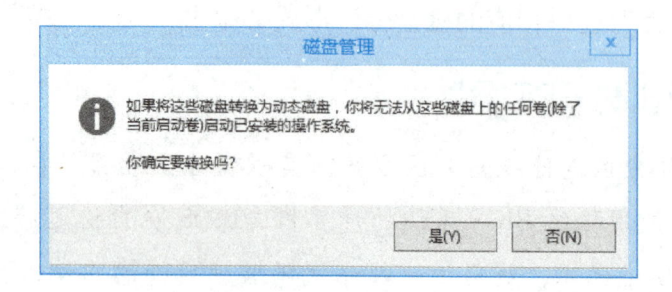

图 1-44　警示对话框

单击"是"按钮，等一会儿（时间长短视磁盘的内容和计算机速度而定）磁盘就会转换完毕。再看"计算机管理"控制台"磁盘管理"下的"磁盘 0"灰色框下面显示"动态"而不是"基本"二字，表示动态磁盘转换成功。

> **小知识　基本磁盘与动态磁盘**
>
> 　　基本磁盘使用主分区、扩展分区和逻辑驱动器来组织数据。格式化的分区也称为卷（术语"卷"和"分区"通常互换使用）。基本磁盘可以有四个主分区或三个主分区和一个扩展分区。扩展分区可以包含多个逻辑驱动器（最多支持 128 个逻辑驱动器）。基本磁盘上的分区不能与其他分区共享或拆分数据。基本磁盘上的每个分区都是该磁盘上的一个独立的实体。
>
> 　　动态磁盘可以包含大量的动态卷（大约 2 000 个），其功能类似于基本磁盘上使用的主分区。在 Windows Server 2012 中，可以将多个独立的动态硬盘合并为一个动态卷，将数据拆分到多个硬盘以提高性能，或者在多个硬盘之间复制数据以提高可靠性。

步骤 4　设置跨区卷

跨区卷是包含多块磁盘上的空间的卷（最多 32 块），向跨区卷中存储数据信息的顺序是存满第一块磁盘再逐渐向后面的磁盘中存储。通过创建跨区卷，我们可以将多块物理磁盘中的空余空间分配成同一个卷，利用了资源。但是，跨区卷并不能提高性能或容错。

选中"磁盘 1"（需要设置跨区卷的第一个磁盘），右击，弹出右键快捷菜单，单击"新建跨区卷"命令，弹出"欢迎使用新建跨区卷向导"对话框，如图 1-45 所示。

单击"下一步"按钮，弹出"选择磁盘"对话框。因为跨区卷需要至少两块硬盘（最多 32 块），所以在这个对话框中，选择左边"可用"文本框中的磁盘，单击"添加"按钮，将磁盘添加到右边"已选的"文本框中。首先选中"可用"文本框下的"磁盘2",单击"添加"按钮,将"磁盘2"添加到"已选的"文本框中,如图1-46所示。

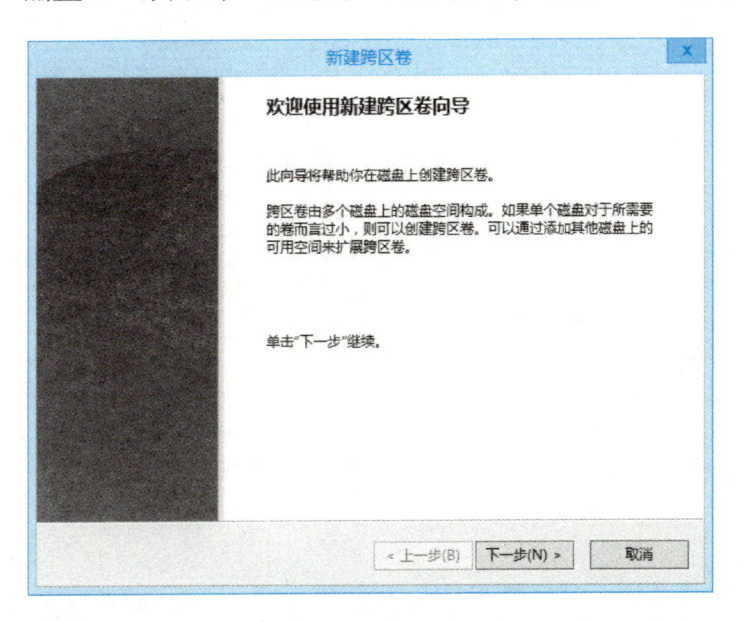

图1-45 "欢迎使用新建跨区卷向导"对话框

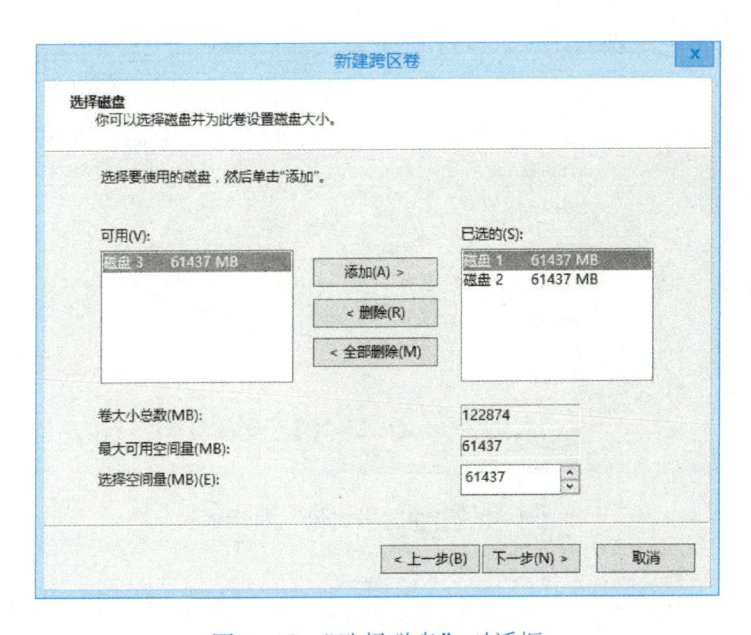

图1-46 "选择磁盘"对话框

使用同样的方法将"磁盘3"也添加到"已选的"文本框中,使卷的容量达到约180 GB。选择完毕,单击"下一步"按钮,弹出"分配驱动器号和路径"对话框,如图1-47所示。

可以分配或不分配驱动器号,本例按照普通用户的习惯,选择了"E"驱动器号,弹出"卷区格式化"对话框,如图1-48所示。

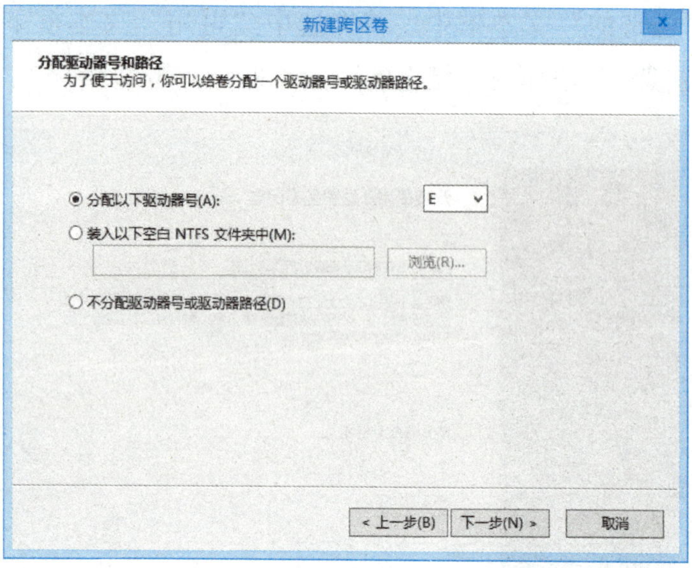

图1-47 "分配驱动器号和路径"对话框

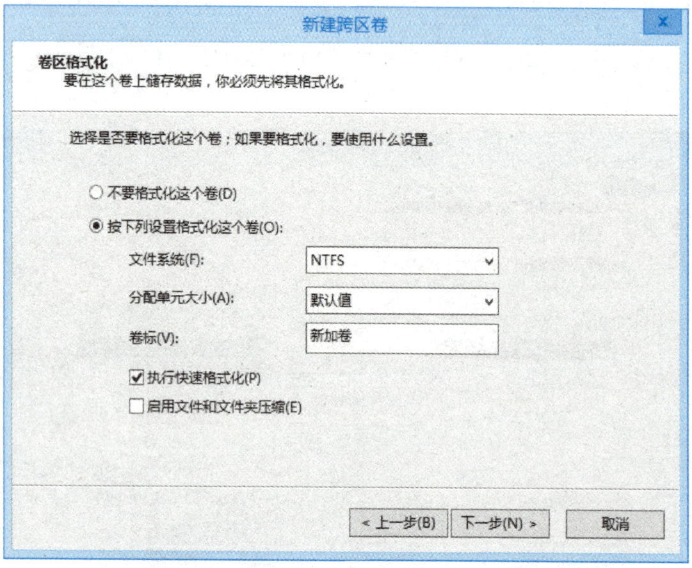

图1-48 "卷区格式化"对话框

选择"NTFS"或"ReFS"格式的文件系统，不能是"FAT"或"FAT32"格式的文件系统，本例选择了"NTFS"格式。卷标可以写一个个性化的名称，以便让用户识别。

选中"按下列设置格式化这个卷"单选按钮，在"文件系统"下拉列表框选择"NTFS"项，在"分配单元大小"下拉列表框选择"默认值"项，在"卷标"文本框中使用默认的"新加卷"内容。如果是旧的磁盘可以选择"执行快速格式化"复选框，如果是新的磁盘不要选择这项。

单击"下一步"按钮，弹出"正在完成新建跨区卷向导"对话框，如图1-49所示。

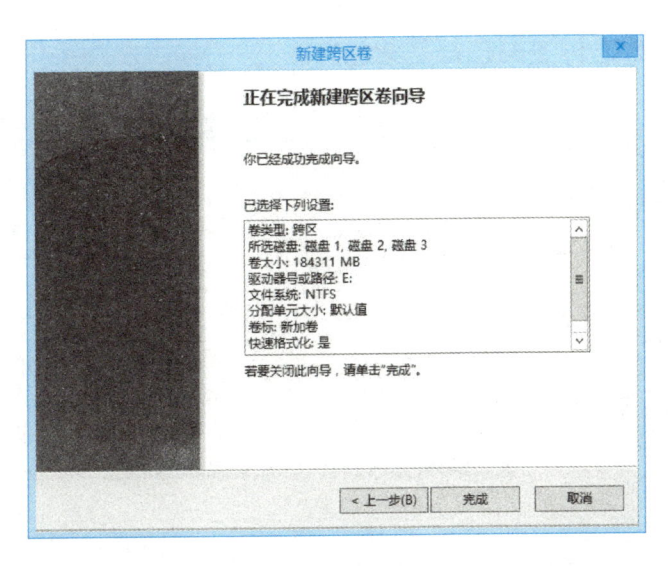

图 1-49 "正在完成新建跨区卷向导"对话框

单击"完成"按钮，就可以完成跨区卷的安装。如果以上磁盘有基本磁盘，会出现类似图 1-44 所示的警示对话框，直接单击"是"按钮，即可将基本磁盘转换为动态磁盘，并完成跨区卷的安装。

小知识　NTFS 文件系统

NTFS 是 Windows 特别为磁盘配额和文件加密等管理安全特性设计的一种磁盘格式。它虽然也是以"簇"为单位来存储文件，但其中簇的大小并不依赖磁盘或分区的大小，簇的缩小降低了磁盘空间的浪费，也减少了产生磁盘碎片的可能。

NTFS 提供长文件名、数据保护和恢复，并通过目录和文件许可实现安全性。NTFS 支持大硬盘和在多个硬盘上存储文件（称为跨越分区）。例如，一个大公司的数据库可能大得必须跨越不同的硬盘。NTFS 提供内置安全性特征，它控制文件的隶属关系和访问。

从 DOS 或其他操作系统上不能直接访问 NTFS 分区上的文件。如果要在 DOS 下读写 NTFS 分区文件的话可以借助第三方软件；Linux 系统中可以使用 NTFS-3G 对 NTFS 分区的进行读写，不必担心数据丢失。这是 Windows NT 安全性系统的一部分，但是，只有在使用 NTFS 时才是这样。

Windows Server 2012 是服务器操作系统，之后我们需要安装配置活动目录、搭建文件服务器等，这些都需要 NTFS 文件系统（或 ReFS 文件系统），使用 FAT32 文件系统无法实现。

完成跨区卷安装后"计算机管理"控制台的内容如图 1-50 所示。

仔细观察，可以看到虽然是 4 个硬盘，但只有"C"和"E"两个磁盘符号，其中"E"盘大小约为 180 GB，正好是 3 个磁盘的总和，3 个物理上独立的磁盘，在逻辑上变成了一个

项目 1　Windows Server 2012 操作系统基本配置方法

磁盘。并且 3 个磁盘的状态标签颜色都是紫色的。

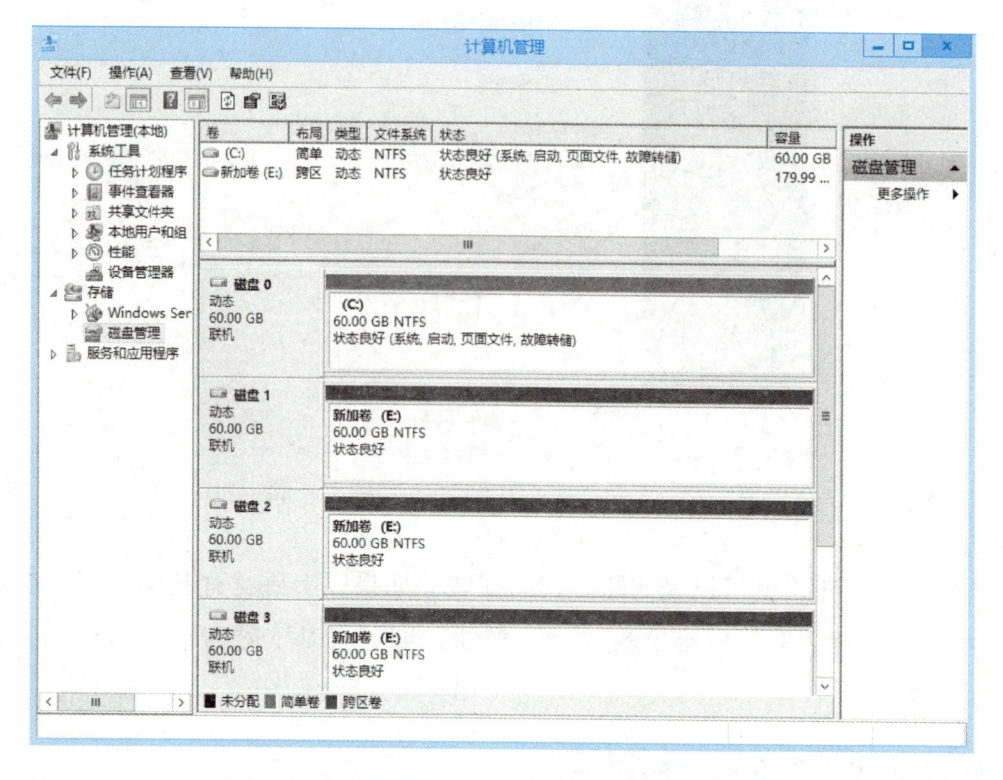

图 1-50　完成跨区卷后的"计算机管理"控制台

> **提个醒**
>
> 如果跨区卷磁盘总容量超过了 2.2TB，则 4 个磁盘都要使用 GPT 分区模式。否则就会出现不支持的问题。其他的带区卷、RAID-5 等也要注意这个问题。

☞ 步骤 5　设置带区卷

带区卷（RAID-0）是由 2 个或多个磁盘中的空余空间组成的卷（最多 32 块磁盘），在向带区卷写入数据时，数据被分割成 64 KB 的数据块，然后同时向阵列中的每一块磁盘写入不同的数据块。这个过程显著提高了磁盘效率和性能，但带区卷不提供容错性。同样的情况下，理论上在传输数据时 3 块硬盘组成的带区卷要比 3 块硬盘组成的跨区卷快 2 倍，磁盘数量越多，传输速度就越快。

设置带区卷和设置跨区卷很类似，具体方法如下：选中"磁盘 1"（需要设置带区卷的第一个磁盘），右击，弹出右键快捷菜单，单击"新建带区卷"命令，弹出"欢迎使用新建带区卷向导"对话框（和图 1-45 类似，只有一字之差），之后出现和创建跨区卷一样的"选择磁盘""分配驱动器号和路径""卷区格式化""正在完成新建带区卷向导"4 个对话框，最后单击"完成"按钮就可以完成带区卷的安装，如图 1-51 所示。

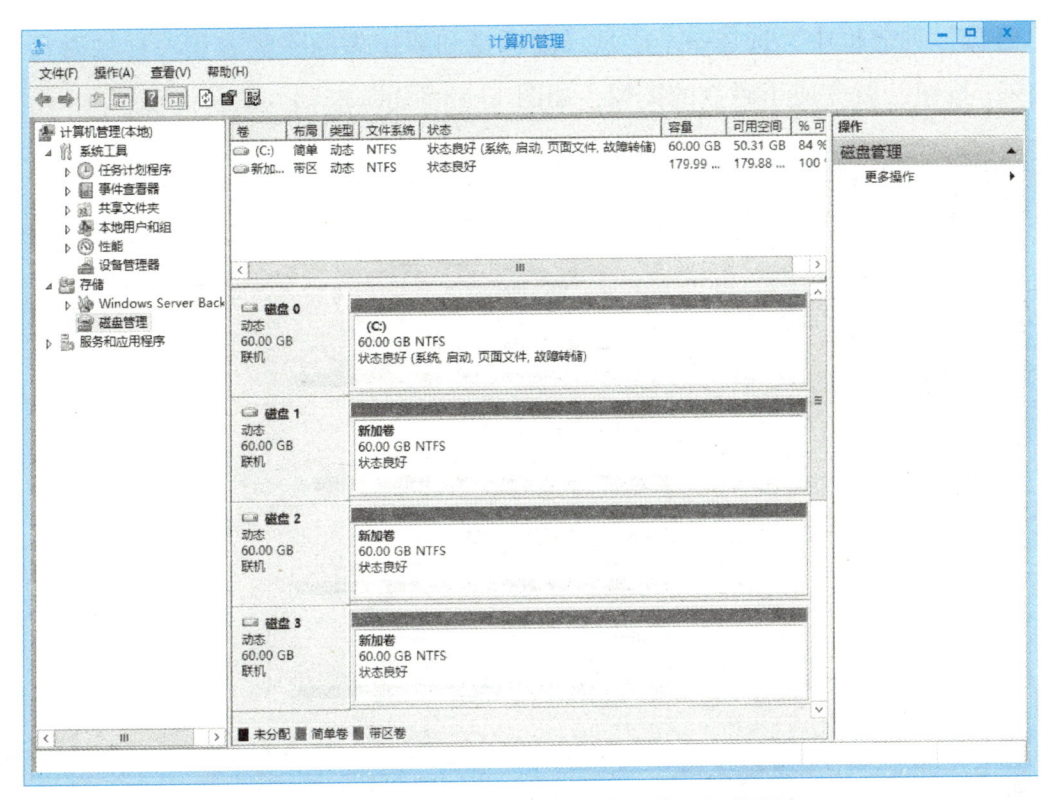

图 1-51 完成带区卷后的"计算机管理"控制台

从表面上看，图 1-50 和图 1-51 只是磁盘标签的颜色不同（带区卷为绿色），其他的如磁盘容量、盘符等都是一样的。但是实质上，带区卷比跨区卷有更高的效率，磁盘越多效率越高。

> **提个醒**
>
> 如果在设置好跨区卷的磁盘上再重新做带区卷时，需要删除步骤 4 设置的跨区卷。方法也很简单，选中跨区卷中的任意一个磁盘，右击，在右键快捷菜单中单击"删除卷"命令，即可删除跨区卷，使用跨区卷的磁盘就全部释放。删除带区卷和删除跨区卷方法类似，这里不再赘述。

步骤 6　设置镜像卷

镜像卷（RAID-1）可以理解为带有一份完全相同的副本的简单卷，它需要两块磁盘，一块存储运作中的数据，一块存储完全一样的那份副本，当一块磁盘失败时，另一块磁盘可以立即使用，避免了数据丢失。

选中"磁盘 0"（需要设置镜像的磁盘），右击，弹出右键快捷菜单，单击"添加镜像"命令，弹出选择磁盘的"添加镜像"对话框，如图 1-52 所示。

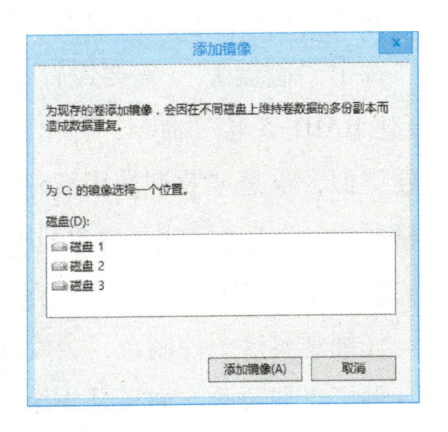

图 1-52 "添加镜像"对话框

35

在"磁盘"列表框中,选择一个磁盘(要选择和要镜像的磁盘容量一样的磁盘),单击"添加镜像"按钮,就完成了磁盘的镜像,如图1-53所示。

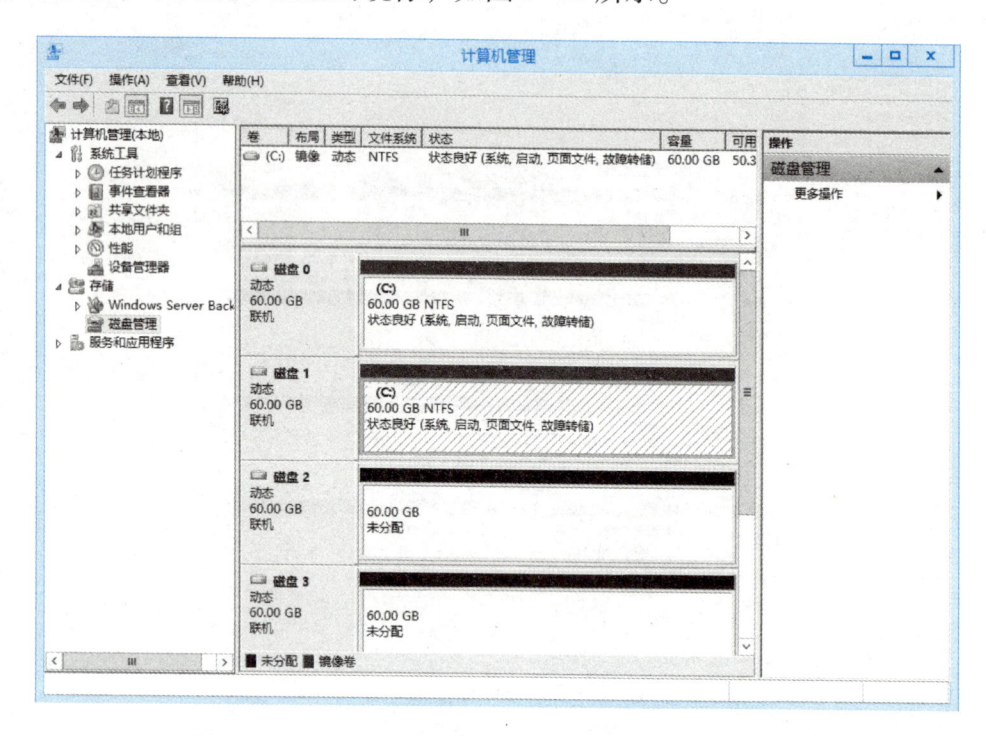

图1-53 完成镜像后的"计算机管理"控制台

从图中可以看到"磁盘0"和"磁盘1"都是"C"盘,但容量却是60 GB。这两个磁盘的内容是完全一样的,并且当一个磁盘内容变化时,另一个也会同步更新。

☞ 步骤7 设置 RAID-5 卷

RAID-5 卷就是含有奇偶校验值的带区卷,Windows Server 2012为卷集中的每个磁盘添加一个奇偶校验值,这样在确保带区卷优越的性能同时,还提供了容错性。RAID-5 卷至少包含3块磁盘,最多32块,阵列中任意一块磁盘失败时,都可以由另两块磁盘中的信息做运算,并将失败的磁盘中的数据恢复。

选中"磁盘1"(需要设置 RAID-5 卷的第一个磁盘),右击,弹出右键快捷菜单,单击"新建 RAID-5 卷"命令,弹出"新建 RAID-5 卷向导"对话框,新建 RAID-5 卷和新建带区卷类似,也是"欢迎使用新建 RAID-5 卷向导""选择磁盘""分配驱动器号和路径""卷区格式化""正在完成新建 RAID-5 卷向导"5个对话框,可以参考步骤4完成。

完成了 RAID-5 卷的"计算机管理"控制台,如图1-54所示。

仔细观察这个控制台,会发现3个60 GB的磁盘总容量只有约120 GB。这是因为有一个磁盘做了奇偶校验,如果是4个60 GB磁盘,RAID-5 卷总容量只有180 GB的,以此类推,最多32块。RAID-5 卷容量只有 $n-1$ 块硬盘的容量大小。

任务 3　管理和配置磁盘系统

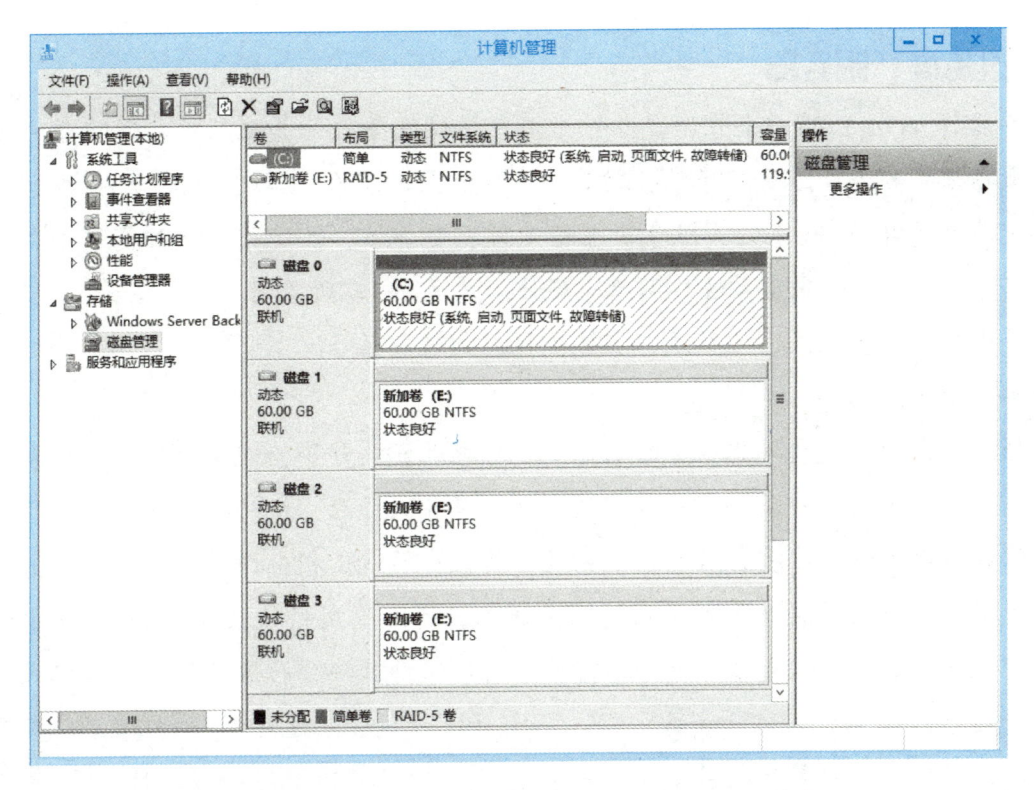

图 1-54　完成 RAID-5 卷后的"计算机管理"控制台

提个醒

新建镜像卷和 RAID-5 卷的磁盘容量和型号必须一样，但跨区卷、带区卷的各个磁盘的容量可以不一致。

☞ 步骤 8　RAID-5 卷的修复

安装成 RAID-5 卷的磁盘，当有一个磁盘有问题后，RAID-5 卷会正常运行，一般情况下需要尽快修复该磁盘，或更换一块同样容量的好磁盘，再重新启动系统，进入到"计算机管理"控制台，选中 RAID-5 卷中的任意一个磁盘，右击，弹出右键快捷菜单，单击"重新激活卷"命令，就可以将该 RAID-5 卷修复完成。

举一反三

1. 将安装 Windows Server 2012 计算机上的磁盘转换为动态磁盘。
2. 试着在 Windows Server 2012 计算机上安装 RAID-5 卷，人工损坏一个磁盘再修复这个 RAID-5 卷。

知识拓展 服务器

服务器（Server）指一个管理资源并为用户提供服务的计算机软件，通常分为文件服务器、数据库服务器和应用程序服务器等。运行以上软件的计算机或计算机系统也被称为服务器。相对于普通 PC 来说，服务器在稳定性、安全性、性能等方面都要求更高，因此 CPU、芯片组、内存、磁盘系统、网络等硬件和普通 PC 有所不同。

从外形分类有机架式、刀片式、塔式和机柜式服务器等。

1. 机架式服务器

选择服务器时首先要考虑服务器的体积、功耗、发热量等物理参数，因为信息服务企业通常使用大型专用机房统一部署和管理大量的服务器资源，机房通常设有严密的保安措施、良好的冷却系统、多重备份的供电系统，其机房的造价相当昂贵。如何在有限的空间内部署更多的服务器直接关系到企业的服务成本，通常选用机械尺寸符合 19 英寸工业标准的机架式服务器。机架式服务器的外形看起来不像计算机，而像交换机。机架式服务器也有多种规格，如 1U（4.45 cm 高）、2U、4U、6U、8U 等。通常 1U 的机架式服务器最节省空间，但性能和可扩展性较差，适合一些业务相对固定的使用领域。4U 以上的产品性能较高，可扩展性好，一般支持 4 个以上的高性能处理器和大量的标准热插拔部件。管理也十分方便，厂商通常提供相应的管理和监控工具，适合大访问量的关键应用，但体积较大，空间利用率不高。

2. 刀片式服务器

刀片式服务器是指在标准高度的机架式机箱内可插装多个卡式的服务器单元，实现高可用和高密度。每一块"刀片"实际上就是一块系统主板。它们可以通过"板载"硬盘启动自己的操作系统，如 Windows Server、Linux 等，类似于一个个独立的服务器，在这种模式下，每一块母板运行自己的系统，服务于指定的不同用户群，相互之间没有关联，因此相较于机架式服务器和机柜式服务器，单片母板的性能较低。不过，管理员可以使用系统软件将这些母板集合成一个服务器集群。在集群模式下，所有的母板可以连接起来提供高速的网络环境，并同时共享资源，为相同的用户群服务。在集群中插入新的"刀片"，就可以提高整体性能。而由于每块"刀片"都是热插拔的，所以，系统可以轻松地进行替换，并且将维护时间降到最少。

3. 塔式服务器

塔式服务器应该是大家见得最多，也最容易理解的一种服务器结构类型，因为它的外形以及结构都跟我们平时使用的立式 PC 差不多，当然，由于服务器的主板扩展性较强、插槽也多，所以体积比普通主板大一些，因此塔式服务器的主机机箱也比标准的 ATX 机箱要大，一般都会预留足够的内部空间以便日后进行硬盘和电源的冗余扩展。

由于塔式服务器的机箱比较大，服务器的配置也可以很高，冗余扩展更可以很齐备，所以它的应用范围非常广，应该说使用率最高的一种服务器就是塔式服务器。我们平时常说的通用服务器一般都是塔式服务器，它可以集多种常见的服务应用于一身，不管是速度应用还是存储应用都可以使用塔式服务器来解决。

4. 机柜式服务器

在一些重要企业中，由于服务器内部结构复杂，内部设备较多，有的还具有许多不同机柜式服务器的设备单元或几个服务器都放在一个机柜中，这种服务器就是机柜式服务器。机柜式服务器通常由机架式、刀片式服务器和其他设备组合而成。

对于证券、银行、邮电等重要企业，则应采用具有完备的故障自修复能力的系统，关键部件应采用冗余措施，对于关键业务使用的服务器也可以采用双机热备份高可用系统或者是高性能计算机，这样的系统可用性就可以得到很好的保证。这样，就大大增加了网络的安全性。

项目 2

活动目录与域用户的管理

项目概述：

本地用户登录网络设置复杂，使用对等网方式安全性极差，整个网络没有一个安全的防护。所以安装 Windows Server 2012 活动目录，将网络从对等网模式改为 C/S 模式，给不同的用户设置不同的安全账户和管理计算机的权限，建立公司的安全防护体系已势在必行。

活动目录（Active Directory）是存储有关网络上对象信息的层次结构。Active Directory 目录服务提供了存储目录数据及网络用户和管理员使用这些数据的方法。Active Directory 存储了有关用户账户的信息，如名称、密码、电话号码等，并允许相同网络上的其他已授权用户访问该信息。

Active Directory 用户账户和计算机账户代表物理实体，如计算机或人。用户账户也可作为某些应用程序的专用服务账户。域用户账户和计算机账户（以及组）也称为安全主体。安全主体是被自动指派了安全标识符（SID，可用于访问域资源）的目录对象。

域用户账户使用户能够利用经域验证后的标识，登录到计算机和域。登录到网络的每个域用户应有自己的唯一账户和密码，授权或拒绝访问域资源。一旦域用户已经过身份验证，那么就可以根据指派给该域用户的关于资源的显式权限，授予或拒绝该域用户访问域资源，管理其他安全主体。Active Directory 在本地域中创建外部安全主体对象，用以表示信任的外部域中的每个安全主体。审核域用户或计算机账户执行的操作，有助于监视账户的安全性。

项目准备：

项目 1 中已安装 Windows Server 2012 基本系统的计算机一台；已安装 Windows 系统的客户端计算机一台。

学习目标：

本项目主要学习如何安装与设置 Active Directory，以及如何创建与管理域用户账户。

任务1　域控制器的安装

任务描述

Windows 管理局域网的资源主要通过域和工作组两种不同网络资源管理模式。

工作组是一个物理的概念，企业中的计算机一般按功能分别列入不同的工作组中，如劳人部的计算机都列入"劳人部"工作组中，财务部的计算机都列入"财务部"工作组中。用户要访问某部门资源时，在"网上邻居"里打开该部门的工作组，就可以看到该部门的计算机，如果该计算机设置了资源共享，用户就可以访问该资源了。

要是退出某个工作组，只需要改动工作组名称即可。用户可以随便加入任一网络上的任何工作组，也可以离开一个工作组。工作组一般用于对等网模式。

Windows 中的域是个逻辑概念，指的是通过某台服务器控制网络上的其他计算机能否加入域的计算机组合。

在域模式下，至少每一台接入网络的计算机和用户的身份验证工作都有一台服务器负责，相当于"门卫"，称为域控制器（Domain Controller，简称 DC），使用 Active Directory 服务的域控制器称为 AD DC。域控制器本身就运行 Active Directory 服务，它包含了这个域的账户、密码、属于这个域的计算机等信息构成的数据库，负责对整个 Windows 域及域中的所有计算机进行管理。当计算机接入网络时，域控制器首先要鉴别这台计算机是否属于这个域、用户使用的登录账号是否存在，以及密码是否正确。这样，就大大增加了网络的安全性。域模式用于 C/S 架构的网络。

小知识　活动目录

活动目录（Active Directory）是 Windows Server 2012 系统中提供的目录服务，用于存储网络上各种对象的相关信息，以便于管理员查找和使用。活动目录是企业 IT 管理的重要组成部分，掌握活动目录对提高 Windows Server 2012 的管理技能具有非常重要的意义。

目录服务就是提供一种按层次结构组织的信息，然后按名称关联检索信息的服务方式。这种服务提供了一个存储在目录中的各种资源的统一管理视图，从而减轻了企业的管理负担。另外，它还为用户和应用程序提供了对其所包含信息的安全访问。活动目录作为用户、计算机和网络服务相关信息的中心，支持现有的行业标准 LDAP（Lightweight Directory

Access Protocol，轻量目录访问协议），使任何兼容 LDAP 的客户端都能与之相互协作，可访问存储在活动目录中的信息，如 Linux、Novell 系统等。

它存储着本网络上各种对象的相关信息，并使用一种易于用户查找及使用的结构化的数据存储方法来组织和保存数据。在整个目录中，通过登录验证及目录中对象的访问控制，将安全性集成到 Active Directory 中。

目录服务可以实现如下的功能：

（1）提高管理者定义的安全性来保证信息不受入侵者的破坏；

（2）将目录分布在一个网络中的多台计算机上，提高了整个网络系统的可靠性；

（3）复制目录可以使得更多用户获得它并且减少使用和管理开销，提高效率；

（4）分配一个目录于多个存储介质中使其可以存储规模非常大的对象。

在创建第一台域控制器的同时，也就创建了第一个域、第一个林和第一个站点，并安装了 Active Directory 服务。

自己动手

☞ 步骤 1　准备服务器

在安装前要保证服务器超级用户 Administrator 具有强密码（即符合密码设置规则的密码）并已启用；该计算机具有静态的 IP 地址。如果超级用户没有强密码，需要重新设置密码。

1. 设置超级用户密码

如果服务器没有设置超级用户密码，需要打开"控制面板"窗口，双击"用户账户"，打开"用户账户"窗口，如图 2-1 所示。

图 2-1　"用户账户"窗口

单击此界面中的"用户账户"超链接,打开"更改账户信息"窗口,如图 2-2 所示。

图 2-2 "更改账户信息"窗口

在此对话框中单击"配置高级用户配置文件属性"超链接,弹出"用户配置文件"对话框,如图 2-3 所示。

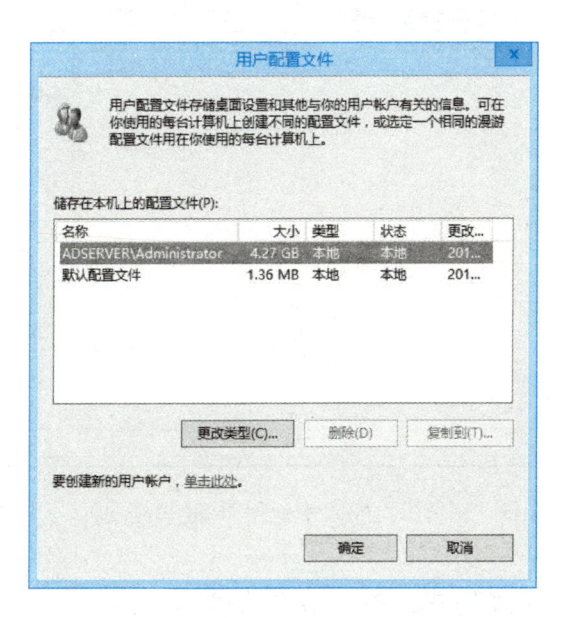

图 2-3 "用户配置文件"对话框

选中超级用户"ADSERVER\Administrator"项,单击下面的"要创建新的用户账户,单击此处"中的超链接,弹出"本地用户和组(本地)"窗口,如图 2-4 所示。

图 2-4 "本地用户和组（本地）"窗口

双击中间窗格的"用户"后会出现已有的用户，如图 2-5 所示。

图 2-5 显示用户的"本地用户和组（本地）"窗口

选中"Administrator"超级用户，单击最右边"Administrator"下面的"更多操作"，会弹出操作菜单，单击菜单中的"设置密码"命令，弹出"为 Administrator 设置密码"警示框，如图 2-6 所示。

在这里要注意，无论原来 Administrator 用户是否有密码，都会清除并重新设置。单击"继续"按钮，弹出"为 Administrator 设置密码"对话框，如图 2-7 所示。

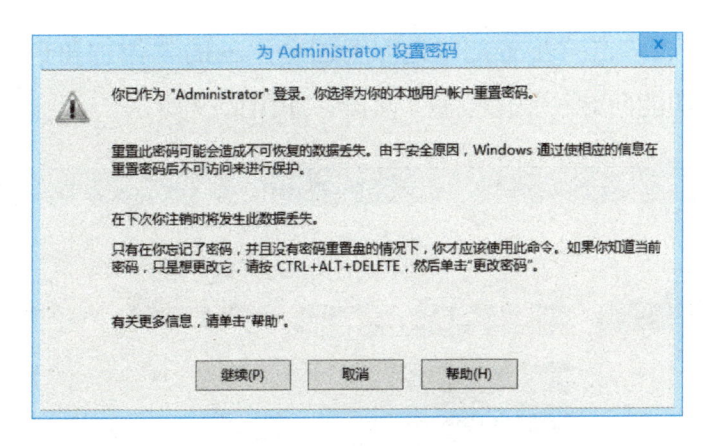

图 2-6 "为 Administrator 设置密码"警示框

在"新密码"和"确认密码"后面的文本框中输入相同的密码，单击"确定"按钮，弹出"密码已设置"提示框，如图 2-8 所示。超级用户 Administrator 的密码就更改成功了，要牢记该密码。

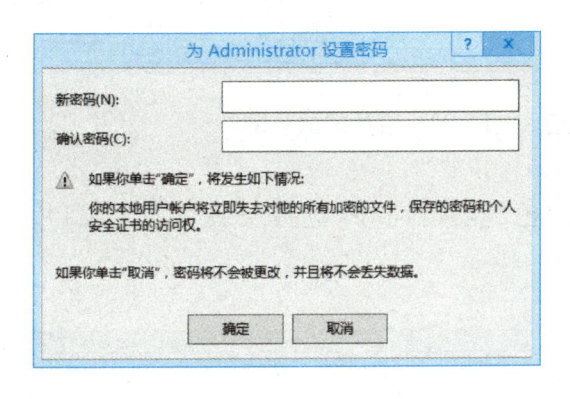

图 2-7 "为 Administrator 设置密码"对话框　　　　图 2-8 "密码已设置"提示框

> **提个醒**
>
> 在域控制器上，密码设置应至少包含 7 个字符，同时密码必须符合复杂性要求：不包含全部或部分的用户账户名；要包含英文大写字母（从 A 到 Z）、英文小写字母（从 a 到 z）、10 个基本数字（从 0 到 9）、非字母字符（如！、$、#、%）四个类别中的字符；更改或创建密码时，会强制执行复杂性要求。

2. 启用超级用户密码

如果已经设置了密码，可以进入到命令输入状态，使用"net user administrator/passwordreq：yes"命令来启用超级用户密码。

☞ **步骤 2　安装"Active Directory 域服务"角色**

启动 Windows Server 2012 后，稍等片刻"服务器管理器"就会自动启动。在"服务器管

项目 2　活动目录与域用户的管理

理器-仪表板"窗口中，单击"配置此本地服务器"下面的"添加角色和功能"项，系统就会弹出"添加角色和功能向导-开始之前"窗口，如图 2-9 所示。

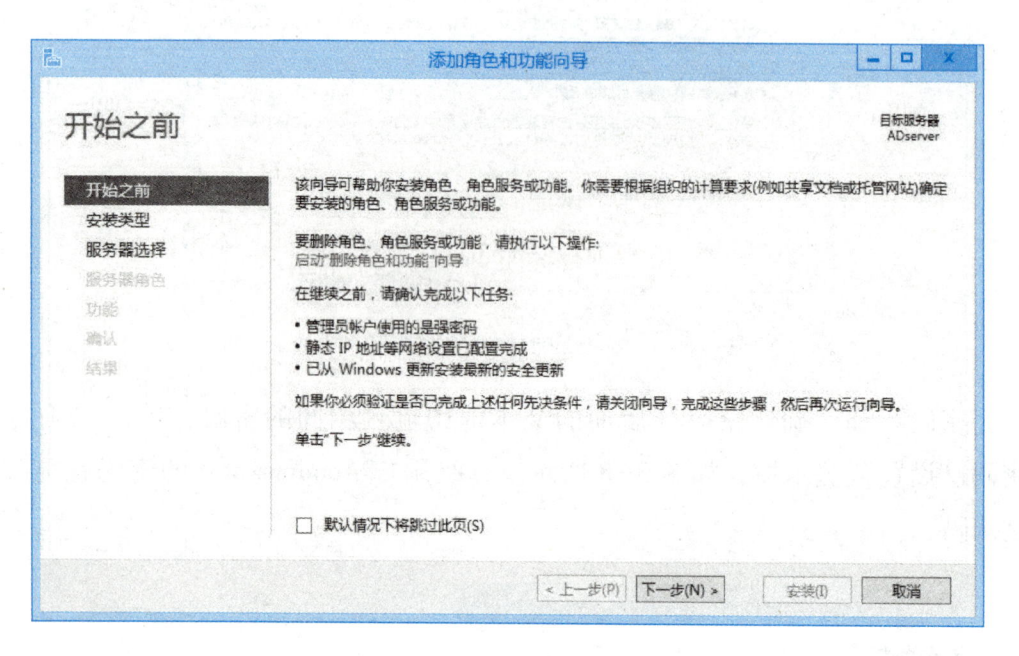

图 2-9　"添加角色和功能向导-开始之前"窗口

单击"下一步"按钮，弹出"添加角色和功能向导-选择安装类型"窗口，如图 2-10 所示。

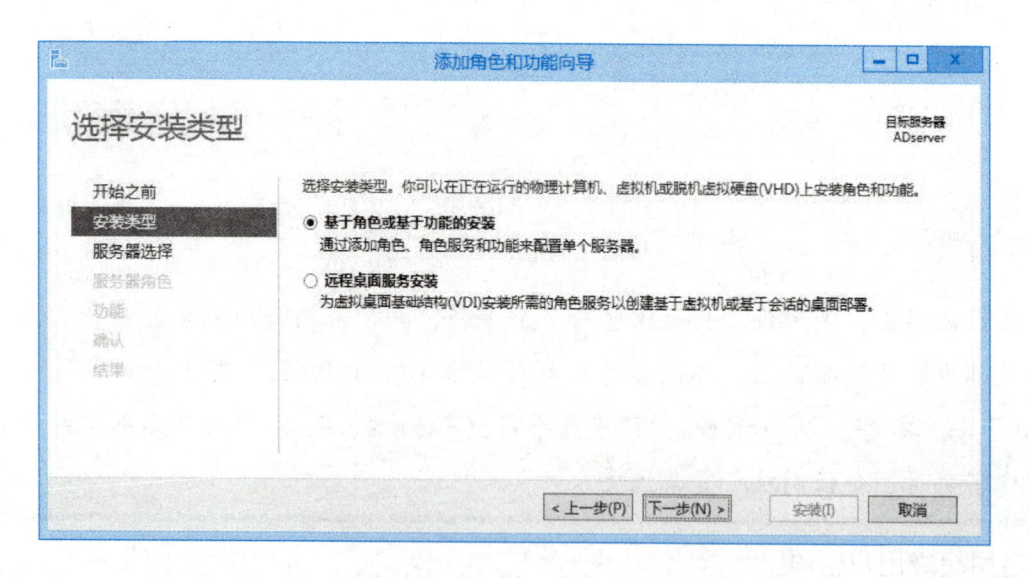

图 2-10　"添加角色和功能向导-选择安装类型"窗口

由于是本地安装，此项选择"基于角色或基于功能的安装"单选按钮，单击"下一步"按钮，弹出"添加角色和功能向导-选择目标服务器"窗口，如图 2-11 所示。

图 2-11 "添加角色和功能向导-选择目标服务器"窗口

在此窗口中,选择"从服务器池中选择服务器"单选按钮,下面"ADserver"服务器已经被选中,单击"下一步"按钮,弹出"添加角色和功能向导"警示框,如图 2-12 所示。

图 2-12 "添加角色和功能向导"警示框

在此对话框中建议选择"包括管理工具(如果适用)"复选框,单击"添加功能"按钮,弹出"添加角色和功能向导-选择服务器角色"窗口,如图 2-13 所示。

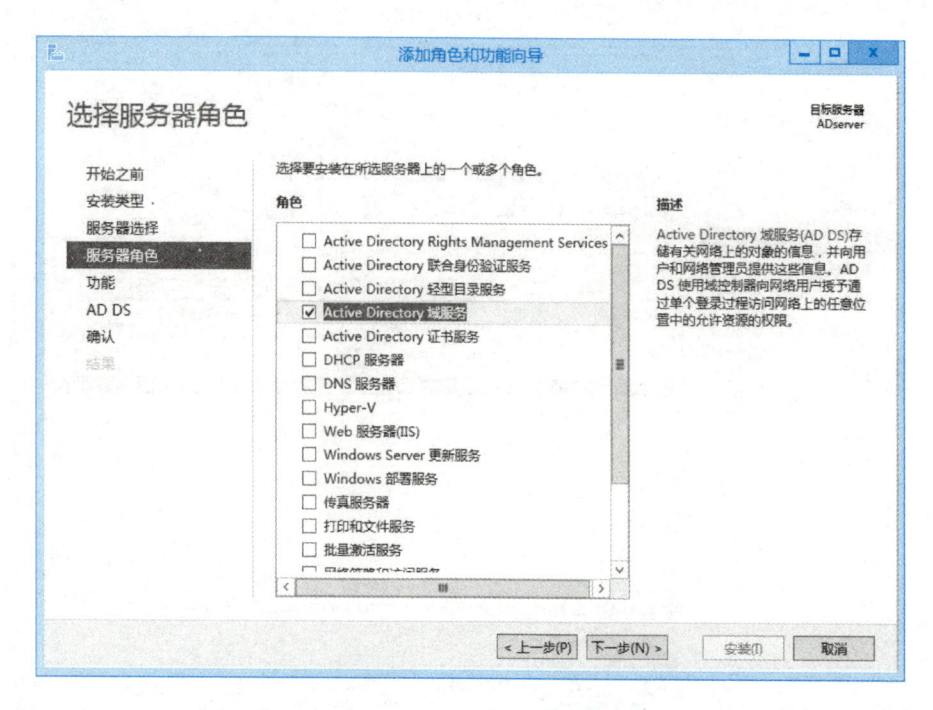

图 2-13 "添加角色和功能向导-选择服务器角色"窗口

在此对话框中可以看到"Active Directory 域服务"项已经被选中，单击"下一步"按钮，弹出"添加角色和功能向导-选择功能"窗口，如图 2-14 所示。

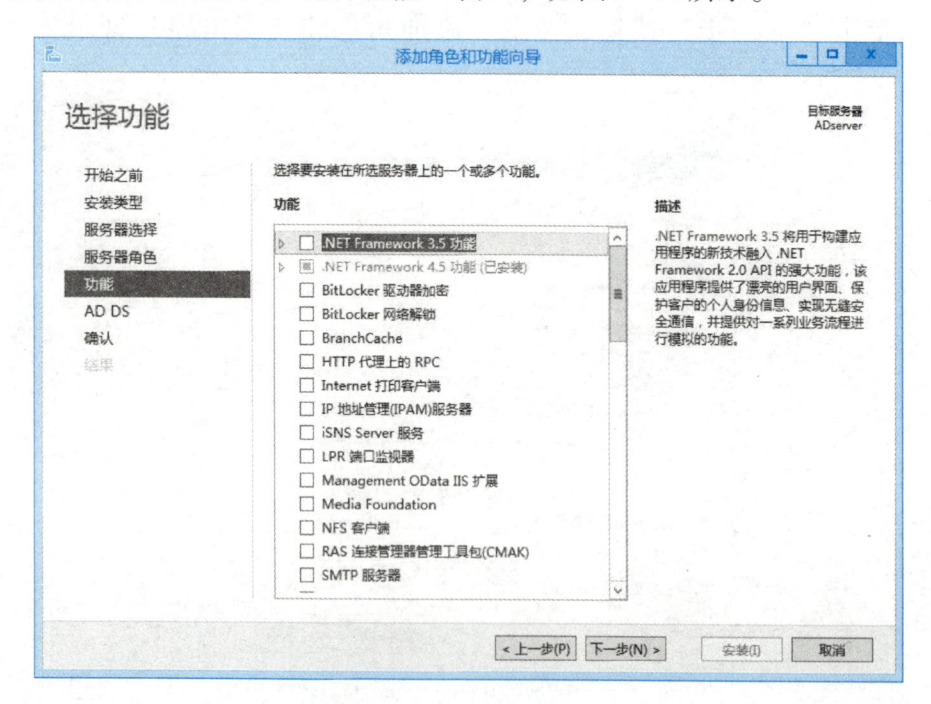

图 2-14 "添加角色和功能向导-选择功能"窗口

在此对话框中不用理会，直接单击"下一步"按钮，弹出"添加角色和功能向导-Active Directory 域服务"窗口，如图 2-15 所示。

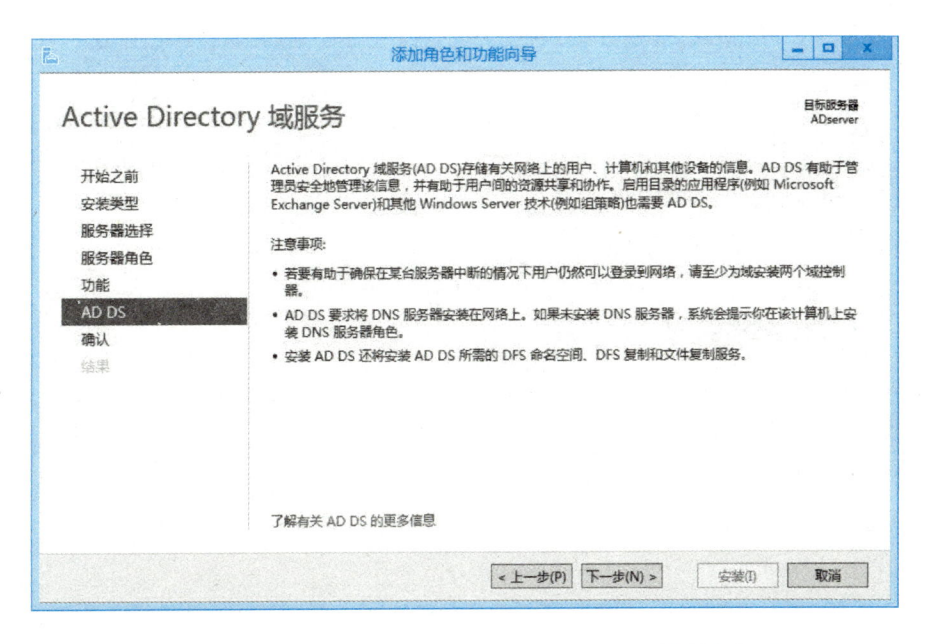

图 2-15 "添加角色和功能向导-Active Directory 域服务"窗口

此窗口中显示了域服务的一些基本要求和注意事项,单击"下一步"按钮,弹出"添加角色和功能向导-确认安装所选内容"窗口,如图 2-16 所示。

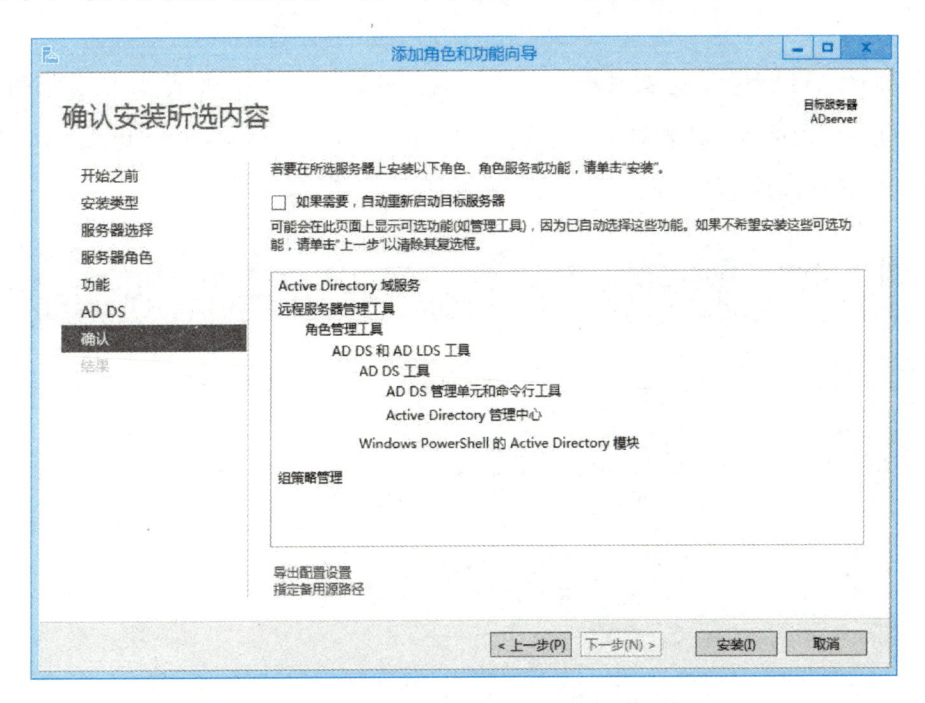

图 2-16 "添加角色和功能向导-确认安装所选内容"窗口

此窗口中说明了最后要安装的具体服务内容,单击"安装"按钮,系统开始安装服务。此过程需要一段时间,当安装的进度条到头,同时出现"已在 ADserver 上安装成功"的字样,表示该服务安装成功,如图 2-17 所示。

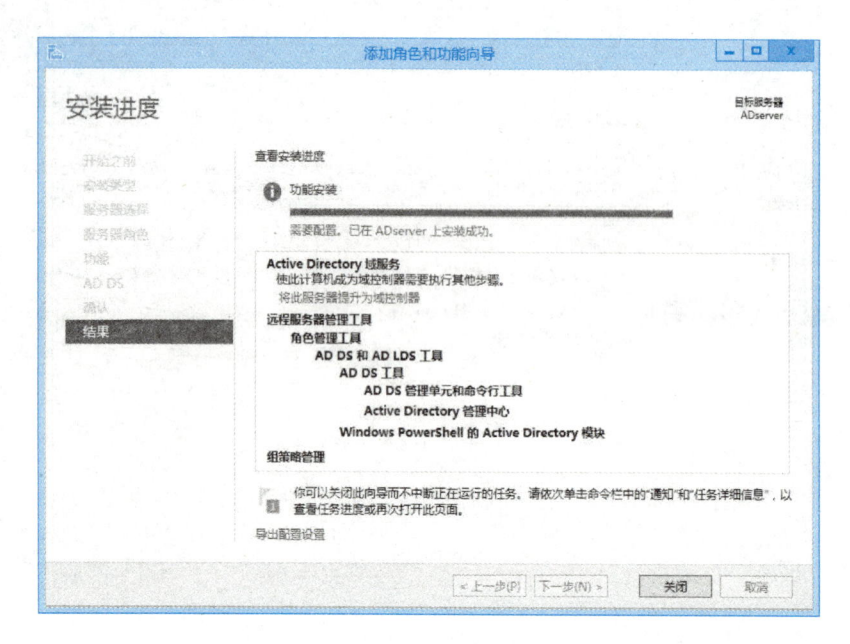

图 2-17 "添加角色和功能向导-安装进度"窗口

单击"关闭"按钮,关闭该窗口即可。

☞ 步骤 3　将计算机配置为域控制器

Active Directory 域服务角色安装完成之后,需要将当前计算机配置为域控制器。具体方法是:在"服务器管理器-仪表板"窗口右上方旗子旁边多了一个黄色图标"!",单击此处,就会出现"部署后配置"面板,如图 2-18 所示。

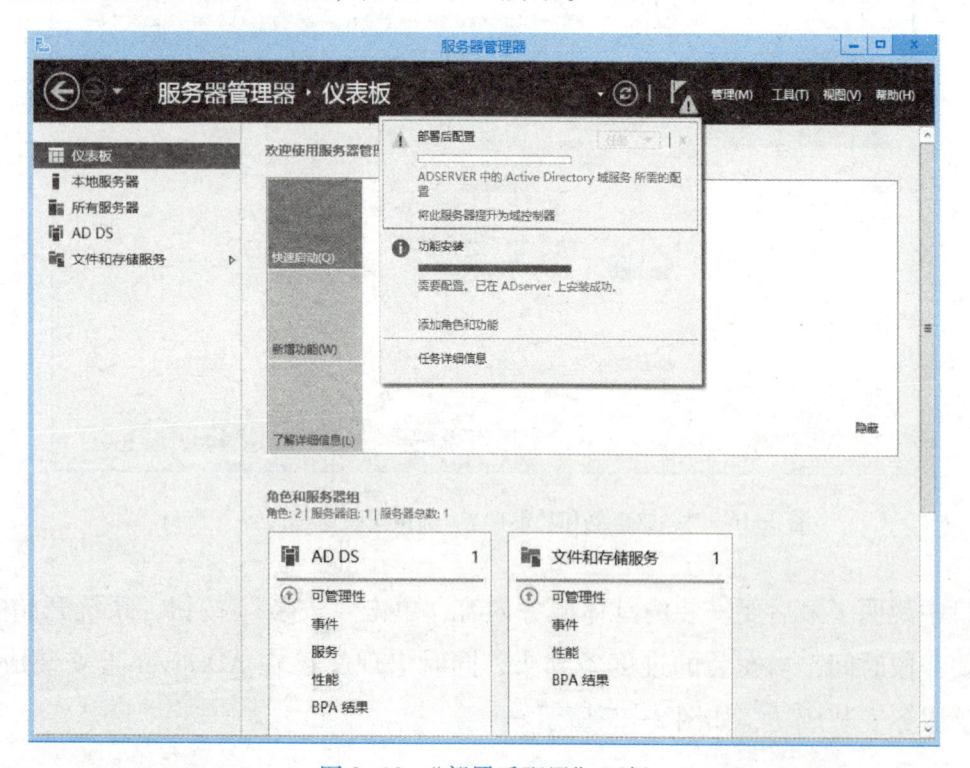

图 2-18 "部署后配置"面板

> **小知识　域控制器**
>
> 域控制器是运行 Active Directory 域服务的 Windows Server 2012 服务器。由于在域控制器上，Active Directory 存储了所有的域范围内的账户和策略信息，如系统的安全策略、用户身份验证数据和目录搜索。账户信息可以属于用户、服务和计算机账户。由于 Active Directory 的存在，域控制器不需要本地安全账户管理器（SAM）。在域中作为服务器的系统可以充当以下两种角色中的任何一种：域控制器或成员服务器。

单击"将此服务器提升为域控制器"超链接，出现"Active Directory 域服务配置向导-部署配置"窗口，开始部署域控制器，如图 2-19 所示。

图 2-19　"Active Directory 域服务配置向导-部署配置"窗口

由于是第一个域控制器，所以需要选择"添加新林（F）"单选按钮，同时在"根域名（R）"后面的文本框中输入域名，如"mysys.local"，单击"下一步"按钮，出现"Active Directory 域服务配置向导-域控制器选项"窗口，如图 2-20 所示。

图 2-20　"Active Directory 域服务配置向导-域控制器选项"窗口

在该窗口中输入两次目录服务还原模式下所需的密码,该密码必须符合密码策略规定的复杂性要求。注意,此密码不同于域超级账户的密码,它只是在特定的情况下才使用。单击"下一步"按钮,出现"Active Directory 域服务配置向导-DNS 选项"窗口,如图 2-21 所示。

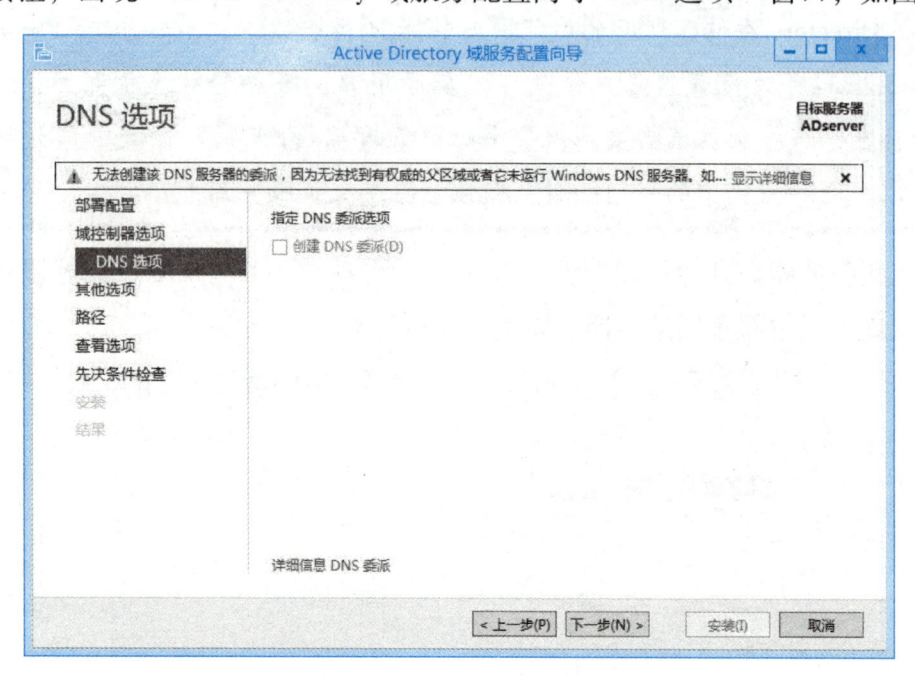

图 2-21 "Active Directory 域服务配置向导-DNS 选项"窗口

在 Windows Server 2012 中安装 Active Directory 需要安装 DNS 服务,但由于"mysys.local"没有注册,同时本计算机也没有指定 DNS 服务器,所以会出现"无法创建该 DNS 服务器的委派……"的警告提示,不用理会,单击"下一步"按钮,出现"Active Directory 域服务配置向导-其他选项"对话框,如图 2-22 所示。

图 2-22 "Active Directory 域服务配置向导-其他选项"对话框

在此对话框中 NetBIOS 域名后面会自动填入域名的名称，一般不用更改，单击"下一步"按钮，出现"Active Directory 域服务配置向导-路径"窗口，如图 2-23 所示。

图 2-23 "Active Directory 域服务配置向导-路径"窗口

该对话框中系统会在"数据库文件夹""日志文件夹""SYSVOL 文件夹"的文本框中填写不同的文件夹，来保存数据库和日志等，一般不用修改，使用默认值即可。

单击"下一步"按钮，出现"Active Directory 域服务配置向导-查看选项"窗口，如图 2-24 所示。

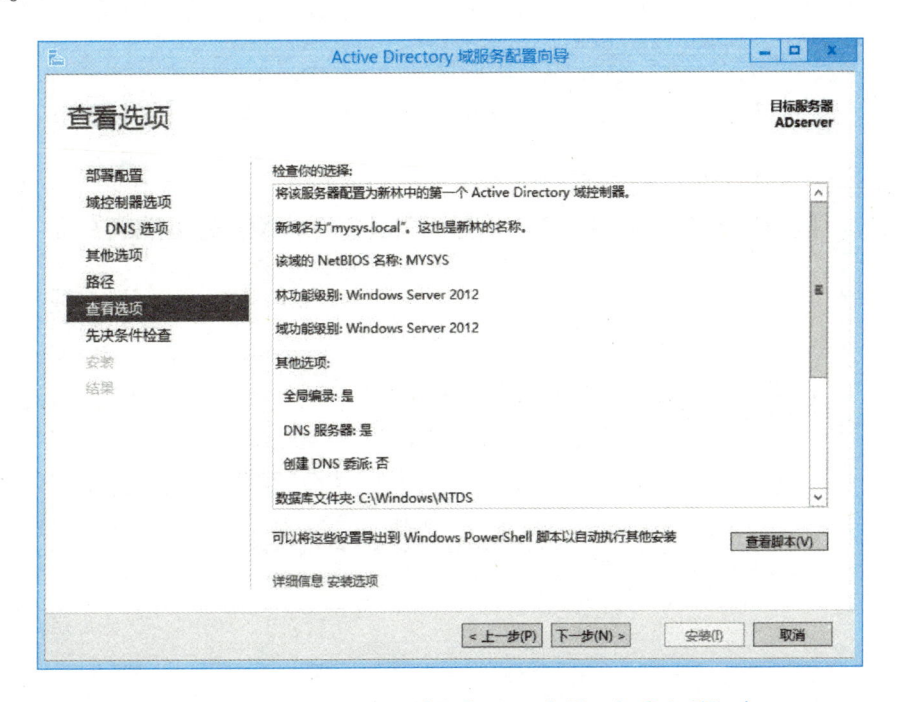

图 2-24 "Active Directory 域服务配置向导-查看选项"窗口

项目 2　活动目录与域用户的管理

单击"下一步"按钮，出现"Active Directory 域服务配置向导-先决条件检查"窗口，如图 2-25 所示。

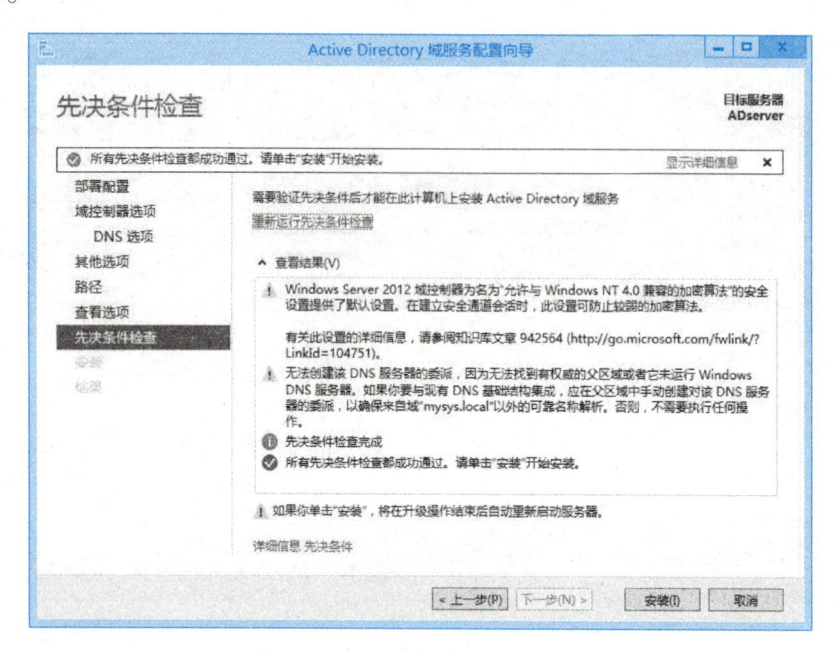

图 2-25　"Active Directory 域服务配置向导-先决条件检查"窗口

> **提个醒**
>
> 如果该服务器没有设置密码，或设置的密码没有达到强密码要求，系统会出现先决条件验证失败的提示，如图 2-26 所示。此时，只能退出安装，将先决条件满足后，再来安装。

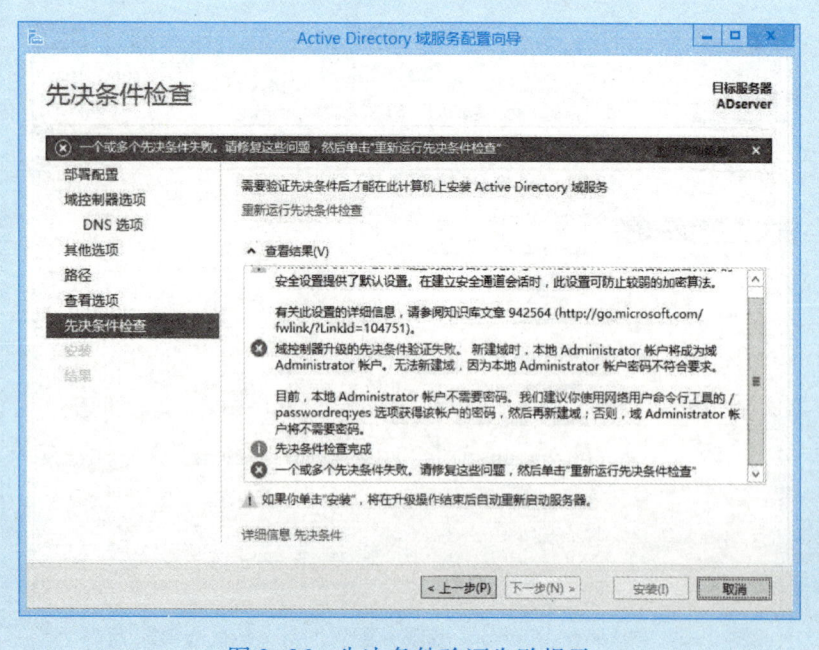

图 2-26　先决条件验证失败提示

单击"安装"按钮，出现"Active Directory 域服务配置向导-安装"窗口，如图 2-27 所示。

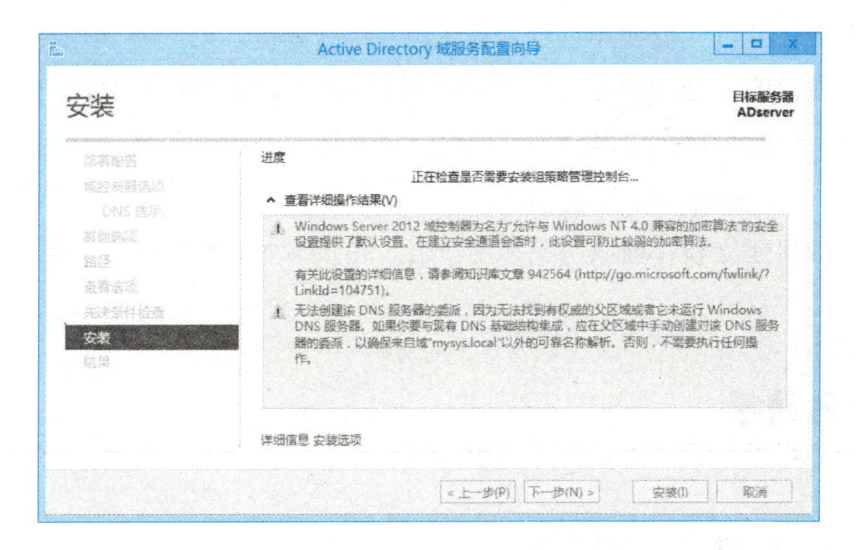

图 2-27 "Active Directory 域服务配置向导-安装"窗口

☞ **步骤 4　完成域服务器角色的安装**

此时，系统开始部署域服务器角色，之后会出现"Active Directory 域服务配置向导-结果"窗口，上面提示域服务器角色部署完毕，系统要重新启动。

系统开始重新启动，完成 Active Directory 域服务角色的安装，同时 DNS 服务也在本机上安装成功。

举一反三

1. 在安装 Windows Server 2012 的计算机上安装 Active Directory 域服务。
2. 查找资料，进一步理解域和域控制器的意义和作用。

任务 2　创建与管理域用户账户

任务描述

在使用联网的计算机时，也有一个代表"身份"的名称，计算机网络中称为"用户"。

项目 2　活动目录与域用户的管理

用户的权限不同，决定了用户对计算机及网络控制的能力与范围。用户有两种不同类型，即只能用来访问本地计算机（或使用远程计算机访问本计算机）的"本地用户账户"和可以访问网络中所有计算机的"域用户账户"。而用户组是为了方便管理批量用户，减少管理的复杂程度而设置的。因此用户组可以分为本地用户组和域用户组，而域用户组又可以分为通信组和安全组。

本任务学会如何建立和管理域用户和用户组。并介绍如何使用域用户登录 Windows 域。

自己动手

👉 步骤 1　创建域用户账户

打开"服务器管理器-仪表板"窗口，在右上方单击"工具"菜单，从中选择"Active Directory 用户和计算机"命令，打开"Active Directory 用户和计算机"控制台，如图 2-28 所示。

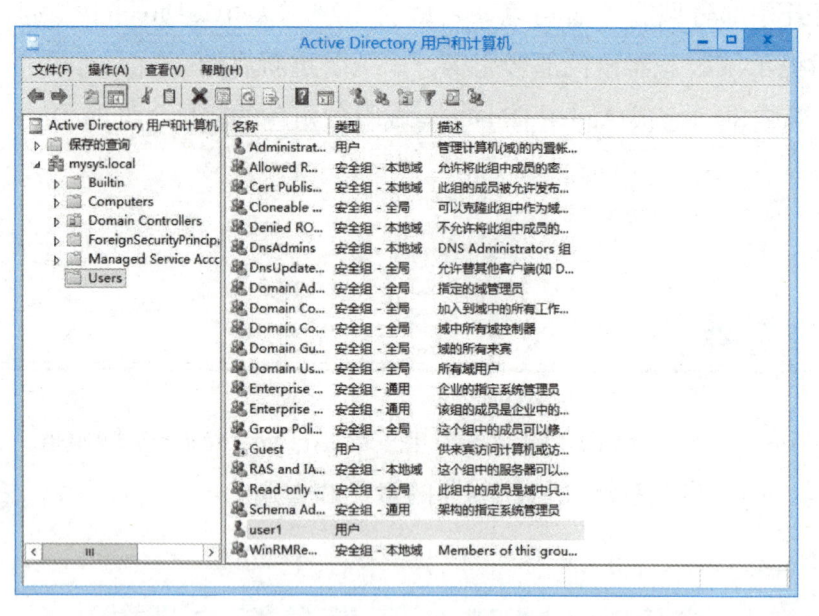

图 2-28　"Active Directory 用户和计算机"控制台

在控制台树中，展开域节点，选中文件夹图标"Users"，右击，在弹出右键快捷菜单中，选择"新建"选项，单击"用户"命令，弹出"新建对象-用户"对话框，如图 2-29 所示。

在"姓""名""英文缩写""姓名"文本框中输入相应内容，在"用户登录名"文本框中输入用户登录名称。本例只是在"姓"后面输入"first"，在"用户登录名"下面也输入"first"，其他项不填写。

图 2-29 "新建对象-用户"对话框

单击"下一步"按钮,弹出输入密码对话框,如图 2-30 所示。

图 2-30 输入密码对话框

在"密码"和"确认密码"文本框中,两次输入同样的用户密码。之后选择适当的密码选项。

这里有 4 个选项,"用户下次登录时须更改密码"项,用于对密码的保密性要求严格的账户,如银行给储户提供的密码一般如此,这样储户才感觉安全。当用户登录后,必须更改密码才能够使用。它不能与其他三个选项同时使用。

本例选择"用户下次登录时须更改密码"复选框。为了减少实验中的麻烦,也可以选择"用户不能更改密码"复选框,再选择"密码永不过期"复选框结合使用,这样在用户登录时不用重新设置密码。

单击"下一步"按钮,显示新建用户完成对话框,如图 2-31 所示。

项目 2　活动目录与域用户的管理

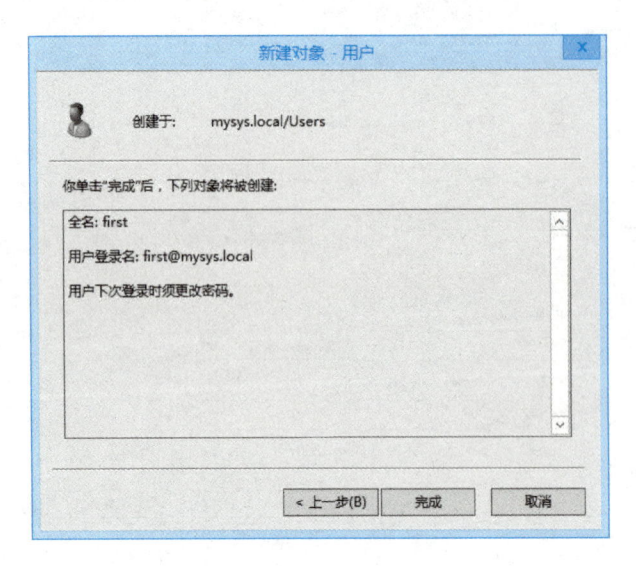

图 2-31　新建用户完成对话框

单击"完成"按钮，完成新用户的创建。

创建新用户后，如果要让该用户账户成为能够允许执行管理任务的组中的成员，可以通过使其成为 Schema、Enterprise 和 Domain Administrators 组的成员，并对该用户账户授予完全管理访问权限，同时将该账户添加到 Schema、Enterprise 和 Domain Administrators 组中，具体方法如下。

在"Active Directory 用户和计算机"控制台中，选中已创建的"first"账户，右击，在右键快捷菜单中，单击"属性"命令，弹出"first 属性"对话框，选择"隶属于"选项卡，如图 2-32 所示。

单击"添加"按钮，弹出"选择组"对话框，如图 2-33 所示。

图 2-32　"隶属于"选项卡　　　　　　图 2-33　"选择组"对话框

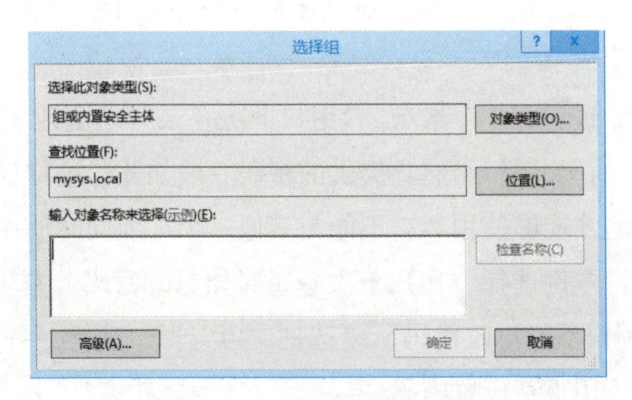

输入三个组名"Schema Admins；Enterprise Admins；Domain Admins"，然后单击"确定"按钮，将所需的组添加到列表中。再回到"隶属于"选项卡，可以看到"隶属于"文本框中多了三个组名称。单击"确定"或"应用"按钮完成该项操作，如图 2-34 所示。

图 2-34 添加组后的"隶属于"选项卡

☞ 步骤 2 将其他计算机加入到域

在客户端计算机上，将其 IP 地址与域控制器的计算机 IP 地址设置到一个网络中。即 IP 地址设为"192.168.31.x"，子网掩码设为"255.255.255.0"。并且在首选 DNS 服务器上填写域控制器计算机的 IP 地址。使用 ping 测试，保证这两台计算机的连通。并使域控制器计算机处于开机状态。

在要添加到域中的计算机上，右击"计算机"，弹出右键快捷菜单，单击"属性"命令，弹出"系统"窗口，如图 2-35 所示。

单击窗口下面计算机名右边的"更改设置"超链接，弹出"系统属性"对话框，如图 2-36 所示。

在该对话框中单击"计算机名"选项卡，再单击"更改"按钮，弹出"计算机名/域更改"对话框，如图 2-37 所示。

在隶属于下选择"域"单选按钮，然后在下面的文本框中输入域名。本例为"mysys.local"。

单击"确定"按钮，弹出输入用户名和密码提示，输入上一步中创建的账户的用户名和密码，如图 2-38 所示。

项目 2　活动目录与域用户的管理

图 2-35　"系统"窗口

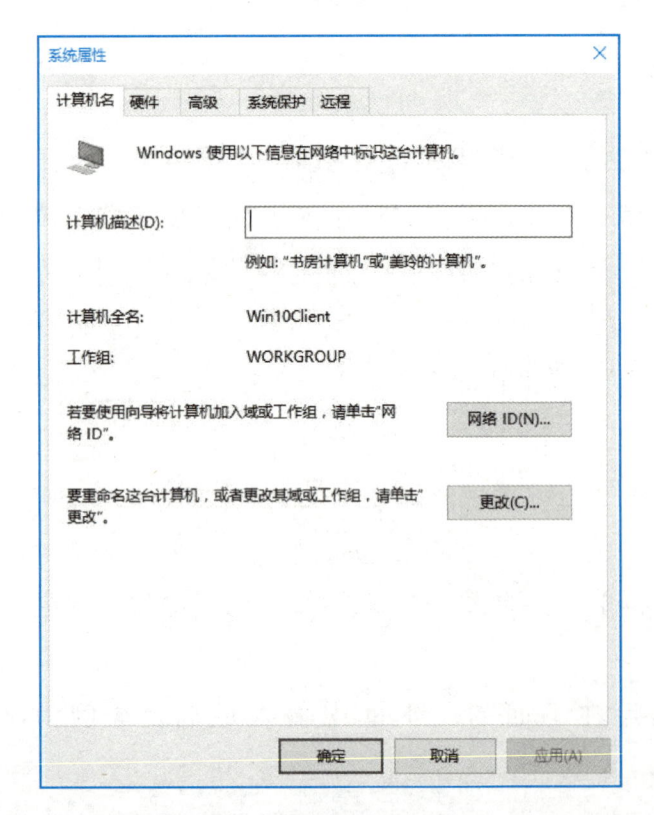

图 2-36　"系统属性"对话框　　　　　图 2-37　"计算机名/域更改"对话框

然后单击"确定"按钮，显示欢迎加入该域的消息对话框，如图 2-39 所示。

图 2-38　输入用户名和密码　　　　　图 2-39　欢迎加入该域的消息对话框

单击"确定"按钮返回到"计算机名"选项卡，然后单击"确定"按钮以完成该项操作。

弹出重新启动计算机提示，重新启动计算机后此计算机就加入了这个域，成为这个域中一个成员。

> **提个醒**
>
> 　　在此输入的用户名不能够是设置为"用户下次登录时须更改密码"项的用户第一次登录，否则会出现错误。解决方法有两个，一是在用户设置时就不选用该项；二是在域控制器下使用该用户名登录一次，并修改密码后使用该用户登录。

☞ 步骤 3　设置登录时间

回到域控制器计算机，在"Active Directory 用户和计算机"控制台上，右击用户账户"first"，弹出右键快捷菜单，单击"属性"命令，弹出用户属性对话框，选择"账户"选项卡，如图 2-40 所示。

单击"登录时间"按钮，弹出用户登录时间的对话框，在该对话框中为该用户设置允许或拒绝的登录时间。设置完成后单击"确定"按钮，如图 2-41 所示。

☞ 步骤 4　新建域用户组

组是用户和计算机账户、联系人及其他可作为单个单元管理的集合。属于特定组的用户和计算机称为组成员。使用组可同时为多个账户指派一组公共的权限和权利，而不用单独为每个账户指派权限和权利，这样可简化管理。

61

项目 2　活动目录与域用户的管理

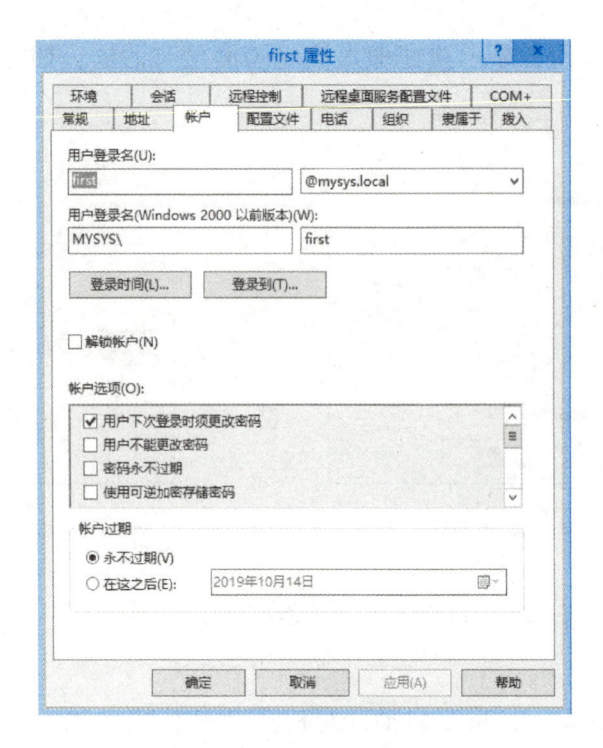

图 2-40　"账户"选项卡

打开"Active Directory 用户和计算机"控制台。在控制台树中，展开域节点，选中添加用户账户的文件夹"Users"，右击，在弹出右键快捷菜单中，选择"新建"选项，单击"组"命令，弹出"新建对象-组"对话框，如图 2-42 所示。

图 2-41　设置允许或拒绝的登录时间　　　　图 2-42　"新建对象-组"对话框

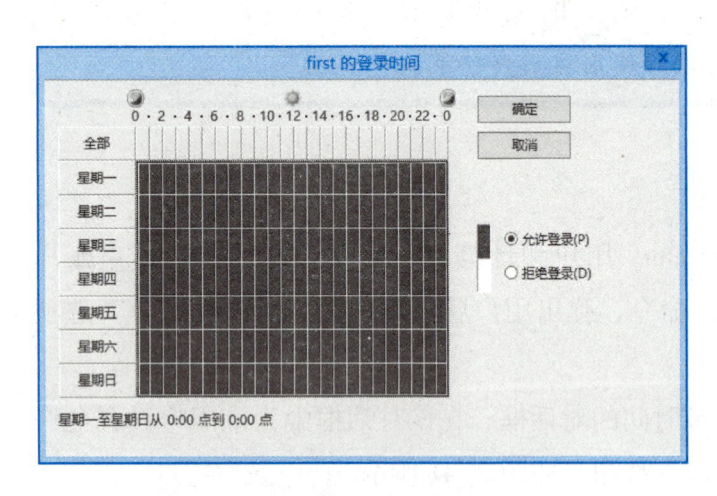

在"组名"下面的文本框中输入新组的名称，本例为"chao"。在默认情况下，输入的名称还将作为新组的 Windows 2000 以前版本的名称。在"组作用域"下面选择"全局"单选按钮。在"组类型"中，选择"安全组"单选按钮，最后单击"确定"按钮，即可添加了一个"chao"组。

> **小知识**
>
> 1. 组作用域
>
> 组（不论是安全组还是通信组）都有一个作用域，用来确定在域树或林中该组的应用范围。有三类不同的组作用域：通用、全局和本地域。
>
> 通用组的成员可包括域树或林中任何域中的其他组和账户，而且可在该域树或林中的任何域中指派权限。
>
> 全局组的成员可包括只在其中定义该组的域中的其他组和账户，而且可在林中的任何域中指派权限。
>
> 本地域组的成员可包括 Windows Server 2012、Windows Server 2008、Windows 2003 或 Windows 2000 域中的其他组和账户，而且只能在域内指派权限。
>
> 2. 组类型
>
> 在 Active Directory 中有两种类型的组：通信组和安全组。可以使用通信组创建电子邮件通信组列表，使用安全组给共享资源指派权限。

☞ 步骤 5　将成员添加到组

选中新创建的组"chao"，右击，在弹出的右键快捷菜单中，单击"属性"命令，弹出组属性对话框，选择"成员"选项卡，如图 2-43 所示。

图 2-43　"成员"选项卡

单击"添加"按钮，弹出"选择用户、联系人、计算机、服务账户或组"对话框，如图 2-44 所示。

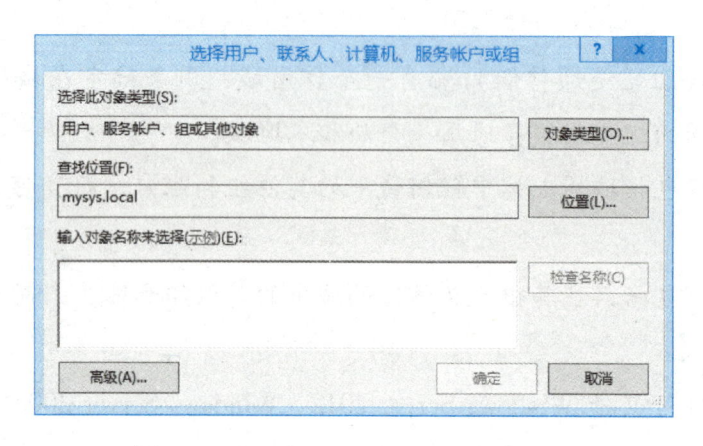

图 2-44 "选择用户、联系人、计算机、服务账户或组"对话框

在"输入对象名称来选择"文本框中，输入要添加到组的用户、组或计算机的名称，然后单击"确定"按钮。再回到"成员"选项卡就会看到新添加的用户了。

☞ 步骤 6　新建组织单位（OU）

组织单位是 Active Directory 容器，可以将用户、组、计算机和其他组织单位放入其中。可以创建组织单位以反映本公司的职能机构和业务机构。每个域都可以实现其自己的组织单位层次结构。如果本公司有几个域，在每个域中创建的组织单位结构可以与其他域中的结构相互独立。

在指定组策略设置或委派管理权限时，组织单位是最小的作用域或单位。通过使用组织单位，可以在一个域中创建能够反映本公司的层次结构或逻辑结构的容器。这样能够根据本公司的组织模型来管理账户和资源的配置及使用。

组织单位中可以包含用户、组、计算机、打印机和共享文件夹，以及不限数量的其他组织单位，但不能包含其他域中的对象。

新建组织单位的方法是：以管理员的身份登录到系统。打开"Active Directory 用户和计算机"控制台。在控制台树中，选中要在其中添加组织单位的域节点，右击，在弹出的右键快捷菜单中，选择"新建"项目，单击"组织单位"命令，弹出"新建对象-组织单位"对话框，如图 2-45 所示。

在"名称"文本框中，输入新对象的名称，本例为"人事部"，然后单击"确定"按钮。同时将"防止容器被意外删除"复选框选中。这样在控制台中就创建了一个带有"人事部"名称的项目，并显示相应的图标。现在，就可以向此组织单位中添加其他对象了，如用户、计算机、组及其他组织单位。

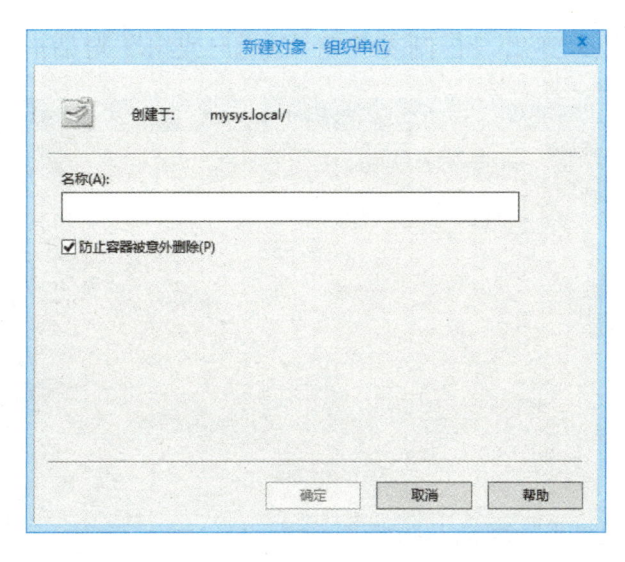

图 2-45 "新建对象-组织单位"对话框

步骤 7　委派组织单位的控制

通过委派管理，可以为适当的用户和组指派一定范围的管理任务。可以为普通用户和组指派基本管理任务，而让 Domain Admins 和 Enterprise Admins 组的成员执行域范围和林范围的管理。通过委派管理，可以使组织内的组更多地控制本地网络资源。还可以通过限制管理员组的成员，保护网络不受意外或恶意的损伤。

打开"Active Directory 用户和计算机"控制台，展开项目树，选中要为其委派控制的组织单位，右击，在弹出的右键快捷菜单中，单击"委派控制"命令。启动"控制委派向导"程序，弹出"控制委派向导-欢迎使用控制委派向导"对话框，如图 2-46 所示。

图 2-46 "控制委派向导-欢迎使用控制委派向导"对话框

单击"下一步"按钮，弹出"控制委派向导-用户或组"对话框，如图 2-47 所示。

图 2-47 "控制委派向导-用户或组"对话框

单击"添加"按钮，弹出"选择用户、计算机或组"对话框，如图 2-48 所示。

图 2-48 "选择用户、计算机或组"对话框

在"输入对象名称来选择"文本框中，输入要添加的用户名，单击"确定"按钮，回到"控制委派向导-用户或组"对话框，可以看到已经选定的组用户"chao"，如图 2-49 所示。

图 2-49 添加了组用户的"控制委派向导-用户或组"对话框

然后单击"下一步"按钮，弹出"控制委派向导-要委派的任务"对话框，如图2-50所示。

图2-50 "控制委派向导-要委派的任务"对话框

选择"创建、删除和管理用户账户"权限，单击"下一步"按钮，弹出"控制委派向导-完成控制委派向导"对话框，如图2-51所示。

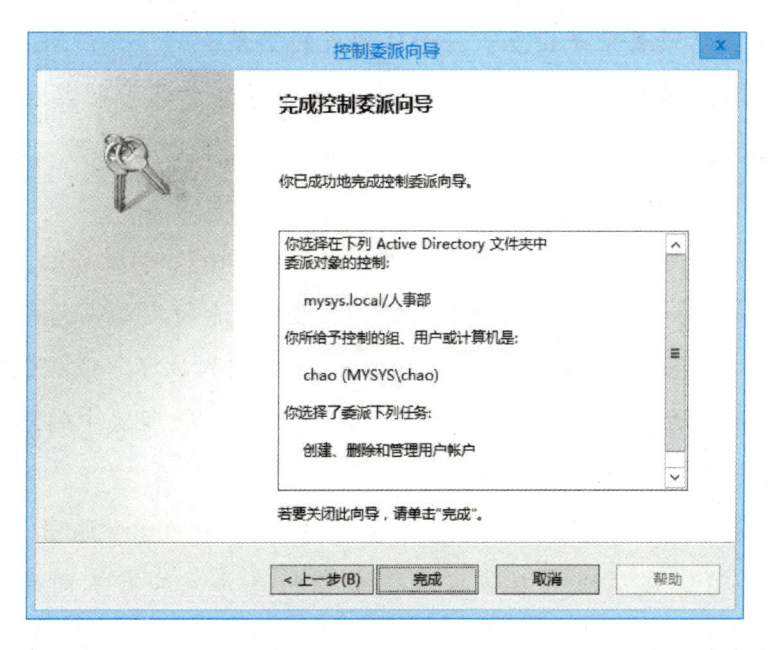

图2-51 "控制委派向导-完成控制委派向导"对话框

单击"完成"按钮，完成委派组织单位的控制。

举一反三

1. 在计算机上创建两个域用户和一个组。
2. 给以上两个用户委派"修改组成员身份"和"读取所有用户信息"的控制。
3. 将一个安装了 Windows 系统的计算机加入到这个域控制器中。

知识拓展　活动目录和域

从 Windows NT Server 开始，微软就开始使用域，并将此作为网络环境中最重要的核心单位。从 Windows 2000 Server 开始，微软提供了活动目录（Active Directory）服务。活动目录和域成了学习 Windows 服务器操作系统时最重要，也是最难理解的两个概念。

简单讲，活动目录主要是利用 Active Directory 服务器记载网络中所有对象的相关信息。共享同一个 Active Directory 数据库的计算机所构成的集合便是一个域。

从活动目录的角度看，域是活动目录的一个分区单位，活动目录可以由单个域组成，也可以由多个域组成。多重域结构更具有弹性，管理上也更复杂。

从域的角度看，活动目录是由至少一个域组成的集合。

域中的计算机按照其功能，可以分成域控制器（包括主域控制器和辅助域控制器）、成员服务器（DNS 服务器、DHCP 服务器、文件服务器、打印服务器、Web 服务器、FTP 服务器等）和工作站三种角色。

安装了 Windows Server 2012 系统而且启用了 Active Directory 服务的计算机，即为域控制器，简称 DC。该服务器在域中扮演运行核心的地位，除特定的网络管理人员之外，应限制其他人登录域控制器，以防止 Active Directory 数据遭到破坏。域控制器主要负责提供 Active Directory 服务；存储和复制 Active Directory 数据库；管理域中的活动，包括"用户登录""身份验证"和"目录查询"等。

安装了 Windows Server 2012 系统，未启用 Active Directory 服务且加入域的计算机，称为成员服务器。成员服务器依据提供服务的差异，具有不同的称呼，如 DHCP 服务器、文件服务器、Web 服务器等。它们在域中都需要受到 Active Directory 的管控。

所有安装了 Windows 10、Windows 8、Windows Workstation 系统，且加入域的计算机都是工作站。用户可以利用这些工作站访问域中的资源、执行应用程序。

域外的计算机只有两个角色，独立服务器和一般客户端计算机。安装各版本的 Windows Server 系统，且未加入域的计算机，均视为"独立服务器"，它一旦加入域后，角色即转换为"成员服务器"。相反，"成员服务器"如果退出域，则又回到"独立服务器"角色。如果在"独立服务器"安装 Active Directory，则升为"域控制器"。

无论安装何种操作系统，只要未加入域，又不是独立服务器，都可以视为一般客户端计算机。用户可以利用域账户，通过客户端计算机连接域和域中的服务器。

项目 3

安装与配置文件服务器

项目概述：

公司的防护体系建成了，小韩开始考虑解决文件安全存储的问题。准备再配置两台文件服务器，设置文件和资源共享，设置资源的访问权限，并创建分布式文件系统方便用户使用。

每个企业都会提供内部数据的集中管理、存储、共享与保护。在网管员日常的工作中，文件服务器是经常打交道的对象。可能大家都有这样的一个问题，相同内容的资料，每台计算机上都有，既重复占用空间，又造成资源浪费。同时由于传送、复制时的错误，可能造成同一份资料数据内容不一致，甚至给单位造成损失。在网络中使用简单的文件共享，则存在共享资料的安全性不能得到保障，每个用户的空间配额分配不易等诸多弊端。通过本项目的学习能够有效地解决以上问题。

项目准备：

本项目需要4台计算机：第1台是项目2中已安装 Windows Server 2012 的域控制器计算机。第2台和第3台是加入以上域的已安装 Windows Server 2012 系统的成员服务器。第4台为 Windows 客户机（可以是 Windows 10 等系统）。具体见各任务描述。

学习目标：

通过本项目的学习，可以配置企业文件服务器，对单位内部数据进行有效管理和应用，初步建立分布式文件系统等内容。通过完成本项目的各任务后，既能提高服务器存储空间的使用效率，也能提高数据的安全性。

任务 1　设置文件服务与资源共享

任务描述

文件服务并不是 Windows Server 2012 默认的安装组件。一台服务器要实现文件服务的功能，需要手工添加该服务。在文件服务器的安装过程中，首先要在 Windows Server 2012 上进行服务器角色配置，建立文件服务器，还要设置磁盘的配额及添加一个共享文件夹，并设置该共享文件夹的权限，以实现文件服务功能。

本任务就是在 Windows Server 2012 上配置文件服务器，并且展示配置共享资源的过程。

本任务需要 3 台计算机，一台为已安装 Active Directory 的域控制器，在域控制器下建立两个域用户，用户名分别为 "usera" 和 "userb"。另一台是成员服务器，本任务就是要在这台计算机上安装文件服务器，服务器名为 "FServer"，IP 为 "192.168.31.115"，子网掩码为 "255.255.255.0"，首选 DNS IP 地址为域控制器计算机的 IP 地址，本例为 "192.168.31.108"。同时将该服务器加入到已安装 "mysys.local" 的 Windows 域中。第 3 台为 Windows 客户机。

自己动手

步骤 1　建立域用户

启动项目 2 完成的域控制器的计算机，在 "mysys.local" 域下建立 "usera" 和 "userb" 两个用户，不设权限，保持域控制器的启动状态。

步骤 2　设置固定 IP 地址

将另一台计算机安装好 Windows Server 2012 后，按照项目 1 任务 1 步骤 7 的方法将此台计算机的 IP 地址设为 "192.168.31.115"，子网掩码为 "255.255.255.0"，首选 DNS IP 地址为域控制器计算机的 IP 地址，本例为 "192.168.31.108"。IPv6 的 IP 也要设置一个，但是不能和域控制器的 IPv6 地址相同。

项目 3　安装与配置文件服务器

☞ **步骤 3　更改计算机名并加入到域**

按照项目 2 任务 2 中步骤 2 的方法将此台计算机（IP 地址"192.168.31.115"）的名称更改为"FServer"，并加入到"mysys.local"域中。

☞ **步骤 4　配置文件服务器**

重新启动"FServer"服务器，在"服务器管理器-仪表板"窗口中，单击"添加角色和功能"超链接，弹出"添加角色和功能向导-开始之前"窗口，如图 3-1 所示。

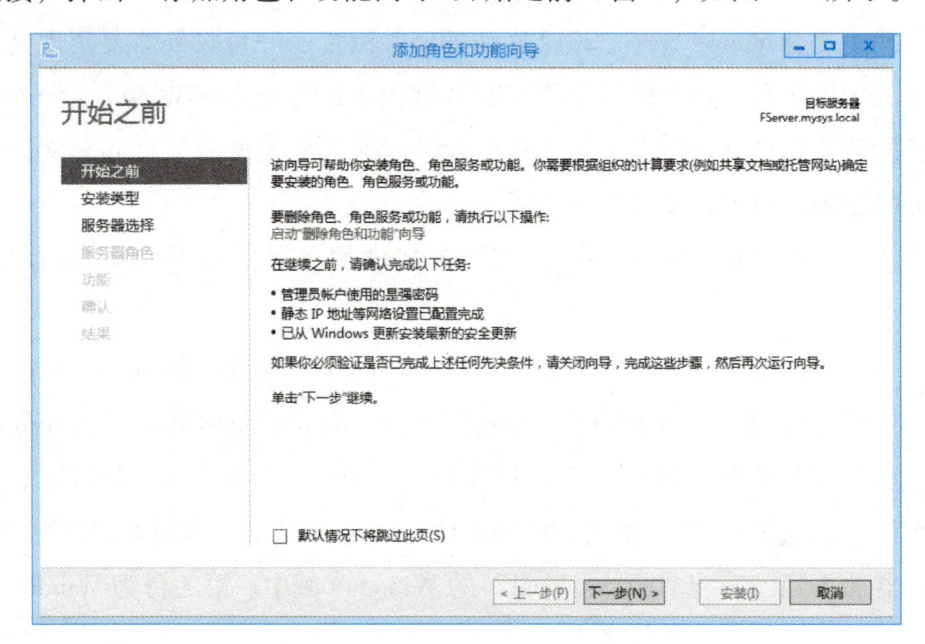

图 3-1　"添加角色和功能向导-开始之前"窗口

单击"下一步"按钮，弹出"添加角色和功能向导-选择安装类型"窗口，如图 3-2 所示。

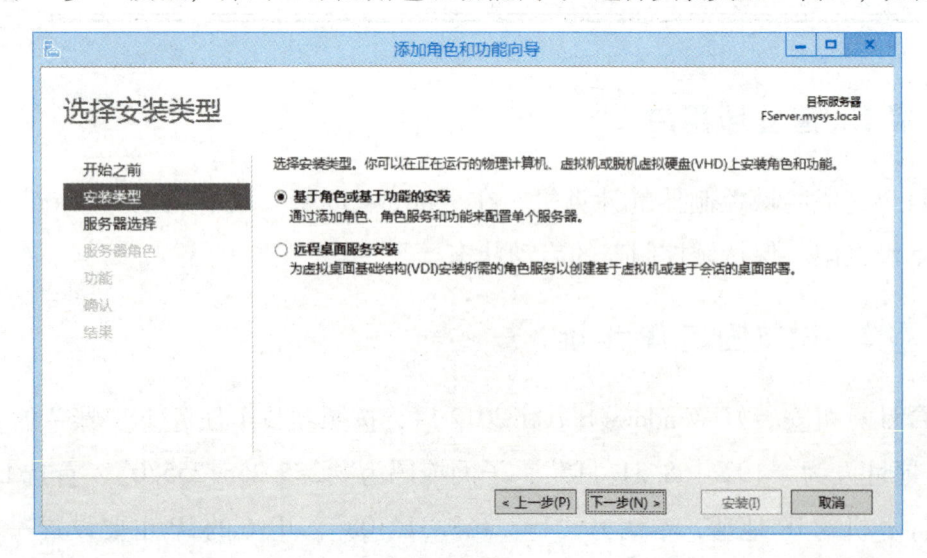

图 3-2　"添加角色和功能向导-选择安装类型"窗口

选择"基于角色或基于功能的安装"单选按钮,单击"下一步"按钮,弹出"添加角色和功能向导-选择目标服务器"窗口,如图 3-3 所示。

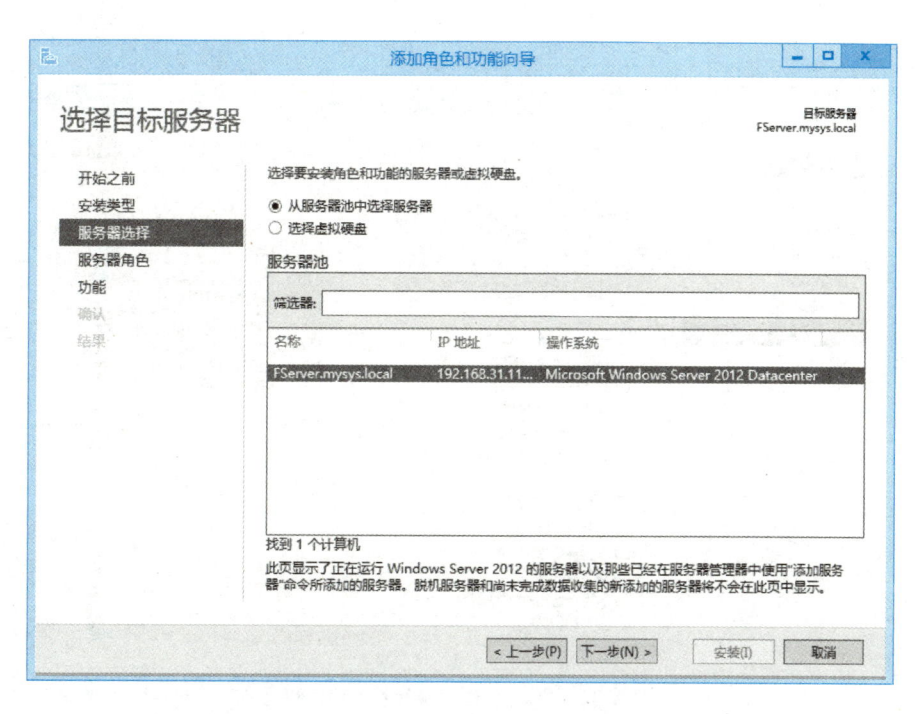

图 3-3 "添加角色和功能向导-选择目标服务器"窗口

选择"从服务器池中选择服务器"单选按钮,选中服务器池中的 FServer 服务器,单击"下一步"按钮,弹出"添加角色和功能向导-选择服务器角色"窗口,如图 3-4 所示。

图 3-4 "添加角色和功能向导-选择服务器角色"窗口

项目 3　安装与配置文件服务器

　　展开"文件和存储服务"项，再展开"文件和 iSCSI 服务"项，选择"文件服务器"复选框，单击"下一步"按钮，弹出"添加角色和功能向导-选择功能"窗口，如图 3-5 所示。

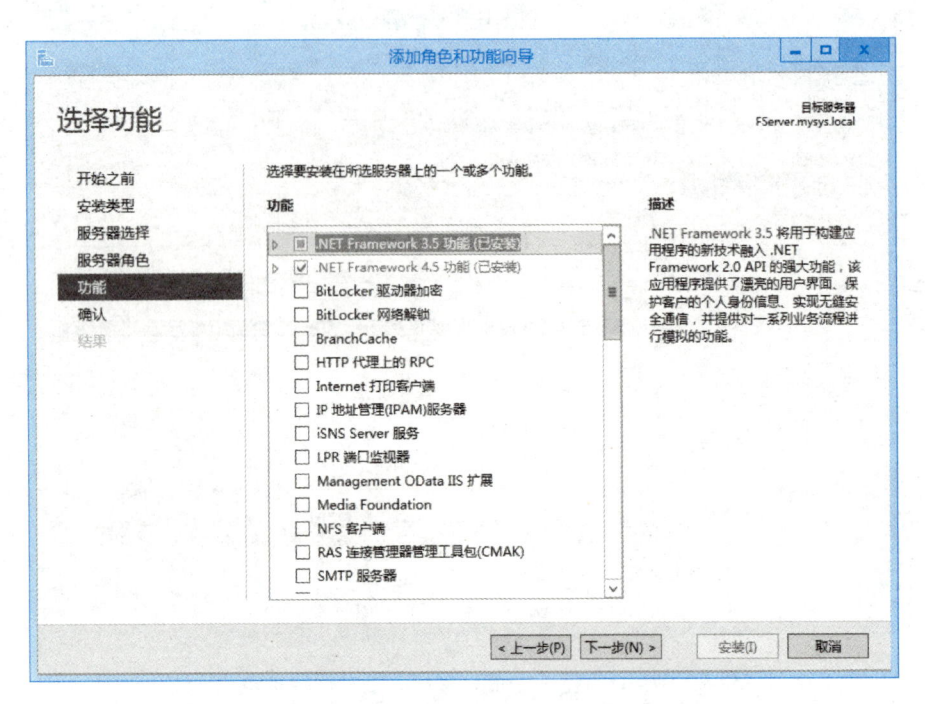

图 3-5　"添加角色和功能向导-选择功能"窗口

　　该窗口不需要选择，单击"下一步"按钮，弹出"添加角色和功能向导-确认安装所选内容"窗口，如图 3-6 所示。

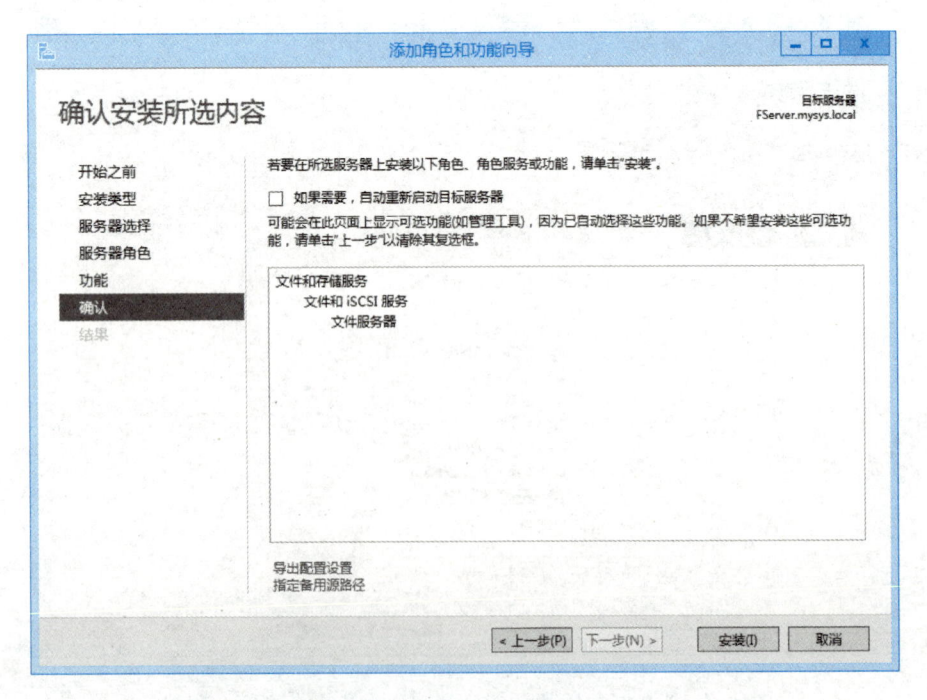

图 3-6　"添加角色和功能向导-确认安装所选内容"窗口

单击"确认"按钮,弹出"添加角色和功能向导-安装进度"窗口,开始安装系统,等待一会儿安装完毕,如图 3-7 所示。

图 3-7 "添加角色和功能向导-安装进度"窗口

观察此窗口,看到了"安装成功"之类的内容,表示文件服务器安装成功了。单击"关闭"按钮,完成文件服务的安装。

> **提个醒**
>
> Windows Server 2012 的权限管理机制非常完善,要进行服务器角色的配置工作,必须是以拥有管理员权限的用户登录才能进行,否则上述工作不能正常进行。

步骤 5　配置共享文件夹

1. 建立测试文件夹

在"FServer"服务器的磁盘上以超级用户权利建立一个文件夹,本例名字为"share"。

2. 新建共享

打开"服务器管理器-仪表板"窗口,在右上方单击"工具"菜单,从中选择"计算机管理"项,弹出"计算机管理"控制台。在此控制台下展开"共享文件夹",选中下面的"共享"项,右击,如图 3-8 所示。

在右键快捷菜单中选择"新建共享"命令,弹出"创建共享文件夹向导-欢迎"对话框,如图 3-9 所示。

图 3-8 "计算机管理"控制台

图 3-9 "创建共享文件夹向导-欢迎"对话框

单击"下一步"按钮,弹出"创建共享文件夹向导-文件夹路径"对话框,如图 3-10 所示。

单击"浏览"按钮,选择前面建立的"share"文件夹,单击"确定"按钮,回到"创建共享文件夹向导-文件夹路径"对话框,会看到"文件夹路径"后面的文本框中多了"C:\share"的内容,单击"下一步"按钮,弹出"创建共享文件夹向导-名称、描述和设置"对话框,如图 3-11 所示。

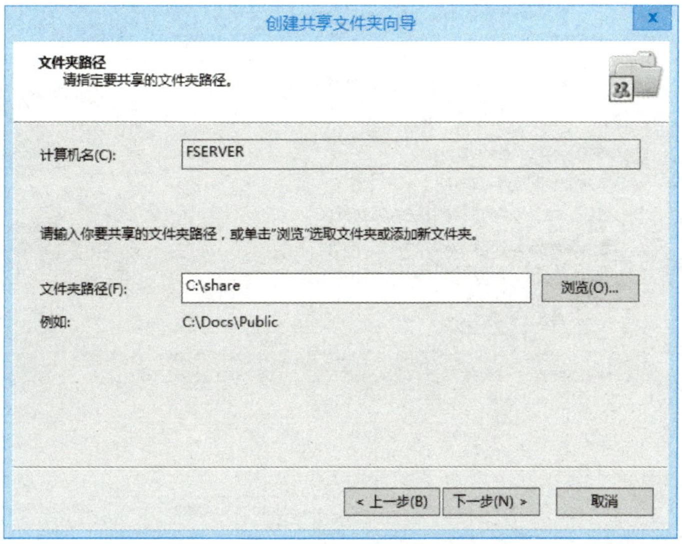

图 3-10 "创建共享文件夹向导-文件夹路径"对话框

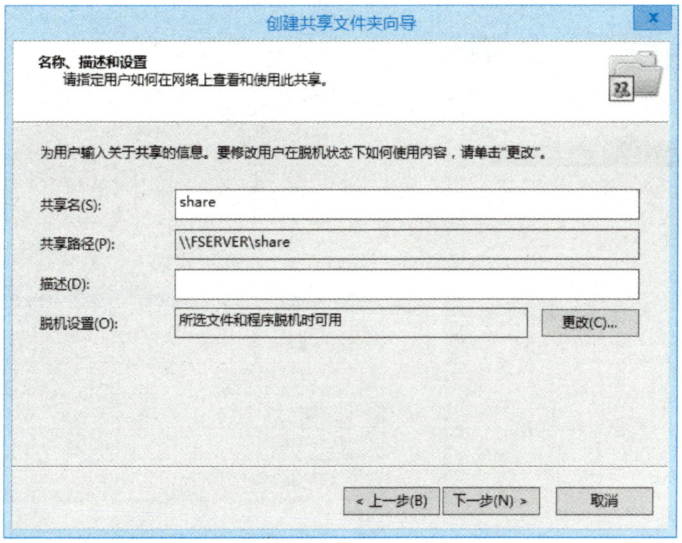

图 3-11 "创建共享文件夹向导-名称、描述和设置"对话框

在"共享名"处输入共享的名称，以便明确访问的是什么。"共享路径"是灰色的不能更改。"描述"后面可以填写该共享的一些描述，以区分其他共享内容。填写完毕，单击"下一步"按钮，弹出"创建共享文件夹向导-共享文件夹的权限"对话框，如图 3-12 所示。

在此对话框中有 4 个选项，前 3 个是固定项，第 4 个需要进一步操作。本例选择了"自定义权限"单选按钮，单击下面的"自定义"按钮，弹出"自定义权限"对话框，如图 3-13 所示。

在此对话框中，删除所有人可以读取的项（everyone）；单击"添加"按钮，弹出"选择用户、计算机、服务账户或组"对话框，如图 3-14 所示。

项目 3　安装与配置文件服务器

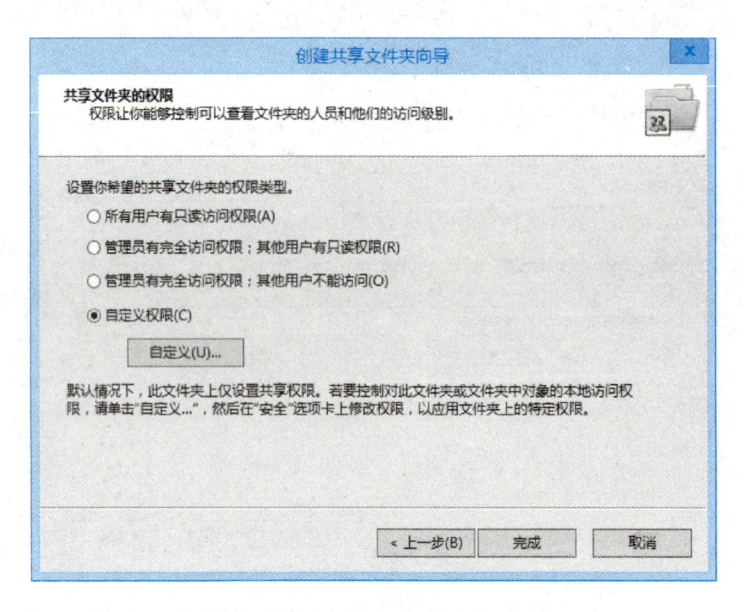

图 3-12　"创建共享文件夹向导-共享文件夹的权限"对话框

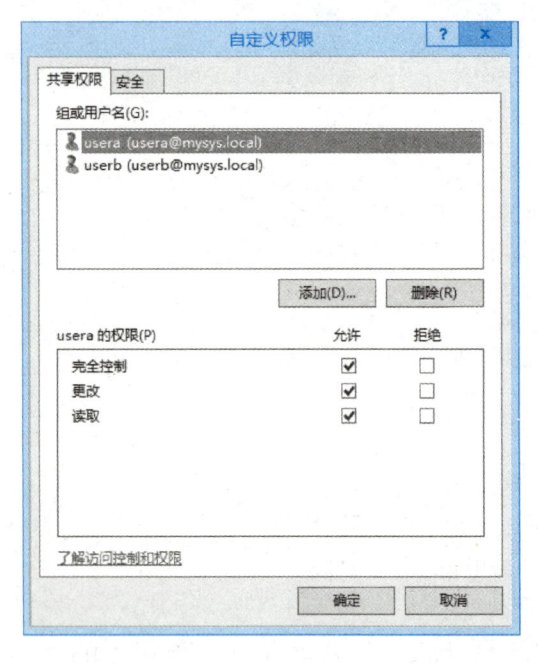

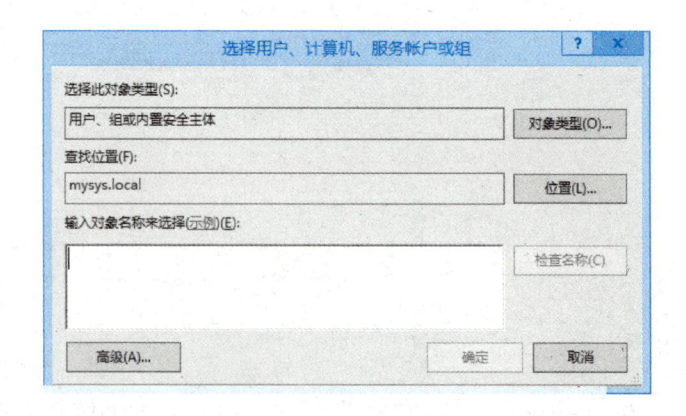

图 3-13　"自定义权限"对话框　　　　图 3-14　"选择用户、计算机、服务账户或组"对话框

在"输入对象名称来选择"下面填写"usera"用户名，单击"确定"按钮，回到图 3-13 所示的对话框。在"usera 的权限"下面将"完全控制""更改"和"读取"3 项都选中，表示"usera"用户对该文件夹拥有所有的权利。

用同样的方法将"userb"用户也添加到"共享权限"下面，注意此时给"userb"用户只有"读取"的权限，没有其他权限。完成后在图 3-13 所示的对话框中，单击"确定"按钮，回到图 3-12 所示的对话框中。

单击"完成"按钮，弹出"创建共享文件夹向导-共享成功"对话框，如图 3-15 所示。

78

图 3-15 "创建共享文件夹向导-共享成功"对话框

单击"完成"按钮，完成共享文件夹的设置。

到此为止，完成了第一个共享路径，本例中的共享名为"share"。

☞ 步骤 6 在客户端应用文件服务

在客户端计算机上，单击"开始"→"运行"命令，在"打开"后面的文本框中输入文件服务器的 IP 地址路径，本例是"\\192.168.31.115"或者文件服务器名称，如"\\FServer"，按回车键，弹出连接到文件服务器的登录对话框，如图 3-16 所示。

图 3-16 连接到文件服务器的登录对话框

在"用户名"文本框中输入有效的域用户名，在"密码"文本框中输入相应的密码。本例中输入"usera"的用户名和密码，单击"确定"按钮。如果输入的用户名和密码正确就会打开共享资源，如图 3-17 所示。

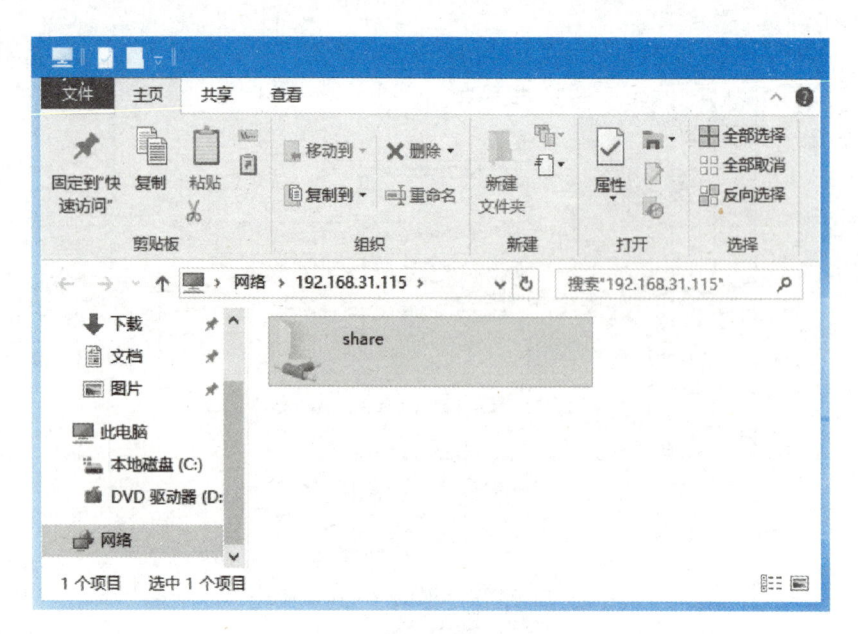

图 3-17　成功登录文件服务器后的窗口

至此，远程用户已经可以共享文件服务器提供的资源了。拥有不同权限的远程用户，可以对共享文件夹进行不同的操作。由于"usera"用户对"share"文件夹具有全权，所以可以在此文件夹中打开文件、浏览文件，也可以建立文件、删除文件等。

步骤 7　验证不同用户的权限

1. 完全控制用户

同步骤 6，在客户端计算机上，连接到文件服务器，在"用户名"文本框内，输入对共享资源有"完全控制"权限的用户名和相应密码，本例中输入"usera"的用户名和密码，单击"确定"按钮，打开共享服务器的资源窗口，在窗口内显示了本服务器上所有的共享资源。

在共享文件夹中可以建立新的文件夹操作，也可以在此共享区域内进行其他文件操作，如把本地文件复制到服务器上。由此可见，"usera"用户对于此共享文件夹拥有"完全控制"的权限。如图 3-18 所示的文件就是"usera"用户远程建立的文件。

回到文件服务器端，打开共享文件夹"share"，会发现该文件夹中多了一个文件，如图 3-19 所示。

从中可以确认，客户端在服务器上的共享文件夹中建立了文件。

注意：完全控制权限，并不是超级用户权限。它不能够删除其他用户建立的文件，只有拥有超级用户权限的用户才可以删除其他用户的文件或文件夹。

2. 只有"读取"权限的用户

在客户端计算机上，重复进行上述的登录过程，这次选择只有"读取"权限的"userb"用户登录。输入正确的用户名和密码后，单击"确定"按钮。打开共享资源，进入"share"文件夹。

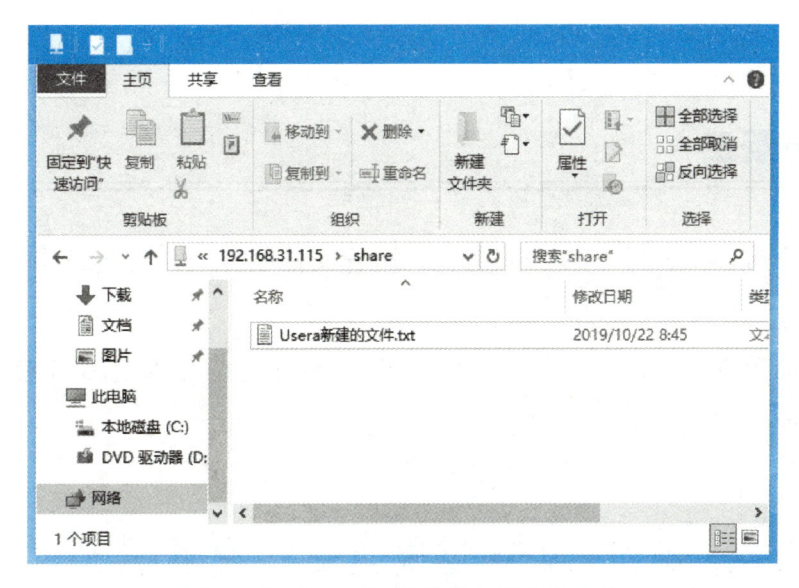

图 3-18 "usera"用户建立的文本文件

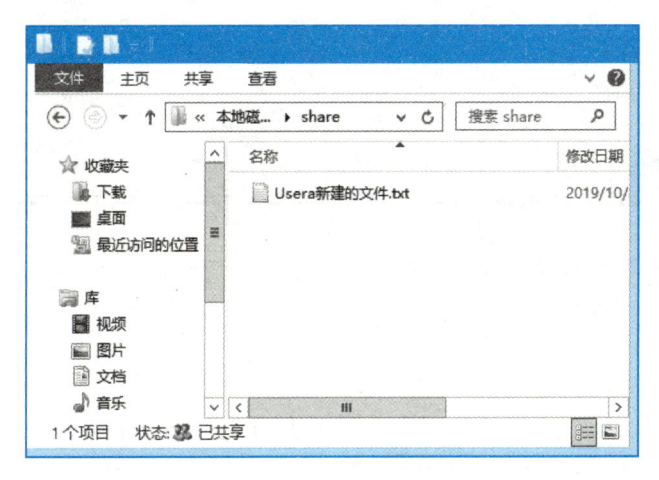

图 3-19 文件服务器中"share"文件夹的内容

这时如再次执行建立新文件夹的操作，就会出现错误警示框，如图 3-20 所示。表示该用户不能在本共享区域内进行建立新文件夹的操作，当然也不能进行删除文件的操作。

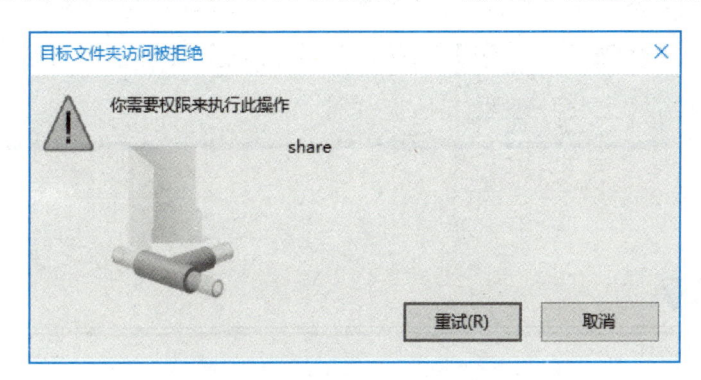

图 3-20 无法创建新文件夹警示框

这样，一个简单的文件服务器就搭建成功了。

举一反三

1. 搭建一台 Windows Server 2012 服务器，配置文件服务，并在服务器上建立两个以上的文件共享文件夹。

2. 尝试使用两个权限不同的用户"usera"和"userb"登录文件服务器，对"share"文件夹进行各种操作。

任务 2　文件权限与磁盘配额管理

任务描述

对不同用户正确地设置文件的权限是网络管理的重要任务之一。同时限制不同的用户使用不同容量的磁盘空间，对于网络系统也很重要。本任务就是介绍如何对 NTFS 和 ReFS 文件系统进行权限分配及合理的设置磁盘配额，提高磁盘空间的利用率。

> **小知识　弹性文件系统（ReFS）**
>
> ReFS 是在 Windows Server 2012 中新引入的一个文件系统。目前只能应用于存储数据，还不能引导系统，并且在移动媒介上也无法使用。
>
> ReFS 与 NTFS 大部分兼容，其主要目的是为了保持较高的稳定性，可以自动验证数据是否损坏，并尽力恢复数据。如果和引入的存储空间联合使用，则可以提供更佳的数据防护。同时对于上亿级别的文件处理也有性能提升。

自己动手

☞ **步骤 1　查看文件权限**

使用任务 1 已安装文件服务的服务器，选中要查看权限的文件，右击，在弹出的右键快捷菜单中选择"属性"命令,弹出"测试权限的文件 属性"对话框,如图 3-21 所示。

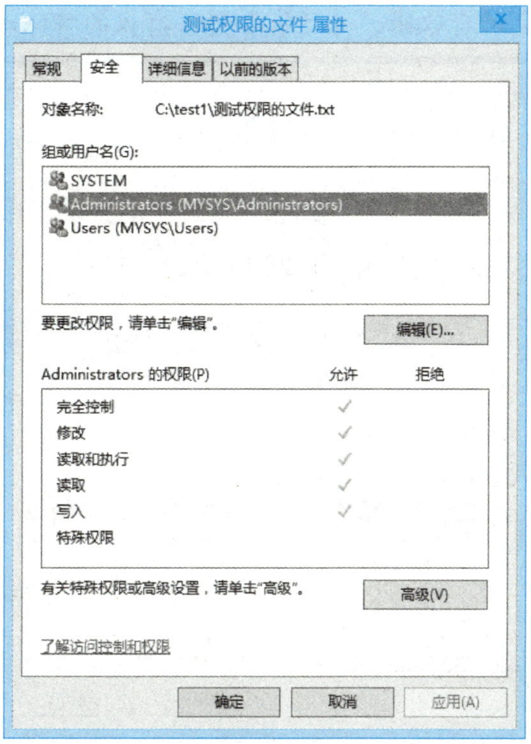

图 3-21 "测试权限的文件 属性"对话框

单击"安全"选项卡,可以看到此文件的权限。该文件域超级用户对其有完全控制权,"Users"对其有读取权。

> **小知识　文件和文件夹权限种类**
>
> 1. 文件基本权限
> - 读取:查看读取文件内容,查看文件属性和权限等。
> - 写入:可以修改文件内容,在文件中增加数据和改变文件属性等。
> - 读取和执行:除了拥有读取的所有权利之外,还有执行应用程序的权限。
> - 修改:除了拥有读取、写入与读取和执行的权利之外,还可以删除文件。
> - 完全控制:具有以上所有权限,并还有取得所有权的特殊权限。
>
> 2. 文件夹基本权限
> - 读取:查看文件夹内的文件与子文件夹的名称、属性与权限等。
> - 列出文件夹内容:除了具有读取权限以外,还具有进出文件夹的权限。
> - 写入:可以修改文件内容,在文件中增加数据和改变文件属性等。
> - 读取和执行:与"列出文件夹内容"相同,但权限的继承方法不一样,该权限可以同时被文件夹和文件继承,而"列出文件夹内容"只能被文件夹继承。

项目 3　安装与配置文件服务器

- 修改：除了拥有前面的权利之外，还可以删除此文件夹。
- 完全控制：具有以上所有权限，并还有取得所有权的特殊权限。

步骤 2　给文件或文件夹添加权限

在图 3-21 所示的"测试权限的文件 属性"对话框中，单击中间的"编辑"按钮，弹出"测试权限的文件 的权限"对话框，如图 3-22 所示。

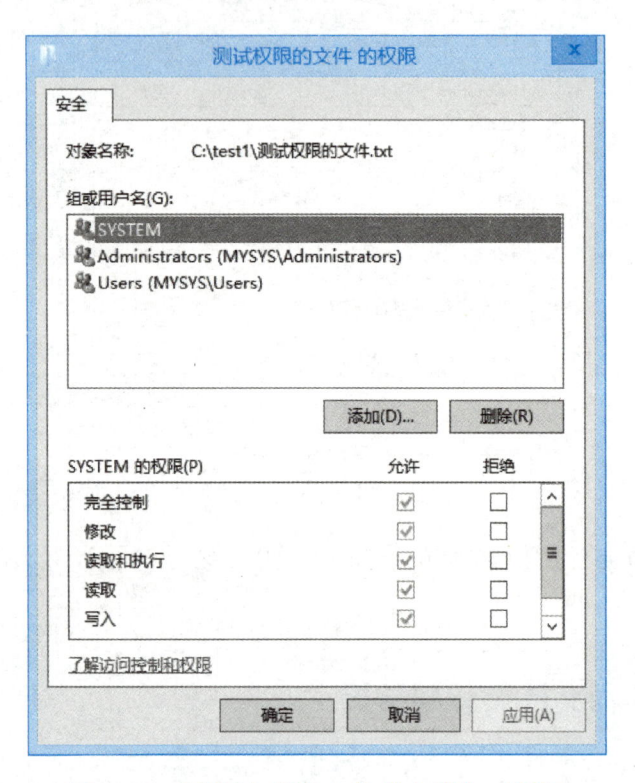

图 3-22　"测试权限的文件 的权限"对话框

在此对话框中单击"添加"按钮，弹出"选择用户、计算机、服务账户或组"对话框，如图 3-23 所示。

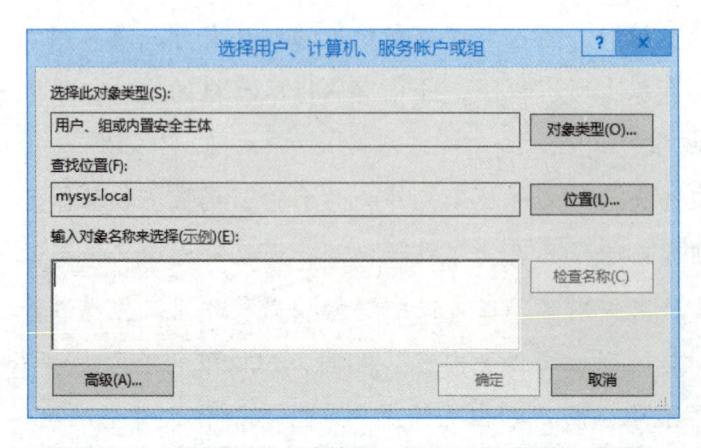

图 3-23　"选择用户、计算机、服务账户或组"对话框

在"输入对象名称来选择"文本框中输入要添加权限的用户,本例为"test1"用户,单击"确定"按钮,回到"测试权限的文件 的权限"对话框,如图 3-24 所示。

图 3-24 添加了用户的"测试权限的文件的权限"对话框

在此对话框中,需要进一步设置该用户对该文件或文件夹的权限,包括"完全控制""修改""读取和执行""写入"或"读取"等权限。

步骤 3 设置共享

选中要共享的文件夹,右击,弹出右键快捷菜单,如图 3-25 所示。

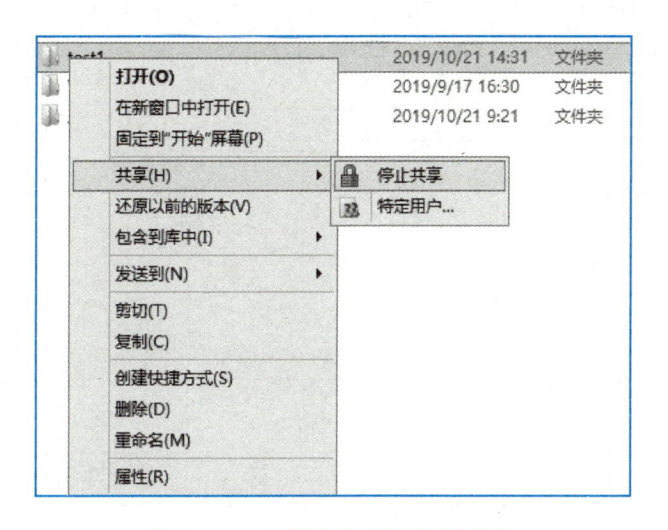

图 3-25 文件夹的右键快捷菜单

选择"共享"菜单，在其右边出现两个选项，单击"停止共享"命令，弹出"该操作需要权限"窗口，如图 3-26 所示。

图 3-26　"该操作需要权限"窗口

单击"更改共享权限"超链接，弹出"选择要与其共享的网络上的用户"窗口，如图 3-27 所示。

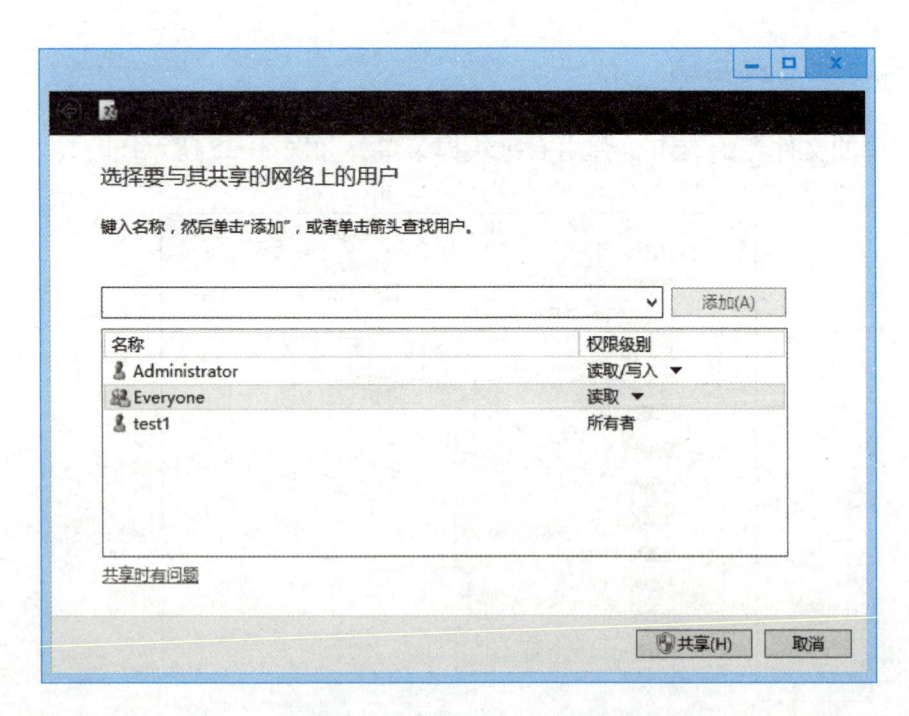

图 3-27　"选择要与其共享的网络上的用户"窗口

输入用户名，单击"添加"按钮，就把该用户添加到了下面的文本框中，单击后面的箭头，可以选择权限。该步骤只是让所有人对该文件夹有读取的权利，单击"共享"按钮，弹出"你的文件夹已共享"窗口，如图 3-28 所示。

图 3-28 "你的文件夹已共享"窗口

单击"完成"按钮，完成该文件夹的共享。

步骤 4　取消继承父对象

在图 3-21 所示的"测试权限的文件 属性"对话框中，单击"高级"按钮，弹出"测试权限的文件的高级安全设置"窗口，如图 3-29 所示。

图 3-29 "测试权限的文件的高级安全设置"窗口

从该窗口中可以看到，有 3 个权限，后面的都是"父对象"。说明这些权限都是继承父对象而来的。

下面有两个按钮，单击"添加"按钮，会弹出"选择用户、计算机、服务账户或组"对话框，如图 3-30 所示。

在该对话框可以添加一些用户，分配一定的权限。也可以单击"禁用继承"按钮，弹出"阻止继承"对话框，如图 3-31 所示。

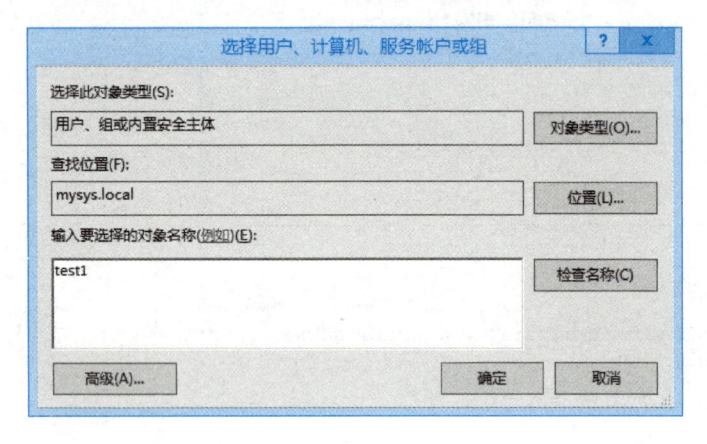

图 3-30　"选择用户、计算机、服务账户或组"对话框　　　图 3-31　"阻止继承"对话框

单击"将已继承的权限转换为此对象的显式权限"超链接，回到"测试权限的文件的高级安全设置"窗口，可以看到所有的权限后面的"继承于"都变成了"无"，如图 3-32 所示。

图 3-32　阻止继承后的"测试权限的文件的高级安全设置"窗口

也可以单击"从此对象中删除所有已继承的权限"超链接，删除继承权限。

☞ **步骤 5　设置磁盘配额**

选择"计算机"中要进行配置的磁盘，本例是"C："盘，右击，在右键快捷菜单中单击"属性"菜单，弹出"本地磁盘（C:）属性"对话框，如图 3-33 所示。

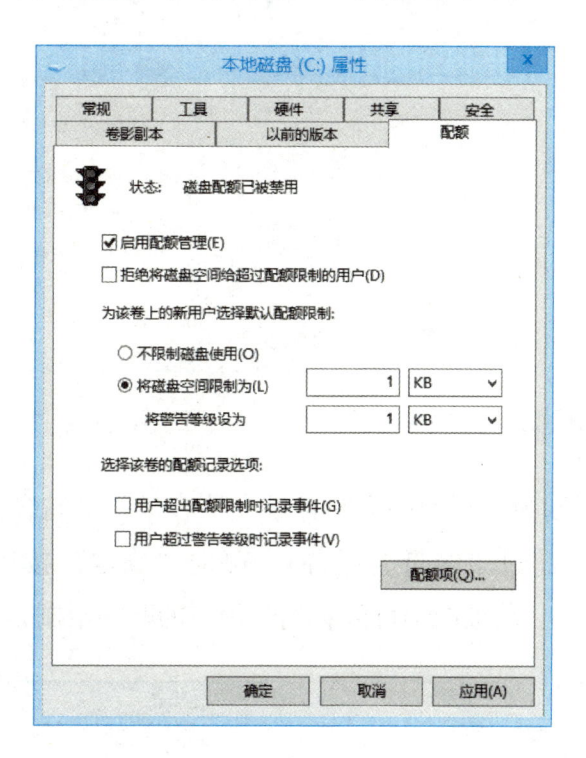

图 3-33　"本地磁盘（C:）属性"对话框

单击"配额"选项卡，选择"启用配额管理"复选框，单击"配额项"按钮，弹出"（C:）的配额项"窗口，如图 3-34 所示。

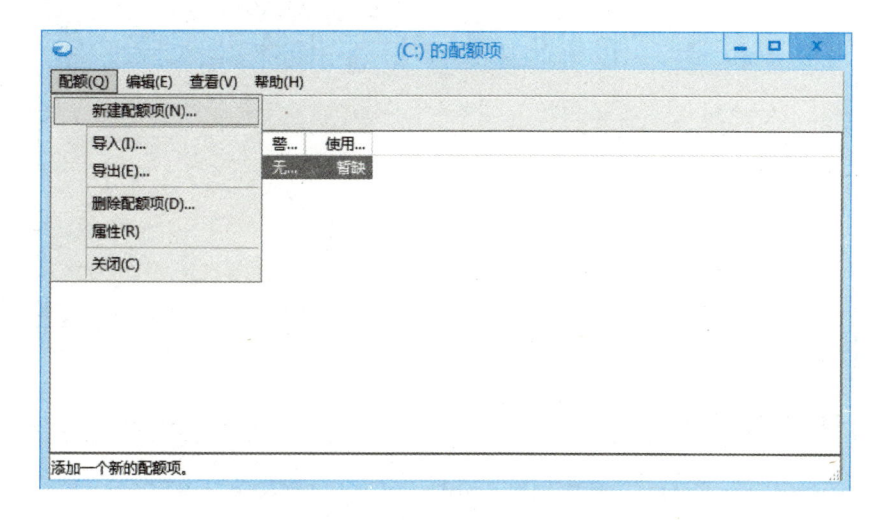

图 3-34　"（C:）的配额项"窗口

单击"配额"菜单，选择"新建配额项"命令，弹出"选择用户"对话框，如图 3-35 所示。

输入要限制配额的用户，本例是"test1"用户，单击"确定"按钮，弹出"添加新配额项"对话框，如图 3-36 所示。

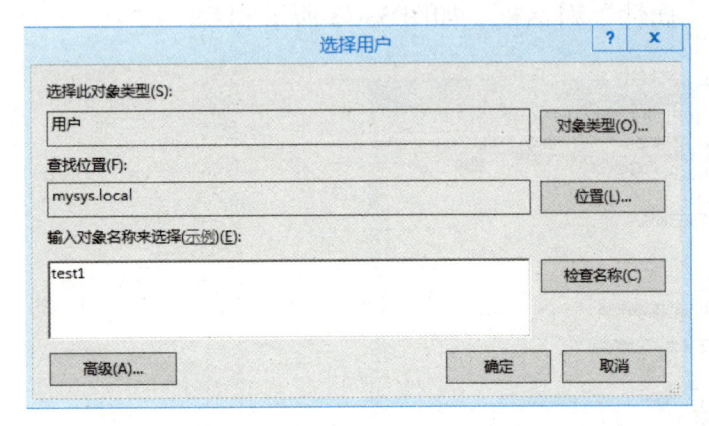

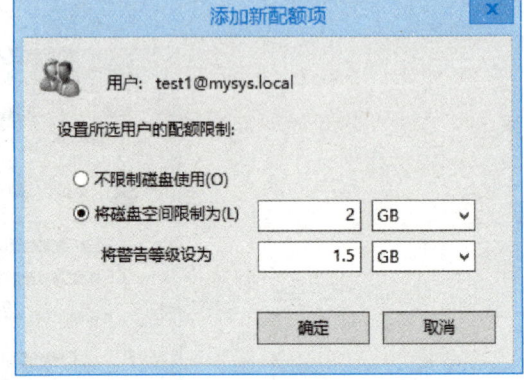

图 3-35 "选择用户"对话框

图 3-36 "添加新配额项"对话框

选择"将磁盘空间限制为"后面的限制容量（该容量是最高容量），同时选择"将警告等级设为"后面的容量（超过该容量会报警）。单击"确定"按钮，回到"（C:）的配额项"窗口，如图 3-37 所示。从该图中可以看到各用户的配额限制。

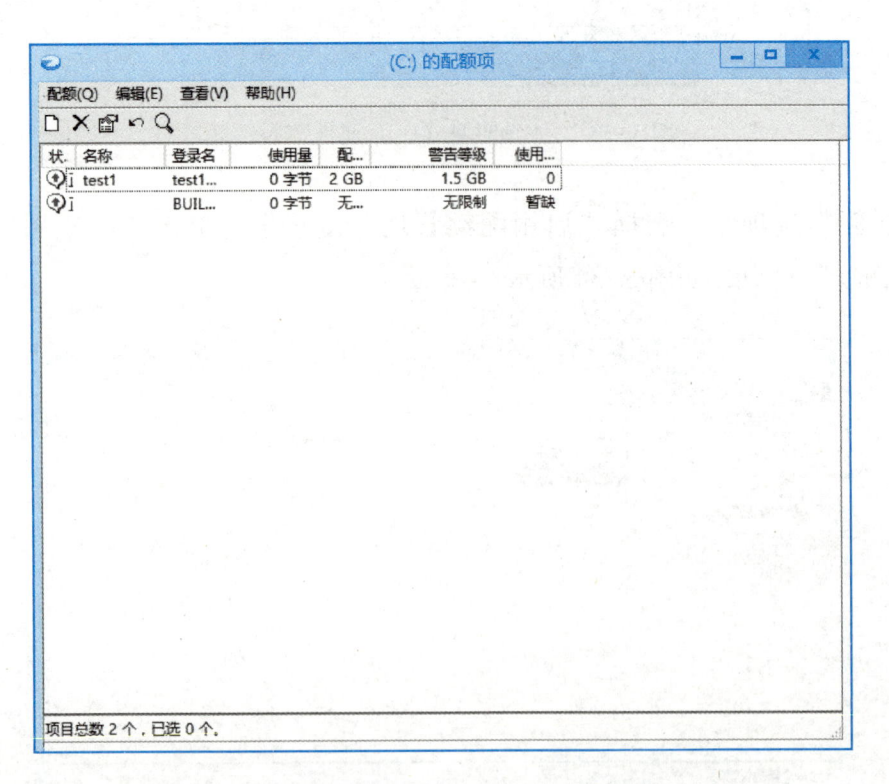

图 3-37 设置配额限制后的"（C:）的配额项"窗口

举一反三

1. 查看自己计算机上的各文件夹的权限，并进行合理的配置。
2. 建立多个用户，给每个用户设置磁盘配额。并尝试复制一些文件看看超过容量会有什么提示。

任务3　创建域DFS命名空间

任务描述

在大多数环境中，共享资源驻留在多台服务器上的各个共享文件夹中。要访问资源，用户必须逐个访问共享资源的服务器，依次连接共享资源的路径。如果网络中的共享文件夹比较多，而且位置又比较分散，那当用户需要访问多个共享文件夹时，就要逐台搜索并登录相应的服务器，甚是烦琐。而利用分布式文件系统（Distributed File System，DFS），管理员就可以把不同计算机上的共享文件夹组织在一起，构建成一个目录树。用户只需访问一个共享DFS根目录，就能够访问分布在网络上的共享文件夹，就如同这些共享文件夹全部位于这一台服务器一样。

DFS命名空间提供一个访问点和一个逻辑树结构，将网络中的所有共享文件夹添加到一个DFS根目录中（根目录里存放的只是共享资源的链接，而非资源本身）。在用户看来，所有共享资源仅存储在一个地点，只需访问这个DFS根目录，就能够访问到分布在网络上的所有共享资源。

本任务是在前两个任务的基础上，进行网络内部的DFS命名空间的配置，并在网络内的一个计算机上进行资源访问的操作，了解DFS命名空间的配置过程，感受DFS命名空间的工作方式。

本任务需要启动4台计算机，第1台为已安装Active Directory的域控制器。第2台是任务1安装的文件服务器"FServer"。第3台是只安装了Windows Server 2012系统的服务器，可以不安装任何服务，服务器名为"FServer1"，IP为"192.168.31.116"，子网掩码为"255.255.255.0"，首选DNS IP地址为第一台域服务器的地址，本例为"192.168.31.108"。

同时将该服务器加入"mysys.local"Windows 域中。第 4 台为 Windows 客户机。网络拓扑图如图 3-38 所示。

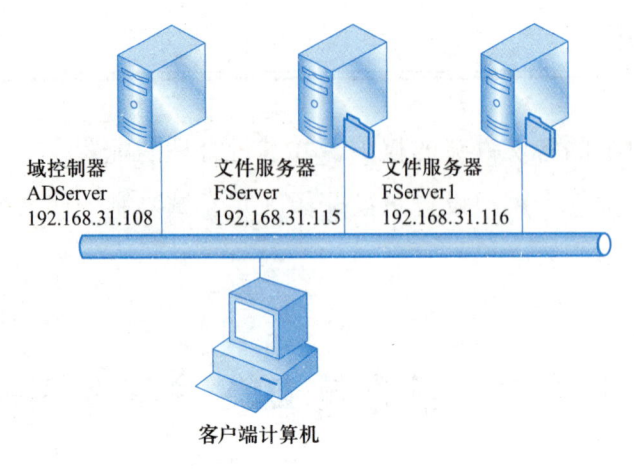

图 3-38 本任务网络拓扑图

自己动手

☞ 步骤 1 配置"FServer1"服务器共享文件夹

将另一台计算机安装好 Windows Server 2012 后，按照项目 1 任务 1 步骤 7 的方法将此台计算机的 IP 地址设为"192.168.31.116"，子网掩码为"255.255.255.0"，首选 DNS IP 地址为"192.168.31.108"。IPv6 的 IP 地址也要设置，但是注意不能和域控制器或"FServer"上的地址相同。

按照项目 2 任务 2 步骤 2 的方法将此台计算机更改为"FServer1"，并加入到"mysys.local"域中。

退出系统，重新以域超级用户登录"FServer1"服务器，建立文件夹"share2"，并配置共享，建议共享权限设置为"usera"用户有完全控制权，"userb"用户有读取的权利。

☞ 步骤 2 配置"FServer"服务器共享文件夹

以域超级用户登录"FServer"服务器（任务 1 已安装文件服务的服务器，IP 地址为"192.168.31.115"）。登录服务器后，建立"share1"文件夹，共享此文件夹，建议权限与"FServer1"上的"share2"文件夹一样，以便于以后测试。

☞ 步骤 3 给域服务器添加 DFS 角色服务

以域超级用户登录域控制器"ADServer"服务器，在"服务器管理器-仪表板"窗口单击"添加角色和功能"超链接,弹出"添加角色和功能向导-开始之前"窗口,如图 3-39 所示。

图 3-39 "添加角色和功能向导-开始之前"窗口

单击"下一步"按钮,弹出"添加角色和功能向导-选择安装类型"窗口,如图 3-40 所示。

图 3-40 "添加角色和功能向导-选择安装类型"窗口

项目 3　安装与配置文件服务器

选择"基于角色或基于功能的安装"单选按钮，单击"下一步"按钮，弹出"添加角色和功能向导-选择目标服务器"窗口，如图 3-41 所示。

图 3-41　"添加角色和功能向导-选择目标服务器"窗口

选中域控制器"ADServer"服务器，单击"下一步"按钮，弹出"添加角色和功能向导-选择服务器角色"窗口，展开"文件和存储服务"及下面的"文件和 iSCSI 服务"项，选择"DFS 命名空间"复选框，一般要弹出"添加角色和功能向导-添加 DFS 命名空间所需的功能"对话框，如图 3-42 所示。

图 3-42　"添加角色和功能向导-选择角色服务"对话框

单击"添加功能"按钮，回到"添加角色和功能向导-选择服务器角色"窗口，如图 3-43 所示。

图 3-43 "添加角色和功能向导-选择服务器角色"窗口

此时可以看到"DFS 命名空间"复选框被选中，单击"下一步"按钮，弹出"添加角色和功能向导-选择功能"窗口，如图 3-44 所示。

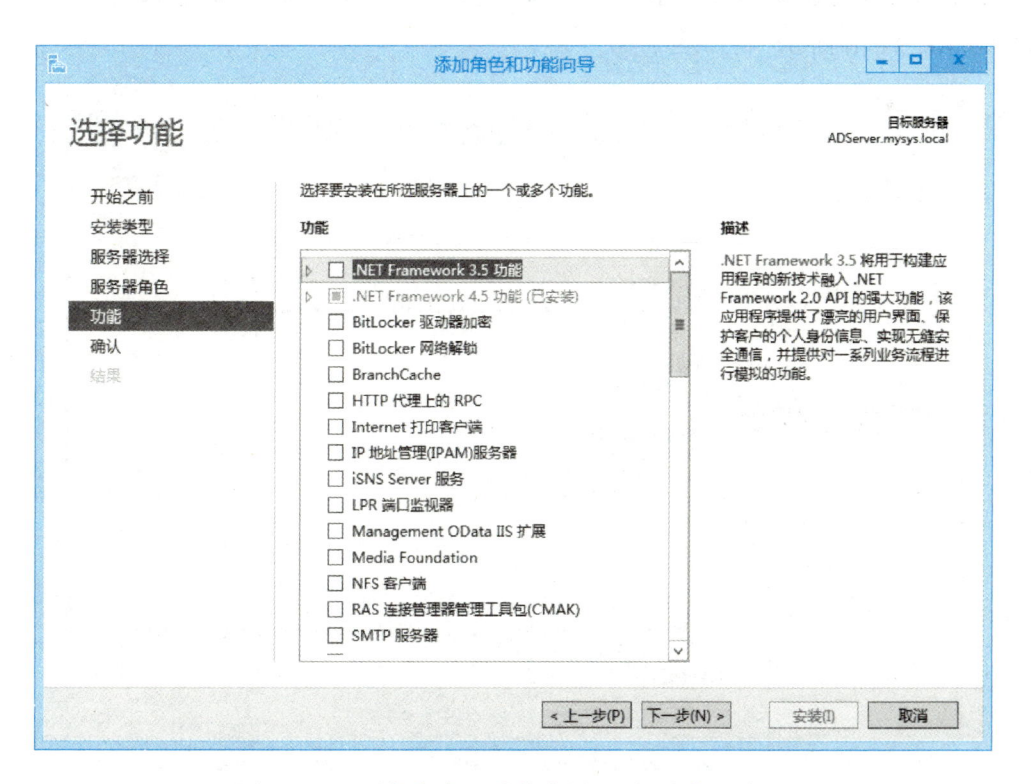

图 3-44 "添加角色和功能向导-选择功能"窗口

项目 3 　安装与配置文件服务器

　　直接单击"下一步"按钮，弹出"添加角色和功能向导-确认安装所选内容"窗口，如图 3-45 所示。

图 3-45　"添加角色和功能向导-确认安装所选内容"窗口

　　查看结果，没有问题就继续单击"下一步"按钮，弹出"添加角色和功能向导-安装进度"窗口，如图 3-46 所示。

图 3-46　"添加角色和功能向导-安装进度"窗口

稍等一会儿，DFS 命名空间角色安装成功。

☞ 步骤 4　建立 DFS 命名空间

继续在域服务器上，单击"服务器管理器-仪表板"窗口中的"工具"菜单，选择"DFS Management"命令，打开"DFS 管理"控制台，如图 3-47 所示。

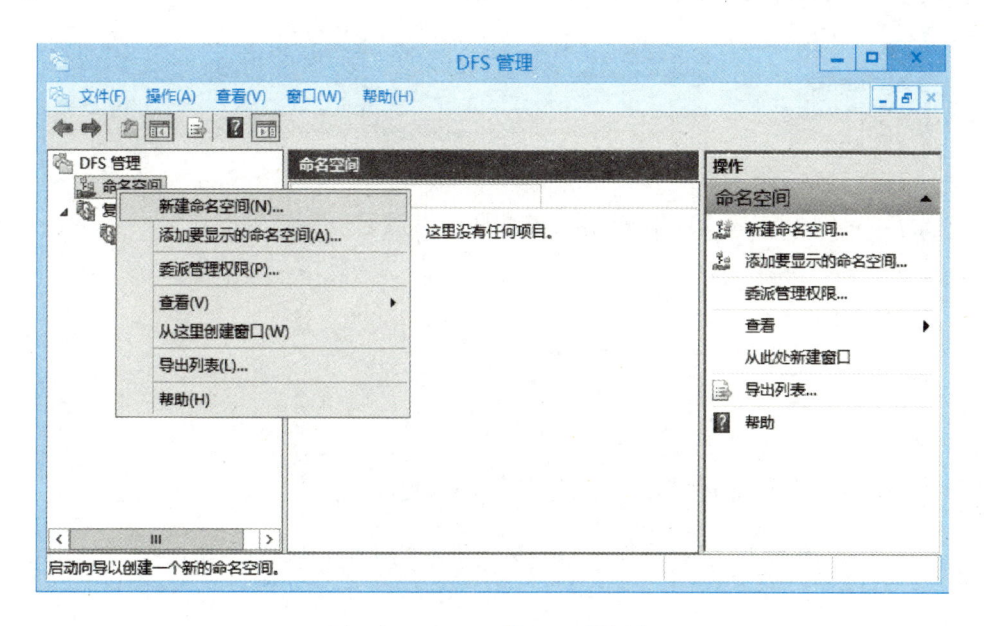

图 3-47　"DFS 管理"控制台

选中"命名空间"，右击，在弹出的右键快捷菜单中选择"新建命名空间"命令，弹出"新建命名空间向导-命名空间服务器"窗口，如图 3-48 所示。

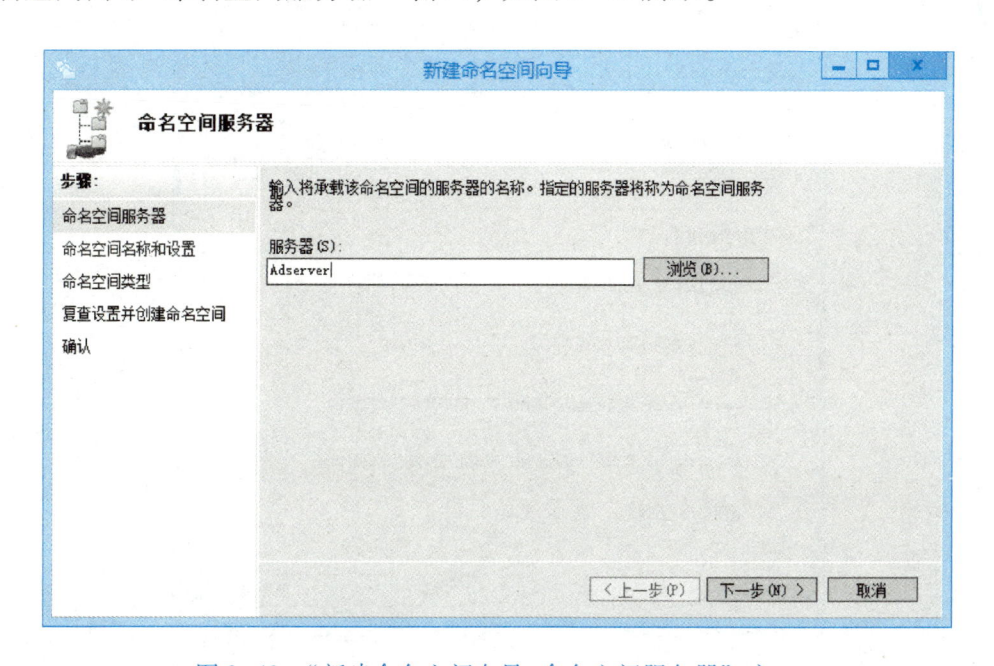

图 3-48　"新建命名空间向导-命名空间服务器"窗口

在"服务器"下面填写承载命名空间的服务器名称，本例为域服务器"Adserver"。单击"下一步"按钮，弹出"新建命名空间向导-命名空间名称和设置"窗口，如图3-49所示。

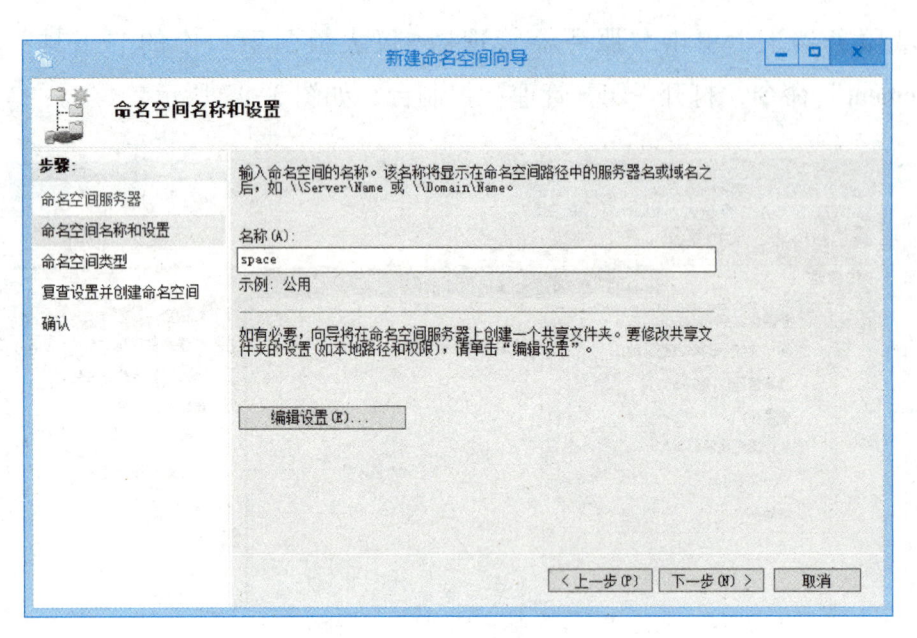

图3-49 "新建命名空间向导-命名空间名称和设置"窗口

在"名称"下面输入本命名空间的名称，本例为"space"。单击"编辑设置"按钮，弹出"编辑设置"对话框，如图3-50所示。

图3-50 "编辑设置"对话框

在该对话框中可以设置该命名空间的权限,具体可以参看前面的任务。本例选择了"所有用户都具有只读权限"单选按钮。单击"确定"按钮,回到"新建命名空间向导-命名空间名称和设置"窗口,单击"下一步"按钮,弹出"新建命名空间向导-命名空间类型"窗口,如图 3-51 所示。

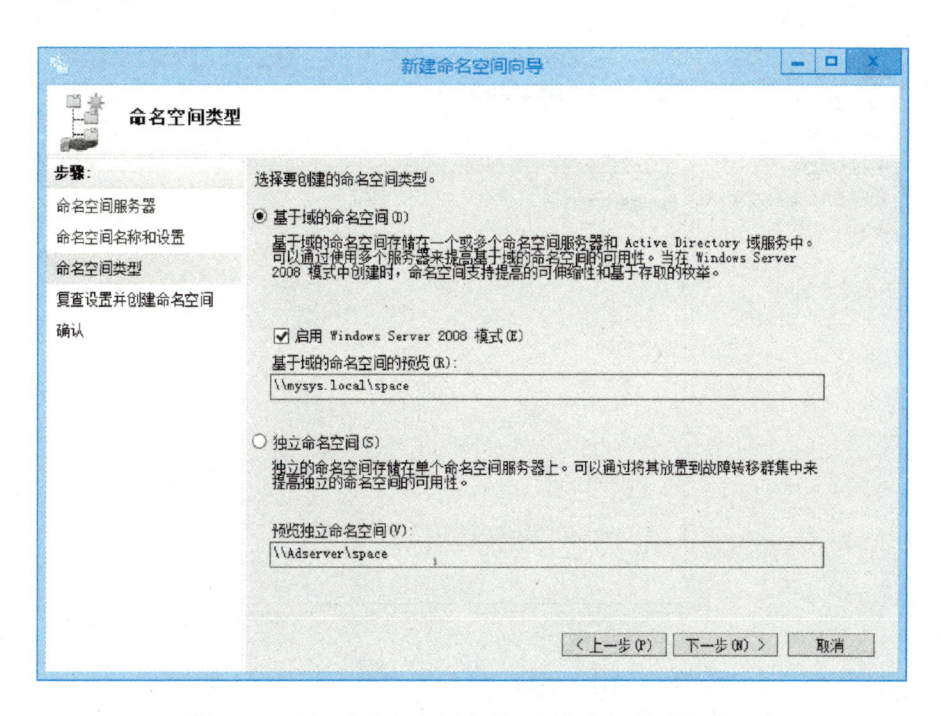

图 3-51 "新建命名空间向导-命名空间类型"窗口

选择"基于域的命名空间"单选按钮,同时选中"启用 Windows Server 2008 模式"复选框,单击"下一步"按钮,弹出"新建命名空间向导-复查设置并创建命名空间"窗口,如图 3-52 所示。

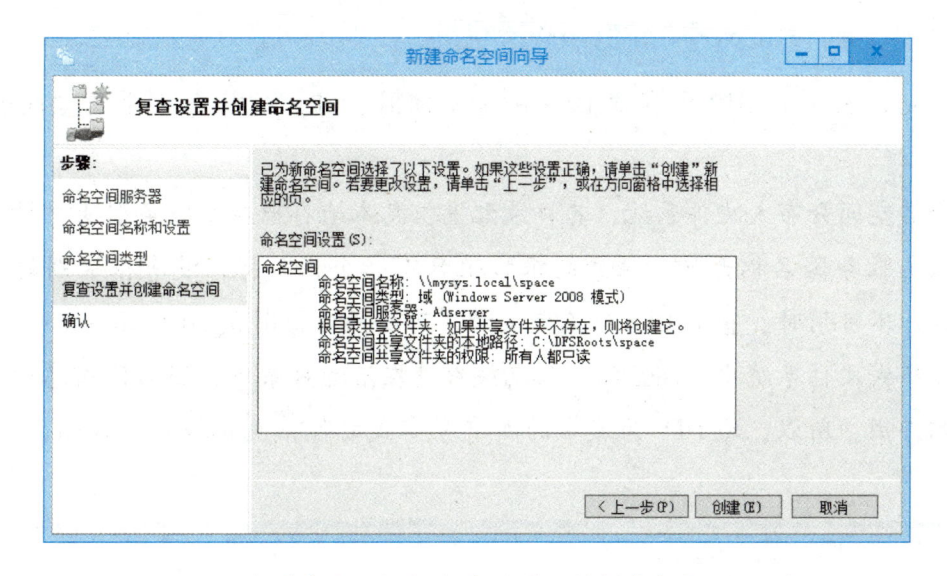

图 3-52 "新建命名空间向导-复查设置并创建命名空间"窗口

项目 3　安装与配置文件服务器

仔细观察结果，无误后单击"创建"按钮，稍等片刻，弹出"新建命名空间向导-确认"窗口，如图 3-53 所示。

图 3-53　"新建命名空间向导-确认"窗口

单击"关闭"按钮，完成命名空间"space"的创建。

> **小知识　独立命名空间和域命名空间**
>
> 在 Windows Server 2012 中创建 DFS 命名空间时，可以选择独立命名空间和域命名空间。
>
> 独立命名空间分布式文件系统，其目录配置信息本地存储在主服务器上，访问根或链接的路径以主服务器名称开始，独立的根目录只有一个根目标，没有根级别的容错。因此，当根目标不可用时，整个 DFS 命名空间都不可访问，如图 3-54 所示。
>
> 在域分布式文件系统中，DFS 拓扑信息被存储在活动目录中，因为该信息对域中多个域控制器都可用，所以，域 DFS 为域中的所有分布式文件系统都提供了容错，如图 3-55 所示。

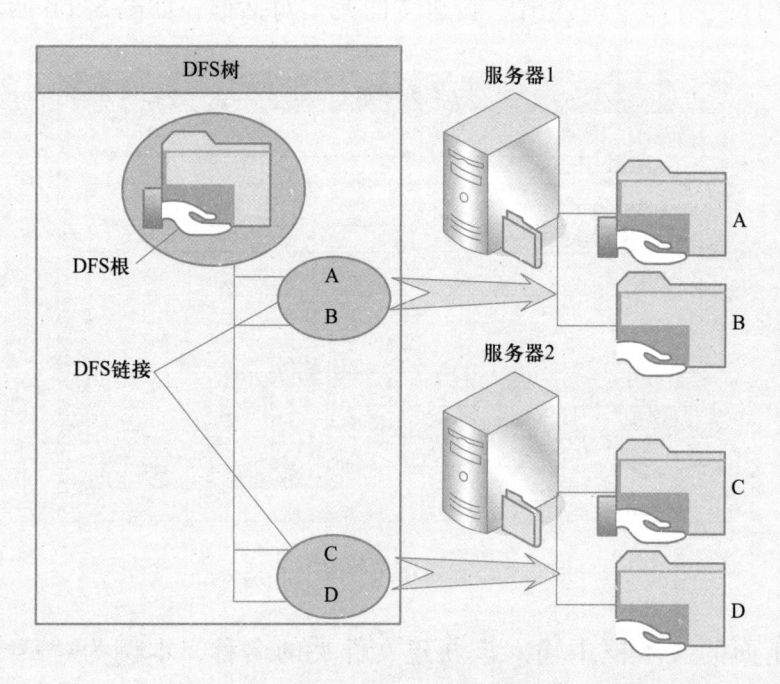

图 3-54 独立的分布式文件系统示意图

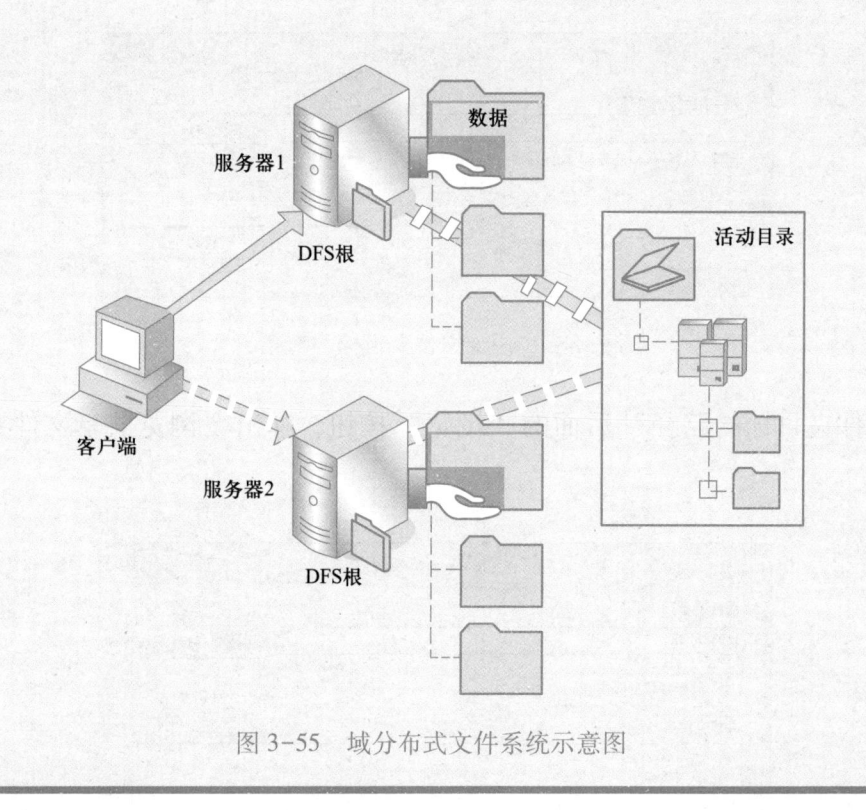

图 3-55 域分布式文件系统示意图

步骤 5 新建 DFS 文件夹

1. 将 "FServer" 服务器上的共享文件夹 "share1" 添加到命名空间

在 "DFS 管理" 控制台，选中新建的 "space" 命名空间，右击，在弹出的右键快捷菜单中选择"新建文件夹"命令,弹出"新建文件夹"对话框,如图 3-56 所示。

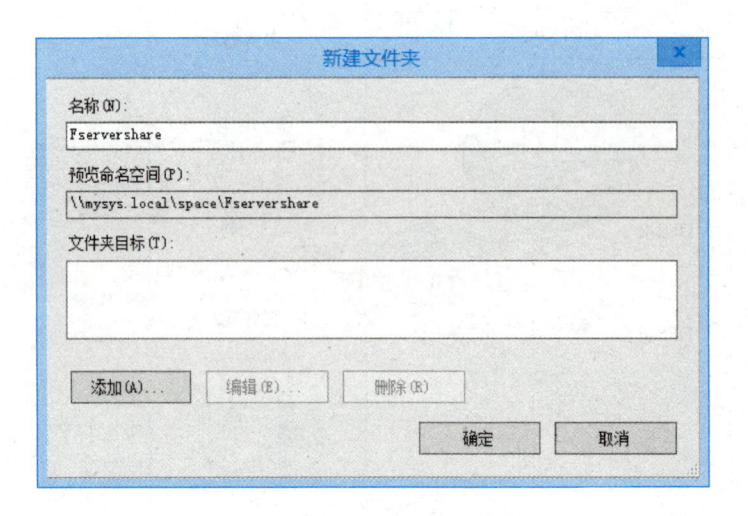

图 3-56 "新建文件夹"对话框

在"名称"下面的文本框中输入该新建文件夹的名称,本例为"Fservershare"。单击"文件夹目标"下面的"添加"按钮,弹出"添加文件夹目标"对话框,如图 3-57 所示。

图 3-57 "添加文件夹目标"对话框

单击"文件夹目标的路径"后面的"浏览"按钮,弹出"浏览共享文件夹"窗口,如图 3-58 所示。

图 3-58 "浏览共享文件夹"窗口

单击"服务器"文本框后面的"浏览"按钮,弹出"选择计算机"对话框,如图 3-59 所示。

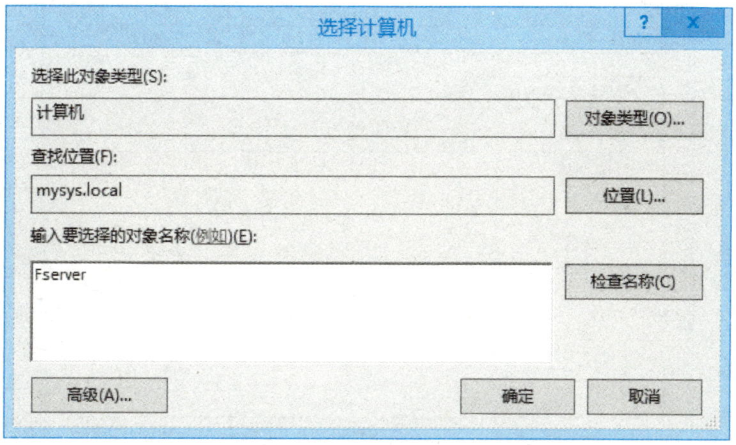

图 3-59 "选择计算机"对话框

在"输入要选择的对象名称"下面的文本框中输入"Fserver"服务器的名称,单击"确定"按钮,弹出"发现多个名称"对话框,如图 3-60 所示。

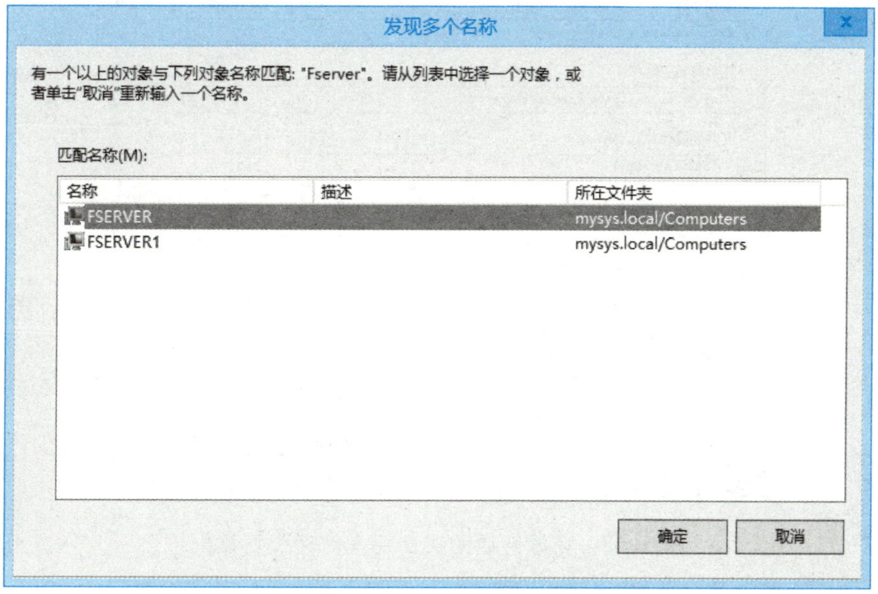

图 3-60 "发现多个名称"对话框

本次选择"FSERVER"服务器,单击"确定"按钮,系统回到新的"浏览共享文件夹"窗口,如图 3-61 所示。

在此对话框中选中"FSERVER"服务器上的共享文件夹"share1",单击"确定"按钮,系统回到"添加文件夹目标"对话框。再次单击"确定"按钮,系统回到"新建文件夹"对话框,此时就会发现"文件夹目标"下面的文本框中就多了个链接,即"\\FSERVER\

share1",如图 3-62 所示。

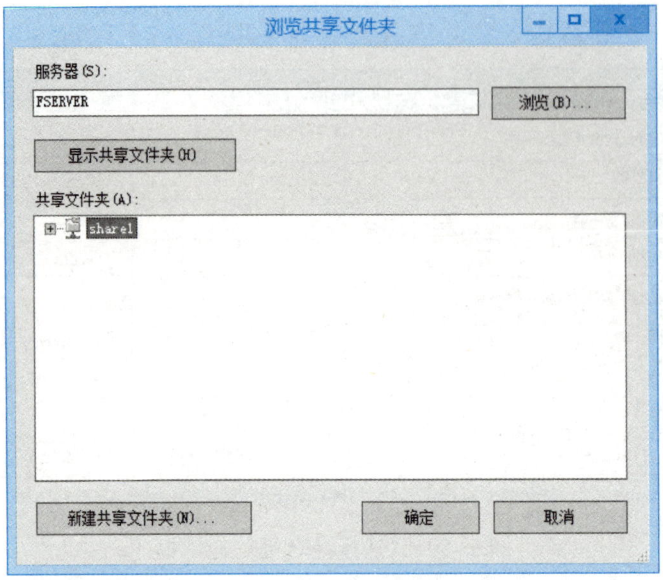

图 3-61 新的"浏览共享文件夹"窗口

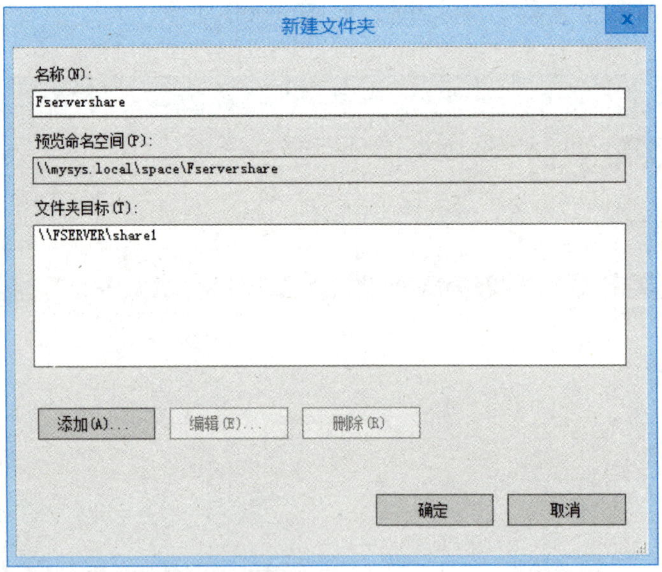

图 3-62 新添链接的"新建文件夹"对话框

单击"确定"按钮,完成新建文件夹的操作。

2. 将"FServer1"服务器上的共享文件夹"share2"添加到命名空间

用同样的方法,新建一个名称为"Fserver1share"的链接,其地址指向为"Fserver1"服务器上的"share2"文件夹。

步骤 6 浏览"DFS 管理"控制台

单击"服务器管理器-仪表板"窗口中的"工具"菜单,选择"DFS Management"命令，打开"DFS 管理"控制台。在这里可以管理 DFS 命名空间，并且下面有两个文件夹，即"Fservershare"和"Fserver1share"，如图 3-63 所示。

图 3-63 已添加命名空间的"DFS 管理"控制台

步骤 7　从客户端访问 DFS 命名空间

打开 Windows 客户机，单击"开始"→"运行"命令，在"打开"后面的文本框中输入"\\192.168.31.108"，按回车键，弹出用户登录对话框。输入正确的域用户名和密码，就会在下面的窗口中看到刚建立的"space"命名空间，如图 3-64 所示。

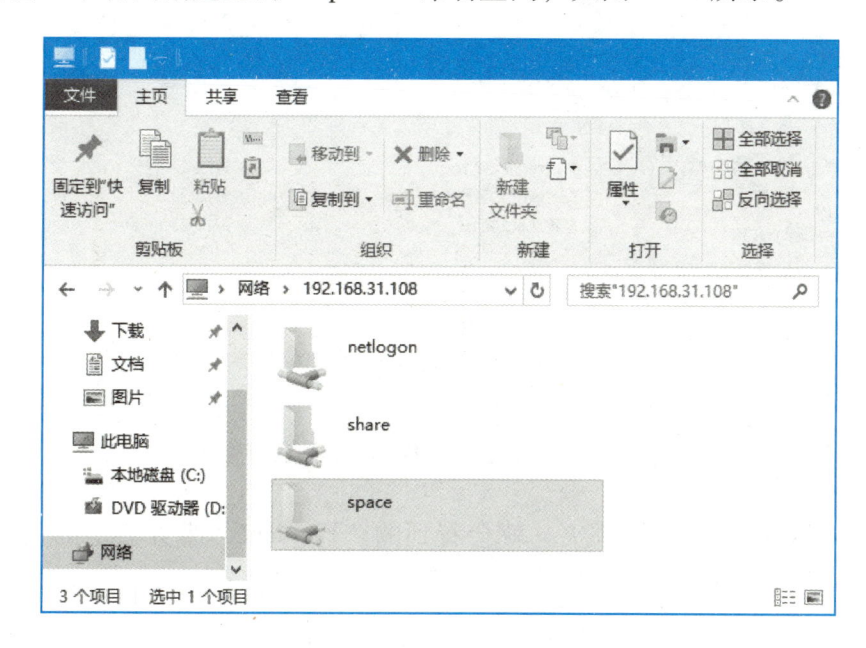

图 3-64 从客户端看到的"space"命名空间

双击"space"就会看到"Fservershare"和"Fserver1share"两个共享文件夹，如图3-65所示。

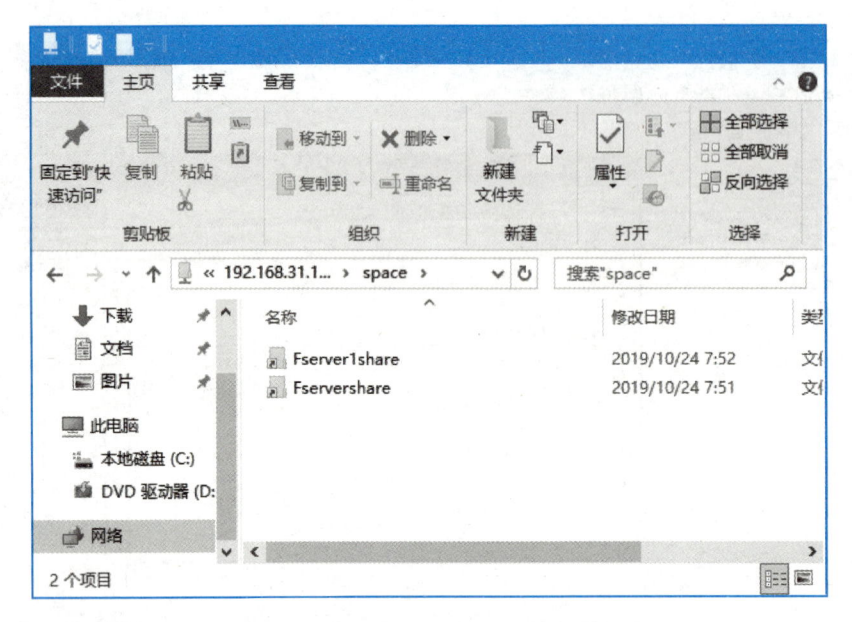

图3-65　从客户端看到的两个共享文件夹

打开"Fservershare"共享文件夹，就会看到的"Fserver"服务器上的文件，如图3-66所示。

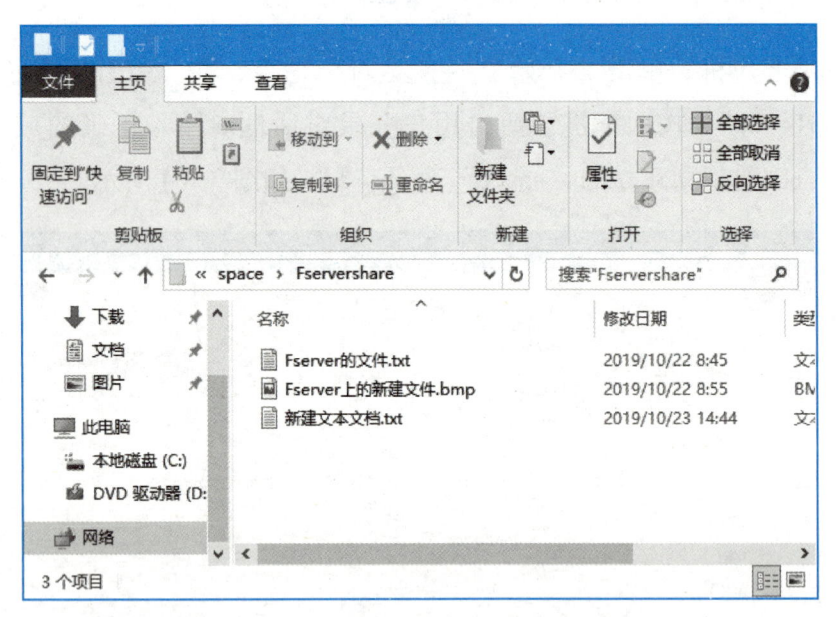

图3-66　从客户端看到的"Fserver"服务器上的文件

打开"Fserver1share"共享文件夹，就会看到的"Fserver1"服务器上的文件，如图3-67所示。

从图中可以看到，虽然在地址栏只输入了"\\192.168.31.108"，但是也能把IP地址为"192.168.31.115"的服务器共享文件夹"Share1"中的文件显示出来，并使用之。同样也能把

IP 地址为"192.168.31.116"的服务器的共享文件夹"share2"中的文件显示出来,并使用之。

图 3-67　从客户端看到的"Fserver1"服务器上的文件

举一反三

1. 完成任务 3 中各步骤的相应操作,加深对 DFS 命名空间的理解。

2. 尝试建立基于多台服务器的多个共享链接,深入理解 DFS 在网络共享中的优势。并结合任务 2 的内容,探索域用户的权限在不同共享位置的情况。

任务 4　创建域 DFS 复制

任务描述

DFS 命名空间可以提供一个访问点和一个逻辑树结构,将网络中所有共享文件夹添加到一个 DFS 根目录中。在用户看来,所有共享资源仅存储在一个地点,只要访问这个 DFS 根目录,就能够访问到分布在网络上的所有共享资源。

而 DFS 复制是当网络中对共享资源进行频繁访问、数据流量特别大时,借助于 DFS 可以将同一份共享资源分散在几台服务器上。当用户读取文件时,DFS 会从不同的服务器为用户

107

项目 3　安装与配置文件服务器

读取，从而减轻一台服务器的负担，实现了负载均衡。另外即使有一台服务器发生故障，DFS 仍然可以从其他服务器正常读取文件，实现了冗余备份的功能。

本任务是在前 3 个任务的基础上，进行网络内部的 DFS 复制的配置，并在网络内的一台计算机上进行资源访问的操作，让大家了解 DFS 复制的配置过程，同时感受 DFS 复制的工作方式。

本任务仍然需要任务 3 中的 4 台计算机，网络设置不变。拓扑图如图 3-38 所示。

自己动手

☞ 步骤 1　在"FServer"服务器中添加共享文件夹

启动域控制器（IP 地址为 192.168.31.108），在"FServer"（IP 地址为 192.168.31.115）的服务器上以域超级用户登录，添加并配置一个共享文件夹"Public"。

☞ 步骤 2　给"FServer"服务器添加 DFS 复制角色服务

在"FServer"（IP 地址为 192.168.31.115）的服务器上，打开"服务器管理器-仪表板"窗口，单击"添加角色和功能"超链接，按照任务 3 步骤 3 中添加角色的方法，直到看到"添加角色和功能向导-选择服务器角色"窗口，此时在"服务器角色"项后面选择"文件和 iSCSI 服务"下的"DFS 复制"复选框，如图 3-68 所示。

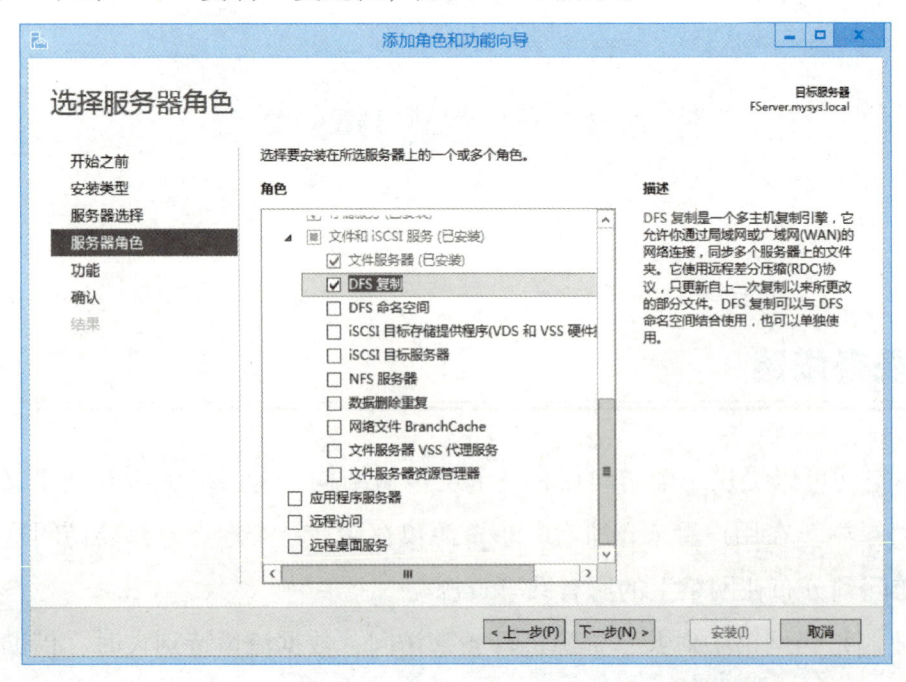

图 3-68　"添加角色和功能向导-选择服务器角色"窗口

单击"下一步"按钮,弹出"确认安装选择"窗口,单击"安装"按钮,弹出"添加角色和功能向导-安装进度"窗口,开始安装 DFS 复制服务,如图 3-69 所示。

图 3-69 "添加角色和功能向导-安装进度"窗口

等待一会儿,安装完毕,单击"关闭"按钮,DFS 复制服务安装完毕。

步骤 3　在 FServer1 上建立共享文件夹

以域超级用户名登录"FServer1"(IP 地址为 192.168.31.116)的服务器,添加并配置一个共享文件夹"Public"。

步骤 4　在 FServer1 上安装 DFS 复制

仍然在"FServer1"服务器下,打开"服务器管理器-仪表板"窗口,单击"添加角色和功能"超链接,按照步骤 2 中添加角色的方法,在"FServer1"服务器上安装"DFS 复制"角色。

步骤 5　在域服务器上新建命名空间

仍然在"ADServer"域服务器上,单击"服务器管理器-仪表板"窗口中的"工具"菜单,选择"DFS Management"命令,打开"DFS 管理"控制台。在"操作"下拉菜单中选择"新建命名空间"命令,弹出"新建命名空间向导-命名空间服务器"窗口,如图 3-70 所示。

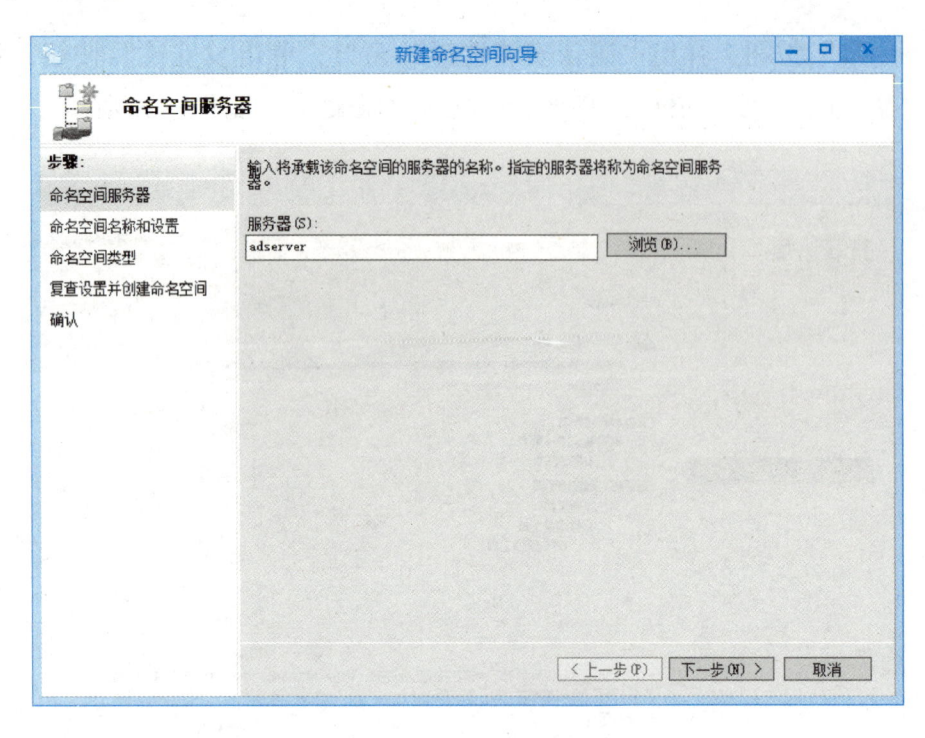

图 3-70 "新建命名空间向导-命名空间服务器"窗口

在"服务器"文本框中,选择默认的"adserver"服务器,单击"下一步"按钮,弹出"新建命名空间向导-命名空间名称和设置"窗口,如图 3-71 所示。

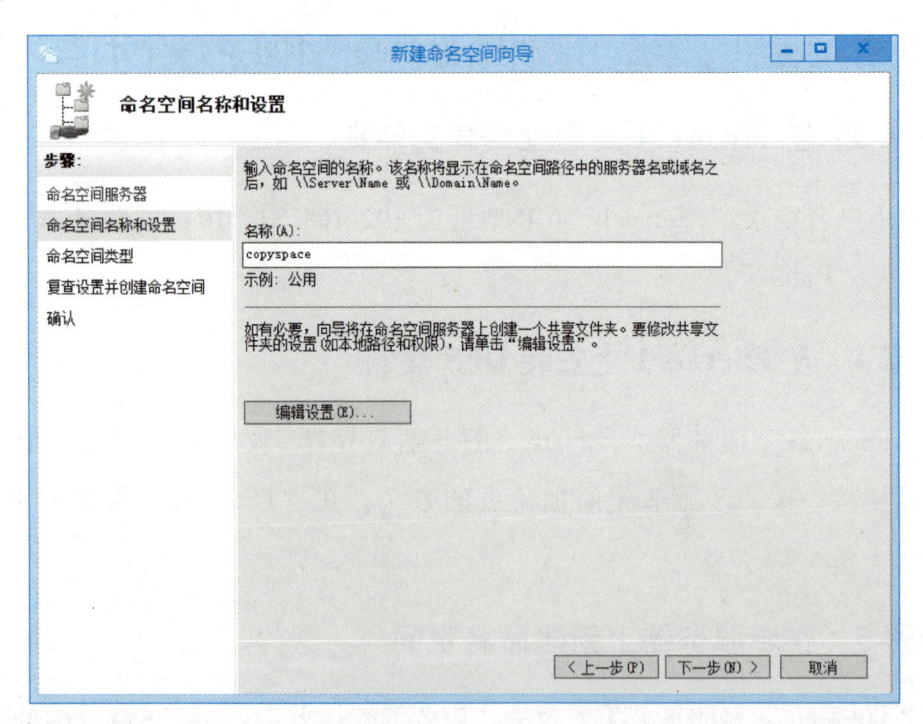

图 3-71 "新建命名空间向导-命名空间名称和设置"窗口

在"名称"文本框中,输入新建的命名空间的名称"copyspace",单击"下一步"按钮,弹出"新建命名空间向导-命名空间类型"窗口,如图 3-72 所示。

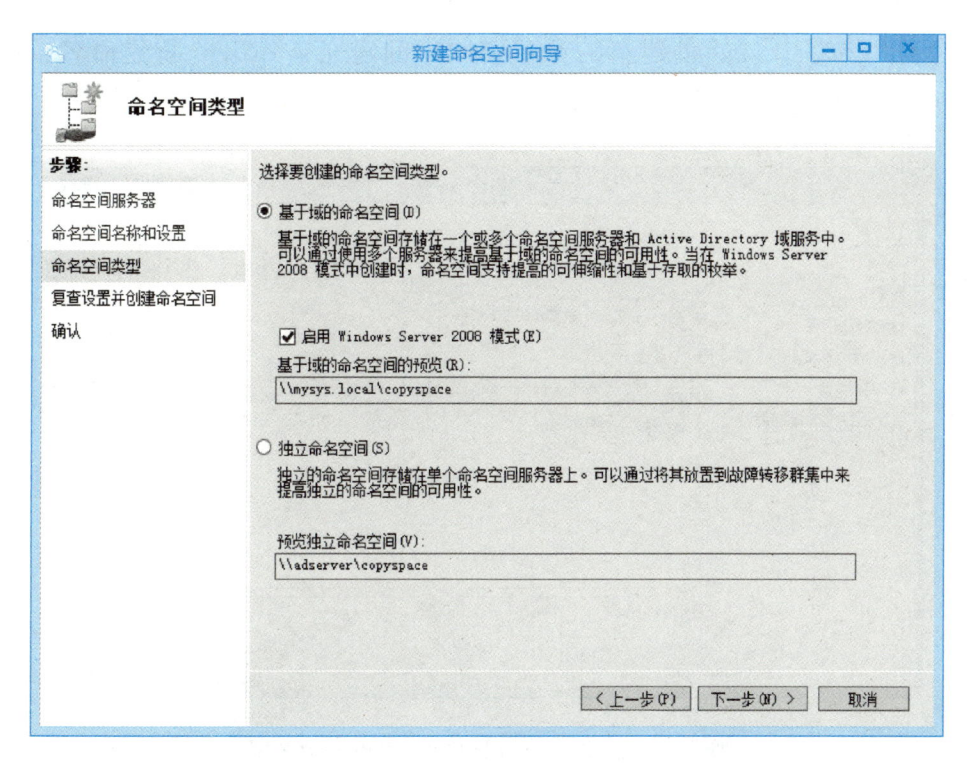

图 3-72 "新建命名空间向导-命名空间类型"窗口

选择"基于域的命名空间"单选按钮和"启用 Windows Server 2008 模式"复选框，单击"下一步"按钮，弹出"新建命名空间向导-复查设置并创建命名空间"窗口，如图 3-73 所示。

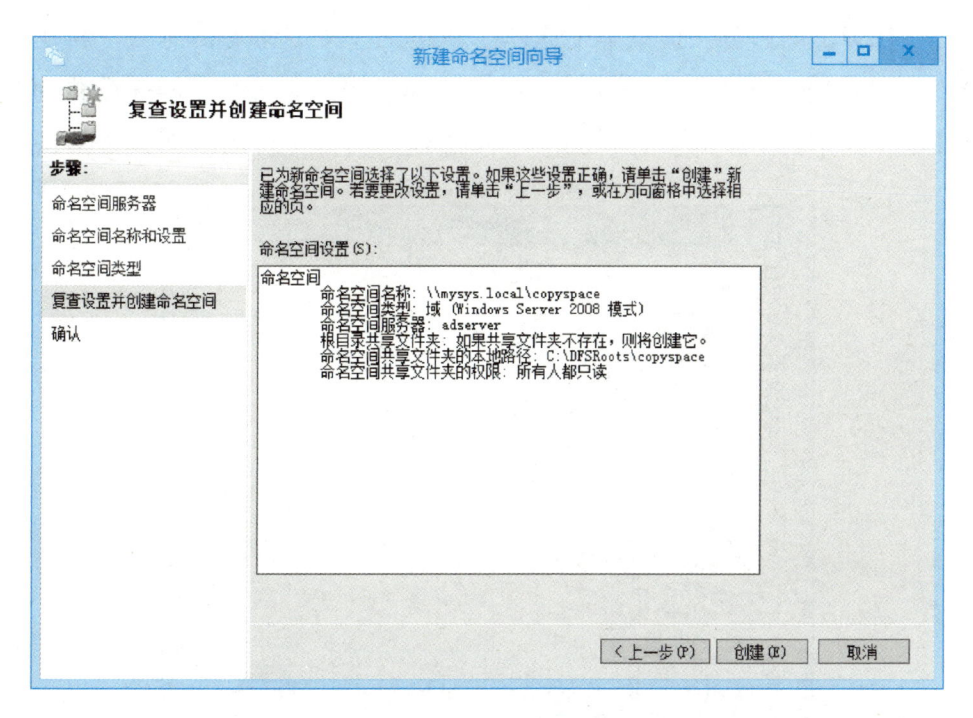

图 3-73 "新建命名空间向导-复查设置并创建命名空间"窗口

单击"创建"按钮，开始创建新的命名空间，创建完毕弹出"新建命名空间向导-确认"窗口，如图 3-74 所示。

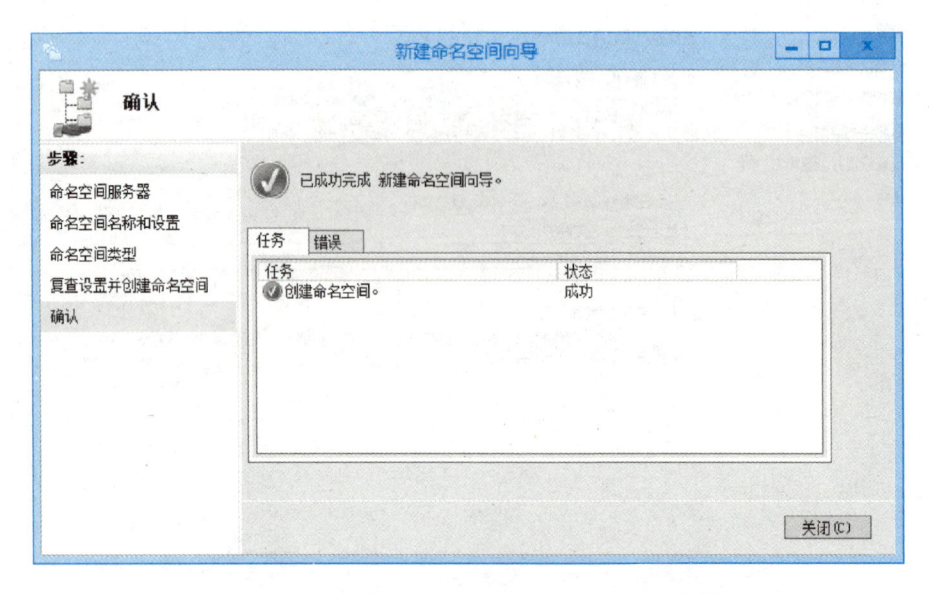

图 3-74 "新建命名空间向导-确认"窗口

单击"关闭"按钮，新的命名空间"copyspace"创建完成。

步骤 6　建立 public 共享文件夹

仍然在"ADServer"服务器下，打开"DFS 管理"控制台，选中"\\mysys.local\copyspace"，右击，在弹出的右键快捷菜单中选择"新建文件夹"命令，弹出"新建文件夹"对话框，在该对话框中将"名称"设置为"public"，同时将步骤 1、步骤 3 设置的共享文件夹"FSERVER\Public"和"FSERVER1\Public"添加到"文件夹目标"下，如图 3-75 所示。

图 3-75 "新建文件夹"对话框

单击"确定"按钮，此时会出现"复制"警示框，如图 3-76 所示。

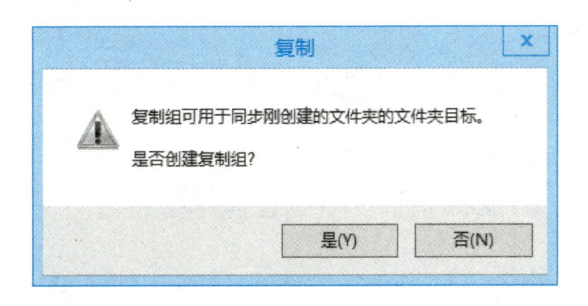

图 3-76 "复制"警示框

由于在新建文件夹中有两个以上的文件夹连接，所以会出现以上的警示。此时单击"是"按钮，将弹出"复制文件夹向导-复制组和已复制文件夹名"窗口，如图 3-77 所示。

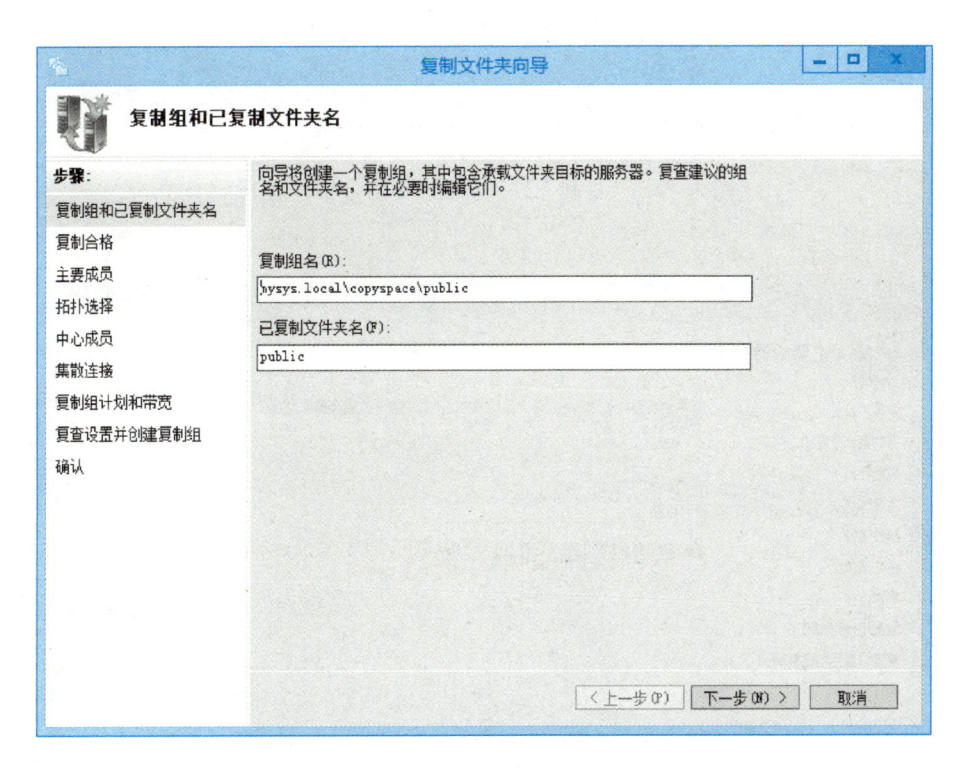

图 3-77 "复制文件夹向导-复制组和已复制文件夹名"窗口

一般不用改变此窗口中的内容，直接单击"下一步"按钮，弹出"复制文件夹向导-复制合格"窗口，如图 3-78 所示。

单击"下一步"按钮，弹出"复制文件夹向导-主要成员"窗口，如图 3-79 所示。

由于有两个成员，要选择"主要成员"的服务器，作为主服务器，另一个为辅助（复制）服务器。本例选择"FSERVER"为主要成员服务器，单击"下一步"按钮，弹出"复制文件夹向导-拓扑选择"窗口，如图 3-80 所示。

项目3　安装与配置文件服务器

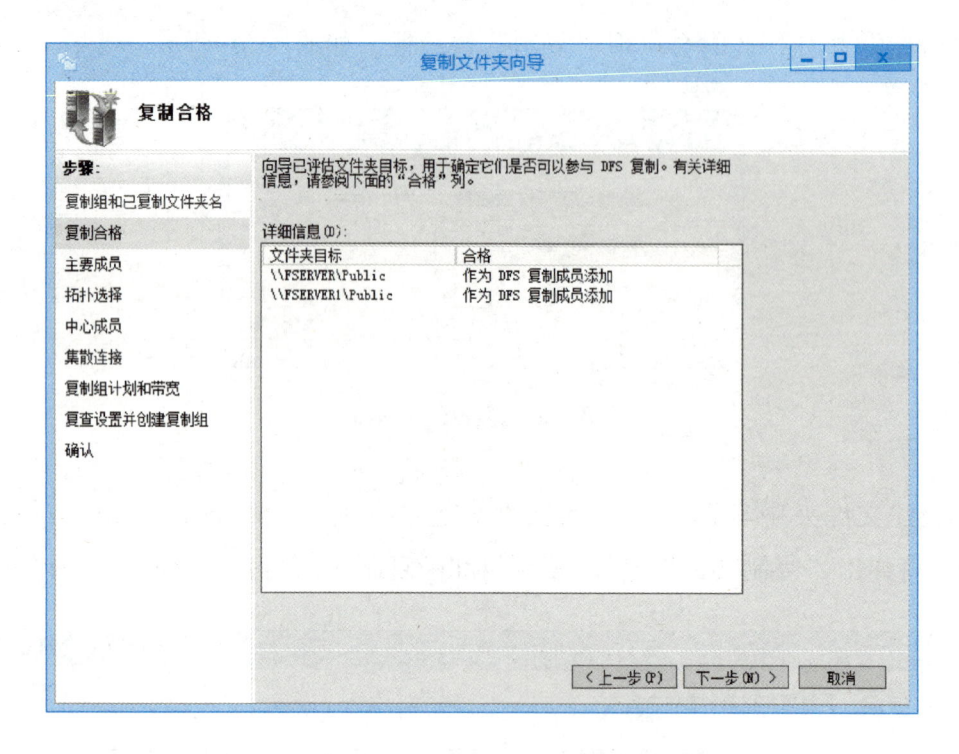

图3-78 "复制文件夹向导-复制合格"窗口

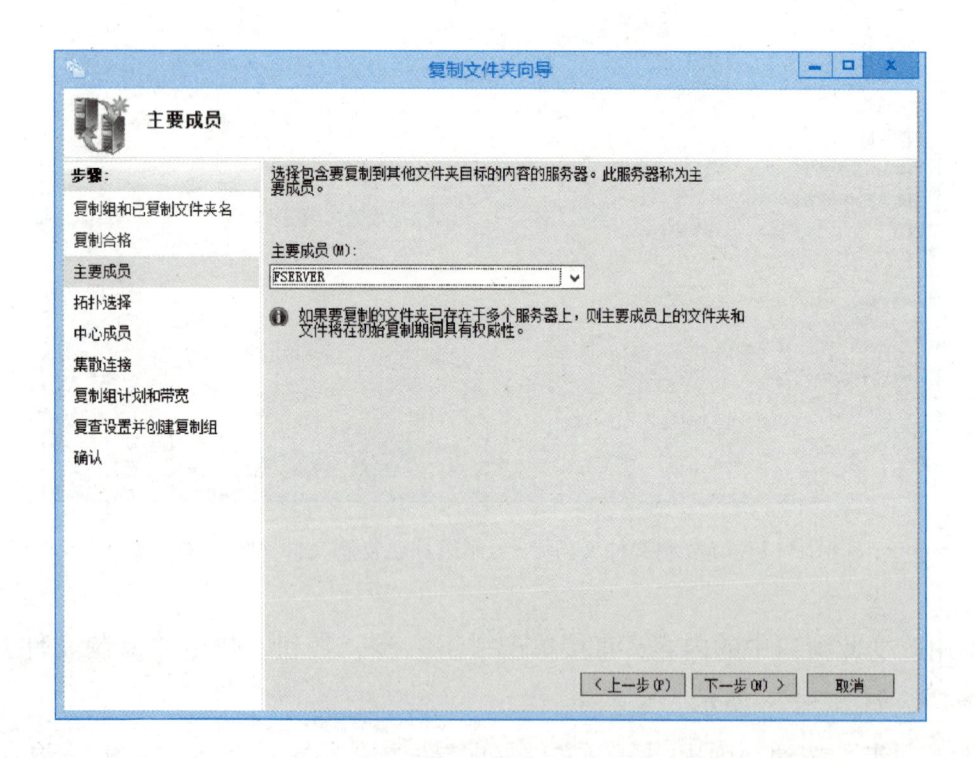

图3-79 "复制文件夹向导-主要成员"窗口

本例选择"交错"单选按钮，单击"下一步"按钮，弹出"复制文件夹向导-复制计划和带宽"窗口，如图3-81所示。

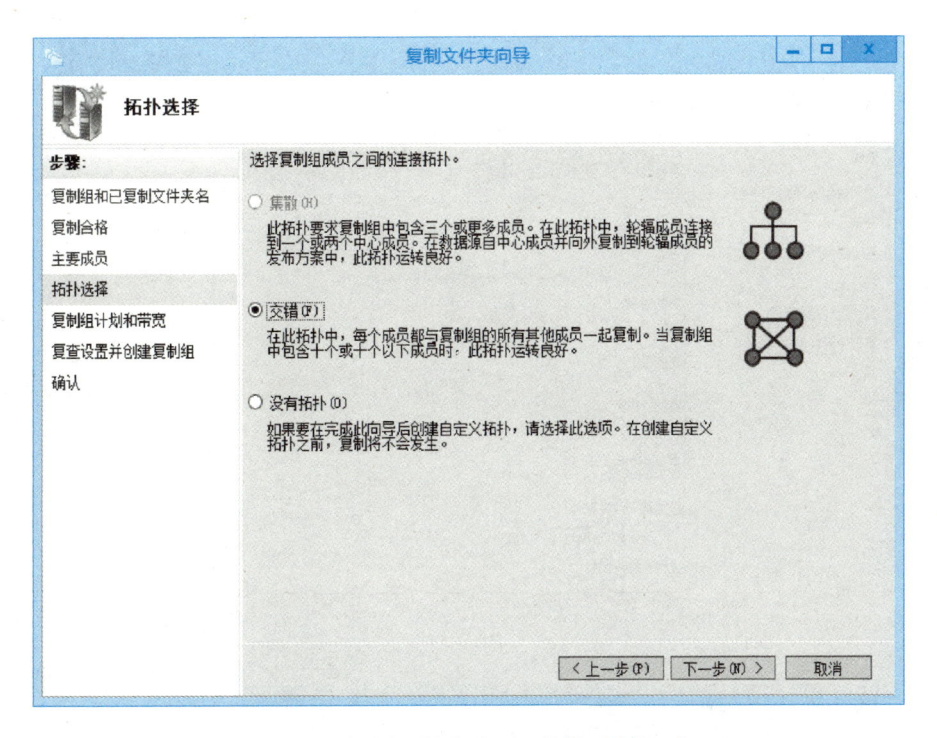

图 3-80 "复制文件夹向导-拓扑选择"窗口

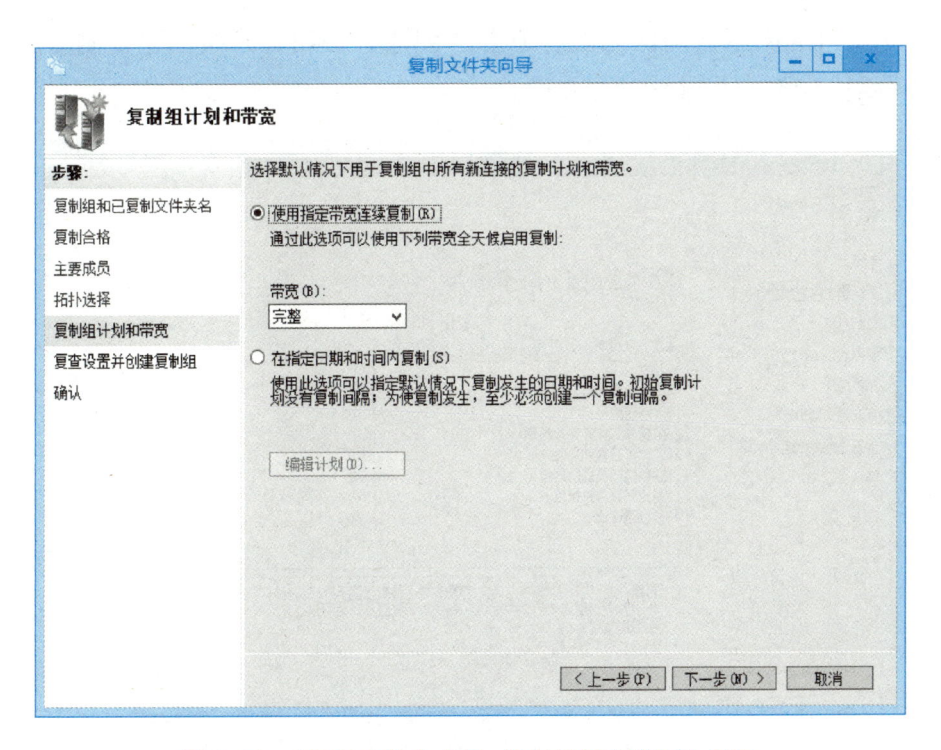

图 3-81 "复制文件夹向导-复制计划和带宽"窗口

此窗口是表示两个服务器之间的复制何时开始，并使用多大的带宽。本例选择了"使用指定宽带连续复制"单选按钮，并将"带宽"下面选择"完整"选项。单击"下一步"按钮，弹出"复制文件夹向导-复查设置并创建复制组"窗口，如图 3-82 所示。

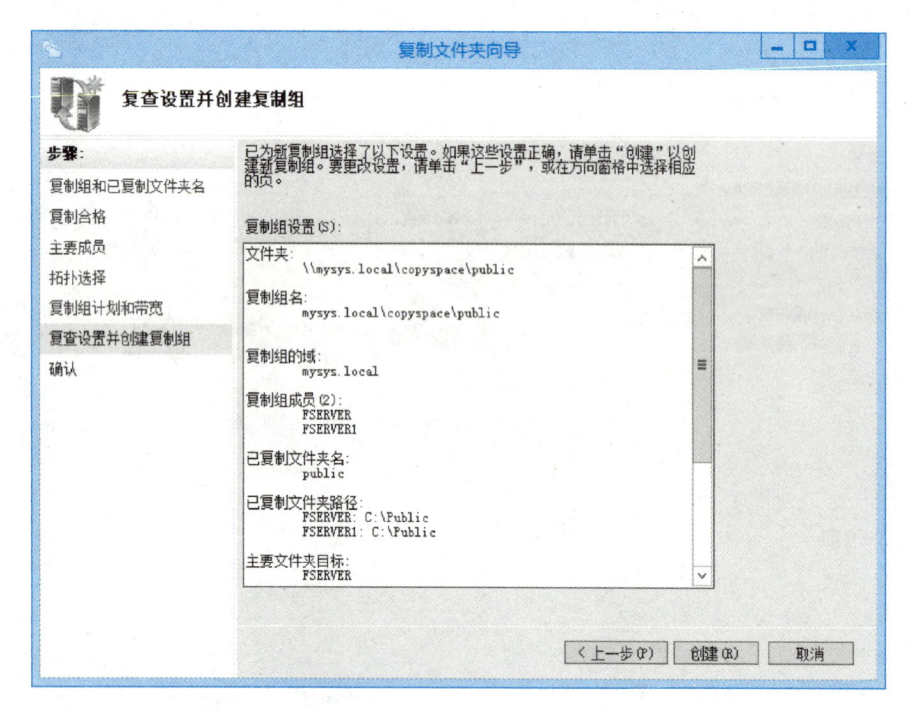

图 3-82 "复制文件夹向导-复查设置并创建复制组"窗口

仔细观察此窗口的内容，确认无误后单击"创建"按钮，开始创建复制。之后弹出"复制文件夹向导-确认"窗口，如图 3-83 所示。

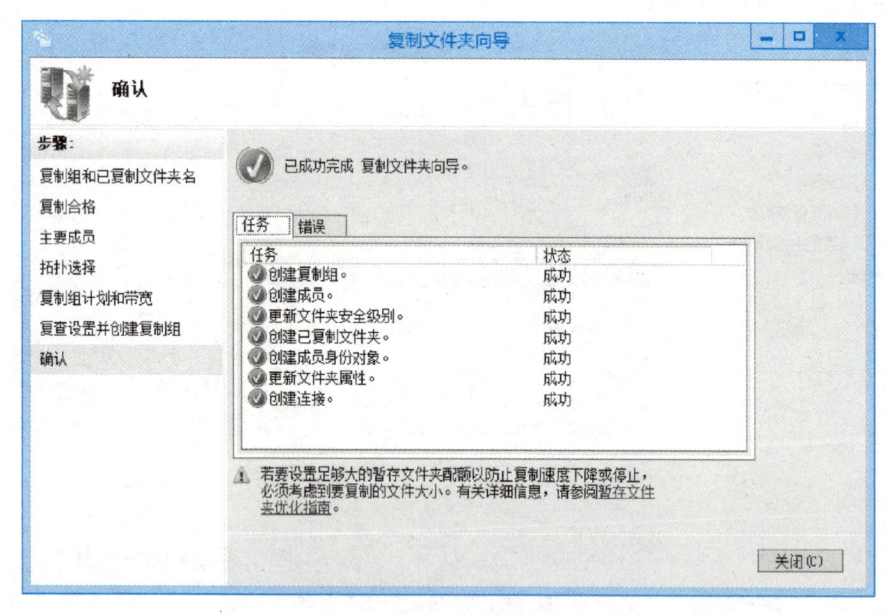

图 3-83 "复制文件夹向导-确认"窗口

单击"关闭"按钮，DFS 复制安装完成。

☞ 步骤 7 测试

1. 准备文件

在"FServer"服务器上的"Public"文件夹下建立一个文本文件，为了说明问题，可以起名为"FServer 服务器.txt",内容为"这是在 IP 地址 192.168.31.115 的主机上建立的文件"之类,说明是"FServer"服务器的文件。

在"FServer1"服务器上的"Public"文件夹中不要建立任何文件。

2. 在客户机上浏览并打开文件

打开 Windows 客户机,打开"计算机",在地址栏输入"\\192.168.31.108",弹出用户登录对话框,输入一个域用户名和密码,就会在下面的窗口中看到刚建立的"copyspace"命名空间,双击打开之会看到"public"共享文件夹,打开此文件夹会看到刚才建立的文本文件,表示共享成功。

3. 测试复制

登录到另一台文件服务器"FServer1",打开其"Public"文件夹,会发现在这个文件夹里也有一个名字叫"FServer 服务器"的文本文件,打开查看内容就是刚才输入的"这是在 IP 地址 192.168.31.115 的主机上建立的文件"之类的内容。注意,我们并没有在"FServer1"服务器上进行建立文件的操作,这个文件是系统自动复制到该服务器的。

提个醒

复制是需要一定时间的,所以在测试时要等待片刻,或者多试几次才能完成复制。

举一反三

1. 完成任务 4 中各步骤的相应操作,加深对 DFS 复制安装的熟练程度。

2. 尝试建立基于多台服务器的多网段的共享 DFS 复制,深入理解 DFS 在网络共享中的优势。

项目 4

远程桌面连接

> **项目概述：**
>
> 随着公司的发展，很多部门都配备了服务器，并且不在同一地点。小韩忙于在各个地点间不停地奔走，效率很低，劳动强度很大。Windows Server 2012 系统的远程桌面连接技术，使得用户坐在一台计算机前面就可以连接不同地点的其他远程计算机或服务器。这样就大大降低了系统管理员的劳动强度，节约了处理事件的时间和效率。
>
> 除此之外，Windows Server 2012 也支持远程桌面 Web 访问，用户可以通过浏览器与远程桌面 Web 连接来管理远程计算机。
>
> **项目准备：**
>
> 本项目任务 1 需要 2 台计算机，一台安装了 Windows Server 2012 的域控制器，一台用于测试的客户端计算机。任务 2 需要 3 台计算机，一台域控制器计算机、一台远程计算机、一台用于测试的客户端计算机。
>
> **学习目标：**
>
> 本项目通过配置远程计算机和本地计算机，实现远程桌面连接。同时通过安装远程访问 Web 访问角色，实现用浏览器来连接远程计算机的功能。

任务 1　IP 地址方式远程桌面连接

任务描述

本任务使用 2 台计算机，一台为已安装 Windows Server 2012 系统的远程计算机（本例仍然

任务 1　IP 地址方式远程桌面连接

使用 IP 地址为 192.168.31.108 的域控制器作为远程计算机）。另一台为安装了 Windows 10 系统的客户机。其 IP 地址不限，但要保证与服务器能够正常通信。下面我们就来学习具体的设置方法。

自己动手

步骤 1　启用远程桌面功能

以域超级用户登录到"ADServer"计算机中，选择"控制面板"→"系统和安全"→"系统"，弹出"系统"窗口，如图 4-1 所示。

图 4-1　"系统"窗口

单击"高级系统设置"超链接，弹出"系统属性"对话框，如图 4-2 所示。

图 4-2　"系统属性"对话框

项目 4　远程桌面连接

选择"远程"选项卡，选择"远程桌面"下面的"允许远程连接到此计算机"单选按钮，单击"选择用户"按钮，弹出"远程桌面用户"对话框，在此对话框中下面有一行"MYSYS\Administrator 已有访问权限"，而用户列表中是空的。如果想添加其他的用户可以远程桌面访问，需要单击下面的"添加"按钮，弹出"选择用户或组"对话框，如图 4-3 所示。

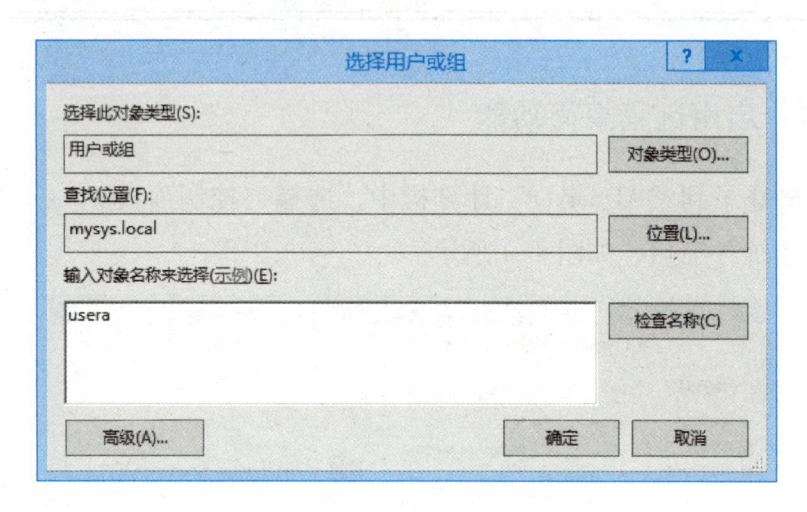

图 4-3　"选择用户或组"对话框

输入要添加远程桌面访问的用户，本例为 usera，单击"确定"按钮，回到"远程桌面用户"对话框，如图 4-4 所示。

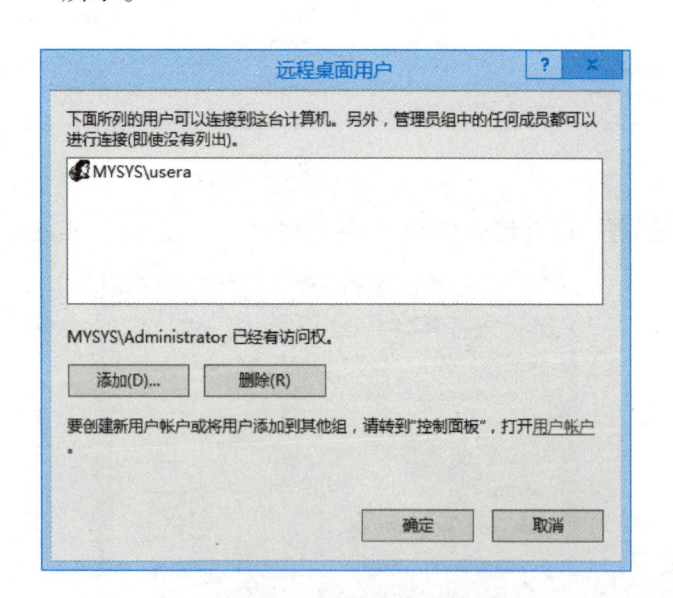

图 4-4　"远程桌面用户"对话框

单击"确定"按钮，回到"系统属性"对话框，再单击"确定"按钮，完成启动远程桌面功能。

步骤 2 赋予用户连接远程桌面的权限

打开"服务器管理器-仪表板"窗口中的"工具"菜单,单击"本地安全策略"菜单项,弹出"本地安全策略"窗口,如图 4-5 所示。

图 4-5 "本地安全策略"窗口

双击"允许通过远程桌面服务登录"项,弹出"允许通过远程桌面服务登录属性"对话框,在该对话框中单击"添加用户或组"按钮,弹出"选择用户、计算机、服务账户或组"对话框,如图 4-6 所示。

图 4-6 "选择用户、计算机、服务账户或组"对话框

项目 4　远程桌面连接

输入要添加的用户，本例为 usera，单击"确定"按钮，回到"允许通过远程桌面服务登录 属性"对话框，如图 4-7 所示。

图 4-7　"允许通过远程桌面服务登录 属性"对话框

从该对话框中可以看到，只有超级用户和新添加的 usera 用户允许通过远程桌面服务登录。单击"确定"按钮，回到"本地安全策略"窗口完成用户连接远程桌面的授权。

☞ 步骤 3　查看防火墙状态

打开"控制面板"→"系统和安全"→"Windows 防火墙"窗口，如图 4-8 所示。

图 4-8　"Windows 防火墙"窗口

单击左侧的"允许应用或功能通过 Windows 防火墙"超链接，弹出"允许的应用"窗口，如图 4-9 所示。

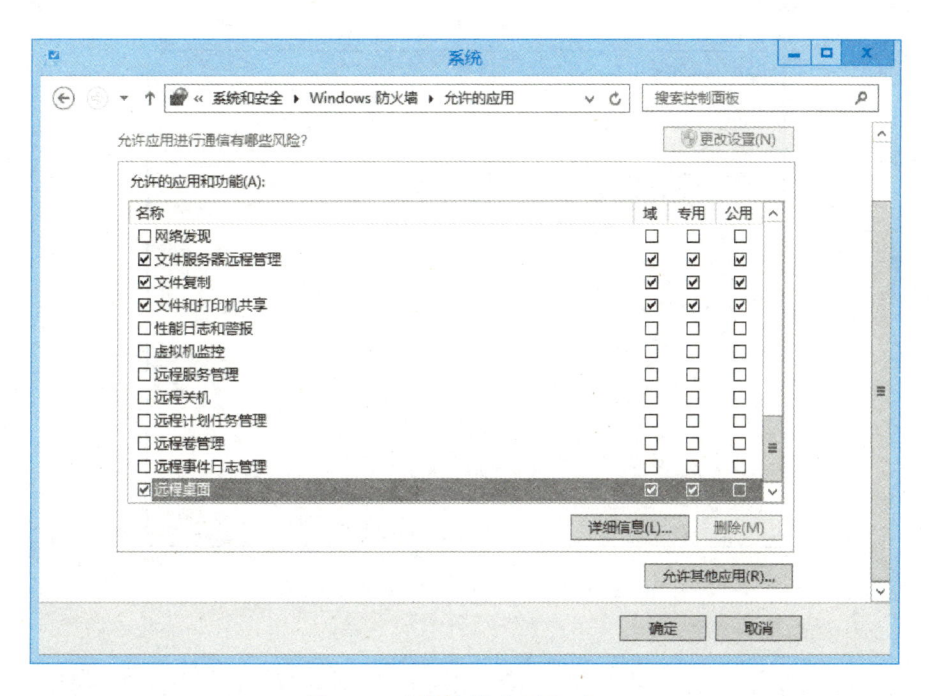

图 4-9 "允许的应用"窗口

查看最下面的"远程桌面"后面的"域"和"专用"已勾选，表示防火墙已经开放了远程桌面连接。

至此，服务器端的远程桌面设置完毕。

步骤 4　从客户端测试远程桌面连接

登录客户机，打开"开始"菜单，选择"Windows 附件"下的"远程桌面连接"，弹出"远程桌面连接"对话框，如图 4-10 所示。

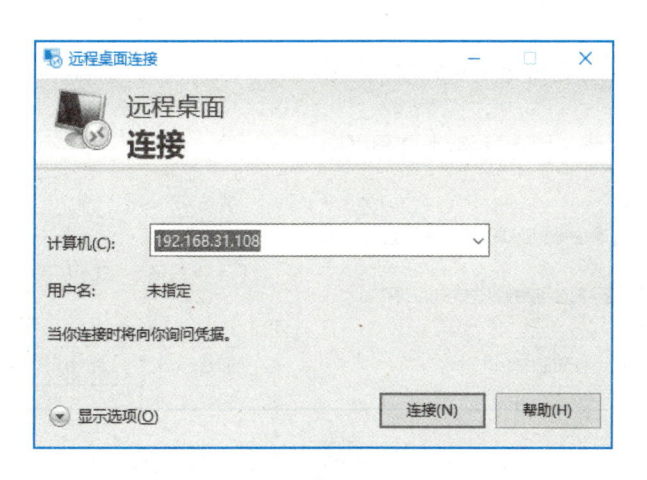

图 4-10 "远程桌面连接"对话框

项目 4　远程桌面连接

在该对话框"计算机"后面输入要连接远程计算机的 IP 地址（本例为 192.168.31.108），单击"连接"按钮，弹出"输入你的凭据"对话框，如图 4-11 所示。

图 4-11　"输入你的凭据"对话框

在该对话框中，输入可以登录的用户名和密码，单击"确定"按钮，弹出"远程桌面连接"警示框，如图 4-12 所示。

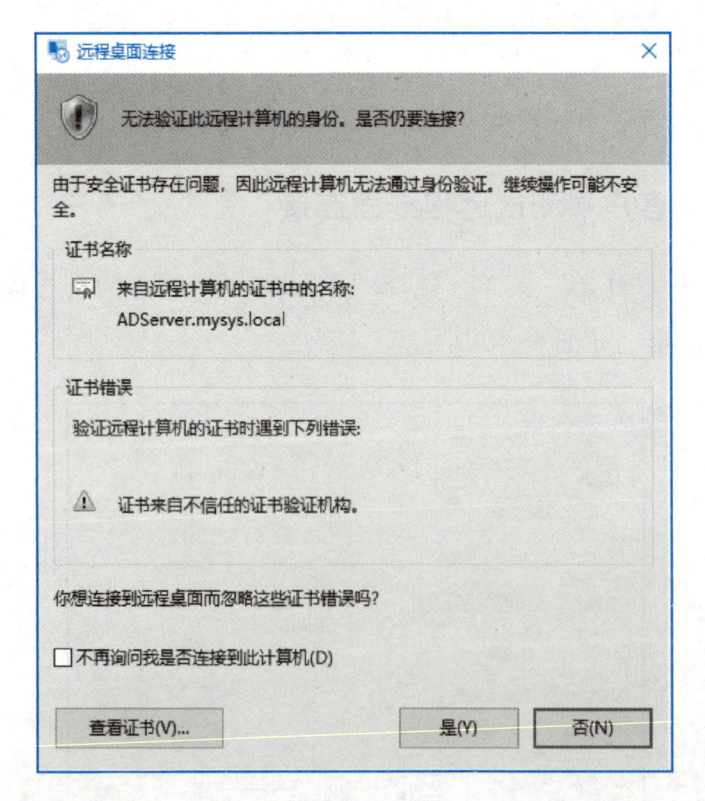

图 4-12　"远程桌面连接"警示框

不用理会该警示框，直接单击"是"按钮继续即可。稍等一会儿，就会看到连接远程桌面成功的界面，如图 4-13 所示。

图 4-13　连接远程桌面成功的界面

从该对话框中，如果没有最上面的"192.168.31.108"显示，会感觉已经在远程的服务器桌面上了。此时就可以完成 usera 用户在服务器上能够完成的所有操作了，如同在本地登录到了服务器。

☞ 步骤 5　启用 TCP3389 端口

远程桌面连接使用 TCP3389 端口进行，如果不能完成步骤 4 的连接，则需要在服务器端启用 TCP3389 端口。具体步骤如下：

在远程计算机的"服务器管理器-仪表板"窗口中，选择"工具"菜单，打开"高级安全 Windows 防火墙"管理工具，如图 4-14 所示。

选择左侧的"入站规则"项，单击右窗格中"新建规则"菜单，弹出"新建入站规则向导-规则类型"对话框，如图 4-15 所示。

选择"端口"单选按钮，单击"下一步"按钮，弹出"新建入站规则向导-协议和端口"对话框，如图 4-16 所示。

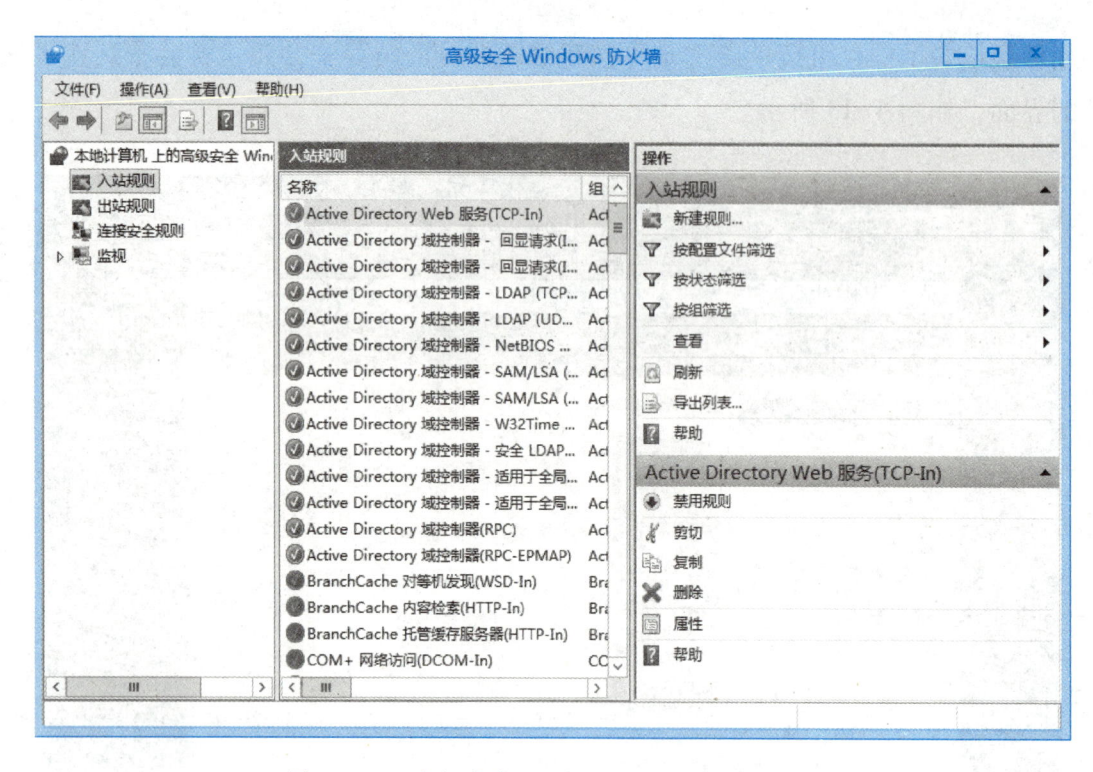

图 4-14 "高级安全 Windows 防火墙"管理工具

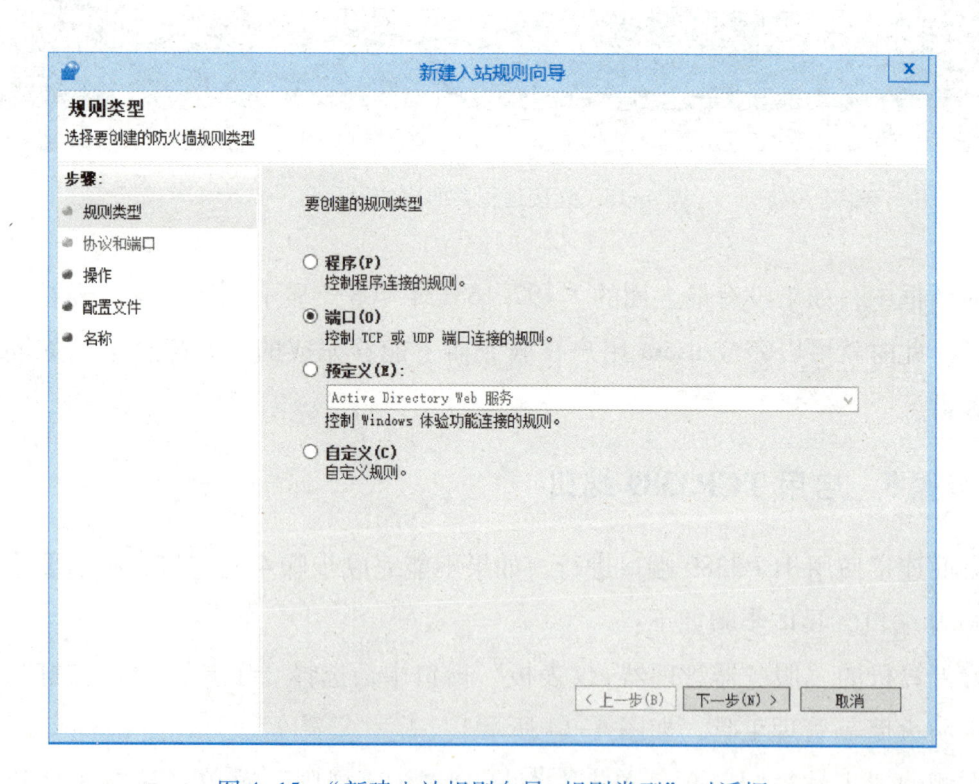

图 4-15 "新建入站规则向导-规则类型"对话框

选择"TCP"单选按钮，在下面选择"特定本地端口"，在后面的文本框填写"3389"，单击"下一步"按钮，弹出"新建入站规则向导-操作"对话框，如图 4-17 所示。

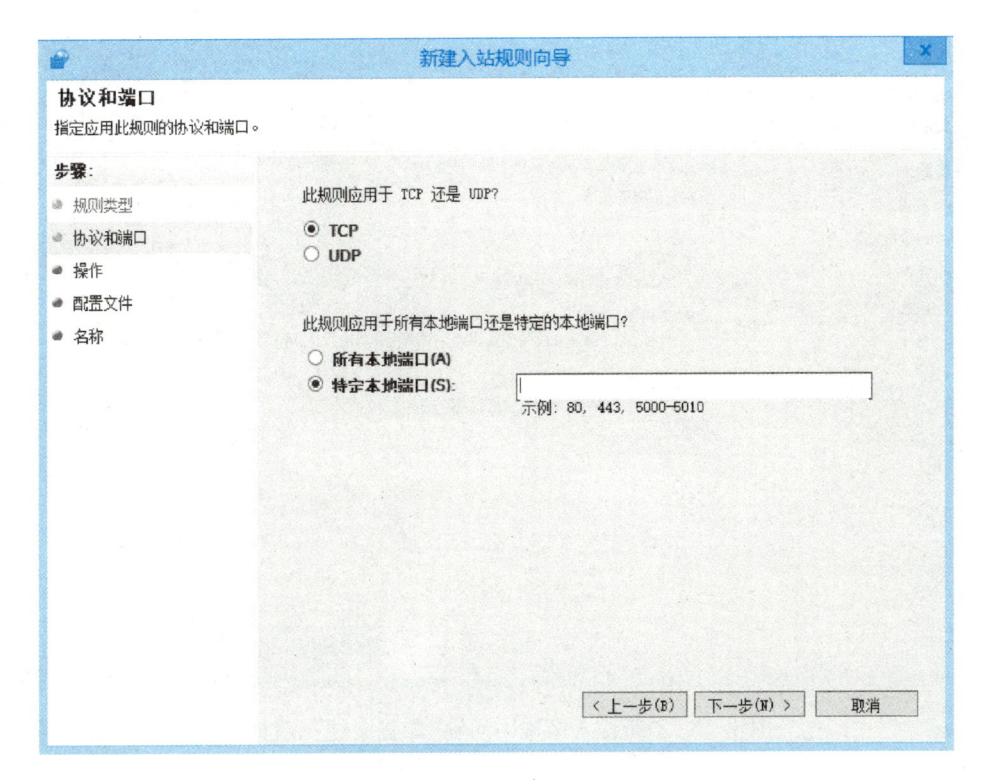

图 4-16 "新建入站规则向导-协议和端口"对话框

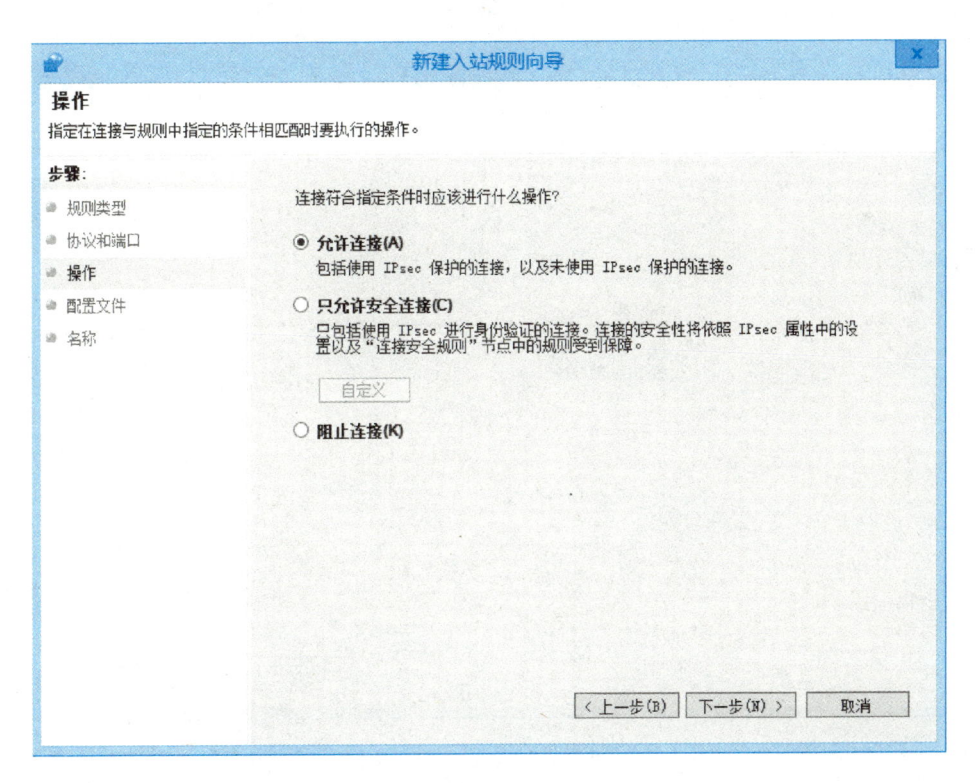

图 4-17 "新建入站规则向导-操作"对话框

选择"允许连接"单选按钮，单击"下一步"按钮，弹出"新建入站规则向导-配置文件"对话框，如图 4-18 所示。

项目 4 远程桌面连接

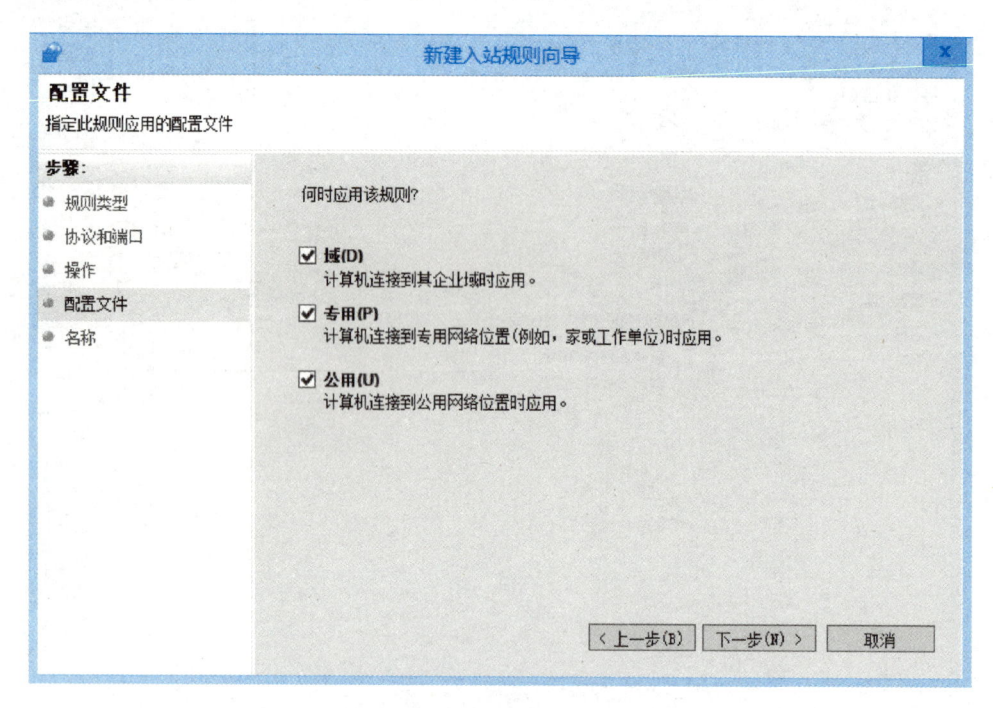

图 4-18 "新建入站规则向导-配置文件"对话框

勾选"域""专用"和"公用"复选框，单击"下一步"按钮，弹出"新建入站规则向导-名称"对话框，如图 4-19 所示。

图 4-19 "新建入站规则向导-名称"对话框

在"名称"下面的文本框中输入一个名称，主要是为了标记，在"描述"下面可以描述本次启用该端口的目的等内容，也可以不填写。单击"完成"按钮，完成 TCP3389 端口的启用。

步骤 6　远程桌面连接的高级配置

以下均在用于测试的客户端计算机上进行操作。

1. "常规"选项卡

在图 4-10 所示的对话框中，单击下面的"显示选项"按钮，会弹出"远程桌面连接"高级设置对话框，如图 4-20 所示。

图 4-20　"远程桌面连接"高级设置对话框

在该对话框的"常规"选项卡中可以提前设置好要连接的远程计算机的 IP 地址、用户名等数据。也可以将这些数据保持在一个扩展名为 RDP 的文件中，以后只要选择这个 RDP 文件，就可以自动利用该用户连接固定的远程计算机了。

2. "显示"选项卡

在"远程桌面连接"高级设置对话框中，选择"显示"选项卡，如图 4-21 所示。

在该选项卡中可以调整远程桌面的大小、颜色质量等内容。

3. "本地资源"选项卡

在"远程桌面连接"高级设置对话框中，单击"本地资源"选项卡，如图 4-22 所示。

项目 4　远程桌面连接

图 4-21　"远程桌面连接"的"显示"选项卡

图 4-22　"远程桌面连接"的"本地资源"选项卡

在该选项卡中可以设置是否将远程计算机的播放声音发送到本地计算机播放，或者是留在远程计算机播放，或者不播放。也可以进行远程录音。

可以设置 Windows 组合键是用来控制远程计算机还是控制本地计算机，还是只有在全屏显示时才用来控制远程计算机。

可以设置本地设备显示在远程桌面的窗口内，如打印机等，以便在此窗口访问本地设备与资源，如将远程计算机内的文件通过本地打印机打印。

4. "体验"选项卡

在"远程桌面连接"高级设置对话框中，单击"体验"选项卡，如图 4-23 所示。

图 4-23 "远程桌面连接"的"体验"选项卡

使用该选项卡，可以根据本地计算机和远程计算机之间的连接速度调整其显示性能。如果连接较慢可以设置不显示桌面背景、不执行字体平滑处理等花费时间的工作，以便提高显示效率。

5. "高级"选项卡

在"远程桌面连接"高级设置对话框中，单击"高级"选项卡，如图 4-24 所示。

在该选项卡中可以帮助用户验证是否正确的连接到远程计算机中，以增加连接的安全性。

项目 4　远程桌面连接

图 4-24　"远程桌面连接"的"高级"选项卡

举一反三

1. 配置自己的服务器，使其可以实现远程桌面连接。
2. 尝试在本地计算机设置远程服务器的一些配置。

任务 2　远程桌面 Web 连接

任务描述

通过在服务器上安装远程桌面服务角色和 Web 服务器（IIS），可以实现在浏览器上登录远程桌面。本任务使用了 3 台计算机，一台计算机就是域控制器，安装远程桌面服务和 Web 服务器（IIS），其 IP 地址为 192.168.31.108。第 2 台为要连接的远程计算机，需要配置远程

桌面连接，其 IP 地址为 192.168.31.115。第 3 台为本地测试的计算机，安装 Windows 系统，与另外两台计算机能够正常通信即可。

自己动手

步骤 1 安装远程桌面 Web 访问角色

打开域控制器的计算机（IP 地址为 192.168.31.108），安装"远程桌面 Web 访问"角色。安装该角色会自动安装 Web 服务器角色（IIS）服务。

在"服务器管理器-仪表板"窗口中，单击"添加角色和功能"超链接，弹出"添加角色和功能向导-开始之前"窗口，如图 4-25 所示。

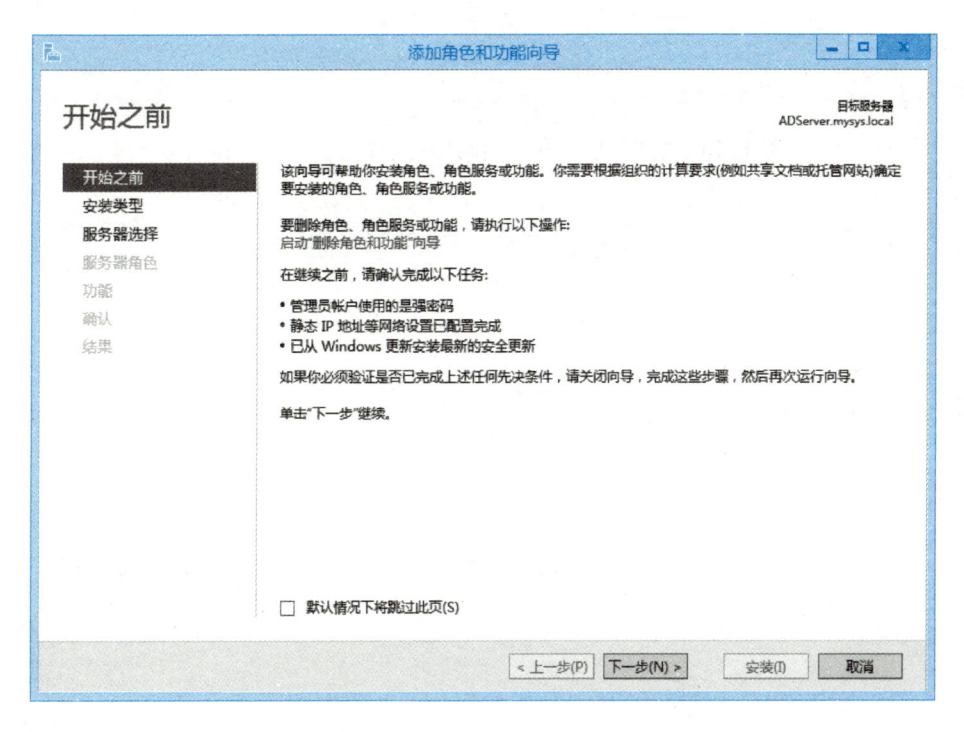

图 4-25 "添加角色和功能向导-开始之前"窗口

单击"下一步"按钮，弹出"添加角色和功能向导-选择安装类型"窗口，如图 4-26 所示。

选择"基于角色或基于功能的安装"单选按钮（如果是远程桌面安装，则选择"远程桌面服务安装"），单击"下一步"按钮，弹出"添加角色和功能向导-选择目标服务器"窗口，如图 4-27 所示。

选择要安装角色的服务器，单击"下一步"按钮，弹出"添加角色和功能向导-选择服务器角色"窗口，如图 4-28 所示。

图 4-26 "添加角色和功能向导-选择安装类型"窗口

图 4-27 "添加角色和功能向导-选择目标服务器"窗口

选择"远程桌面服务"角色，单击"下一步"按钮，弹出"添加角色和功能向导-选择功能"窗口，如图 4-29 所示。

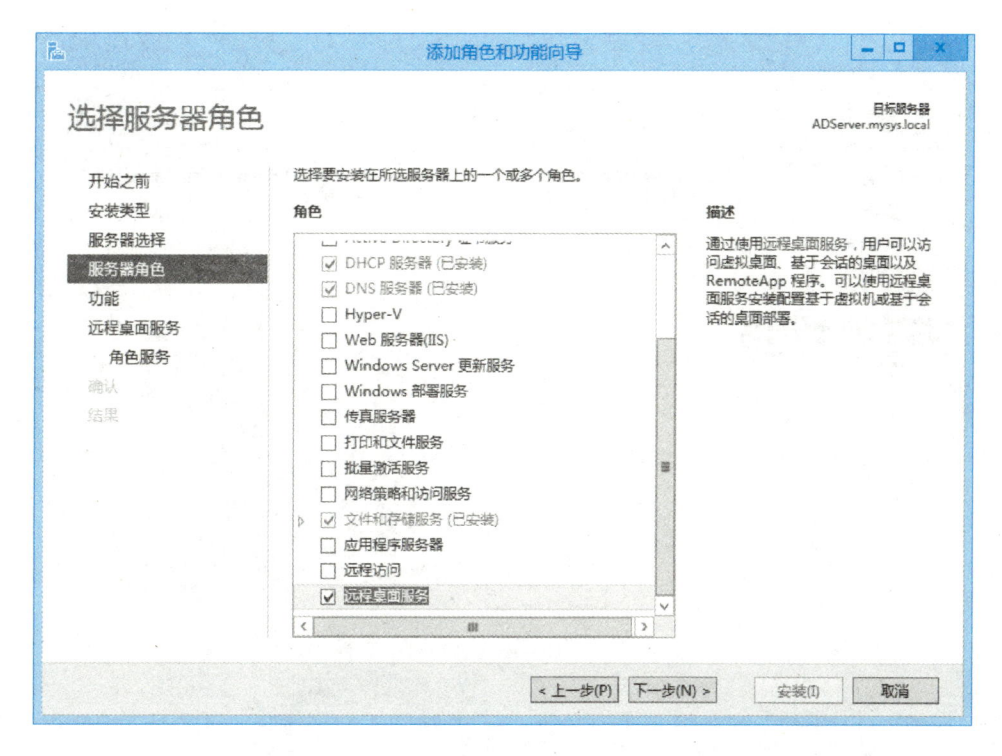

图 4-28 "添加角色和功能向导-选择服务器角色"窗口

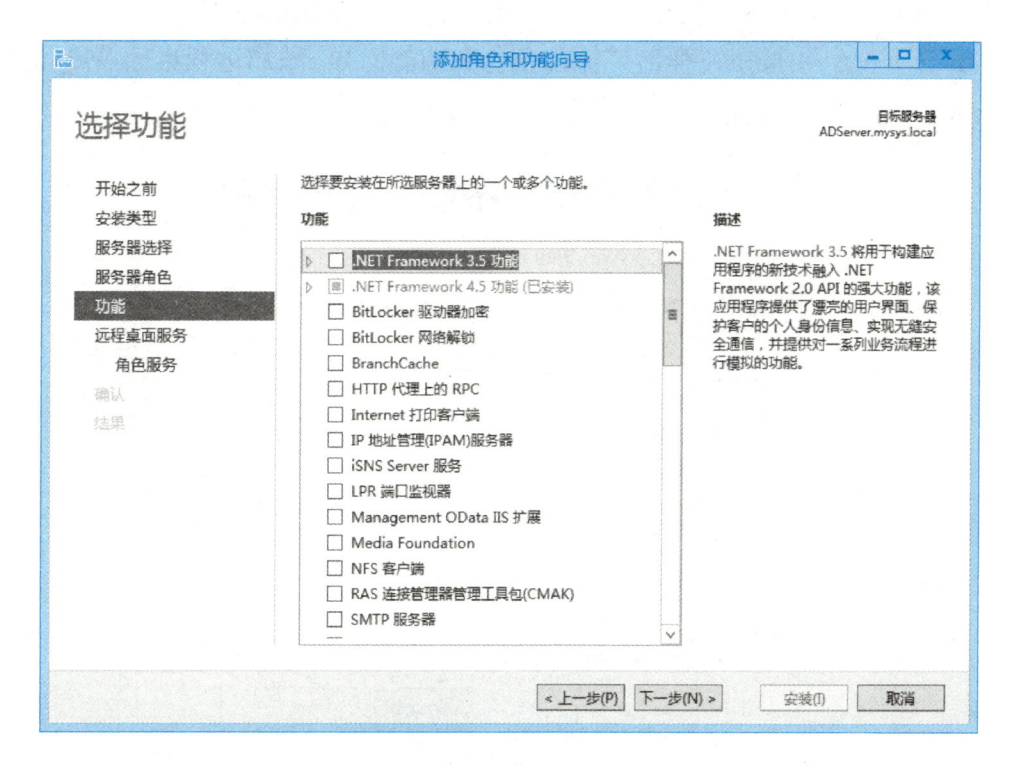

图 4-29 添加角色和功能向导-选择功能"窗口

直接单击"下一步"按钮，弹出"添加角色和功能向导-远程桌面服务"窗口，如图 4-30 所示。

135

项目 4　远程桌面连接

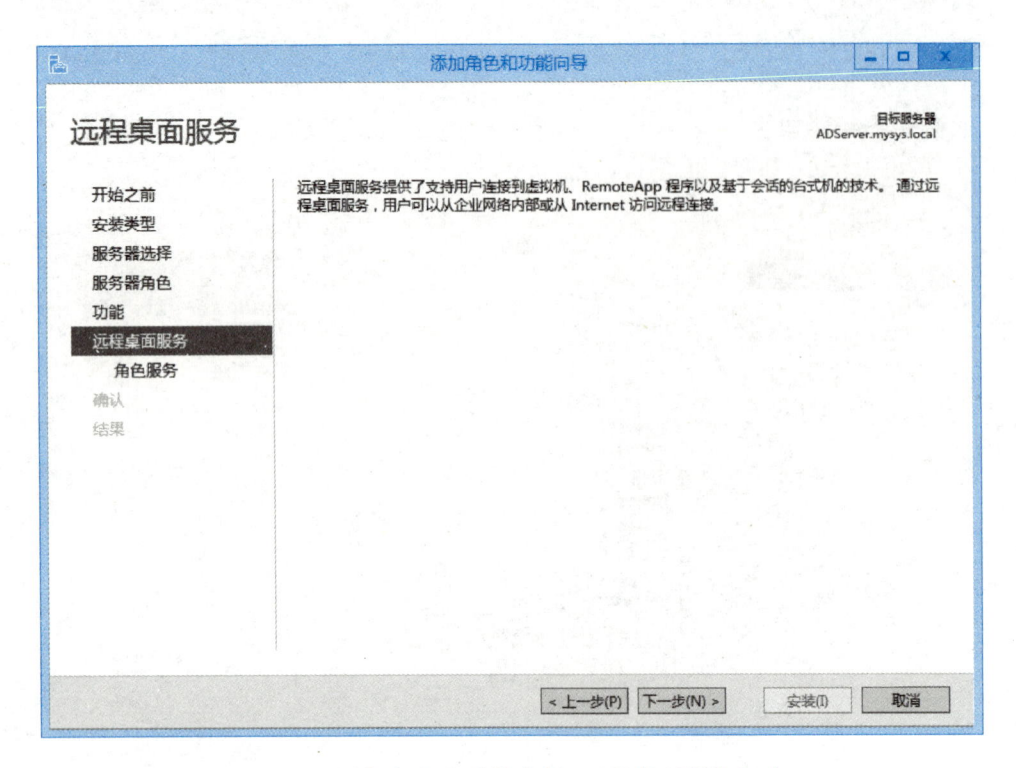

图 4-30　"添加角色和功能向导-远程桌面服务"窗口

直接单击"下一步"按钮，弹出"添加角色和功能向导-添加远程桌面 Web 访问所需的功能"警示框，如图 4-31 所示。

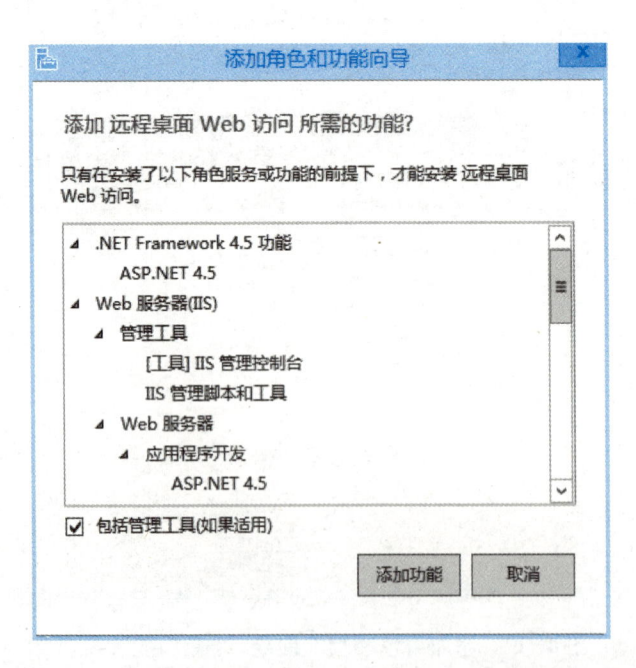

图 4-31　"添加角色和功能向导-添加远程桌面 Web 访问所需的功能"警示框

单击"添加功能"按钮，弹出"添加角色和功能向导-选择角色服务"窗口，如图 4-32 所示。

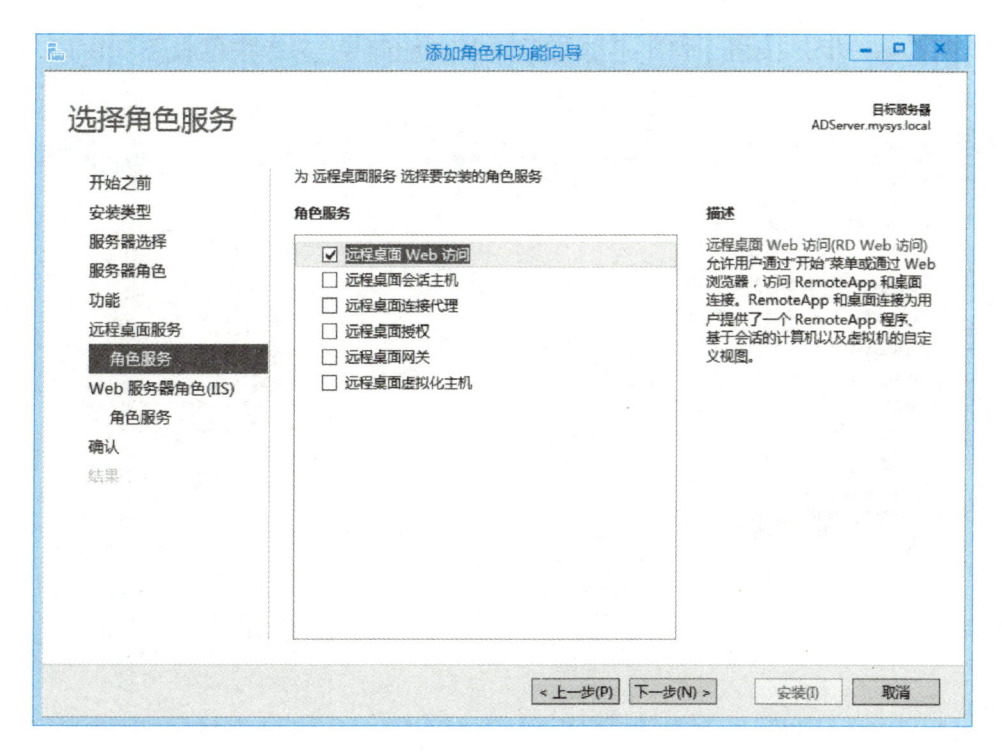

图 4-32 "添加角色和功能向导-选择角色服务"窗口

勾选"远程桌面 Web 访问"复选框。单击"下一步"按钮，弹出"添加角色和功能向导-Web 服务器角色（IIS）"窗口，如图 4-33 所示。

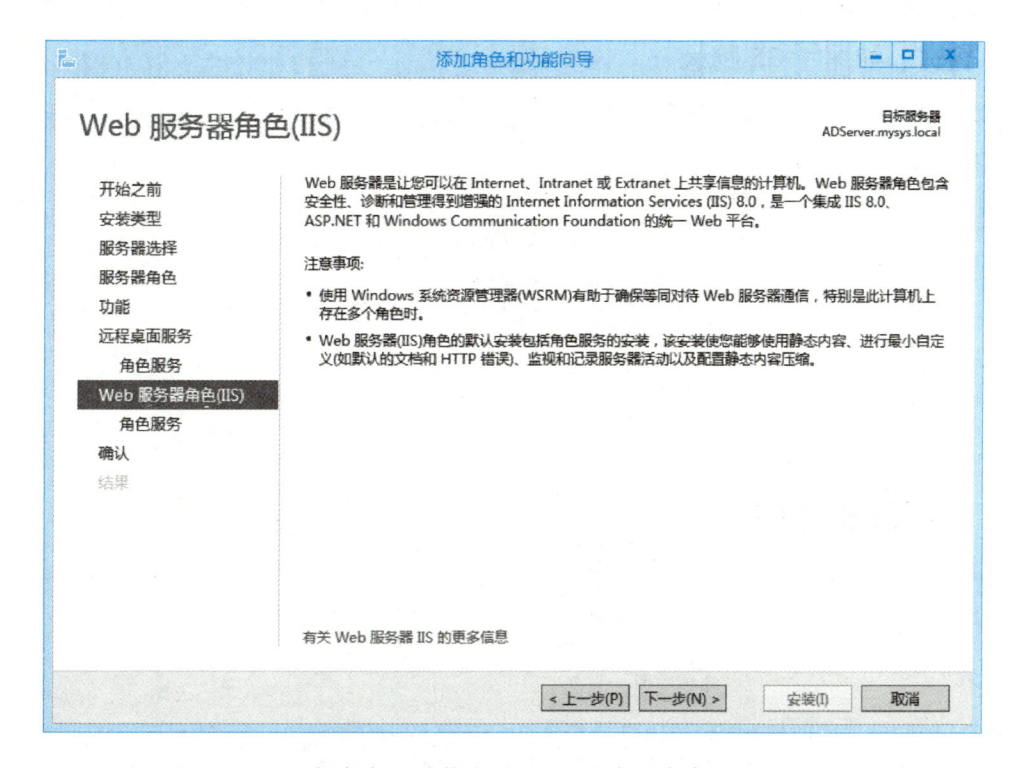

图 4-33 "添加角色和功能向导-Web 服务器角色（IIS）"窗口

项目 4　远程桌面连接

直接单击"下一步"按钮，弹出"添加角色和功能向导-选择角色服务"窗口，如图 4-34 所示。

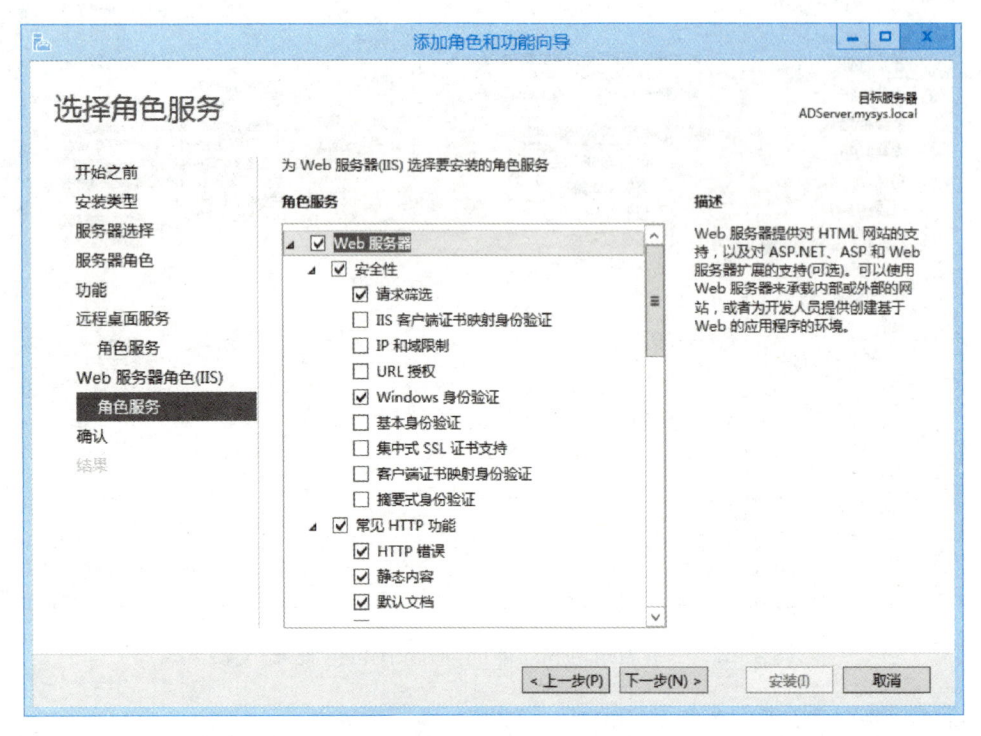

图 4-34　"添加角色和功能向导-选择角色服务"窗口

本部分使用默认的选择，单击"下一步"按钮，弹出"添加角色和功能向导-确认安装所选内容"窗口，如图 4-35 所示。

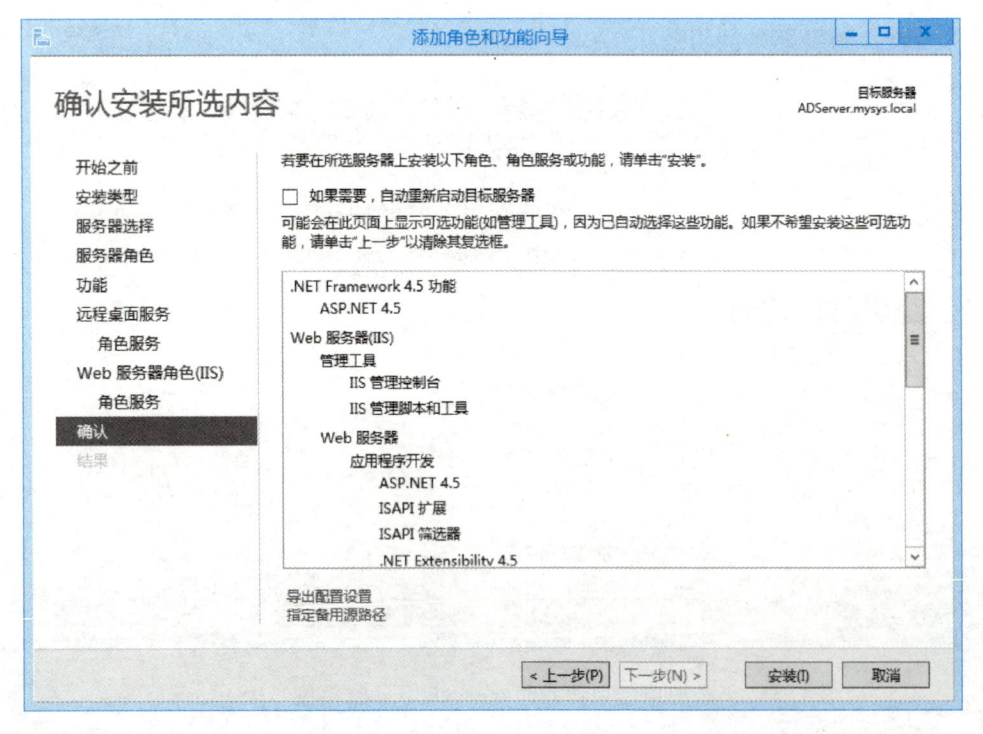

图 4-35　"添加角色和功能向导-确认安装所选内容"窗口

单击"安装"按钮，弹出"添加角色和功能向导-安装进度"窗口，如图 4-36 所示。

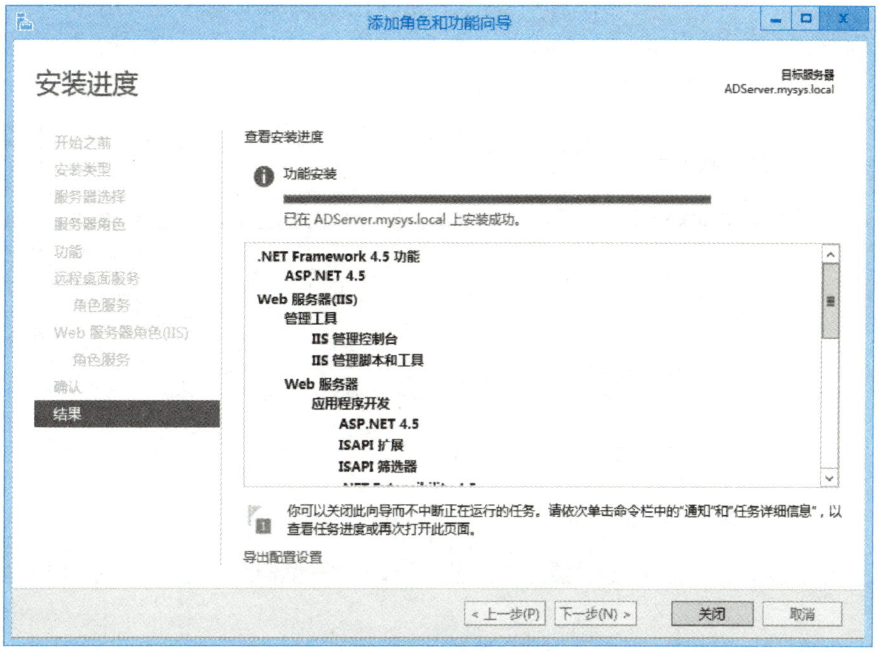

图 4-36 "添加角色和功能向导-安装进度"窗口

安装完毕，单击"关闭"按钮完成角色的安装。

步骤 2 启用远程桌面功能

在要实现远程桌面的计算机上（IP 地址为 192.168.31.115），按照任务 1 步骤 1 的做法，启用该计算机的远程桌面连接功能。

步骤 3 设置用户远程桌面连接权限

仍然在要实现远程桌面的计算机上（IP 地址为 192.168.31.115），按照任务 1 步骤 2 的做法，赋予相应用户远程桌面连接的权限。

步骤 4 客户端测试连接

在客户端计算机上，打开浏览器，在地址栏输入"https://192.168.31.108/RDweb"后（注意是 https，而不是 http），会弹出此站点不安全的提示，如图 4-37 所示。

不用理会该提示，单击"转到此网页（不推荐）"超链接，继续浏览，弹出域用户登录界面，如图 4-38 所示。

输入域\用户名和对应的密码，单击"登录"按钮，弹出连接到远程计算机界面，如图 4-39 所示。

图 4-37　此站点不安全提示

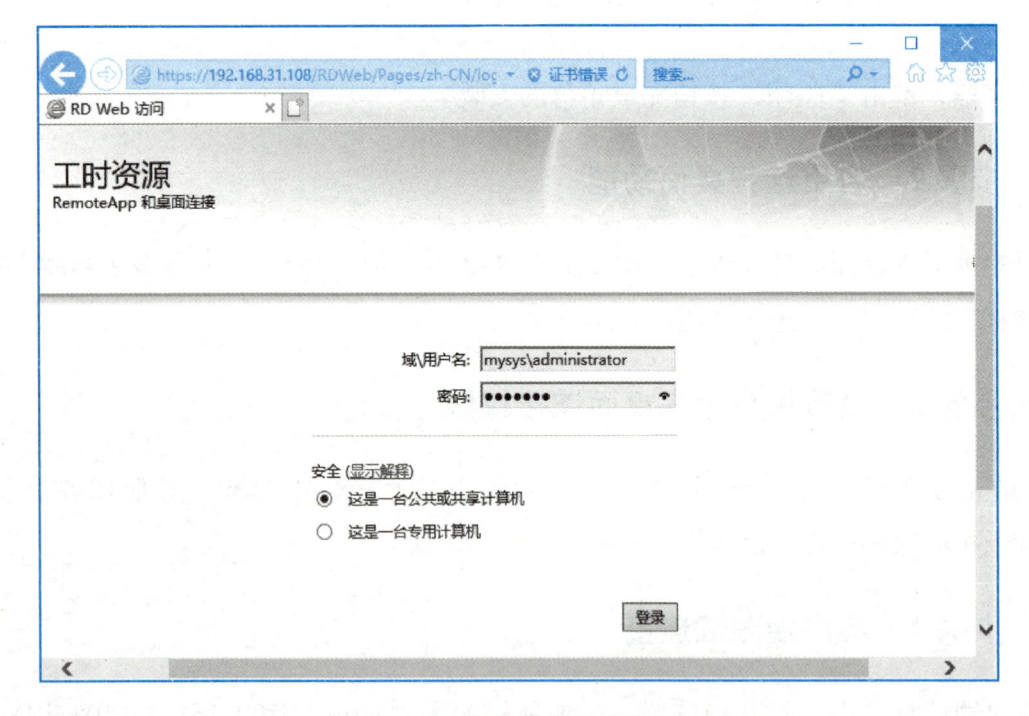

图 4-38　域\用户登录界面

单击"连接到远程电脑"超链接，打开连接远程计算机登录界面，如图 4-40 所示。

在"连接到"后面的文本框中输入要连接的远程计算机的 IP 地址，本例为 192.168.31.115，单击"连接"按钮，开始连接，弹出无法识别发布者警示界面，如图 4-41 所示。

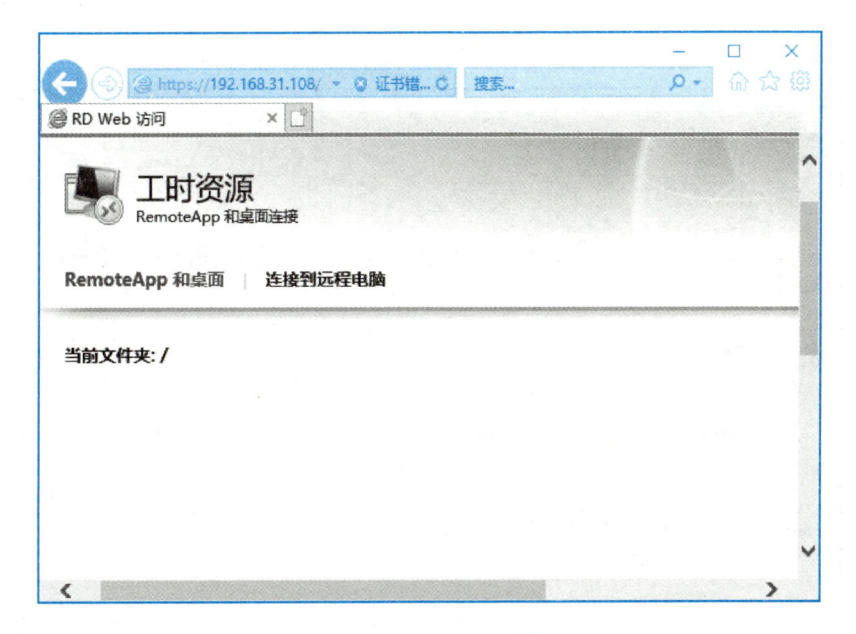

图 4-39　连接到远程计算机界面

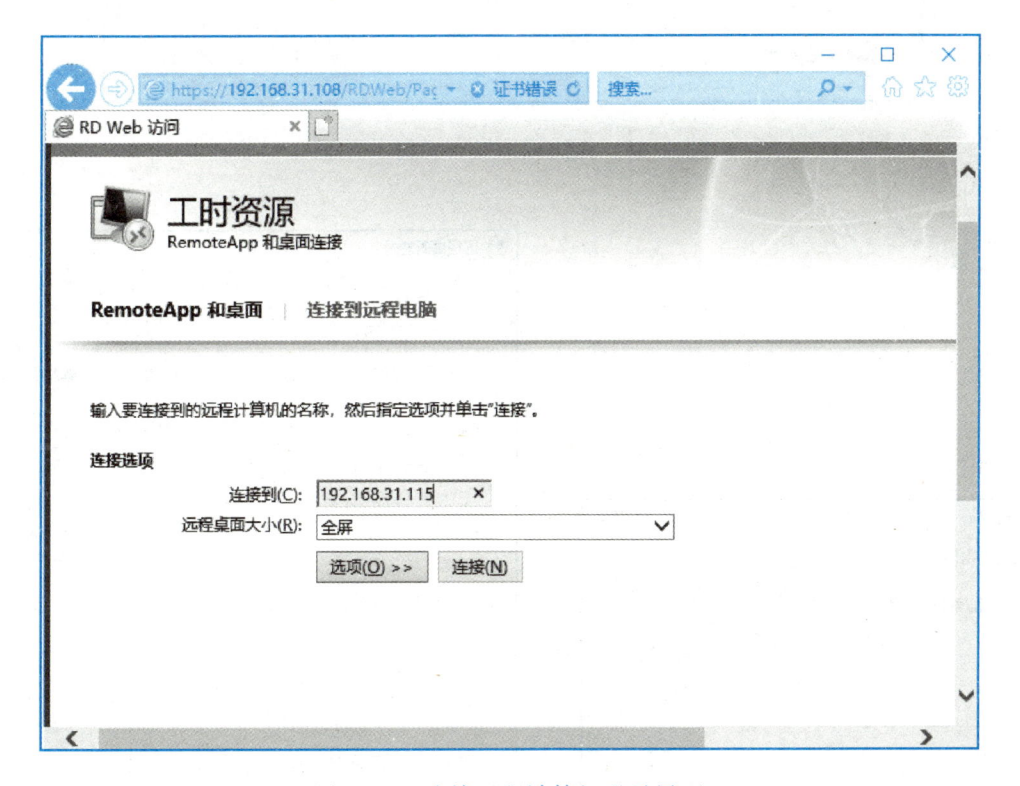

图 4-40　连接远程计算机登录界面

不用理会，单击"连接"按钮，开始连接后，会弹出"输入你的凭据"对话框，如图 4-42 所示。

在用户名处输入要登录的用户名，在密码处输入相应的密码，单击"确定"按钮，又会弹出无法验证远程计算机的身份警示框，如图 4-43 所示。

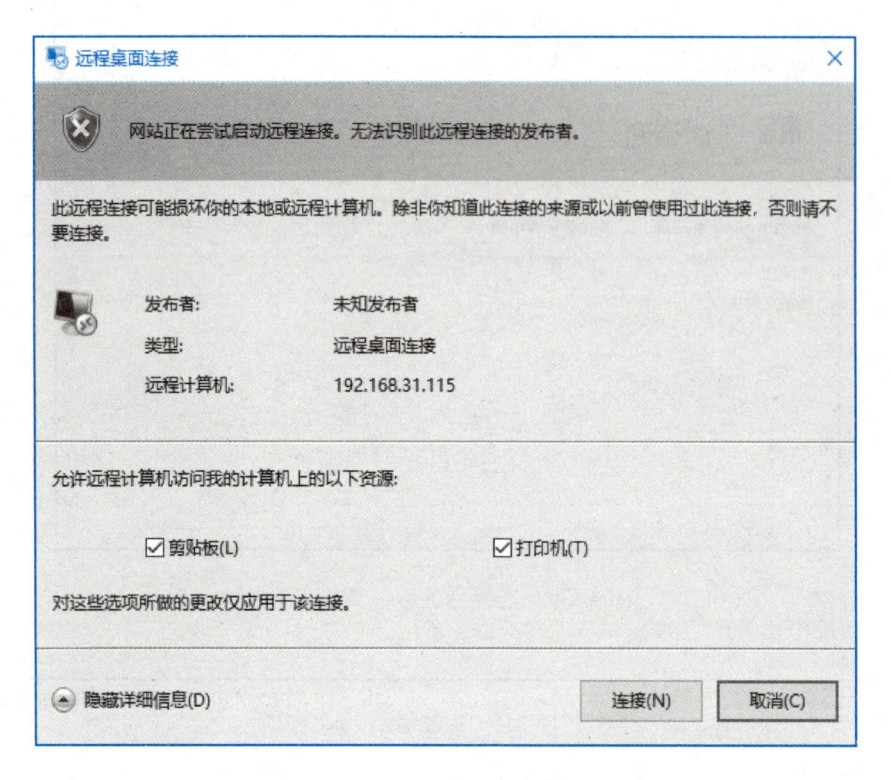

项目 4 远程桌面连接

图 4-41 无法识别发布者警示界面

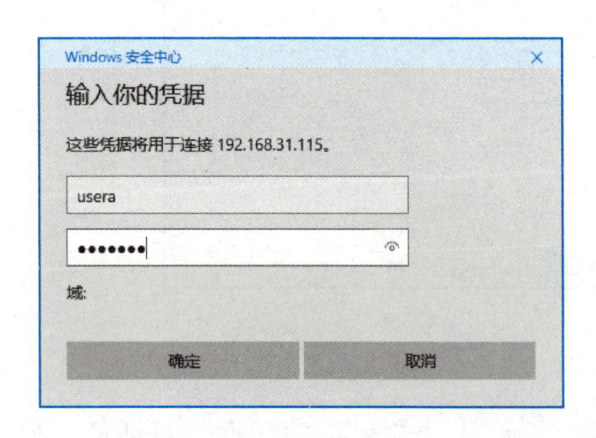

图 4-42 "输入你的凭据"对话框 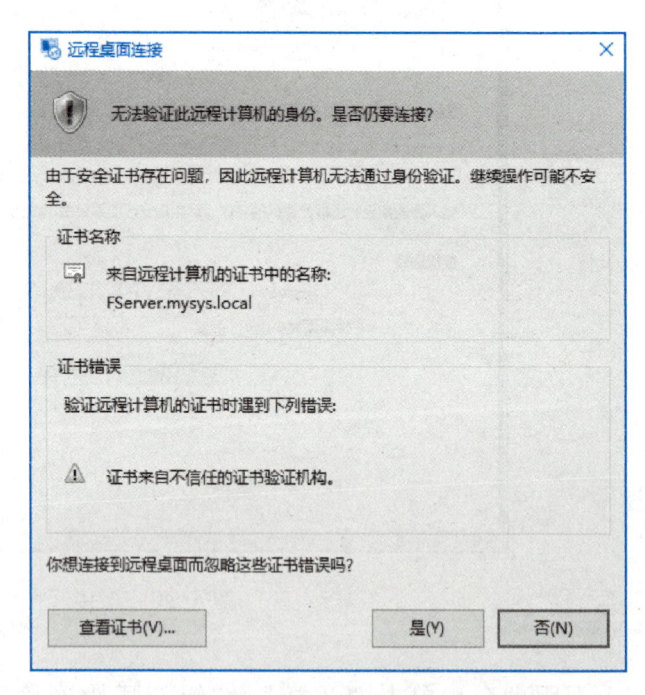　　　　图 4-43 无法验证远程计算机的身份警示框

单击"是"按钮，弹出远程计算机（192.168.31.115）的内容，如图 4-44 所示。此时就可以在该浏览器上远程操作服务器了，远程桌面 Web 连接成功。

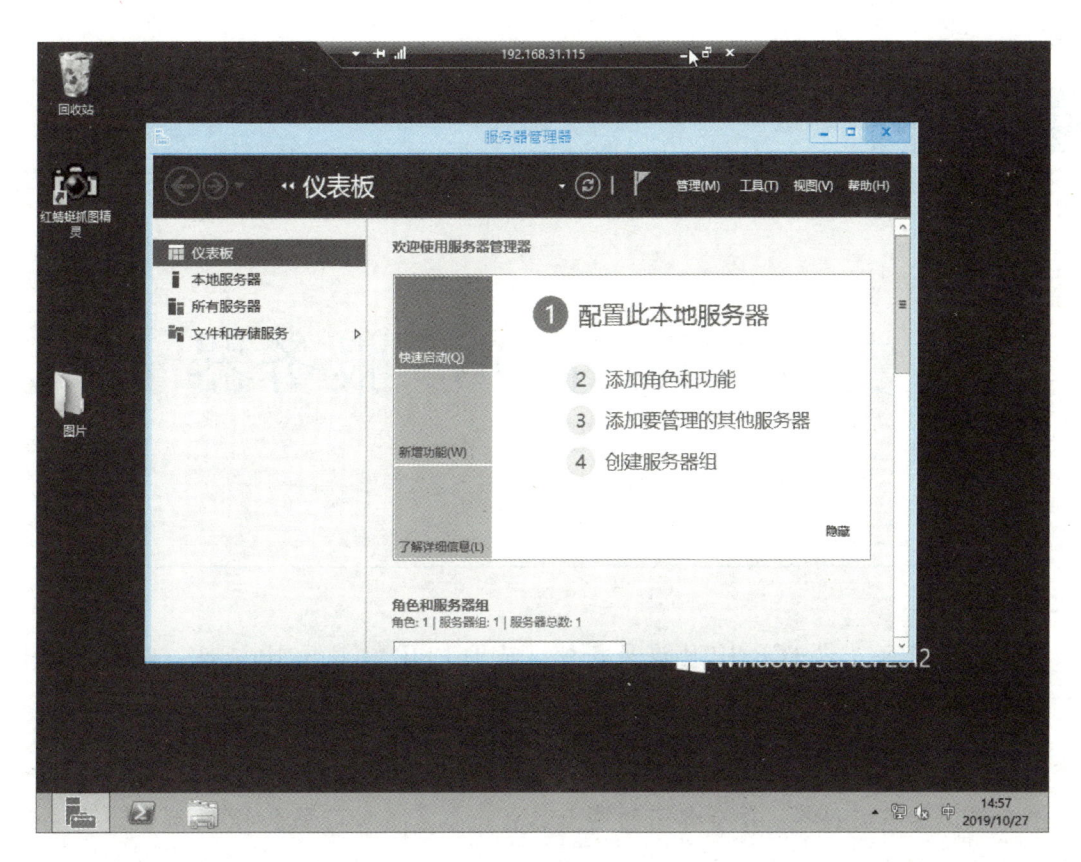

图 4-44　远程计算机（192.168.31.115）界面

举一反三

1. 在自己的服务器上实现本任务中的内容。
2. 尝试通过远程桌面安装角色或功能服务。

项 目 5

安装与配置 DNS 服务器

项目概述：

　　Internet 网络互联是以 TCP/IP 协议为基础，而 TCP/IP 又基于 IP 地址。网络中有千千万万个主机，每个网络中的主机都有一个或几个 IP 地址。小韩的公司虽然不大，但是部门很多，每个部门都使用网络与外界打交道，都要使用几个甚至十几个固定的 IP 地址，以便下载、上传资料，传递文件等。每个部门的墙上都有一个常用部门联系 IP 地址表。更要命的是公司的领导时常调整人员从一个部门到另一个部门，记住这些 IP 地址都成了职员的负担。小韩想，既然安装了 Windows Server 2012 服务器，安装 DNS 服务（域名服务）是解决这个问题的最好办法。

　　DNS 服务器将枯燥难记的 IP 地址与形象易记的域名一一对应起来。用户访问服务器、网站等网络资源时不用使用 IP 地址，而使用域名。通过 DNS 服务器将域名自动解析成 IP 地址并定位服务器，这样就解决了易记与寻址兼顾的问题。安装了 DNS 服务还不用担心 IP 地址变动带来的重新记忆的问题。

项目准备：

　　本项目需要 3 台计算机，一台为域控制器；另一台为已安装 Windows Server 2012 系统，加入到域的计算机作为辅助 DNS 服务使用；第 3 台为测试客户机，安装 Windows 系统即可。

学习目标：

　　本项目就是通过安装 DNS 服务并创建正向区域和资源记录、配置辅助 DNS 服务与创建反向搜索区域 2 个任务，来实现配置和管理 DNS 服务器的目的。

任务 1　安装 DNS 服务并创建正向区域和资源记录

任务描述

设置 DNS 服务器首要的任务就是建立 DNS 区域和域的树状结构。DNS 服务器以区域为单位来管理服务。区域是一个数据库，用来链接 DNS 名称和相关数据。如 IP 地址和网络服务，在 Internet 环境中一般用二级域名来命名。DNS 区域分为两类，一类是正向搜索区域，是名称到 IP 地址的数据库，用于提供将名称转换为 IP 地址服务；另一类是反向搜索区域，是 IP 地址到名称的数据库，用于提供将 IP 地址转换为名称的服务。

DNS 服务通过区域文件的内容来识别 DNS 信息，区域文件的内容就是资源记录。资源记录由名称、类型和数据 3 个项目组成。其中类型决定着记录的功能，如 NS 表示名称服务器、A 表示主机、CNAME 表示主机的别名、MX 表示主机为邮件交换器、PTR 表示 IP 地址的反向 DNS 域名。

本任务使用 Widows Server 2012 域服务器，由于域服务器直接安装了 DNS 服务器，可以跳过步骤 1。但是建议先删除 DNS 服务器角色，再重新安装。设置一个名为"my2012.com"的正向区域，在其上建立主机记录、别名记录、邮件交换记录等，并在客户端测试其是否解析成功。

提个醒

要删除服务器角色可以单击"服务器管理器-仪表板"窗口中的"管理"菜单，选择"删除角色和功能"命令，开始弹出一系列对话框，在"删除服务器角色"对话框中，取消勾选要删除的服务器角色前面的复选框，单击"下一步"按钮，按照提示即可完成。

自己动手

☞ 步骤 1　安装 DNS 服务

在"服务器管理器-仪表板"窗口中，单击中间的"添加角色和功能"，弹出"添加角

项目 5　安装与配置 DNS 服务器

色和功能向导-开始之前"窗口，如图 5-1 所示。

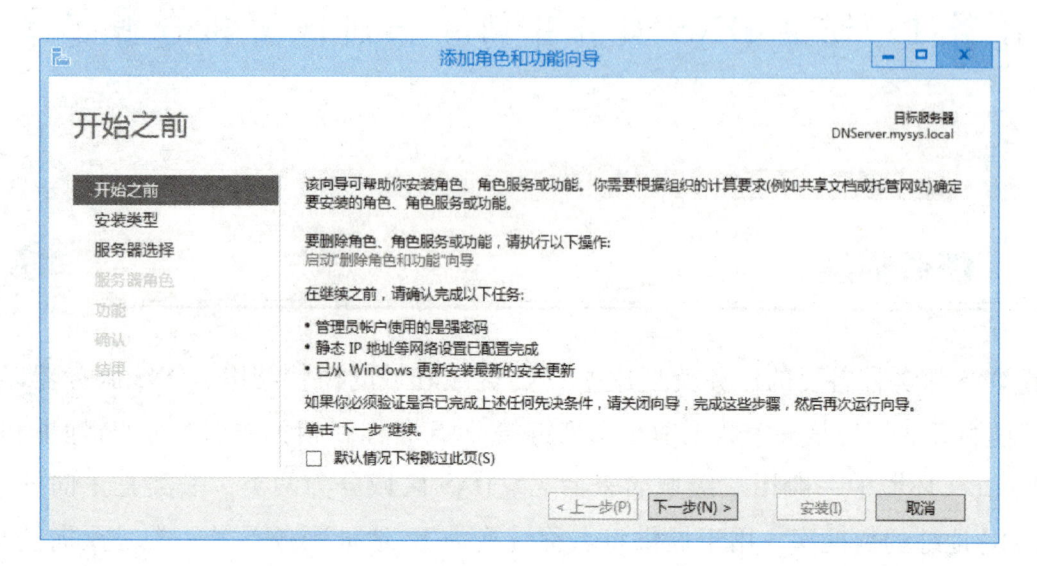

图 5-1 "添加角色和功能向导-开始之前"窗口

单击"下一步"按钮，弹出"添加角色和功能向导-选择安装类型"窗口，如图 5-2 所示。

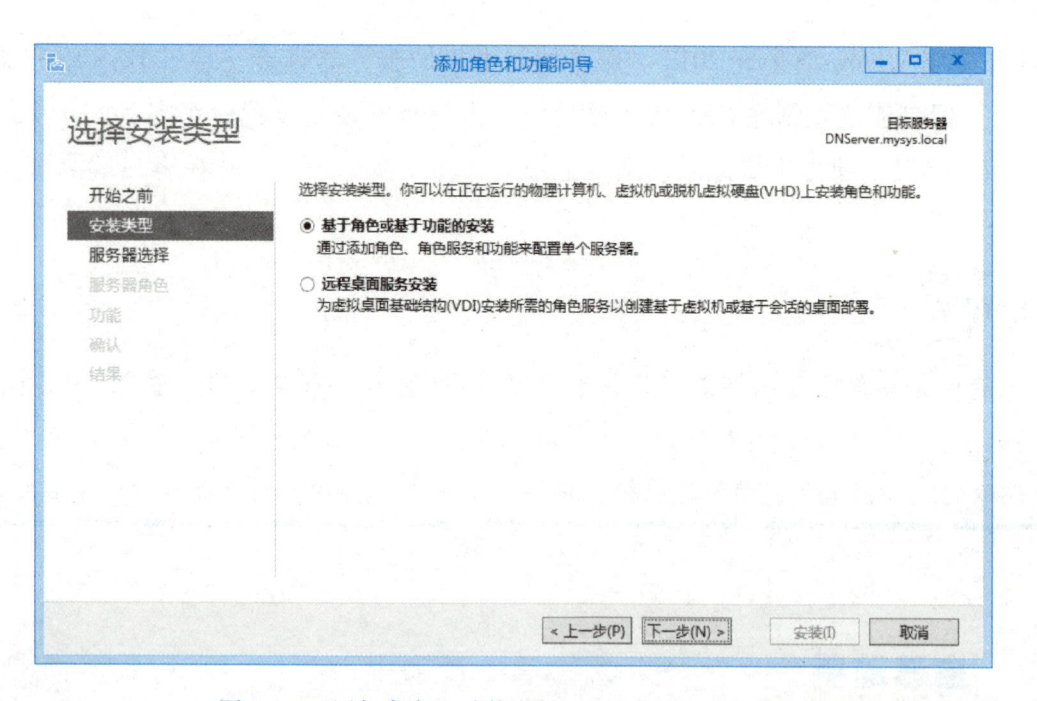

图 5-2 "添加角色和功能向导-选择安装类型"窗口

单击"下一步"按钮，弹出"添加角色和功能向导-选择目标服务器"窗口，如图 5-3 所示。

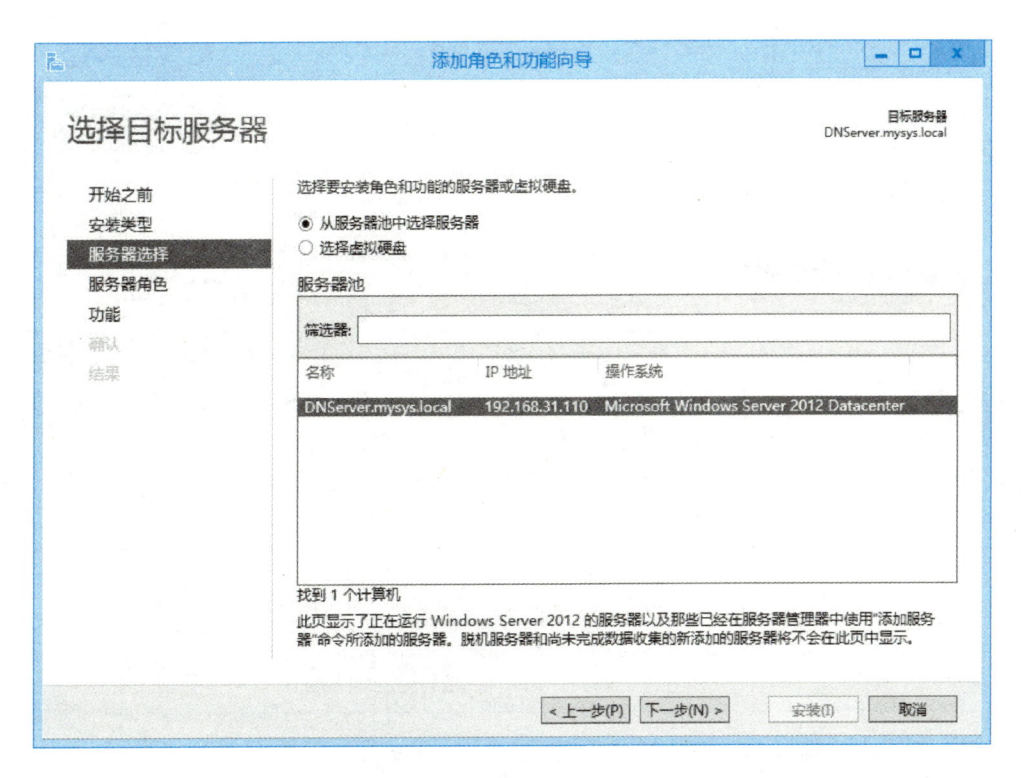

任务 1　安装 DNS 服务并创建正向区域和资源记录

图 5-3　"添加角色和功能向导-选择目标服务器"窗口

选中该服务器，单击"下一步"按钮，弹出"添加角色和功能向导-选择服务器角色"窗口，勾选"DNS 服务器"复选框，弹出"添加角色和功能向导-添加 DNS 服务器所需的功能"对话框，如图 5-4 所示。

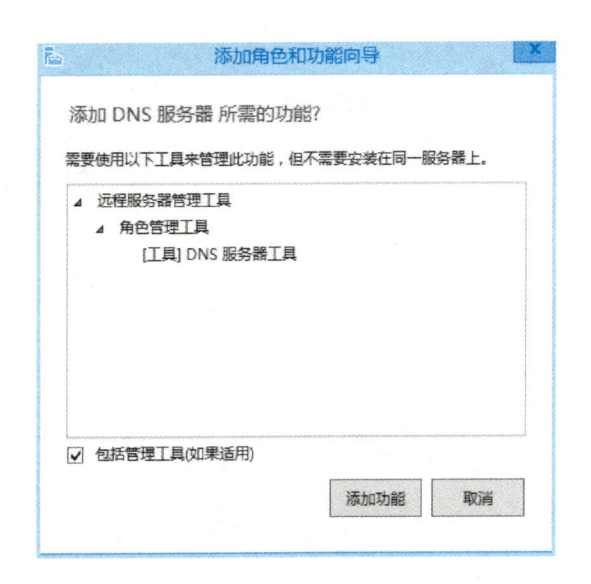

图 5-4　"添加角色和功能向导-添加 DNS 服务器所需的功能"对话框

此项不用选择，直接单击"添加功能"按钮，回到"添加角色和功能向导-选择服务器角色"窗口，如图 5-5 所示。

项目 5　安装与配置 DNS 服务器

图 5-5　"添加角色和功能向导-选择服务器角色"窗口

单击"下一步"按钮，弹出"添加角色和功能向导-选择功能"窗口，如图 5-6 所示。

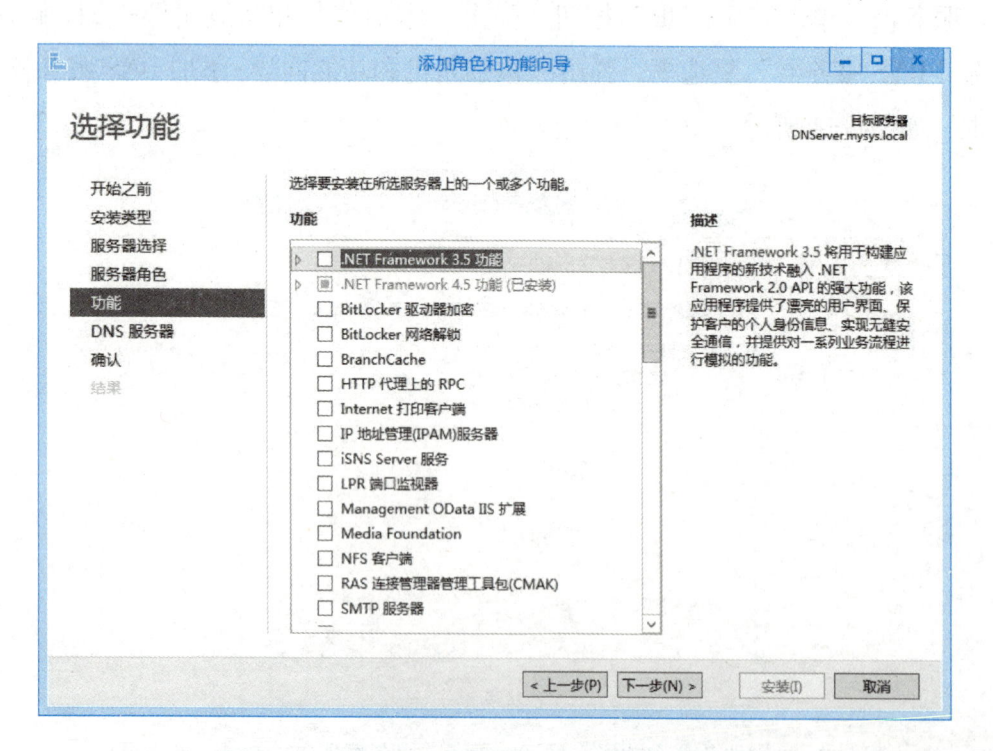

图 5-6　"添加角色和功能向导-选择功能"窗口

本窗口不用理会，单击"下一步"按钮，弹出"添加角色和功能向导-DNS 服务器"窗口，如图 5-7 所示。

任务 1　安装 DNS 服务并创建正向区域和资源记录

图 5-7　"添加角色和功能向导-DNS 服务器"窗口

在此窗口中单击"下一步"按钮，弹出"添加角色和功能向导-确认安装所选内容"对话框，如图 5-8 所示。

图 5-8　"添加角色和功能向导-确认安装所选内容"窗口

在此窗口中单击"安装"按钮，弹出"添加角色和功能向导-安装进度"窗口，开始安装 DNS 服务器，等待一会儿，安装完成，如图 5-9 所示。

149

项目 5　安装与配置 DNS 服务器

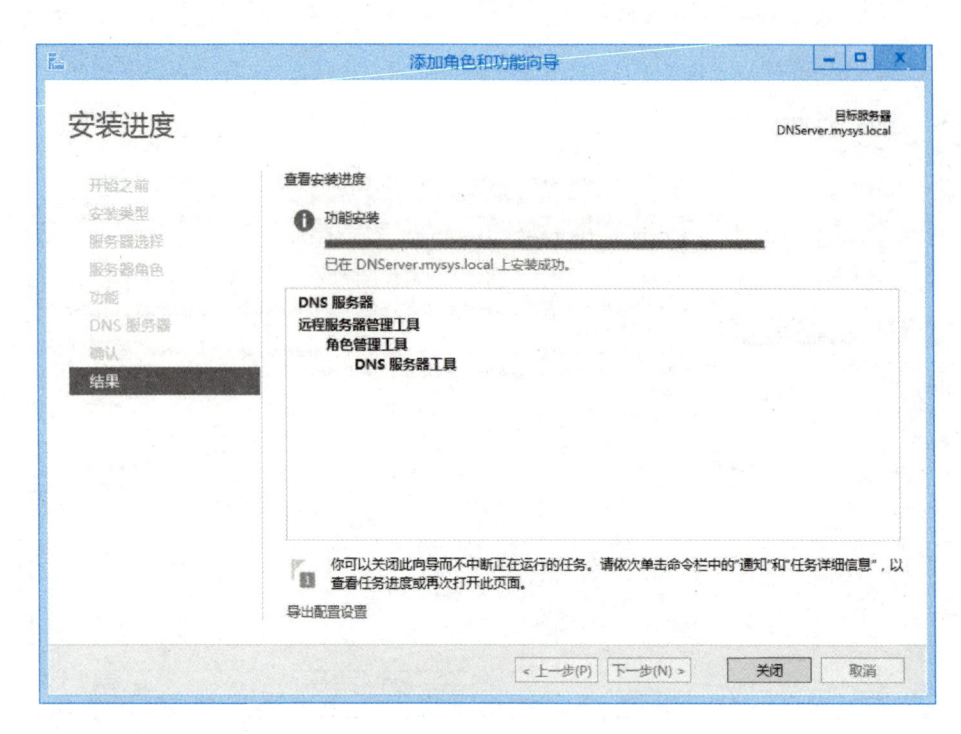

图 5-9　"添加角色和功能向导-安装进度"窗口

在该窗口中显示 DNS 安装成功的信息，单击"关闭"按钮即可完成 DNS 服务器的安装。

☞ **步骤 2　创建正向查找区域**

在"服务器管理器-仪表板"窗口中，选择"工具"菜单，在弹出的下拉菜单中选择"DNS"命令，打开"DNS 管理器"窗口。选中左侧的"正向查找区域"项，右击，弹出右键快捷菜单，如图 5-10 所示。

图 5-10　"正向查找区域"右键快捷菜单

选择"新建区域"命令,弹出"新建区域向导-欢迎使用新建区域向导"对话框,如图 5-11 所示。

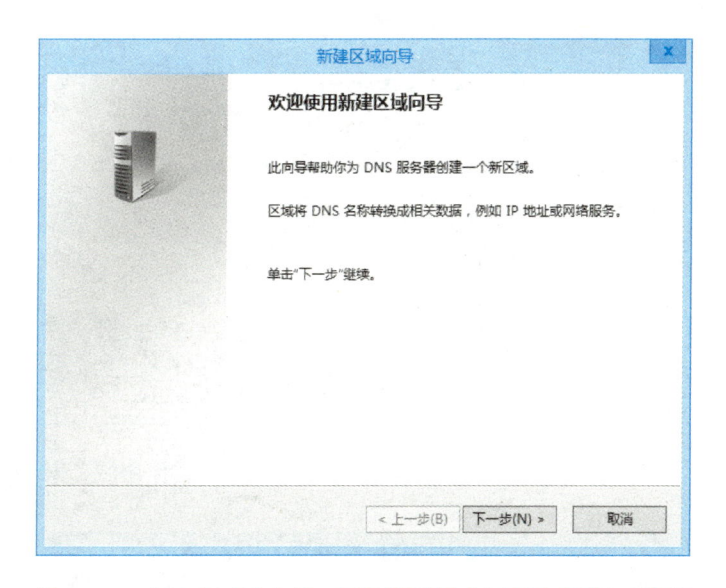

图 5-11 "新建区域向导-欢迎使用新建区域向导"对话框

单击"下一步"按钮,弹出"新建区域向导-区域类型"对话框,如图 5-12 所示。

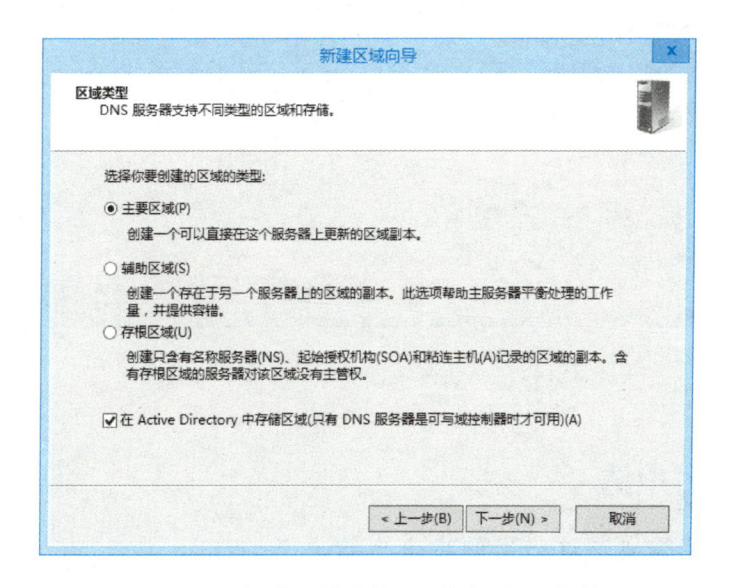

图 5-12 "新建区域向导-区域类型"对话框

选择"主要区域"单选按钮,单击"下一步"按钮,弹出"新建区域向导-Active Directory 区域传送作用域"对话框,如图 5-13 所示。

由于是在域控制器上建立正向查找区域,一般选中"至此域中域控制器上运行的所有 DNS 服务器(D):mysys.local"单选按钮,单击"下一步"按钮,弹出"新建区域向导-区域名称"对话框,如图 5-14 所示。

项目 5　安装与配置 DNS 服务器

图 5-13　"新建区域向导-Active Directory 区域传送作用域"对话框

图 5-14　"新建区域向导-区域名称"对话框

> **小知识　域名申请**
>
> 在 Internet 中域名需要通过一定的渠道申请，以 .com、.net、.org 等为后缀的域名要到国际互联网络信息中心（InterNIC）申请。以 .cn 等为后缀的域名要到中国互联网络信息中心（CNNIC）申请。一般用户是通过 ISP 服务商来申请域名。常用的 ISP 服务商有新网、万网等，可以登录这些网站申请域名。
>
> 当然，在局域网中域名可以任意起，只要不重复就可以。

在"域名名称"文本框处输入"my2012.com"内容，如果是申请的域名则将该域名填入此处。单击"下一步"按钮，弹出"新建区域向导-动态更新"对话框，如图 5-15 所示。

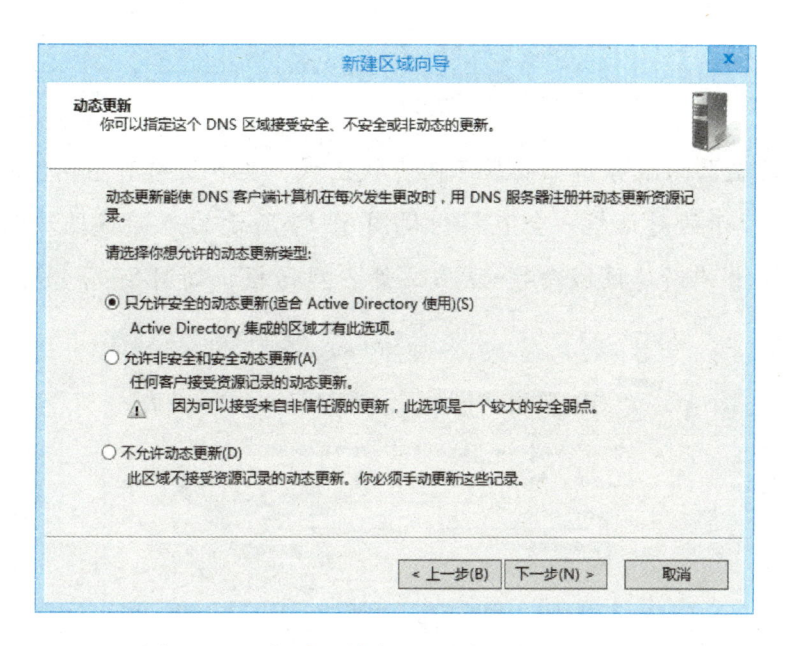

任务 1　安装 DNS 服务并创建正向区域和资源记录

图 5-15　"新建区域向导-动态更新"对话框

这里可以选择"只允许安全的动态更新"项。如果该服务器为非域控制器，可以选择最后一项"不允许动态更新"项。不建议选择"允许非安全和安全动态更新"项。

单击"下一步"按钮，弹出"新建区域向导-正在完成新建区域向导"对话框，如图 5-16 所示。

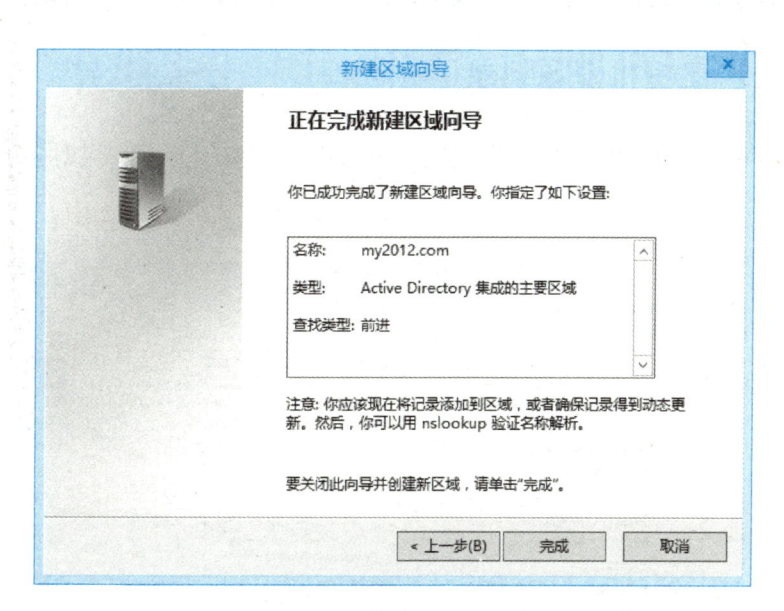

图 5-16　"新建区域向导-正在完成新建区域向导"对话框

单击"完成"按钮，新建正向查找区域完成。

打开"服务器管理器"控制台，可以看到在该 DNS 服务器的"正向查找区域"下面多了一个"my2012.com"的正向查找区域。

153

提个醒

如果在非域控制器的服务器上安装正向查找区域，其方法略有不同。在图 5-12 之后，不会出现图 5-13 所示的对话框。会直接出现图 5-14 所示的"新建区域向导-区域名称"对话框，之后会弹出"新建区域向导-区域文件"对话框，如图 5-17 所示。

图 5-17 "新建区域向导-区域文件"对话框

在下一步的"新建区域向导-动态更新"对话框中"只允许安全的动态更新"一项是灰色的，只能选择"不允许动态更新"项。

☞ 步骤 3 新建主机资源记录

在"DNS 管理器"控制台，选中新建的"my2012.com"正向查找区域，右击，弹出右键快捷菜单，如图 5-18 所示。

图 5-18 带右键快捷菜单的"DNS 管理器"控制台

任务 1　安装 DNS 服务并创建正向区域和资源记录

选择"新建主机"命令，弹出"新建主机"对话框，如图 5-19 所示。

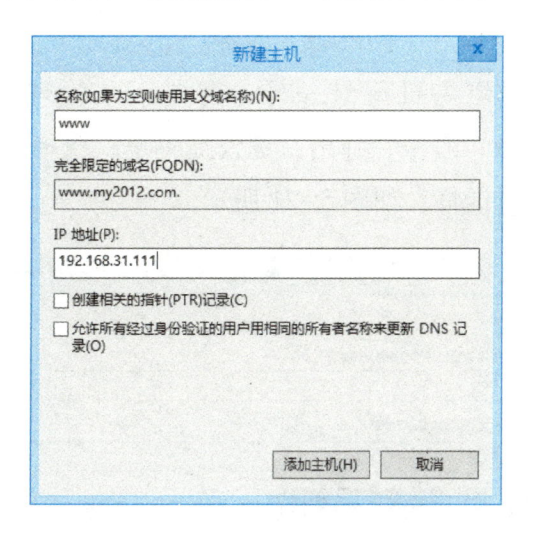

图 5-19　"新建主机"对话框

在"名称"文本框中输入主机名称"www"，在 IP 地址文本框中输入主机对应的 IP 地址（如 192.168.31.111）。这样 IP 地址"192.168.31.111"与域名"www.my2012.com"就对应起来了。

如果新建主机记录的主机 IP 地址与 DNS 服务器在同一网络中，并且建立了反向搜索区域，则可以选择"创建相关的指针（PTR）记录"复选框，实现域名与 IP 地址的双向查找。

最后单击"添加主机"按钮，弹出"DNS"提示框，提示已经成功创建了主机记录 www.my2012.com，如图 5-20 所示。

图 5-20　"DNS"提示框

提个醒

如果你的网络与 Internet 相连接，要保证输入的域名就是你向国际域名服务机构或中国域名服务机构申请的域名。否则，会出现错误。同时，IP 地址也必须是公网 IP。公网 IP 地址也需要提前申请（当前以 IPv4 为标准的 Internet 网络最大的瓶颈是 IP 地址匮乏）。

如果单纯是在局域网中，只要输入的域名和 IP 地址不与已有的重复，同时 IP 地址为该服务器的 IP 地址即可。

步骤 4　创建别名记录

由于在 Internet 中 IP 地址匮乏，同时也为了提高利用率，同一台主机可以安装多个网络

项目 5　安装与配置 DNS 服务器

服务。如以"192.168.31.111"地址的主机为例，它既做了 Web 服务器，又提供了 FTP 服务，这时应该以不同的域名来体现不同的服务内容。

要创建别名记录，同创建主机记录一样，在"DNS 管理器"控制台，选中新建的"my2012.com"正向查找区域，右击，弹出右键快捷菜单，选择"新建别名"命令，就会弹出"新建资源记录-别名"对话框，如图 5-21 所示。

图 5-21　"新建资源记录-别名"对话框

在"别名"文本框中输入"ftp"，在"目标主机的完全合格的域名"文本框中输入"www.my2012.com"，或单击"浏览"按钮，在弹出的对话框中寻找该主机记录，进行添加。

> **提个醒**
>
> 在输入时要注意，别名文本框中必须是主机名，没有后缀，也不是域名全称。而"目标主机的完全合格的域名"处，必须是全称域名，不能只是主机名。

最后单击"确定"按钮，完成别名记录的创建。

☞ 步骤 5　创建邮件交换记录

在创建邮件交换记录前，假设已经建立了一个主机记录，即 IP 地址"192.168.31.105"的主机记录为"mail.my2012.com"。

要创建邮件交换记录，同创建主机记录类似。在"服务器管理器"控制台，选中新建的"my2012.com"正向查找区域，右击，在弹出的右键快捷菜单中，选择"新建邮件交换器"命令，弹出"新建资源记录-邮件交换器"对话框，如图 5-22 所示。

在"主机或子域"文本框中输入"smtp"，在"邮件服务器的完全限定的域名"文本框中输入"mail.my2012.com"，在"邮件服务器优先级"文本框中填入 0~65535 之间的值，值越小表示级别越高，一般使用默认值 10 即可。

任务 1　安装 DNS 服务并创建正向区域和资源记录

图 5-22　"新建资源记录-邮件交换器"对话框

单击"确定"按钮，完成邮件交换器记录的创建。

用同样的办法可以建立"pop3.my2012.com"邮件交换器记录，邮件服务器的完全限定的域名仍然填写"mail.my2012com"，如图 5-23 所示。

图 5-23　新建 pop3 记录

☞ **步骤 6　查看记录情况**

回到"DNS 管理器"控制台，选中"my2012.com"正向查找区域，会在右边看到新建

157

的主机记录、别名记录、邮件交换器记录等内容，如图 5-24 所示。

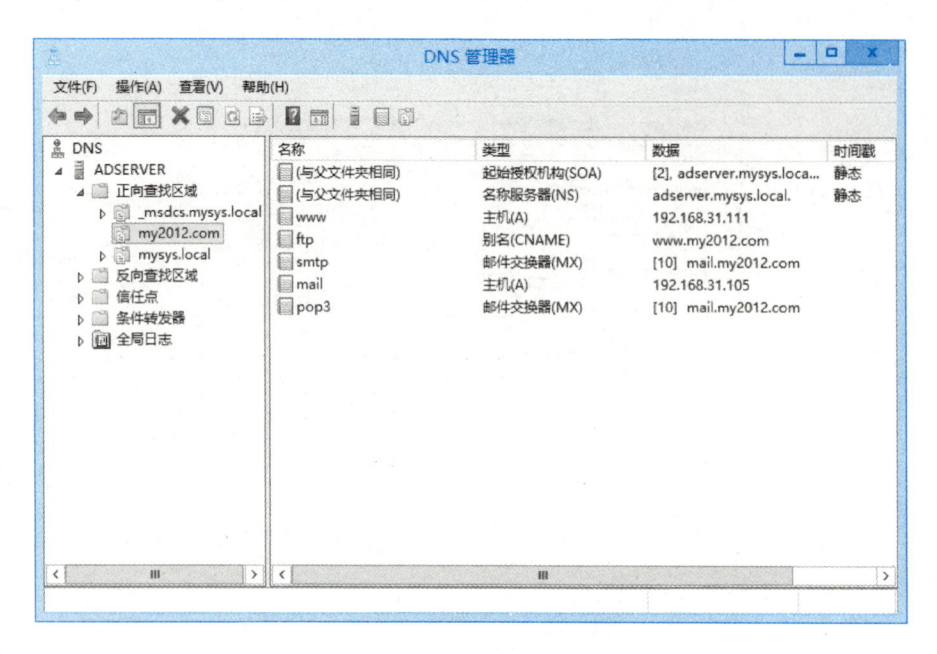

图 5-24 "my2012.com"正向查找区域内容

☞ 步骤 7　设置客户端

在客户端计算机上，打开"本地连接"属性，选择"Internet 协议版本 4（TCP/IPv4）"属性。在"使用下面的 DNS 服务器地址"下面"首选 DNS 服务器"文本框中，输入新建的 DNS 服务器的 IP 地址。

☞ 步骤 8　测试 DNS 资源记录

使用 nslookup 命令，测试内网的 DNS 服务器工作状态是否正常，通过简单的两步就能给本地企业网中的 DNS 服务器做个快速"体检"。

具体方法是，使用 nslookup 命令来测试本企业网的 DNS 服务器，查看它是否能正常将域名解析成 IP 地址。

在企业网内客户机中，单击"开始"→"运行"命令，在"打开"后面输入"cmd"命令，调出提示符窗口。在提示符窗口中输入"nslookup"命令，接着在">"提示符后输入"www.my2012.com"并按回车键，这时就会出现：

名称：www.my2012.com

Address：192.168.31.111

同样的，输入"ftp.my2012.com"并按回车键，也会出现：

名称：ftp.my2012.com

Address：192.168.31.108

这样的提示信息，说明 DNS 服务器已经成功将域名解析成 IP 地址了，如图 5-25 所示。

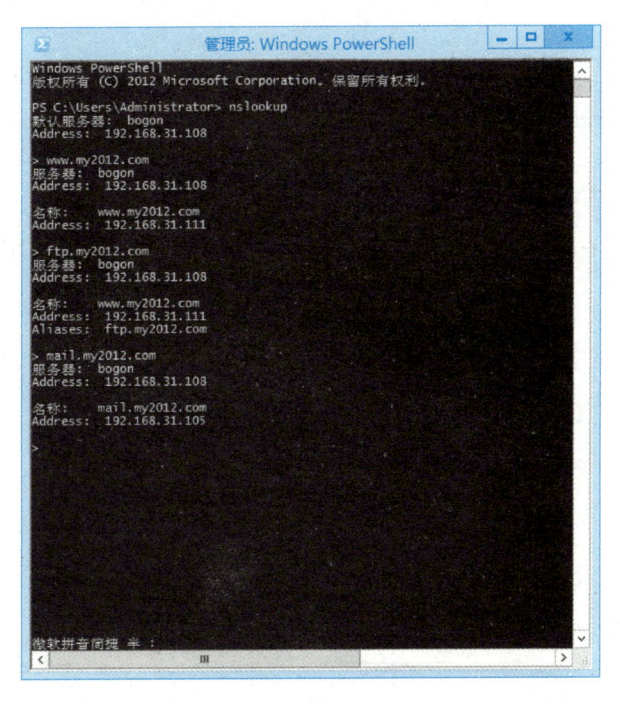

图 5-25　测试结果

一般情况下，一个域名只对应一个 IP 地址。但对于某些使用特殊技术的网站来说，使用 nslookup 命令解析域名后，就会出现多个对应的 IP 地址。

> 小知识　常用资源记录及其应用
>
> 主机（A）：用于将 DNS 域名映射到计算机使用的 IP 地址。它负责将 DNS 域名映射到 Internet 协议（IPv4）的 32 位地址中。主机资源记录在区域中使用，以将计算机（或主机）的 DNS 域名与它们的 IP 地址相关联，并能按多种方法添加到区域中。
>
> 别名（CNAME）：用于将 DNS 域名的别名映射到另一个主要的或规范的名称。CNAME 资源记录允许用户使用多个名称指向单个主机，使得某些任务更容易执行。例如，在同一台计算机上维护 FTP 服务器和 Web 服务器，就可以通过使用映射为 DNS 主机名（如 mydns）的别名资源记录，为主持这些服务的服务器计算机分别命名（ftp、www）。
>
> 邮件交换器（MX）：用于将 DNS 域名映射为交换或转发邮件的计算机名称。MX 资源记录由电子邮件应用程序使用，用以根据在目标地址中使用的 DNS 域名为电子邮件接收者定位邮件服务器。
>
> 指针（PTR）：这些记录用于通过 IP 地址定位计算机并为该计算机将信息解析为 DNS 域名。
>
> 服务位置（SRV）：用于将 DNS 域名映射到指定的 DNS 主机列表，该 DNS 主机提供 Active Directory 域控制器之类的特定服务。

举一反三

1. 在计算机上配置 DNS 服务器。
2. 在该 DNS 服务器上创建两个区域、两个主机记录和别名等记录。

任务 2　配置辅助 DNS 服务与创建反向搜索区域

任务描述

　　DNS 服务是网络中最重要的服务之一，DNS 服务器一旦发生故障或瘫痪，其后果将不堪设想。因此，网络中通常都安装两台 DNS 服务器，一台作为主服务器，另一台作为辅助服务器。当主 DNS 服务器正常运行时，辅助服务器只起备份作用，当主 DNS 服务器发生故障时，辅助 DNS 服务器就启动担当 DNS 解析服务。辅助 DNS 服务器自动从主 DNS 服务器上获取相应的数据，因此，无须在辅助 DNS 服务器中添加各种主机记录。

　　使用另一台计算机安装 Windows Server 2012 服务器，其固定 IP 地址与主 DNS 服务器在一个网段，并保持连通。加入到域，使之成为成员服务器，并在其上安装好 DNS 服务。

　　DNS 服务器提供了反向查找功能，可以让 DNS 客户端通过 IP 地址来查找其主机名称。反向搜索区域并不是必需的，可以在需要时创建。如某 Web 服务器需要利用主机名称来限制联机的客户端，则可以利用反向查找来检查客户端的主机名称。

　　本任务介绍如何安装辅助 DNS 服务器，以及如何创建并管理反向搜索区域。

自己动手

▶ 步骤 1　创建辅助区域之配置主 DNS 服务器

　　在主 DNS 服务器上，打开"DNS 管理器"控制台。选中新建的"my2012.com"正向查找区域，右击，在弹出的右键快捷菜单中选择"属性"命令，弹出"my2012.com 属性"对话框。

选择"区域传送"选项卡，勾选"允许区域传送"复选框，选择"只允许到下列服务器"单选按钮，单击"编辑"按钮，弹出"允许区域传送"对话框，如图 5-26 所示。

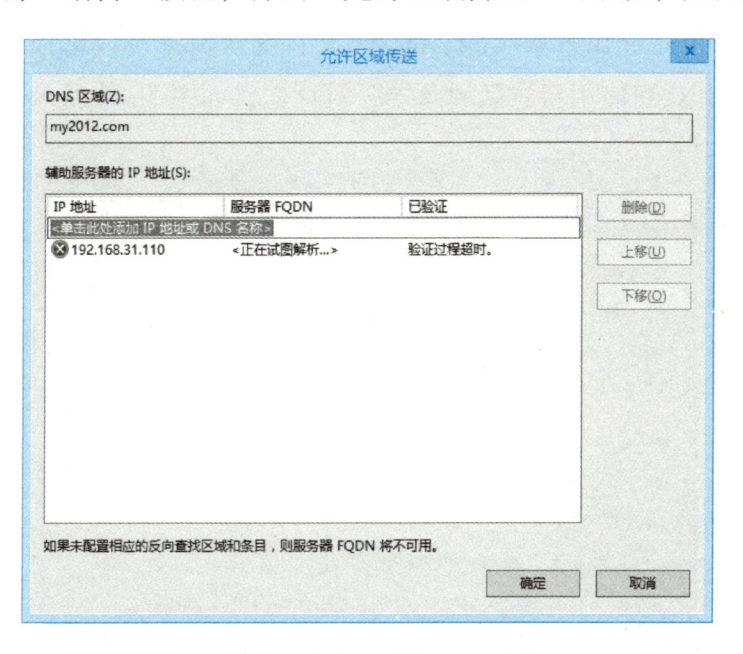

图 5-26 "允许区域传送"对话框

在 IP 地址栏输入辅助 DNS 服务器的 IP 地址（有可能出现错误提示，暂不用管它），单击"确定"按钮，回到"my2012.com 属性"对话框的"区域传送"选项卡，如图 5-27 所示。

单击"确定"按钮，完成主区域服务器的配置。

图 5-27 "my2012.com 属性"对话框的"区域传送"选项卡

项目 5　安装与配置 DNS 服务器

👉 步骤 2　配置辅助 DNS 服务器

选择要进行配置辅助 DNS 服务器的计算机主机，安装 DNS 服务。在"DNS 管理器"控制台，选中左侧的"正向查找区域"，右击，弹出右键快捷菜单，选择"新建区域"命令，弹出"新建区域向导-欢迎使用新建区域向导"对话框，如图 5-28 所示。

图 5-28　"新建区域向导-欢迎使用新建区域向导"对话框

单击"下一步"按钮，弹出"新建区域向导-区域类型"对话框，本次选择"辅助区域"单选按钮，如图 5-29 所示。

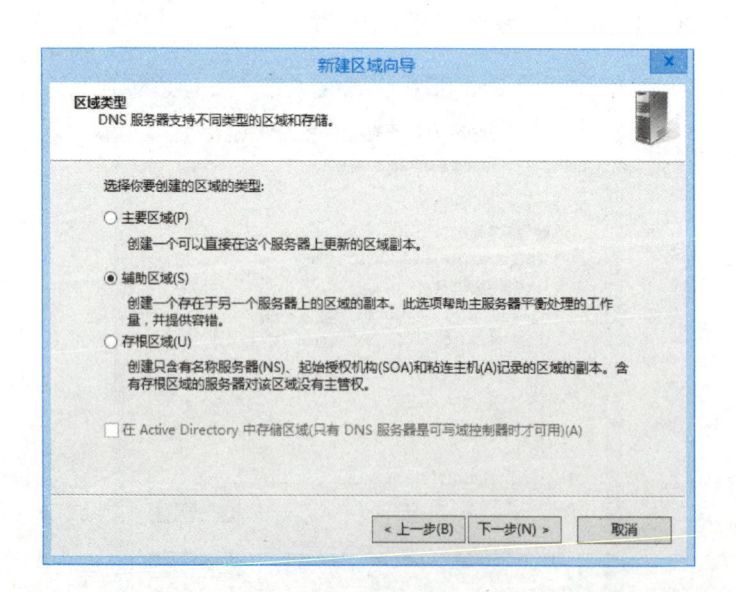

图 5-29　"新建区域向导-区域类型"对话框

单击"下一步"按钮，弹出"新建区域向导-区域名称"对话框，如图 5-30 所示。

任务 2　配置辅助 DNS 服务与创建反向搜索区域

图 5-30 "新建区域向导-区域名称"对话框

在"区域名称"文本框中仍然输入"my2012.com",单击"下一步"按钮,弹出"新建区域向导-主 DNS 服务器"对话框,如图 5-31 所示。

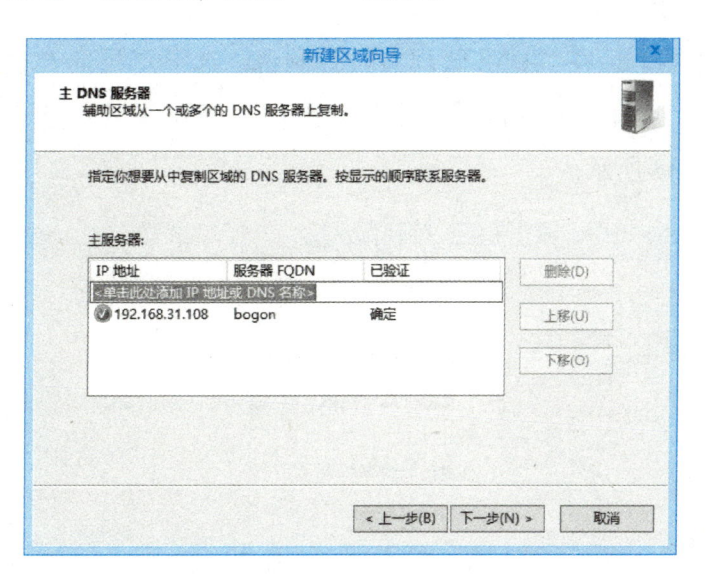

图 5-31 "新建区域向导-主 DNS 服务器"对话框

在"主服务器"文本框中输入主 DNS 服务器的 IP 地址,这里输入"192.168.31.108"(注意此时主 DNS 服务器一定要打开)。稍等片刻在标签"服务器 FQDN"后面出现"已验证"字样,IP 地址的前面出现绿色的"√"标记,后面出现"确定"字样,表示输入正确,主服务器和辅助服务器通信正常。单击"下一步"按钮,弹出"新建区域向导-正在完成新建区域向导"对话框,如图 5-32 所示。

单击"完成"按钮,即可完成辅助区域 my2012.com 的建立。

163

项目 5　安装与配置 DNS 服务器

图 5-32　"新建区域向导-正在完成新建区域向导"对话框

☞ 步骤 3　创建反向搜索区

回到主 DNS 服务器上，在"DNS 管理器"控制台，选中"反向查找区域"，右击，在弹出的右键快捷菜单中，选择"新建区域"命令，弹出"新建区域向导-欢迎使用新建区域向导"对话框，如图 5-33 所示。

图 5-33　"新建区域向导-欢迎使用新建区域向导"对话框

单击"下一步"按钮，弹出"新建区域向导-区域类型"对话框，如图 5-34 所示。
选择"主要区域"单选按钮，单击"下一步"按钮，就会弹出"新建区域向导-Active Directory 区域传送作用域"对话框，如图 5-35 所示。

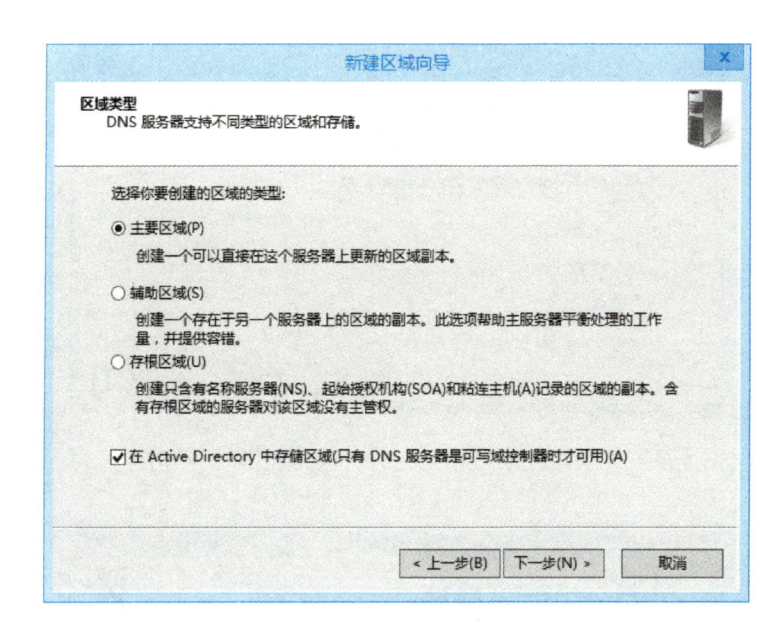

图 5-34 "新建区域向导-区域类型"对话框

图 5-35 "新建区域向导-Active Directory 区域传送作用域"对话框

提个醒

如果 DNS 服务器没有建立在 AD 服务器上,而是成员服务器或独立服务器上,以下的对话框可能有些不同,一般也不用修改,或者对照本例的对话框输入相应的内容,单击"下一步"按钮即可。

选择"至此域中域控制器上运行的所有 DNS 服务器"单选按钮,单击"下一步"按钮,弹出"新建区域向导-反向查找区域名称"对话框,如图 5-36 所示。

选择"IPv4 反向查找区域"单选按钮,单击"下一步"按钮,如图 5-37 所示。

项目 5　安装与配置 DNS 服务器

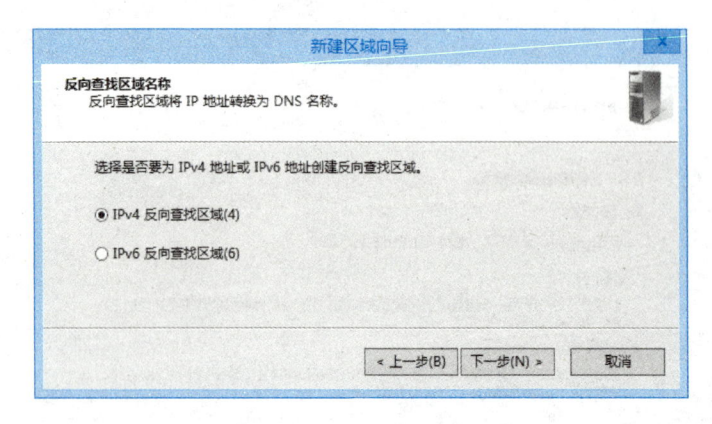

图 5-36　"新建区域向导-反向查找区域名称"对话框（1）

图 5-37　"新建区域向导-反向查找区域名称"对话框（2）

在"网络 ID"文本框中输入反向查找的区域名称，即 IP 地址的前 3 部分，输入"192.168.31"，单击"下一步"按钮，弹出"新建区域向导-动态更新"对话框，如图 5-38 所示。

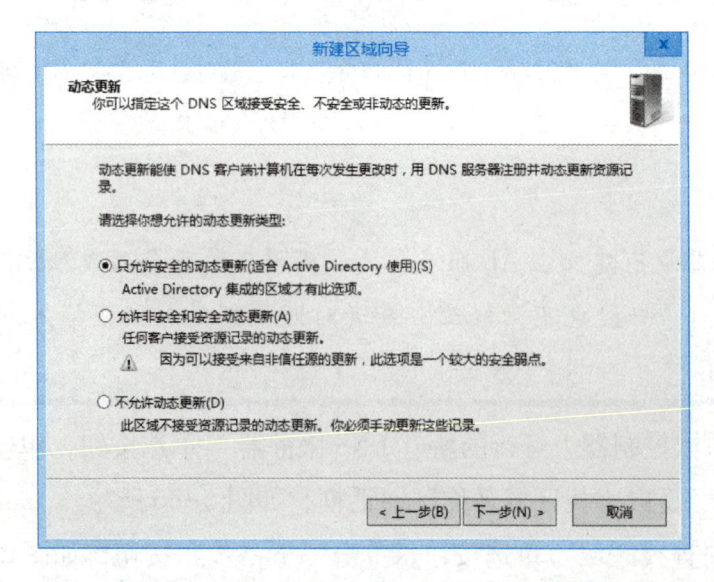

图 5-38　"新建区域向导-动态更新"对话框

选择"不允许动态更新"或"允许非安全和安全动态更新"项。如果服务器安装了活动目录，也建议选择"只允许安全的动态更新"项。单击"下一步"按钮，弹出"新建区域向导-正在完成新建区域向导"对话框，如图 5-39 所示。

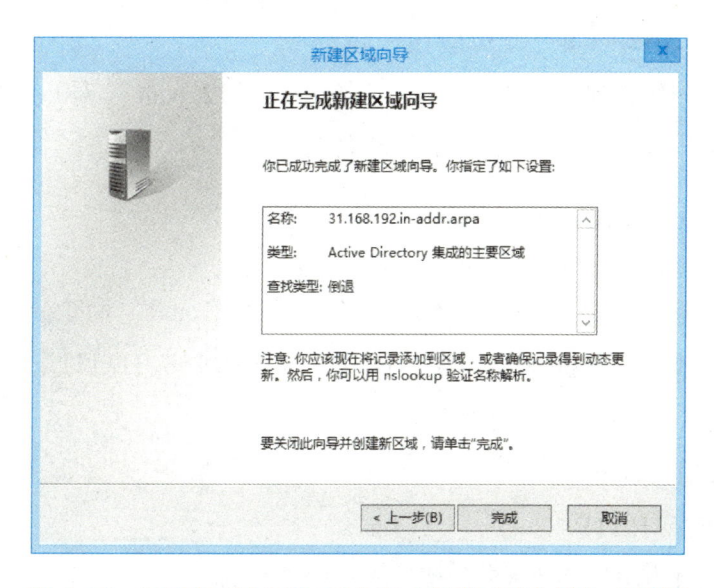

图 5-39 "新建区域向导-正在完成新建区域向导"对话框

单击"完成"按钮，即可完成反向搜索区域的安装。

步骤 4 添加指针资源记录

在"DNS 管理器"控制台，展开"反向查找区域"选项，在已创建的区域上右击，弹出右键快捷菜单，选择"新建指针"命令，弹出"新建资源记录"对话框，如图 5-40 所示。

图 5-40 "新建资源记录"对话框

167

在"主机 IP 地址"的文本框中，输入主机 IP 的最后 8 位字节数（如 111），在主机名处输入建立的反向查找区域的名称，也可以单击"浏览"按钮，在弹出的文本框中查找主机名。最后，单击"确定"按钮，指针资源记录添加成功。这样 IP 地址为 192.168.31.111 的主机与域名"www.my2012.com"就对应在一起。

同样可以新建"192.168.31.105"与"mail.my2012.com"对应的指针，将 IP 地址"192.168.31.105"与"mail.my2012.com"域名对应。

步骤 5　测试 DNS 服务器

进入客户机，单击"开始"→"运行"命令，输入"cmd"命令，进入命令窗口。输入"nslookup"命令，出现">"提示符，在后面输入"192.168.31.111"并按回车键，这时就会出现：

名称：www.my2012.com

Address：192.168.31.111

输入"192.168.31.105"并按回车键，这时就会出现：

名称：mail.my2012.com

Address：192.168.31.105

这样的提示信息，说明对本地 DNS 服务器反向解析成功，如图 5-41 所示。

图 5-41　DNS 服务器反向解析成功结果

到此为止对 DNS 服务的测试工作完成，说明 DNS 服务器工作正常。最后输入"exit"命令，退出">"提示符。

注意：测试哪个 DNS 服务器，在"Internet 协议属性"中就设置那个 DNS 服务器的 IP 地址。也可以在">"提示符下，输入"Server IP 地址"格式，改变要测试 DNS 服务器的 IP 地址。

举一反三

1. 两个小组共同合作，互换 DNS 服务器作为主要 DNS 服务器和辅助 DNS 服务器。
2. 在安装 DNS 服务器上创建反向查询区域，并创建指针资源记录。
3. 使用 nslookup 命令测试 DNS 服务器。

知识拓展

1. DNS 工作原理及域名解析过程

（1）客户机提出域名解析请求，并将该请求发送给本地的域名服务器。

（2）当本地的域名服务器收到请求后，就先查询本地的缓存，如果有该记录项，则本地的域名服务器就直接把查询的结果返回。

（3）如果本地的缓存中没有该记录，则本地域名服务器就直接把请求发给根域名服务器，然后根域名服务器再返回给本地域名服务器一个所查询域（根的子域）的主域名服务器的地址。

（4）本地服务器再向上一步返回的域名服务器发送请求，然后接受请求的服务器查询自己的缓存，如果没有该记录，则返回相关的下级域名服务器的地址。

（5）重复第（4）步，直到找到正确的记录。

（6）本地域名服务器把返回的结果保存到缓存，以备下一次使用，同时还将结果返回给客户机。

举一个具体的例子来详细说明解析域名的过程。假设客户机想要访问站点 www.aweb.com，此客户本地的域名服务器是 dns.mydns.com，一个根域名服务器是 ns.inter.net，所要访问的网站的域名服务器是 dns.aweb.com，域名解析的过程如下：

（1）客户机发出请求解析域名 www.aweb.com 的报文。

（2）本地的域名服务器收到请求后，查询本地缓存，假设没有该记录，则本地域名服务器 dns.mydns.com 向根域名服务器 ns.inter.net 发出解析域名 www.aweb.com 请求。

（3）根域名服务器 ns.inter.net 收到请求后查询本地记录得到如下结果：aweb.com NS dns.aweb.com（表示 aweb.com 域中的域名服务器为 dns.aweb.com），同时给出 dns.aweb.com 的地址，并将结果返回给客户机所在的域名服务器 dns.mydns.com。

（4）域名服务器 dns.mydns.com 收到回应后，再向 dns.aweb.com 发出请求解析域名 www.aweb.com 的报文。

（5）域名服务器 dns.aweb.com 收到请求后，开始查询本地的记录，找到如下一条记录：www.aweb.com A 202.99.163.12（表示 aweb.com 域中域名服务器 dns.aweb.com 的 IP 地址为 202.99.163.12），并将结果返回给客户机本地域名服务器 dns.mydns.com。

（6）客户机本地域名服务器将返回的结果保存到本地缓存，同时将结果返回给客户机。

这样就完成了一次域名解析过程。

2. DNS 域名系统结构简介

DNS 域名系统是一种分布式、有层次的、客户机/服务器（C/S）模式的数据库管理系统。整个 Internet 的 DNS 域名系统采用层次结构。

第一层为根域，在使用时用圆点"."表示，指定该名称位于域名系统的最高层，根域在默认的状态下不需要表示出来。所有根服务器均由互联网名称与数字地址分配机构（ICANN）统一管理，负责全球互联网域名根服务器、域名体系和 IP 地址等的管理。根域服务器只保存了其下层的顶级域的 DNS 服务器名称和 IP 地址的对应关系，并不需要保存全世界所有的 DNS 名称信息。

第二层为顶级域，位于根域下层，由国际互联网络信息中心（InterNIC）管理，是由 2~3 个字母组成的名称，用于指定国家/地区或机构类型。如：.cn 为中国、.jp 为日本；.com 为公司企业、.edu 为教育机构、.gov 为政府机构等。

第三层为二级域，是为了在 Internet 上使用而注册的个人或单位的域名，这些名称始终在顶级域的下面。目前，二级域的 3 个字符的域名已经全部申请完毕；.com 顶级域下的 4 个字符组成的二级域名也于 2008 年 6 月申请完毕。

第四层为子域，是按照公司的具体情况从已注册的二级域名按照部门或地理位置创建的域名。

第五层为主机，常见的有 www（Web 服务器）、FTP（FTP 服务器）、SMTP（发送邮件服务器）、POP3（接收邮件服务器）等。因此，只要求主机名在每个分支中必须是唯一的，而在不同的子域中可以重名。

3. IPv6 发展

随着移动互联网、物联网等新兴产业迅速发展，接入网络的终端数量呈指数级增长，从传统的 PC、手机，到未来无处不在的物联网终端，都需要通过 IP 地址接入互联网，地址需求数量是 IPv4 地址总数的十倍以上。目前 IPv4 地址已经全部分配完毕，地址紧缺的问题十分严峻。

IPv6 具有更多地址数量、更小路由表、更好安全性等优点，可以有效地解决当前 IPv4 面临的问题。现在在全球 16 个国家共架设了 25 台 IPv6 根服务器，包括 3 台主根服务器和 22 台辅根服务器。

2019年6月24日，工业和信息化部同意中国互联网络信息中心设立域名根服务器（F、I、K、L根镜像服务器）及域名根服务器运行机构，负责运行、维护和管理编号分别为JX0001F、JX0002F、JX0003I、JX0004K、JX0005L、JX0006L的域名根服务器。

下一代互联网国家工程中心正式宣布推出IPv6的公共DNS IP地址为240c::6666，备用DNS IP地址为240c::6644。这是面向公众免费提供的DNS服务，无疑将为全球IPv6用户提供一个优化上网体验的绝佳选择，其精准快速、安全稳定、DNS64三大特性，将全面保障IPv6网络的高效和稳定。

项目 6

安装与配置 DHCP 服务器

项目概述：

随着公司的发展，小韩发现给各计算机分配 IP 地址已经成为很大的负担。IP 地址的冲突不断，经常有的计算机不能上网。安装 DHCP 服务器已势在必行。

DHCP（动态主机配置协议）是一种简化主机 IP 配置管理的 TCP/IP 标准。DHCP 标准为 DHCP 服务器的使用提供了一种有效的方法，管理员可以利用 DHCP 服务器动态分配 IP 地址，以及在网络上启用 DHCP 客户机的其他相关配置信息。

在使用 TCP/IP 协议中，每台计算机都有唯一标识自身的计算机名和 IP 地址。计算机获取 IP 地址的方式有两种，一是手工输入的静态 IP 地址，二是使用 DHCP 服务器分配的动态 IP 地址。采用静态 IP 地址时，网络内无须配备 DHCP 服务器，但在配置过程中需要手动输入 IP 地址，效率低下，容易出错。静态 IP 地址的主机在不运行时也占用 IP 地址资源，使得宝贵的 IP 地址更显匮乏，尤其是当网络特别大，有几百、甚至上千台计算机的时候，缺点就特别明显，资源匮乏，容易出错，效率低下，劳动强度大。所以，该方式只能适用于计算机数量较少的小型网络。而采用动态 IP 地址时，无须再为计算机输入 IP 地址、网关、DNS 等信息，而是由 DHCP 服务器自动分配，客户端计算机自动获取。从而有效地避免了因手动输入而引起的配置错误，大大降低了劳动强度，提高了工作效率。DHCP 还有助于防止出现配置新计算机时重用以前指派的 IP 地址而引起地址冲突的现象。

项目准备：

本项目使用 2 台计算机，一台已安装 Windows Server 2012 的域控制器，一台用于测试的客户计算机。

学习目标：

本项目通过完成 DHCP 服务器的安装、设置、管理等任务，对 DHCP 服务器有个初步认识，下面就开始吧。

> **小知识　DHCP 的分配形式**
>
> 首先，必须至少有一台 DHCP 服务器工作在网络上面，它会监听网络的 DHCP 请求，并与客户端磋商 TCP/IP 的设定环境。它提供三种 IP 定位方式。
>
> （1）手工配置：网络管理员为少数特定的 Host 绑定固定 IP 地址，且地址不会过期。
>
> （2）自动分配：一旦 DHCP 客户端第一次成功地从 DHCP 服务器端租用到 IP 地址，就永远使用这个地址。
>
> （3）动态分配：当 DHCP 第一次从 HDCP 服务器端租用到 IP 地址之后，并非永久的使用该地址，只要租约到期，客户端就得释放这个 IP 地址，以给其他客户使用。当然，客户端可以比其他主机优先更新租约，或是租用其他的 IP 地址。动态分配显然比自动分配更加灵活，尤其是当实际 IP 地址不足的时候。例如，一家 ISP 公司，只能提供 200 个 IP 地址给客户端，这并不意味着该公司的客户端最多只能有 200 个，因为客户端一般不会全部同一时间上网，除了他们各自的行为习惯不同，也有可能是线路的限制。这样，ISP 公司就可以将 200 个地址轮流租用给拨接上来的客户端。这也是为什么使用宽带上 Internet 时，IP 地址在每次拨接时会不同的原因。
>
> DHCP 除了能动态的设定 IP 地址之外，还可以将一些 IP 地址保留下来给一些特殊用途的机器使用，它可以按照硬件地址来固定的分配 IP 地址，这样可以给用户更大的设计空间。同时，DHCP 还可以帮客户端指定 router、netmask、DNS Server、WINS Server 等项目，在客户端上面，除了勾选 DHCP，几乎无须做任何的 IP 环境设定。

任务 1　DHCP 服务器的安装与使用

任务描述

DHCP 服务器必须使用 TCP/IP 协议，而且该服务器必须设置固定的 IP 地址信息。DHCP 服务不是 Windows Server 2012 系统的默认安装组件，所以，当采用典型方式安装 Windows Server 2012 操作系统时，该服务将不会被安装。因此，如果要在网络内实现 DHCP 服务，就必须采用添加安装服务器角色的方式安装该服务。

在 Windows Server 2012 系统中，可以通过"服务器管理器-仪表板"窗口安装 DHCP 服务。

项目 6　安装与配置 DHCP 服务器

本任务使用的 DHCP 服务器和 DNS 服务器及域控制器共用一个实际的服务器，主机的计算机名为"ADServer"，IP 地址仍是 192.168.31.108。本任务主要是安装 DHCP 服务器，建立一个 DHCP 区域，测试服务器的运行。下面我们就来学习具体的安装和设置方法。

自己动手

☞ 步骤 1　安装 DHCP 服务器

以域超级用户登录到"ADServer"计算机中，在"服务器管理器-仪表板"窗口中间部分，单击"添加角色和功能"超链接，弹出"添加角色和功能向导-开始之前"窗口，如图 6-1 所示。

图 6-1　"添加角色和功能向导-开始之前"窗口

单击"下一步"按钮，弹出"添加角色和功能向导-选择安装类型"窗口，如图 6-2 所示。

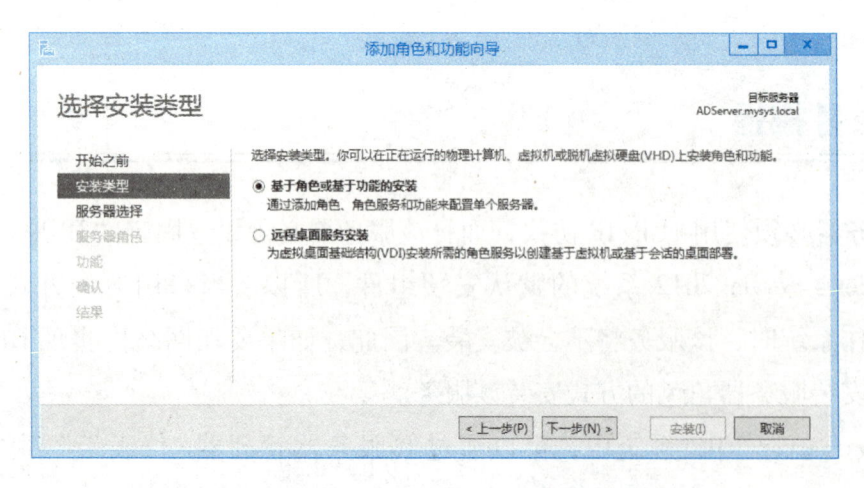

图 6-2　"添加角色和功能向导-选择安装类型"窗口

174

选择"基于角色或基于功能的安装"单选按钮,单击"下一步"按钮,弹出"添加角色和功能向导-选择目标服务器"窗口,如图 6-3 所示。

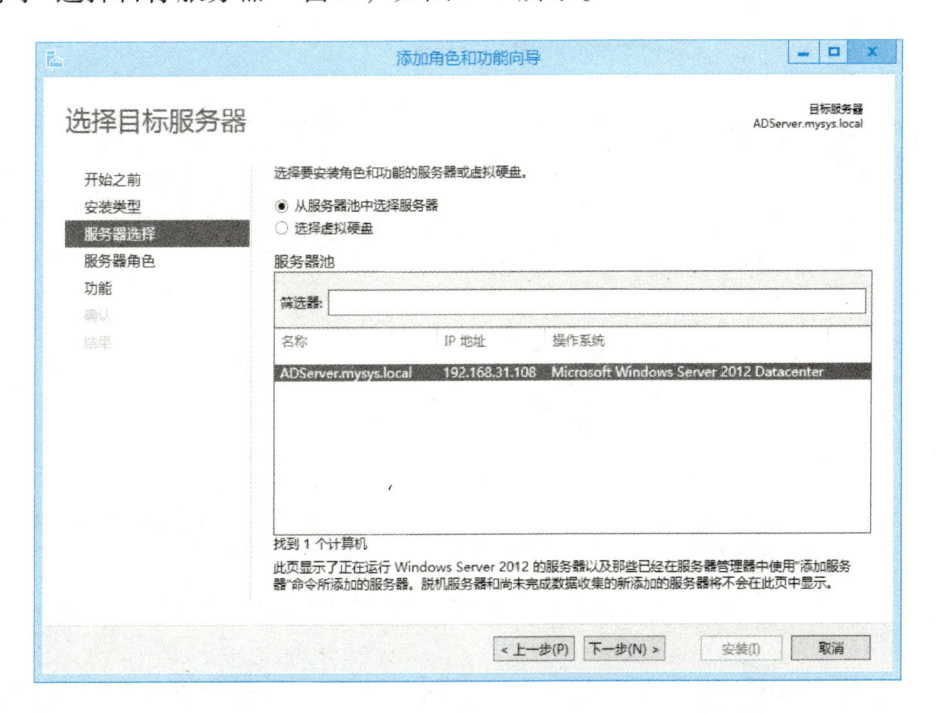

图 6-3 "添加角色和功能向导-选择目标服务器"窗口

选择要做 DHCP 服务器的 IP 地址"192.168.31.108",单击"下一步"按钮,弹出"添加角色和功能向导-选择服务器角色"窗口。选择"DHCP 服务器"复选框,弹出"添加角色和功能向导-添加 DHCP 服务器所需的功能"对话框,如图 6-4 所示。

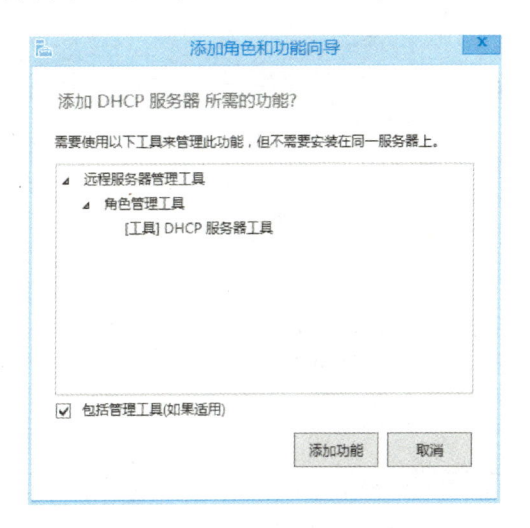

图 6-4 "添加角色和功能向导-添加 DHCP 服务器所需的功能"对话框

单击"添加功能"按钮,回到"添加角色和功能向导-选择服务器角色"窗口,如图 6-5 所示。

项目 6　安装与配置 DHCP 服务器

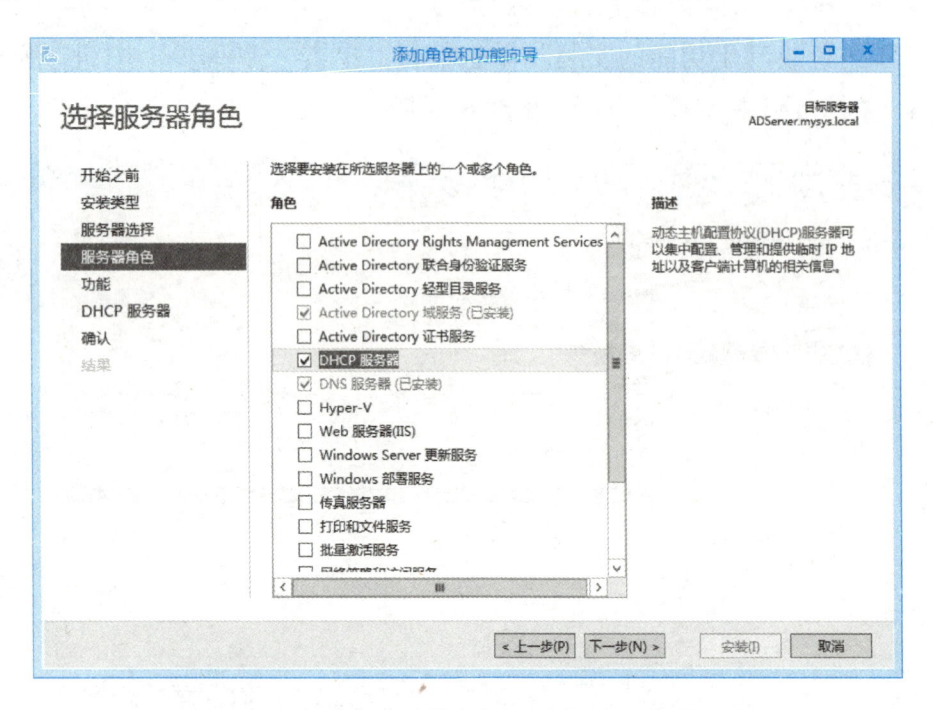

图 6-5　"添加角色和功能向导-选择服务器角色"窗口

此时就会看到"DHCP 服务器"复选框已经被选中了，单击"下一步"按钮，弹出"添加角色和功能向导-选择功能"窗口，如图 6-6 所示。

图 6-6　"添加角色和功能向导-选择功能"窗口

直接单击"下一步"按钮，弹出"添加角色和功能向导-DHCP 服务器"窗口，如图 6-7 所示。

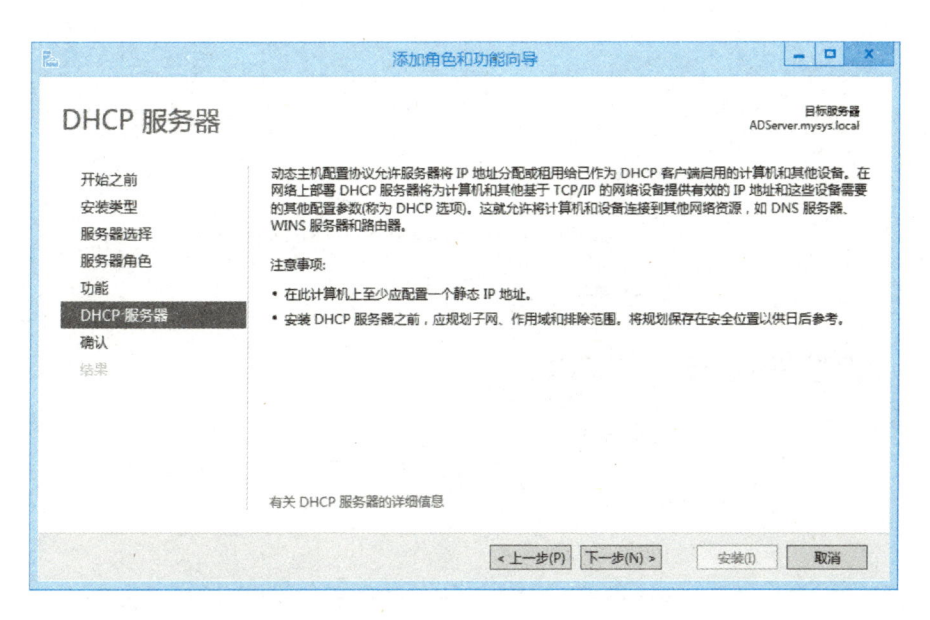

图 6-7 "添加角色和功能向导–DHCP 服务器"窗口

单击"下一步"按钮,弹出"添加角色和功能向导-确认安装所选内容"窗口,如图 6-8 所示。

图 6-8 "添加角色和功能向导-确认安装所选内容"窗口

仔细观察窗口中的内容,如果没有问题,单击"安装"按钮,弹出"添加角色和功能向导-安装进度"窗口,如图 6-9 所示。

稍等一会儿,DHCP 服务器安装完毕,出现安装成功字样,单击"关闭"按钮,完成 DHCP 服务器角色的安装。

项目 6　安装与配置 DHCP 服务器

图 6-9　"添加角色和功能向导-安装进度"窗口

☞ **步骤 2　DHCP 服务完成后配置**

这时再看"服务器管理器-仪表板"窗口右侧上方的小旗上多了个橘黄色的感叹号，单击该感叹号，显示所需操作，如图 6-10 所示。

图 6-10　显示操作要求的"服务器管理器-仪表板"窗口

单击"完成 DHCP 配置"超链接，弹出"DHCP 安装后配置向导-描述"窗口，如图 6-11 所示。

任务 1　DHCP 服务器的安装与使用

图 6-11　"DHCP 安装后配置向导-描述"窗口

单击"下一步"按钮，弹出"DHCP 安装后配置向导-授权"窗口，如图 6-12 所示。

图 6-12　"DHCP 安装后配置向导-授权"窗口

选择"使用以下用户凭据"单选按钮，在用户名处默认选择"MYSYS\Administrator"用户，单击"提交"按钮，弹出"DHCP 安装后配置向导-摘要"对话框，如图 6-13 所示。

单击"关闭"按钮，DHCP 服务器安装后配置完毕。

179

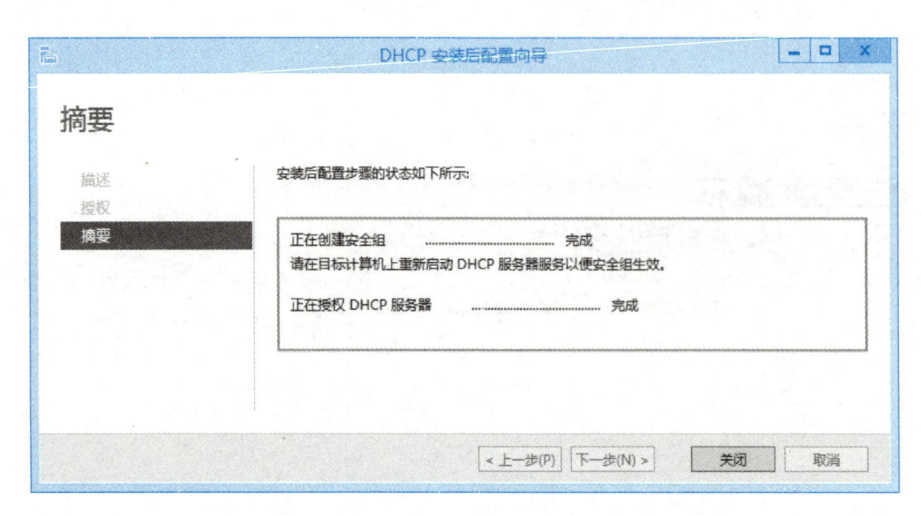

图 6-13 "DHCP 安装后配置向导-摘要"窗口

> **提个醒**
>
> 本服务器是域控制器,"DHCP 安装后配置向导-授权"窗口,如图 6-12 所示,如果是在成员服务器上安装 DHCP 后,第一个单选按钮是灰色的,选择第二个"使用备用凭据"单选按钮,并单击"指定"按钮,来指定用户。并且该成员服务器与域服务器建立了委派信任关系。

步骤 3 新建作用域

在"服务器管理器-仪表板"窗口中,单击"工具"菜单,选择"DHCP",就会弹出"DHCP"控制台,选中该服务器后面的"IPv4"项,右击,弹出右键快捷菜单,如图 6-14 所示。

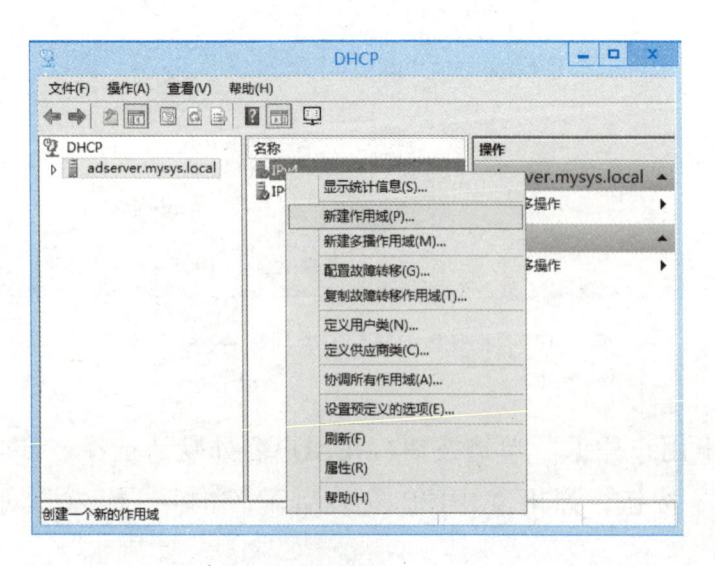

图 6-14 "DHCP"控制台"IPv4"快捷菜单

在弹出的右键快捷菜单中选择"新建作用域"命令，弹出"新建作用域向导-欢迎使用新建作用域向导"对话框，如图 6-15 所示。

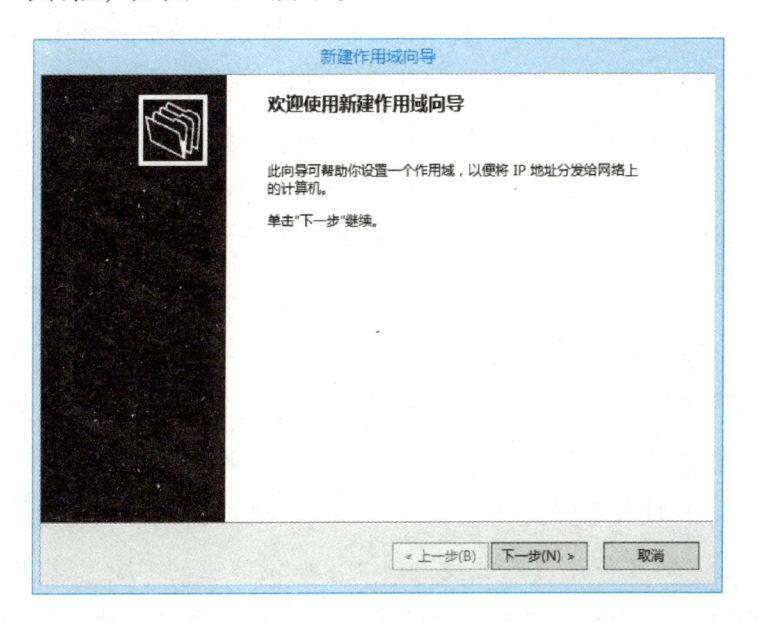

图 6-15 "新建作用域向导-欢迎使用新建作用域向导"对话框

1. 输入作用域名

单击"下一步"按钮，弹出"新建作用域向导-作用域名称"对话框，如图 6-16 所示。

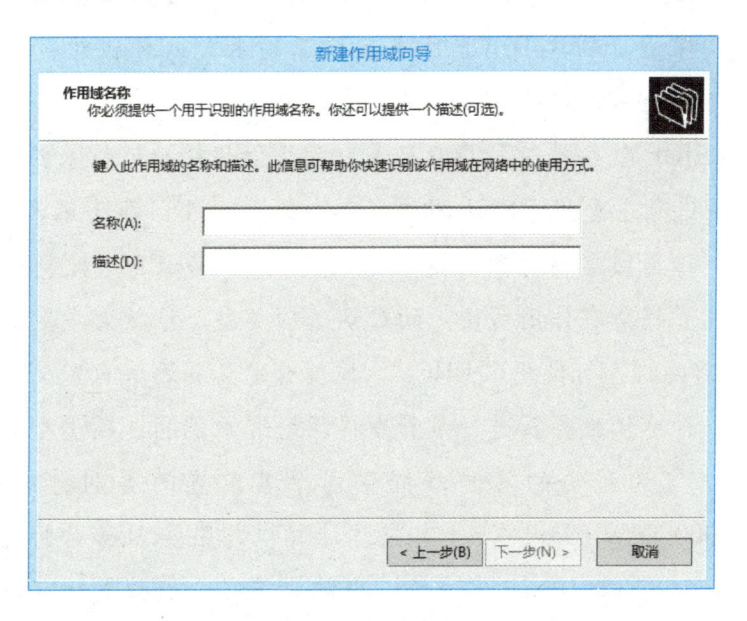

图 6-16 "新建作用域向导-作用域名称"对话框

在该对话框的"名称"文本框中，输入要创建的作用域名称。在"描述"文本框中，输入说明文字（可选）。名称可以随意而定，但它应具备一定的说明性，以便能确定该作用域在网络中的作用。大多数网络都具有若干个子网，每个子网都需要自己的作用域，因此，DHCP 服务器通常管理多个作用域。选择名称和描述将有助于区分多个作用域。

小知识　DHCP 的基本术语

作用域：是网络上可能的 IP 地址的完整连续范围。作用域通常定义为接受 DHCP 服务的网络上的单个物理子网。作用域还为网络上的客户端提供服务器对 IP 地址及任何相关配置参数的分发和指派进行管理的主要方法。

超级作用域：是作用域的管理组合，它可用于支持同一物理子网上的多个逻辑 IP 子网。超级作用域仅包含可同时激活的"成员作用域"或"子作用域"列表。超级作用域不用于配置有关作用域使用的其他详细信息。如果想配置超级作用域内使用的多数属性，用户需要单独配置成员作用域属性。

排除范围：是作用域内从 DHCP 服务中排除的有限 IP 地址序列。排除范围确保服务器不会将这些范围中的任何地址提供给网络上的 DHCP 客户端。

地址池：在定义了 DHCP 作用域并应用排除范围之后，剩余的地址在作用域内形成可用的"地址池"。服务器可将池内地址动态地指派给网络上的 DHCP 客户端。

租约：是由 DHCP 服务器指定的一段时间，在此时间内客户端计算机可使用指派的 IP 地址。当向客户端提供租约时，租约是"活动"的。在租约过期之前，客户端通常需要向服务器更新指派给它的地址租约。当租约的租约期满或在服务器上被删除时，它将变成"非活动"的。租约期限决定租约何时期满及客户端需要向服务器对它进行更新的频率。

保留：可使用"保留"创建 DHCP 服务器指派的永久地址租约。保留可确保子网上指定的硬件设备始终可使用相同的 IP 地址。

选项类型：是 DHCP 服务器在向 DHCP 客户端提供租约时可指派的其他客户端配置参数。例如，一些常用选项包含用于默认网关（路由器）、WINS 服务器和 DNS 服务器的 IP 地址。通常，为每个作用域启用并配置这些选项类型。"DHCP"控制台还允许用户配置由服务器上添加和配置的所有作用域使用的默认选项类型。虽然大多数选项都是通过 RFC 2132 预定义的，但需要时也可使用"DHCP"控制台定义并添加自定义选项类型。

选项类别：是一种可供服务器进一步管理提供给客户端的选项类型的方式。当选项类别添加到服务器时，可为该类的客户端提供用于其配置的类别特定选项类型。对于 Microsoft Windows 2000 和 Windows XP，客户端计算机与服务器通信时还需要指定类 ID。对于不支持类 ID 过程的早期 DHCP 客户端，当需要将客户端归类时可以把服务器配置成默认类别以便使用。选项类别有两种类型：供应商类别和用户类别。

2. IP 地址范围

单击"下一步"按钮，弹出"新建作用域向导-IP 地址范围"对话框，如图 6-17 所示。

在该对话框中，在"起始 IP 地址"文本框中输入"192.168.31.50"，表示该范围的起始 IP 地址，在"结束 IP 地址"文本框中输入"192.168.31.99"，表示结束 IP 地址，作为该作用域租用的 IP 地址范围。因为这些地址将提供给客户端，所以它们对于当前的网络来说必须是有效的，并且当前未在使用。在下面的子网掩码的"长度"数值选择框中输入"24"，表示子网掩码为连续 24 位二进制数的"1"；在"子网掩码"文本框中输入"255.255.255.0"，即 C 类网络的子网掩码。

图 6-17 "新建作用域向导-IP 地址范围"对话框

3. 添加排除的 IP 地址

单击"下一步"按钮，弹出"新建作用域向导-添加排除和延迟"对话框，如图 6-18 所示。

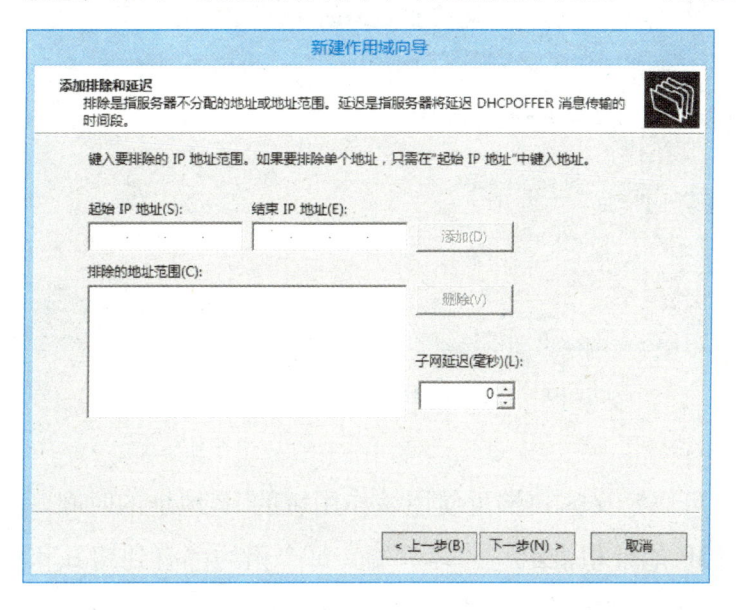

图 6-18 "新建作用域向导-添加排除和延迟"对话框

在该对话框中，可以定义 DHCP 服务器不应分发给客户端的 IP 地址。例如，DHCP 服务器自身具有不可以分发给客户端的静态 IP 地址。默认网关和各种网络设备都如此，如与网络

183

连接的打印机。必须排除这些 IP 地址，DHCP 服务器才不会将它们分发给客户端。

建议排除的 IP 地址的数量应多于当前需要排除的数量，因为缩小排除范围比扩大排除范围容易。排除 IP 地址要从可能的 IP 地址范围的开头和结尾处进行，而不是从中间进行。例如，如果该子网上的 IP 地址范围是 192.168.0.100 到 192.168.0.200，并且希望排除 10 个 IP 地址，则可按照如下两种方案之一定义排除范围，即"192.168.0.100 到 192.168.0.109"或"192.168.0.191 到 192.168.0.200"。

对于每个要排除的 IP 地址范围，在"起始 IP 地址"文本框中输入位于范围起始处的 IP 地址，在"结束 IP 地址"文本框中输入位于范围结尾处的 IP 地址，然后单击"添加"按钮。

通过为这些地址设置排除范围，可以指定在 DHCP 客户端从服务器请求租用配置时永远不提供这些地址。被排除的 IP 地址可能是网络上的有效地址，但这些地址只能在不使用 DHCP 获取地址的主机上手动配置。

该步骤方便了客户端管理，但它是可选的。如果将该页的所有字段留空并单击"下一步"按钮，客户端将仍然能够从 DHCP 服务器获得 IP 地址。

4．租约期限

单击"下一步"按钮，弹出"新建作用域向导-租约期限"对话框，如图 6-19 所示。

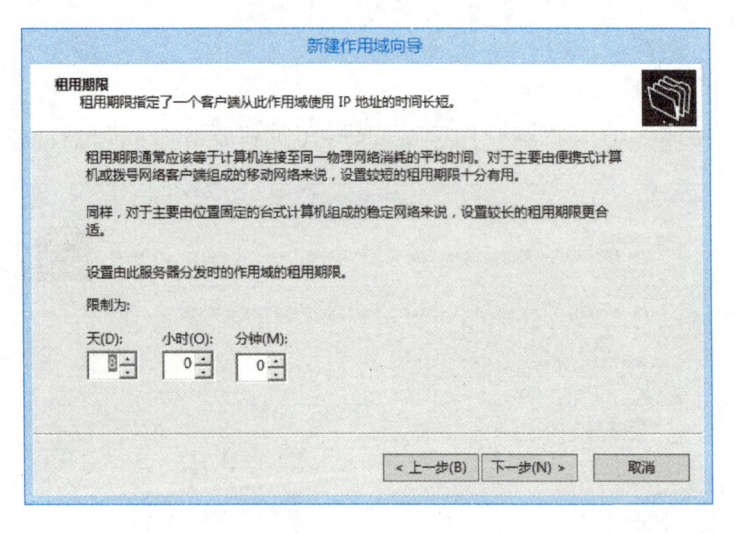

图 6-19 "新建作用域向导-租约期限"对话框

在该对话框中，可以定义客户端可使用该作用域的 IP 地址的时间。

DHCP 服务器将 IP 地址租借给它的客户端。每个租约都有到期日和到期时间。如果客户端要继续使用该 IP 地址，就必须续订租约。默认的租约期限是 8 天。

该步骤方便了客户端管理，但它是可选的。如果该页的所有字段留空并单击"下一步"按钮，客户端将仍然能够从 DHCP 服务器获得 IP 地址。

5. 配置 DHCP 选项

单击"下一步"按钮,弹出"新建作用域向导-配置 DHCP 选项"对话框,如图 6-20 所示。

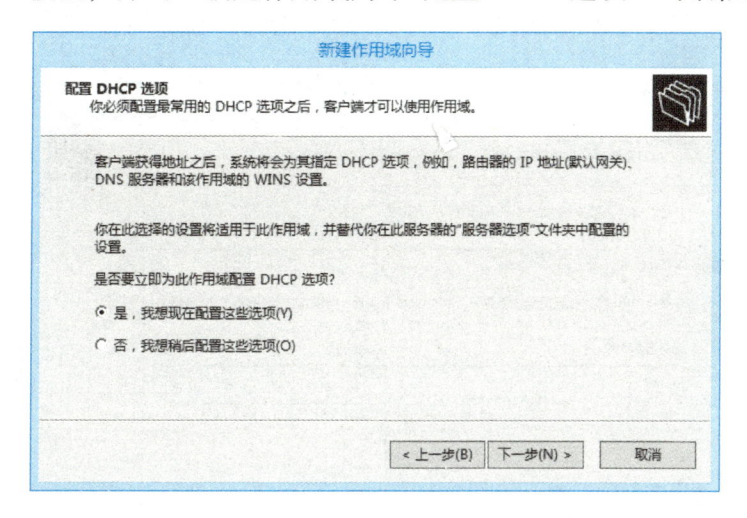

图 6-20 "新建作用域向导-配置 DHCP 选项"对话框

在该对话框中,可以指定是否配置 DHCP 选项。建议选择接受默认设置,选择"是,我想现在配置这些选项"单选按钮。向导会扩展到包括最常见 DHCP 选项的设置。

6. 路由器(默认网关)

单击"下一步"按钮,弹出"新建作用域向导-路由器(默认网关)"对话框,如图 6-21 所示。

图 6-21 "新建作用域向导-路由器(默认网关)"对话框

在该对话框中,在"IP 地址"文本框中输入默认网关的 IP 地址。本例输入了本服务器的 IP 地址"192.168.31.108",单击"添加"按钮。从作用域获得 IP 地址的客户端将使用此 IP 地址。可以添加和该子网上的路由器数量一样多的 IP 地址。该步骤是可选的。

7. 域名和 DNS 服务器

单击"下一步"按钮，弹出"新建作用域向导-域名称和 DNS 服务器"对话框，如图 6-22 所示。

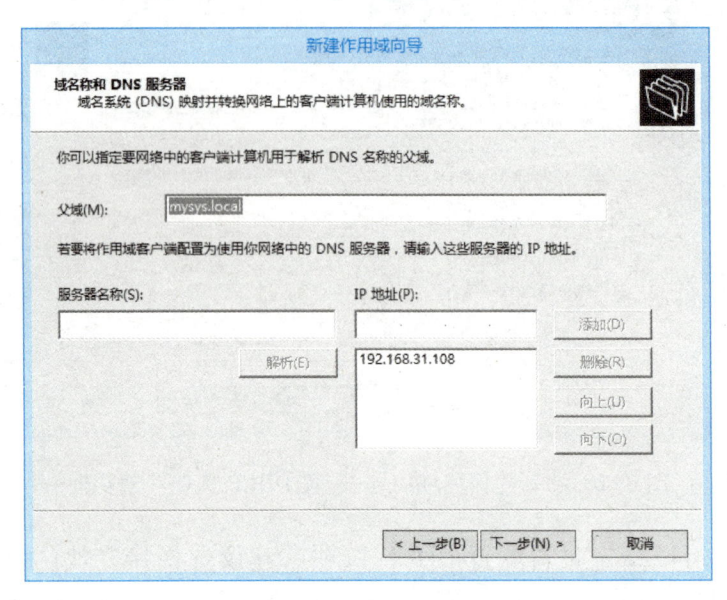

图 6-22 "新建作用域向导-域名称和 DNS 服务器"对话框

如果在网络中使用 DNS 服务器，在该对话框中，可以指定该子网上的客户端在解析 DNS 名称时应使用的域的名称。也可以指定客户端解析 DNS 名称应使用的 DNS 服务器。可以输入 DNS 服务器的 IP 地址，也可以输入其名称并单击"解析"按钮，向导将确定 IP 地址。可以添加多个 DNS 服务器。该步骤是可选的。

8. WINS 服务器

单击"下一步"按钮，弹出"新建作用域向导-WINS 服务器"对话框，如图 6-23 所示。

图 6-23 "新建作用域向导-WINS 服务器"对话框

在该对话框中，可以指定客户端为注册和解析 NetBIOS 名称与之通信的 WINS 服务器。可以输入 WINS 服务器的 IP 地址，也可以输入其名称并单击"解析"按钮，向导将确定 IP 地址。可以添加多个 WINS 服务器。该步骤是可选的。

9. 激活作用域

单击"下一步"按钮，弹出"新建作用域向导-激活作用域"对话框，如图 6-24 所示。

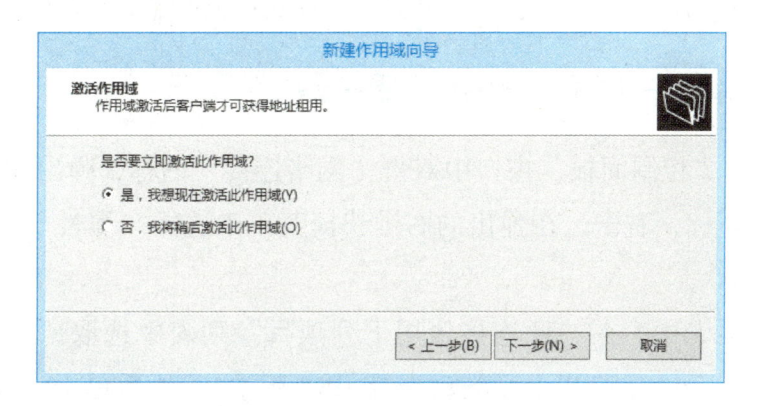

图 6-24 "新建作用域向导-激活作用域"对话框

在该对话框中，可以激活作用域或选择以后激活它。大多数情况下，应接受默认设置并立即激活作用域，以允许客户端从该作用域获得租用的 IP 地址。如果选择以后激活作用域，可以使用"DHCP"控制台完成该操作。激活作用域之后，该作用域的子网上的客户端才能从 DHCP 服务器获得 IP 地址。

10. 完成"新建作用域向导"

选中"是，我想现在激活此作用域"单选按钮，单击"下一步"按钮，弹出"新建作用域向导-正在完成新建作用域向导"对话框，如图 6-25 所示。

图 6-25 "新建作用域向导-正在完成新建作用域向导"对话框

单击"完成"按钮，完成 DHCP 服务器的配置。

至此，该计算机就是一台管理 IP 地址和相关信息的基本 DHCP 服务器了，并安装了 DHCP 服务器服务，创建了一个用于管理一个子网上的客户端的 IP 地址和相关信息的作用域。如果想管理其他子网上的客户端，必须创建额外的作用域。如果还没有激活作用域，则必须激活它，以便该作用域子网上的客户端能够从 DHCP 服务器获得 IP 地址。

☞ 步骤 4　从客户端测试 DHCP 服务器

登录客户机，在"控制面板"窗口中双击"网络连接"图标，弹出"网络连接"窗口。选择"本地连接"图标，右击，在弹出的右键快捷菜单中选择"属性"命令，弹出"本地连接 属性"对话框。

在"常规"选项卡中，在"此连接使用下列项目"列表中选取"Internet 协议（TCP/IP）"组件（如果是 Windows 7 以上系统，选择 IPv4 版本），然后单击"属性"按钮，弹出"Internet 协议（TCP/IP）属性"对话框。在"常规"选项卡中选择"自动获得 IP 地址"和"自动获得 DNS 服务器地址"单选按钮，使计算机从 DHCP 服务器自动获取 IP 地址信息。最后单击"确定"按钮，并关闭"本地连接 属性"对话框，即可将计算机设置为自动从 DHCP 服务器获取 IP 地址。

打开命令窗口，在命令窗口下输入"ipconfig"命令，出现网卡自动获取的 IP 地址等信息，如图 6-26 所示。

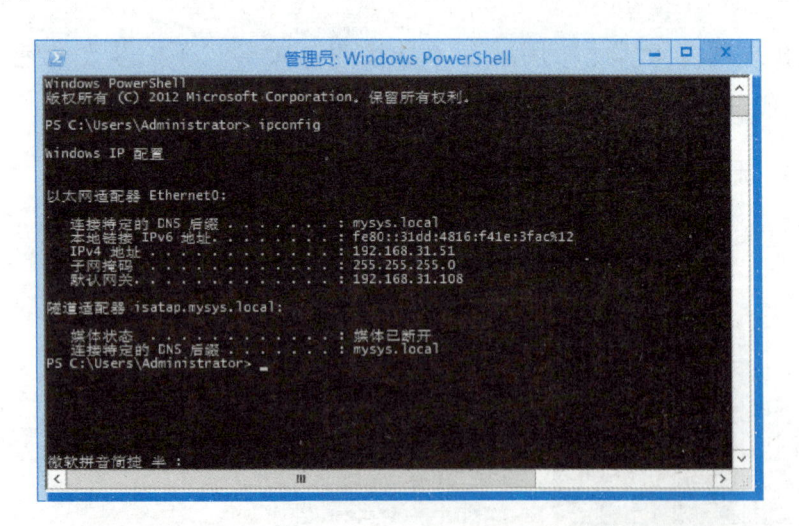

图 6-26　命令窗口

从中可以看到，该计算机的 IP 地址为"192.168.31.51"（因为在 DHCP 服务器设置获取的 IP 地址为"50-99"，51 在其范围内），网关是"192.168.31.108"，和服务器设置的网关一致。说明 DHCP 服务器运行正常。

步骤 5 在服务器观察 DHCP 分配情况

从服务器上打开"DHCP"控制台,选择该作用域下的"地址租用",在右边的栏目中会看到"192.168.31.51"的 IP 地址被租用。而"192.168.31.51"正是前面安装的客户端计算机,如图 6-27 所示。

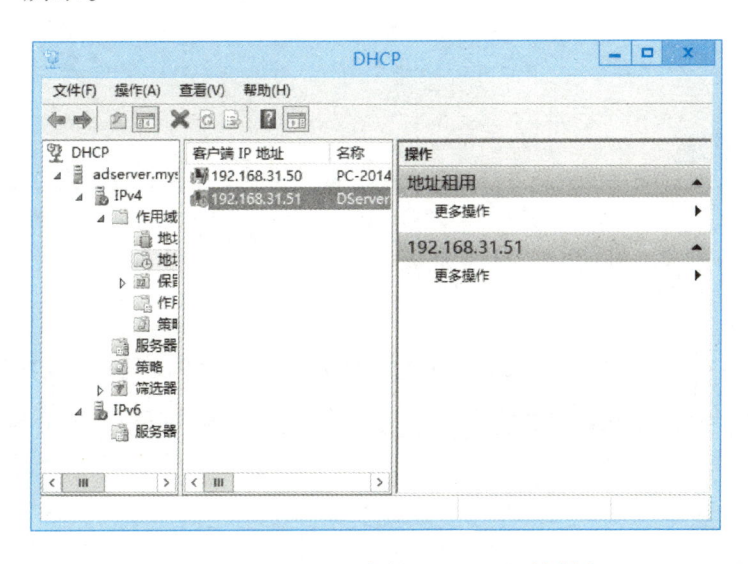

图 6-27 地址租用中的"DHCP"控制台

从以上两个角度都可以看到,安装的 DHCP 服务器和建立的 DHCP 作用域已经发挥了作用,该 DHCP 服务器已经正常工作了。

> **提个醒**
>
> 如果服务器和客户端都使用虚拟机,并且都使用虚拟机的 NAT 模式连接网络,可能测试不成功,或者 IP 地址不是所选的范围。如果这样,需要在启动这两台计算机之前对虚拟机网络重新配置。
> 具体如下:在虚拟机的"编辑"菜单下,打开"虚拟网络编辑器",选中网络框中的 NAT 模式,在下面取消勾选"使用本地 DHCP 服务将 IP 地址分配给虚拟机"项,然后先启动服务器计算机,等该计算机启动完毕,再启动客户端计算机。

举一反三

1. 在服务器上安装 DHCP 服务器。
2. 在计算机上建立一个 DHCP 作用域,并将 IP 地址范围设定为 50 个。从一台客户机测

试该设置是否起到作用。

任务 2　管理 DHCP 服务器

任务描述

DHCP 服务器使用后，可能会由于某种原因而修改 IP 地址池、默认网关和 DNS 的 IP 地址，或者增加需要保留的 IP 地址等。

本任务中要学会对 DHCP 作用域的配置管理方法，主要内容有：停用或激活作用域，修改 IP 地址池和租约期限，配置客户端保留，删除作用域，数据库的备份与还原等。

自己动手

☞ 步骤 1　停用或激活作用域

1. 停用

打开"DHCP"控制台，选中要停用的作用域，右击，弹出右键快捷菜单，选择"停用"命令，会弹出一个该作用域正在使用中的确认框，如图 6-28 所示。

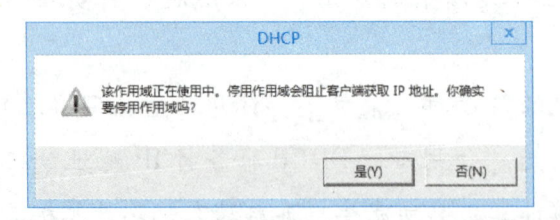

图 6-28　作用域正在使用中确认框

单击"是"按钮，该作用域就停止使用了。仔细观察"DHCP"控制台会看到这个作用域的前面多了一个红色停止箭头，表示此作用域在停用状态下。

2. 激活

要想激活这个作用域也很简单，只要选中要激活的作用域，右击，弹出右键快捷菜单，选择"激活"命令，这个作用域就被激活了。

在一台 DHCP 服务器上可以根据需要创建多个作用域，为不同的 DHCP 客户端提供服务。上述操作只针对某一作用域，只对所操作的作用域起作用。例如，当"停用"了某一作用域后，其他的作用域仍然继续工作。

☞ 步骤 2　修改 IP 地址池和租约期限

打开"DHCP"控制台，选中要修改的作用域，右击，弹出右键快捷菜单，选择"属性"命令，弹出"作用域［192.168.31.0］一般用户 属性"对话框，如图 6-29 所示。

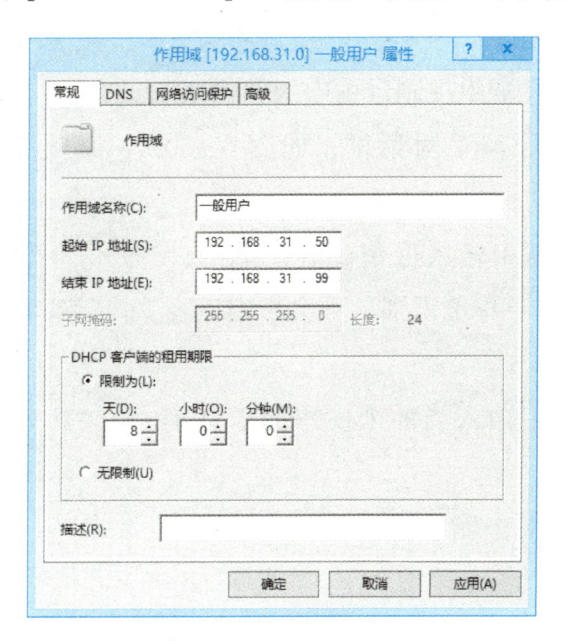

图 6-29　"作用域［192.168.31.0］一般用户 属性"对话框

在这个对话框中可以重新输入起始 IP 地址、结束 IP 地址、租约期限等内容。

> **小知识　什么时候需要修改作用域的默认租约期限**
>
> 　　创建作用域时，默认租约期限设置为 8 天。在大多数情况下，这个值已足够。但是，由于租约续订是一项可以影响 DHCP 客户端和网络性能的过程，因此更改租约期限有时非常有用。使用下列原则确定如何优化租约期限设置以提高网络上的 DHCP 性能。
> 　　如果在网络中有大量可用的 IP 地址并且很少对配置进行更改，则增加租约期限以减少客户端和 DHCP 服务器之间的租约续订查询的频率。这将会减少由客户端续订租约引起的一些网络通信量。
> 　　如果网络上可用的 IP 地址数量有限并且经常更改客户端配置或客户端移动频繁，则应减少租约期限以促进 DHCP 服务器进行旧 IP 地址的清理工作。这增加了可用地址返回地址池以便重新分配给新客户端的频率。

☞ 步骤 3　配置客户端保留

有时需要给某一台或几台 DHCP 客户端计算机分配固定的 IP 地址，可以通过 DHCP 服务器提供的"保留"功能来实现。使用 DHCP 服务器的客户端保留，可以保留一个特定的 IP 地址给特定的 DHCP 客户端永久使用。也就是说，当这个 DHCP 客户端每次向 DHCP 服务器请求获得 IP 地址或更新 IP 地址的租期时，DHCP 服务器都会给该 DHCP 客户端分配一个相同的 IP 地址。

1. 添加客户端保留

打开"DHCP"控制台，选中控制台树中的"保留"，右击，弹出快捷菜单，选择"新建保留"命令，弹出"新建保留"对话框，如图 6-30 所示。

在"保留名称"文本框中输入保留的客户端的计算机名称，这个名称只是用于身份识别，不会影响该客户端配置的实际计算机名。

在"IP 地址"文本框中输入当前未使用的来自作用域地址池中的 IP 地址。

在"MAC 地址"文本框中输入指派给客户端网络适配器的 MAC 地址。

查看 MAC 地址的方法：在命令提示符下输入"ipconfig ∕ all"，然后查看可用网络连接的 MAC 地址。

图 6-30　"新建保留"对话框

> **小知识　MAC 地址**
>
> MAC 地址也称为物理地址、硬件地址或链路地址，由网络设备制造商生产时写在硬件内部。MAC 地址的长度为 48 位（6 个字节），通常表示为 12 个十六进制数，每 2 个十六进制数之间用冒号隔开，如 08:00:20:0A:8C:6D，就是一个 MAC 地址，其中前 6 位十六进制数 08:00:20 代表网络硬件制造商的编号，它由 IEEE（电气与电子工程师协会）分配，而后 6 位十六进制数 0A:8C:6D 代表该制造商所制造的某个网络产品（如网卡）的系列号。只要不去更改 MAC 地址，那么 MAC 地址在世界上是唯一的。

在"描述"文本框中输入描述保留的客户端的说明，这些说明只用于在控制台的详细信息窗格中进行显示。也可以省略不写。

在"支持的类型"中选择"两者"单选按钮。

最后单击"添加"按钮，将客户端保留添加到该作用域。

2. 更改保留客户端的信息

在"DHCP"控制台中，单击控制台树中的"保留"项。在右边的详细信息窗格中，右击要更改信息的保留客户端，在弹出的右键快捷菜单中选择"属性"命令，弹出"属性"对话框。

在打开的对话框中修改希望更改的保留属性，然后单击"确定"按钮。可以修改保留名称、MAC 地址和支持的类型等，但不能修改保留的 IP 地址。如果要更改保留的 IP 地址，应先删除该保留，然后使用新的 IP 地址重新创建它。

> **提个醒**
>
> 如果使用包含保留 IP 地址范围的作用域配置了多个 DHCP 服务器，则必须在每个 DHCP 服务器上生成和复制客户端保留。否则，保留的客户端计算机可以接收到不同的 IP 地址，这取决于响应 DHCP 服务器。
>
> 如果要更改当前客户端的保留 IP 地址，则必须删除客户端现有的保留地址，然后添加新的保留地址。在持有保留的 IP 地址期间可以更改有关保留客户端的任何其他信息。
>
> 如果要为新的客户端保留 IP 地址或保留与其当前地址不同的新地址，应该验证此地址没有被 DHCP 服务器租用。在作用域中保留 IP 地址不会自动强制当前使用该地址的客户端停止使用。
>
> 如果此地址已被使用，则使用此地址的客户端必须首先通过发送 DHCP 释放消息（DHCPRELEASE）释放地址。为此，需在运行 Windows 系统的客户端计算机的命令提示符下输入"ipconfig/release"。
>
> 一旦进行这些改动，保留的客户端将在每次续订与 DHCP 服务器的租约时租用目前为永久使用而保留的 IP 地址。

☞ 步骤 4 备份和还原 DHCP 数据库

维护 DHCP 数据库备份，可以使用两种备份方法：

一是自动进行的同步备份，其默认的备份间隔是 60 min。二是使用"DHCP"控制台中的"备份"命令执行的异步备份（手动）。

进行同步或异步备份时，会保存整个 DHCP 数据库，其中包括以下内容：所有作用域（包括超级作用域和多播作用域）、保留、租约、所有选项（包括服务器选项、作用域选项、保留选项和类选项）及所有注册表项和在 DHCP 服务器属性中设置的其他配置设置（如审核日志设置和文件夹位置设置）。

1. DHCP 数据库的备份

默认的 DHCP 数据库备份路径是"Windows\System32\dhcp\backup"。在该文件夹中保

存着对 DHCP 数据库及相关文件的备份。DHCP 服务器每隔 60 min 就会自动将 backup 文件夹内的数据更新一次，即进行一次备份操作。出于安全的考虑，建议用户将"Windows \ System32\dhcp\backup"文件夹内的所有内容进行备份，可以备份到其他磁盘上，以备系统出现故障时还原。

打开"DHCP"控制台，选中要备份的数据库的 DHCP 服务器，右击，弹出右键快捷菜单，选择"备份"命令，弹出"浏览文件夹"对话框，如图 6-31 所示。

图 6-31 "浏览文件夹"对话框

在该对话框中显示了 DHCP 数据库自动备份的默认存储位置为"Windows \System32\ dhcp\backup"，建议将手动创建的 DHCP 数据库备份存储在其他位置，单击"确定"按钮开始备份。

如果与 DHCP 服务器每 60 min 创建一次的同步备份位置相同，则进行自动备份时，手动备份将被覆盖。

2. DHCP 数据的还原

当 DHCP 服务器在启动时，它会自动检查 DHCP 数据库是否损坏，如果发现损坏，将自动用"Windows\System32\dhcp\backup"文件夹内的数据进行还原。但当 backup 文件夹的数据库已遭破坏或丢失时，系统将无法自动完成还原工作，将无法提供相关的服务。

当 backup 文件夹的数据被损坏时，只有用手工的方法先将备份的文件复制到"Windows\ System32\dhcp\backup"文件夹内，然后重新启动 DHCP 服务器，让 DHCP 服务器自动用新复制的数据进行还原。需要注意的是，在对数据进行还原时，也必须先将 DHCP 服务器停止。

☞ **步骤 5　删除作用域**

如果不再使用 DHCP 作用域，想删除现有的作用域，那么可以在"DHCP"控制台中进行删除。多数情况下，只有在需要为网络重新编号以使用不同的 IP 地址范围时才删除作用域。

要撤销当前作用域并对网络重新编号以使用不同的作用域，务必先执行以下操作：

使用不同地址范围创建新作用域，为新的作用域配置选项，激活新作用域并停用旧作用域。作用域被停用后，它不再确认租用请求或续订请求。DHCP 客户端将无法从已停用的作用域和原来的服务器续订租约，因此客户端将从可用的 DHCP 服务器寻求新的租用服务。务必将作用域停用足够长的时间以便客户端能转移到其他作用域。一旦所有客户端都不再使用旧作用域时，就可以安全地删除非活动的作用域了。

如果要删除某一作用域，选中要删除的作用域，右击，弹出右键快捷菜单，选择"删除"命令，将弹出确实要删除作用域提示框，如果确认要删除该作用域，可选择"是"按钮，该作用域将被永远删除，如果选择"否"按钮，则放弃当前的删除操作。

举一反三

1. 如何修改作用域中的 IP 地址池和租约期限？
2. 如何在作用域中设置客户保留？
3. 如何删除作用域？

知识拓展　规划 DHCP 网络

1. 如何确定要使用的 DHCP 服务器的数目

由于对 DHCP 服务器可以服务的客户端最大数量或可以在 DHCP 服务器上创建的作用域数量没有固定限制，因此在确定要使用的 DHCP 服务器数目时，最主要的考虑因素是网络体系结构和服务器硬件。例如，在单一的子网环境中仅需要一台 DHCP 服务器，但用户可能希望使用两台服务器或部署 DHCP 服务器群集来增强容错能力。在多子网环境中，由于路由器必须在子网间转发 DHCP 消息，因此路由器性能可能影响 DHCP 服务。在这两种情形中，DHCP 服务器的硬件都会影响对客户端的服务。

在确定要使用的 DHCP 服务器的数目时，需要考虑以下事项：

（1）路由器在网络中的位置及是否希望每个子网都有 DHCP 服务器。在跨越多个网络扩展 DHCP 服务器的使用范围时，经常需要配置额外的 DHCP 中继代理，而且在某些情况下，还需要使用超级作用域。

（2）为其提供 DHCP 服务的网段之间的传输速度。如果有较慢的 WAN 链路或拨号链路，可能在这些链路两端都需要配备 DHCP 服务器为客户端提供本地服务。

（3）DHCP服务器计算机上安装的磁盘驱动器的速度和随机存取存储器（RAM）的数量。为获得最优的DHCP服务器性能，应尽可能使用最快的磁盘驱动器和最多的RAM。在规划DHCP服务器的硬件需求时，要仔细评估磁盘的访问时间和磁盘读写操作的平均次数。

（4）在选择使用的IP地址类和其他服务器配置细节方面的实际限制。在组织网络中部署DHCP服务器前，可以先对它进行测试以确定硬件的限制和性能，并了解网络体系结构、通信和其他因素是否影响DHCP服务器的性能。通过硬件和配置测试，还可以确定每台服务器要配置的作用域数量。

2. 如何支持其他子网上的DHCP客户端

为了使DHCP服务支持网络上的其他子网，必须首先确定用来连接邻近子网的路由器是否支持BOOTP和DHCP消息的中继。如果路由器不能用于DHCP和BOOTP中继，可以为每个子网设置以下任一方案：

（1）配置运行Windows Server 2012操作系统的计算机使用DHCP中继代理组件。这台计算机只是在本地子网的客户端与远程DHCP服务器之间来回转发消息，并使用远程服务器的IP地址。DHCP中继代理服务仅在运行Windows Server操作系统的计算机上可用。

（2）将运行Windows Server 2012操作系统的计算机配置成本地子网的DHCP服务器。此服务器计算机必须包含和管理它所服务的本地子网的作用域和其他可配置地址的信息。

3. 路由DHCP网络的规划

在使用子网划分网段的路由网络中，对DHCP服务的选项进行规划必须遵循一些特定的要求，以便完全实现DHCP服务。这些要求包括：

（1）在路由网络中，一个DHCP服务器必须至少位于一个子网中。

（2）为了使DHCP服务器能支持其他被路由器分开的远程子网上的客户端，必须使用路由器或远程计算机作为DHCP和BOOTP中继代理程序以支持子网之间DHCP通信的转发。如图6-32所示为一个由DHCP实现的简单路由网络。

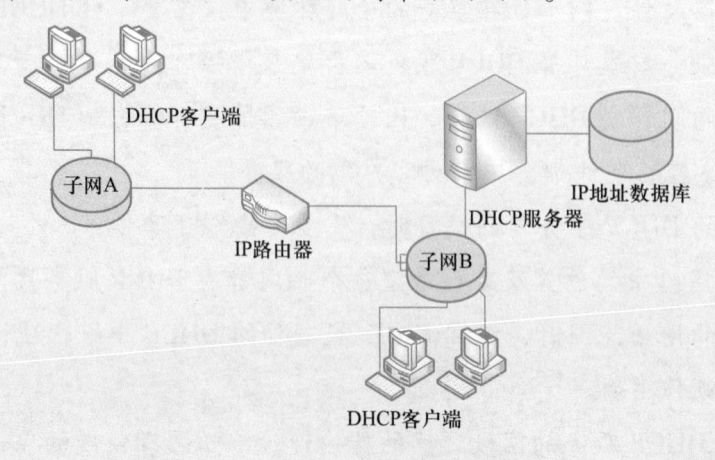

图6-32 由DHCP实现的简单路由网络

4. 企业网络规划的其他考虑事项

对于企业 DHCP 网络，应该考虑以下事项：

（1）规划网络的物理子网和相关的 DHCP 服务器位置。

（2）为 DHCP 客户端指定按照每个作用域预定义的 DHCP 选项类型和它们的值。包括根据特定用户组的需求规划作用域。例如，经常将计算机移动到不同位置的单位，如市场部需要在不同地方插接便携式计算机，则可以为相关作用域定义比较短的租约期限。这种方法收集经常改变和删除的 IP 地址，并将它们返回到可供新租约使用的有效地址池中。

（3）识别 WAN 环境中慢速链路所造成的影响。将 DHCP、WINS 和 DNS 服务器放在正确的位置，以获得最短的响应时间和最少的低速通信。

如大型企业网的规划中，将 WAN 分割为逻辑子网，可以与 Internet 网络的物理结构相匹配。然后一个 IP 子网可以作为主干网，并且与每个物理子网相关联的主干网将保留单独的 IP 子网地址。

项目 7

配置 Web 服务器

项目概述：

目前，每个公司、企业几乎都有自己的网站，用于宣传公司和公司的产品，而建设网站就要靠 Web 服务来实现。Web 服务也是 Internet 中最重要、最常用的服务，它可以实现信息发布、数据处理、资料共享、网络办公、远程教育、视频点播等应用。利用 Web 服务，企业和个人能够迅速地通过互联网向全球用户提供服务，建立全球范围的联系，在广泛的范围内寻找可能的合作伙伴。企业网站建立后，就可随时将产品发布出去，还能及时了解用户对产品的关注程度，对产品存在哪些意见，以此调整战略。

小韩的公司也不例外，也有自己的网站，只是公司的网站一直在 ISP 供应商提供的虚拟主机上，使用空间小，保密性差，不方便管理。现在公司有了自己的服务器，并申请了公网 IP 地址，想把公司的网站建到自己的服务器上，便于管理。同时，利用剩余的服务器资源对外租赁虚拟主机。当然，小韩也深刻懂得，一个网站服务器，访问的人员是随时随地的，服务器必须保证 24 小时，每周 7 天不间断开机，因此电源需使用双线路，并配备专用的 UPS 不间断电源。

项目准备：

本项目建议用 2 台服务器，1 台客户端计算机。具体设置如下：第 1 台服务器设置为域控制器，安装 DNS 服务。第 2 台服务器为 Web 服务器，IP 地址设为静态，同时设置好子网掩码。本例 IP 地址为 192.168.31.111，子网掩码为 255.255.255.0。

如果是在公网，必须申请一个公网的 IP，保证连接到 Internet 的用户能够连接此 IP 地址。申请的域名也要通过一定的渠道申请，以 .com、.net、.org 等为后缀的域名要到国际互联网络信息中心（InterNIC）申请。以 .cn 等为后缀的域名要到中国互联网络信息中心（CNNIC）申请。

学习目标：

通过本项目的学习，将轻松建立企业自己的 Web 站点。如果服务器有多余的空间，带宽足够的话，可以实现建立多个网站，达到建立虚拟主机的目的，提高经济效益和社会效益。

任务1　安装 IIS 及架设 Web 服务器

任务描述

要搭建 Web 服务器，必须安装 IIS，Windows Server 2012 使用的是 IIS 8.0，它比旧版本的 IIS 在安全性上有了很大的提高。而 IIS 8.0 在安装操作系统时不是默认的安装项目，必须单独安装。

在 DNS 服务器上新建一个作用域"my2012.com"，在其上新建一个主机"www"，使其指向"192.168.31.111"的 IP 地址。

本任务就是介绍 IIS 8.0 的安装，测试和架设自己的 Web 服务器等内容。

自己动手

☞ 步骤1　配置 DNS 主机

在安装有 DNS 服务器的域控制器计算机上，打开"DNS 管理器"窗口，新建一个"my2012.com"的作用域，在其上新建一个主机"www"，使其指向"192.168.31.111"的 IP 地址。保持此域控制器计算机（DNS 服务器）在开机状态。

☞ 步骤2　安装 IIS 8.0

打开 IP 地址为"192.168.31.111"的计算机（应该已经安装 Windows Server 2012 服务器，配置好计算机名称为 WebServer，最好是 mysys.local 域成员服务器）。

在"服务器管理器-仪表板"窗口中，单击"添加角色和功能"超链接，弹出"添加角色和功能向导-开始之前"窗口，如图 7-1 所示。

单击"下一步"按钮，弹出"添加角色和功能向导-选择安装类型"窗口，如图 7-2 所示。

单击"下一步"按钮，弹出"添加角色和功能向导-选择目标服务器"窗口，如图 7-3 所示。

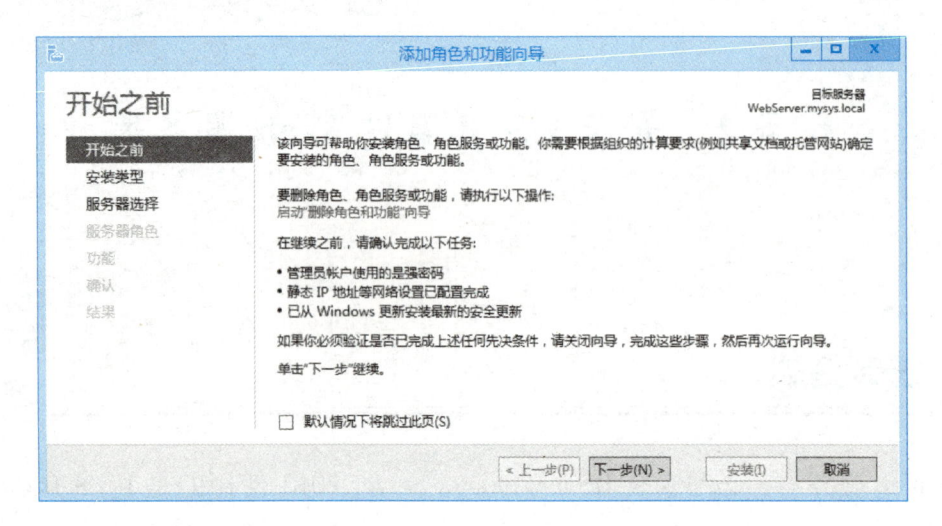

图 7-1 "添加角色和功能向导-开始之前"窗口

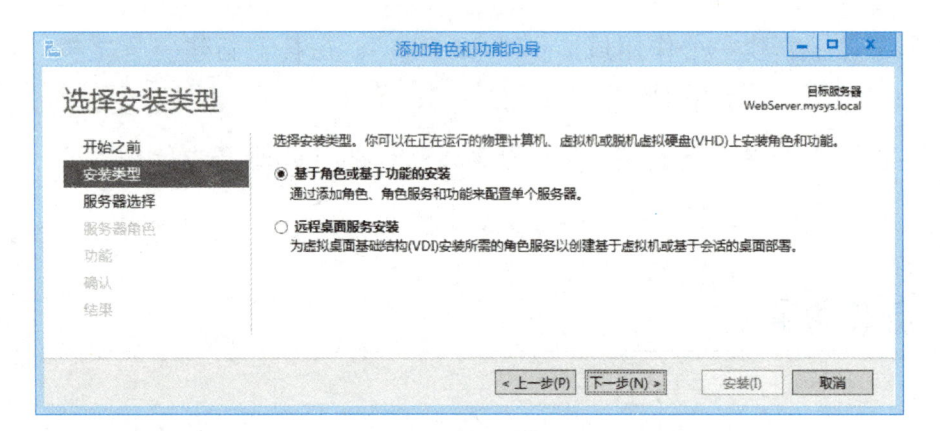

图 7-2 "添加角色和功能向导-选择安装类型"窗口

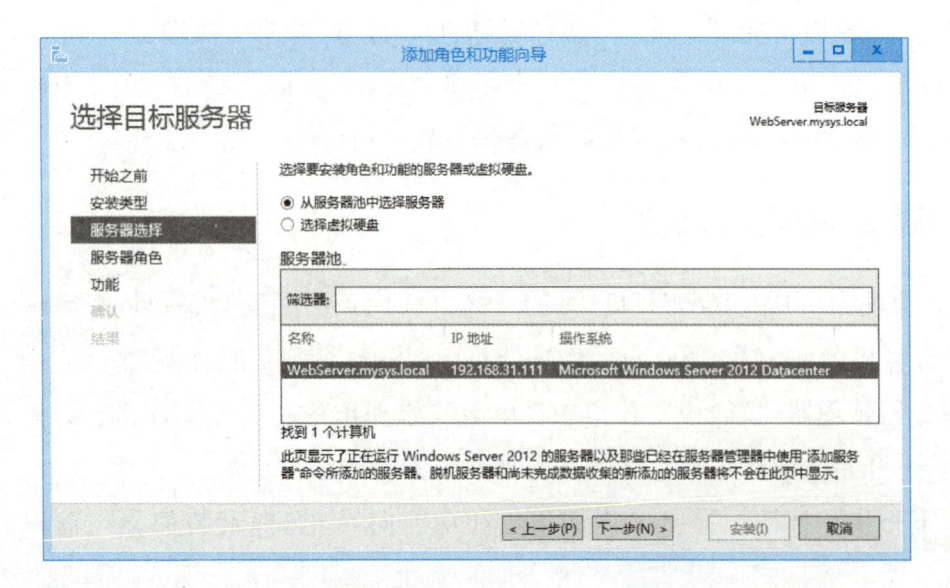

图 7-3 "添加角色和功能向导-选择目标服务器"窗口

选择要安装角色的服务器,本例选择名称为"WebServer"、IP 地址为"192.168.31.111"的服务器,单击"下一步"按钮,弹出"添加角色和功能向导-选择服务器角色"窗口,在该窗口中选择"Web 服务器(IIS)"项,系统会弹出"添加角色和功能向导-添加 Web 服务器(IIS)所需的功能"对话框,如图 7-4 所示。

图 7-4 "添加角色和功能向导-添加 Web 服务器(IIS)所需的功能"对话框

单击"添加功能"按钮,系统开始安装必需的功能,等安装完毕,回到"添加角色和功能向导-选择服务器角色"窗口,会看到"Web 服务器(IIS)"选项已经被选中,如图 7-5 所示。

图 7-5 "添加角色和功能向导-选择服务器角色"窗口

201

项目 7　配置 Web 服务器

单击"下一步"按钮，弹出"添加角色和功能向导-选择功能"窗口，如图 7-6 所示。

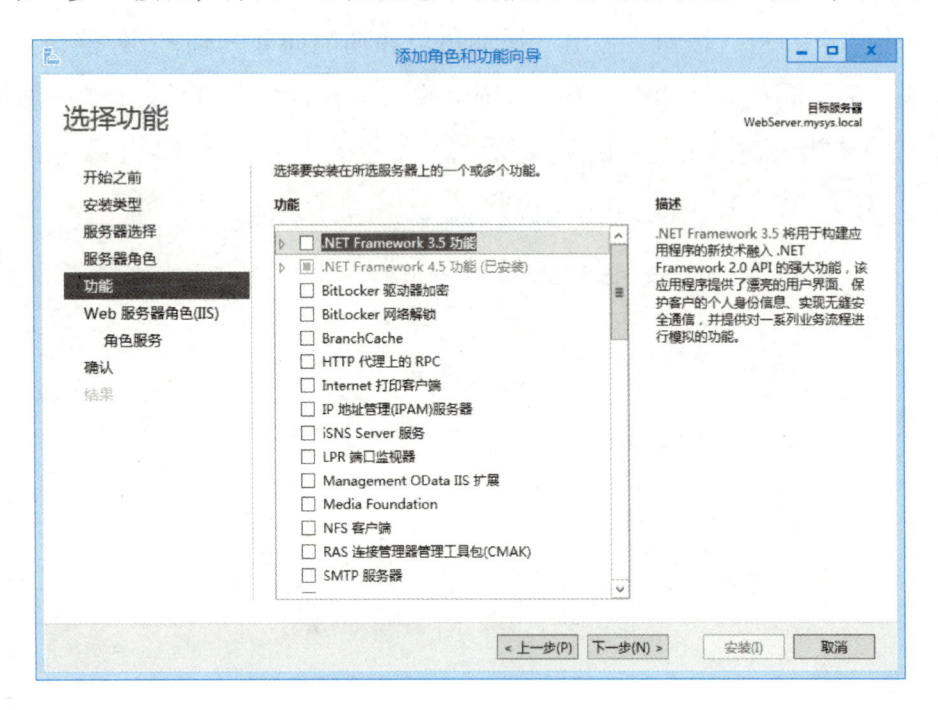

图 7-6　"添加角色和功能向导-选择功能"窗口

单击"下一步"按钮，弹出"添加角色和功能向导-Web 服务器角色（IIS）"窗口，如图 7-7 所示。

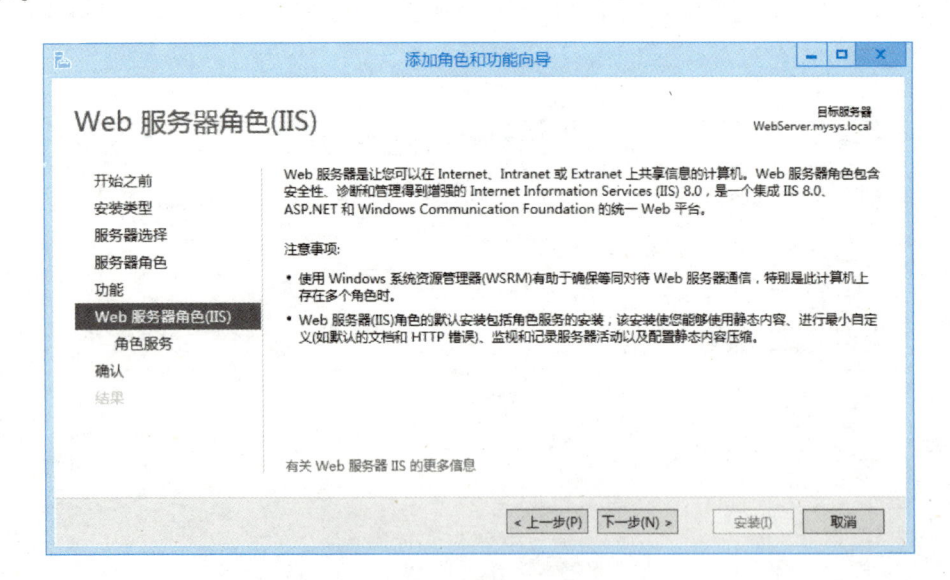

图 7-7　"添加角色和功能向导-Web 服务器角色（IIS）"窗口

单击"下一步"按钮，弹出"添加角色和功能向导-选择角色服务"窗口，如图 7-8 所示。

一般选择默认的即可。但是在实际应用中要根据用户的要求选择。例如，若需要 ASP 或 ASP.NET，那么这里就需要将这两项选中；若需要 PHP，则选中 CGI。

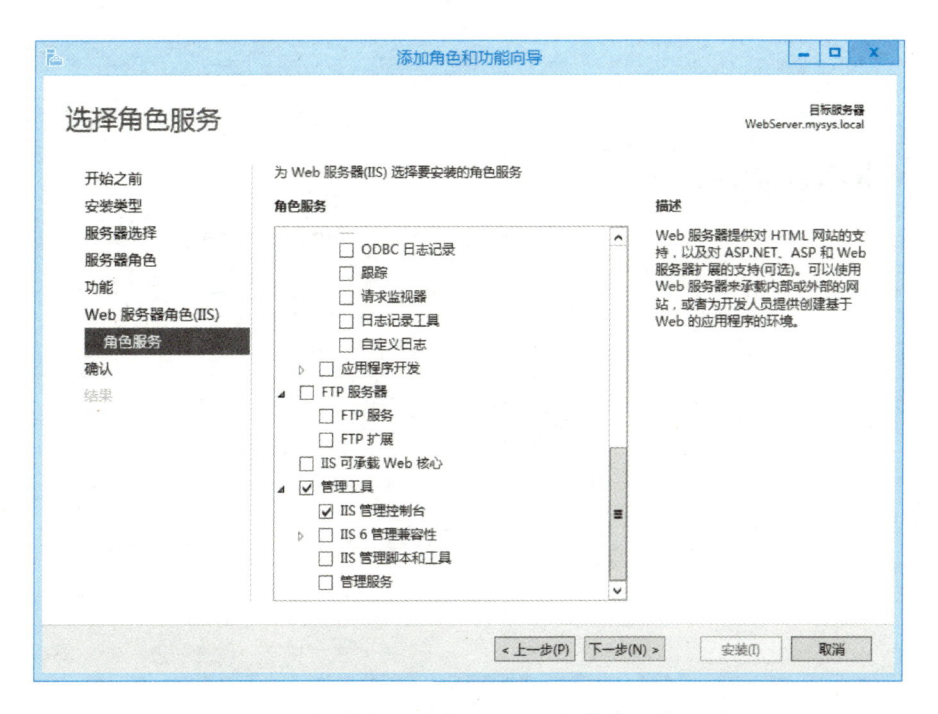

任务 1　安装 IIS 及架设 Web 服务器

图 7-8　"添加角色和功能向导-选择角色服务"窗口

选择完毕，单击"下一步"按钮，弹出"添加角色和功能向导-确认安装所选内容"窗口，如图 7-9 所示。

图 7-9　"添加角色和功能向导-确认安装所选内容"窗口

单击"安装"按钮，开始安装 IIS 8.0，弹出"添加角色和功能向导-安装进度"窗口，等待一会儿，系统完成安装，如图 7-10 所示。

203

项目 7　配置 Web 服务器

图 7-10　"添加角色和功能向导-安装进度"窗口

单击"关闭"按钮后，完成 Web 服务器角色的安装。这台计算机就是一台 Internet 信息服务器了（即 Web 服务器）。这台计算机同时建立了一个默认的网站站点。

在管理工具中会看到多了一个 IIS 管理工具，打开此管理工具后会看到"Internet 信息服务（IIS）管理器"控制台，如图 7-11 所示。

图 7-11　"Internet 信息服务（IIS）管理器"控制台

在此图中能看到"Default Web Site"这个默认站点。

步骤 3　编辑绑定

打开"Internet 信息服务（IIS）管理器"控制台，选中"网站"下面的"Default Web Site"，右击，在弹出的右键快捷菜单中选择"编辑绑定"命令，弹出"网站绑定"对话框，如图 7-12 所示。

图 7-12　"网站绑定"对话框

单击"添加"按钮，弹出"添加网站绑定"对话框，如图 7-13 所示。

图 7-13　"添加网站绑定"对话框

在"IP 地址"下拉列表框中选择"192.168.31.111"，在"主机名"文本框中输入"www.my2012.com"，单击"确定"按钮，回到图 7-12 所示的对话框，单击"关闭"按钮，关闭"网站绑定"对话框。这样该默认站点就会与"www.my2012.com"对应起来，完成网站的绑定。

步骤 4　启动默认网站站点

打开"Internet 信息服务（IIS）管理器"控制台，选中"网站"下面的"Default Web Site"，右击，在弹出的右键快捷菜单中选择"管理网站"，单击后面的"启动"命令，启动该站点，如图 7-14 所示。

图 7-14 启动站点

步骤 5　测试默认网站站点

在客户端计算机，打开 IE 浏览器，在地址栏输入"www.my2012.com"或直接输入 IP 地址"192.168.31.111"，甚至输入计算机名"WebServer"后，都会显示 IIS 8.0 界面，如图 7-15 所示。

图 7-15　默认网站站点的内容

任务1　安装 IIS 及架设 Web 服务器

当看到这个内容时表示 Web 服务器已经安装成功了，接下来就是配置问题了。

☞ 步骤6　修改默认网站的目录

默认的网站站点目录是"C:\inetpub\wwwroot"，默认的主页文件是"iisstart.htm"。

> **提个醒**
>
> 　对于网站的管理者来讲，C:\inetpub\wwwroot 就是网站的根，网站中的所有文件都要放在这个目录或以下。如果把文件放到这个目录以外，Web 服务器将找不到这些文件，就会出现问题，一定要注意。

回到 Web 服务器，选中"Default Web Site"默认网站，选择最右边"操作"窗格中的"基本设置"超链接，弹出"编辑网站"对话框，如图 7-16 所示。

图 7-16　"编辑网站"对话框

从该属性对话框，可以看出默认网站的物理路径是"\inetpub\wwwroot"单击右边的"…"按钮，弹出"浏览文件夹"对话框，如图 7-17 所示。

图 7-17　"浏览文件夹"对话框

207

项目 7　配置 Web 服务器

从中可以选择一个目录作为默认网站的根目录。

☞ 步骤 7　修改默认主页文件

在图 7-11 所示的"Internet 信息服务（IIS）管理器"控制台中，双击中间功能视图的"默认文档"图标，该部分会出现默认文档情况，如图 7-18 所示。

图 7-18　默认文档情况

从中可以看到在"默认文档"下面有 5 个文件名，即"Default.htm""Default.asp""index.htm""index.html""iisstart.htm"，可以使用这 5 个文件中的任何一个作为默认文档，就是网站的首页。这里的顺序就是查找的顺序，如果有"Default.htm"文件，浏览该网站时就打开此网页，依次类推。可以选择最右边的"添加"按钮，添加新的文件；或者下面的"删除"按钮删除文件；也可以选择"上移""下移"等按钮改变这 5 个文件的顺序。

本次选择单击"添加"按钮，弹出"添加默认文档"对话框，如图 7-19 所示。

图 7-19　"添加默认文档"对话框

在"名称"文本框中输入"firstWeb.htm"，单击"确定"按钮。回到"Internet 信息服务（IIS）管理器"控制台查看默认文档目录，会看到多了一个"firstWeb.htm"文件并在第一个位置，如图 7-20 所示。

图 7-20　添加文件后的"Internet 信息服务（IIS）管理器"控制台

☞ 步骤 8　建立自己的主页文件

打开记事本输入以下内容：

```
<html>
<head>
<title>这是第一个主页名为 firstWeb.htm 的演示文件</title>
</head>
<body>
<p>这是第一个演示文件,主页名为 firstWeb.htm</p>
<p>使用的服务器的 IP 地址为 192.168.31.111</p>
<p>使用的是"默认网站",以此文件为证</p>
</body>
</html>
```

保存为"firstWeb.htm"文件（注意文件类型一定是 htm 文件或 html 文件，而不能是 txt 文件），退出记事本。将此文件放到"\inetpub\wwwroot"目录下（如果修改了默认目录，就放到修改的目录中）。

☞ 步骤 9　在客户端确认结果

在客户端计算机上，打开 IE 浏览器，输入"www.my2012.com"，在浏览器上就会显示刚才在服务器上输入的内容，如图 7-21 所示。

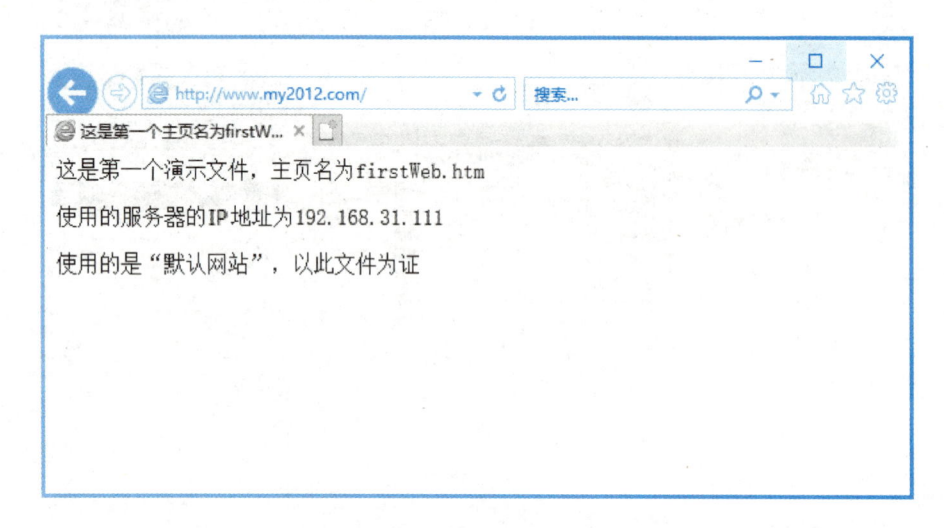

图 7-21　客户端上 IE 浏览器的内容

从该图上看，浏览器内容与服务器上记事本编辑的内容一致，表示网站的确打开了"firstWeb. htm"文件。

这样 Web 服务器就建好了，并且能够使用默认网站建立网站了。

举一反三

1. 在服务器上安装 IIS 8.0。

2. 使用默认网站，将默认目录改为 D:\mywww 目录，添加一个"myweb. html"的默认文件，用记事本输入一些内容，使用浏览器浏览测试。

任务 2　使用多个 IP 地址创建 Web 网站

任务描述

上一个任务，我们在服务器上安装了 IIS，并使用了默认的网站，建立了网站的主页。实际上就是把网站的内容复制到了默认的目录。按照上个任务的认识，一个 Web 服务器只能建立一个网站，有的介绍性网站，内容只有十几个网页，几十个图片，只占用几十兆空间，也

需要一个服务器，而现在的硬盘都是以 GB 甚至 TB 为单位的，太浪费了。能否在一台服务器上建立多个 Web 服务呢？答案是肯定的。

本任务就是学会使用多个 IP 地址创建多个 Web 服务的方法。

自己动手

步骤 1 添加 IP 地址

在 IP 地址为"192.168.31.111"的计算机上，打开"Internet 协议版本 4（TCP/IPv4）属性"对话框，如图 7-22 所示。

单击"高级"按钮，弹出"高级 TCP/IP 设置"对话框，如图 7-23 所示。

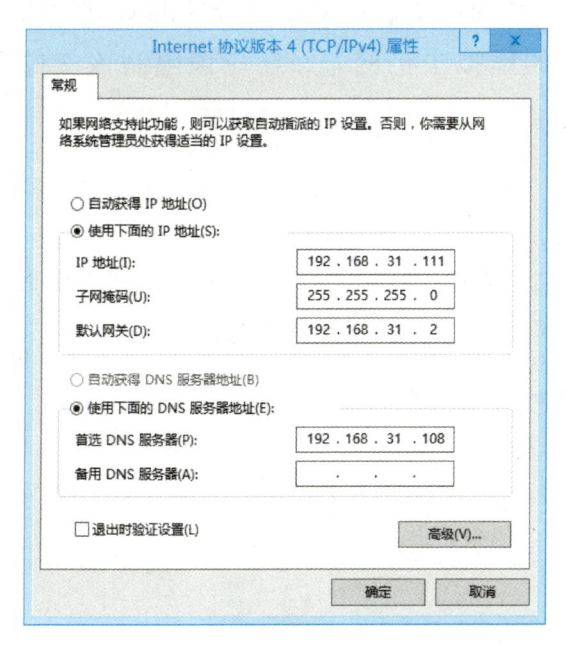

图 7-22 "Internet 协议版本 4（TCP/IPv4）属性"对话框

图 7-23 "高级 TCP/IP 设置"对话框

单击"IP 设置"选项卡中"IP 地址"下的"添加"按钮，弹出"TCP/IP 地址"对话框，如图 7-24 所示。

图 7-24 "TCP/IP 地址"对话框

在"IP 地址"文本框中输入"192.168.31.112",在"子网掩码"文本框中输入"255.255.255.0",单击"添加"按钮,回到"高级 TCP/IP 设置"对话框,会看到在其"IP 地址"部分多了一个"192.138.31.112"的 IP 地址。如果想多建立几个网站可以用这种方式多添加几个 IP 地址。

☞ 步骤 2　配置 DNS 主机

打开 DNS 服务器,新建一个"my12ip.com"的作用域,在其上新建一个主机"www",使其指向"192.168.31.112"IP 地址。保持 DNS 服务器在开机状态。

☞ 步骤 3　建立网站用文件夹

在服务器硬盘上为网站建立一个文件夹,如"C:\inetpub\wwwroot2",作为新网站的根目录。

若是作为正规的 Web 服务器,该文件夹要建在固定的磁盘中,并使此磁盘使用镜像双工等类似的磁盘保护系统。如果是商业用的虚拟主机网站,还应该限制该文件夹的容量。

☞ 步骤 4　创建另一个网站

在"Internet 信息服务(IIS)管理器"控制台选中"网站"项,右击,在弹出的右键快捷菜单中单击"添加网站"命令,弹出"添加网站"对话框,如图 7-25 所示。

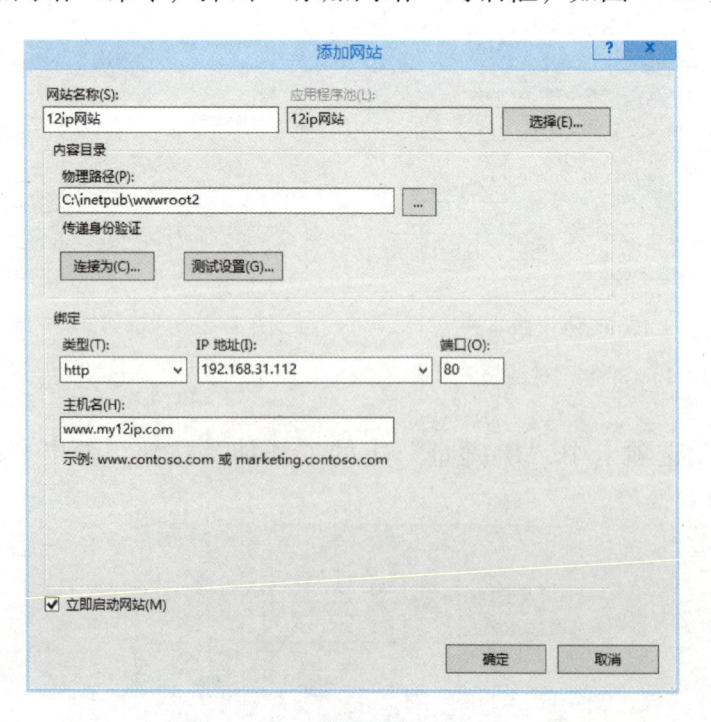

图 7-25　"添加网站"对话框

在"网站名称"文本框中输入网站的名称，本例为"12ip 网站"，在"物理路径"文本框中选中刚建立的"C:\inetpub\wwwroot2"文件夹。在"绑定"区域"IP 地址"文本框中选择"192.168.31.112"的 IP 地址。在"主机名"文本框中输入 DNS 服务器刚设置的"www.my12ip.com"主机。勾选"立即启动网站"复选框，单击"确定"按钮，完成新网站的添加。

> ### 小知识 使用端口号创建 Web 服务
>
> 一个 IP 地址一般有 65536 个端口，使用数值 0~65535。默认情况下：Web 服务使用 80 端口、FTP 服务使用 21 端口、DNS 使用 53 端口、SMTP 使用 25 端口等。很多端口平时是不使用的，我们可以使用这些端口架设多个不同的网站。
>
> 在如图 7-25 所示的"绑定"区域，有一个"端口（默认：80）"文本输入框，实际上可以不改变 IP 地址，只改变这个文本输入框的端口号，也可以新建网站。如将端口号设置为 8000，其他设置不变，这样就建成了基于多端口的网站。
>
> 在浏览器中，不能只输入 IP 地址，需要在 IP 地址后添加":端口号"格式，如"192.168.31.111:8000"即可浏览该网站主页。

步骤 5 启用目录浏览

在"Internet 信息服务（IIS）管理器"控制台，选择要启用目录浏览的网站"12ip 网站"，在中间功能视图中，双击"目录浏览"图标，出现"目录浏览"界面，在右端"操作"窗格中单击"启用"超链接即可，如图 7-26 所示。

图 7-26 "目录浏览"界面

项目 7　配置 Web 服务器

☞ **步骤 6　建立主页文件**

在建立的 "C：\inetpub\wwwroot2" 文件夹下，用记事本建立一个文件名为 default.htm 的文件（也可以是其他 4 个默认的文件名，也可以按照任务 1 自行设置）。内容如下：

```
<html>
<head>
<title>这是添加 IP 的演示文件</title>
</head>
<body>
<p>这是第一个演示文件,主页名为 default.htm</p>
<p>使用的服务器的 IP 地址为 192.168.31.112</p>
<p>使用的是"wwwroot2"目录,以此文件为证</p>
</body>
</html>
```

将此文件保存。

☞ **步骤 7　演示**

在客户端计算机上打开 IE 浏览器，在地址栏输入 "www.my12ip.com"，会显示如图 7-27 所示的内容。

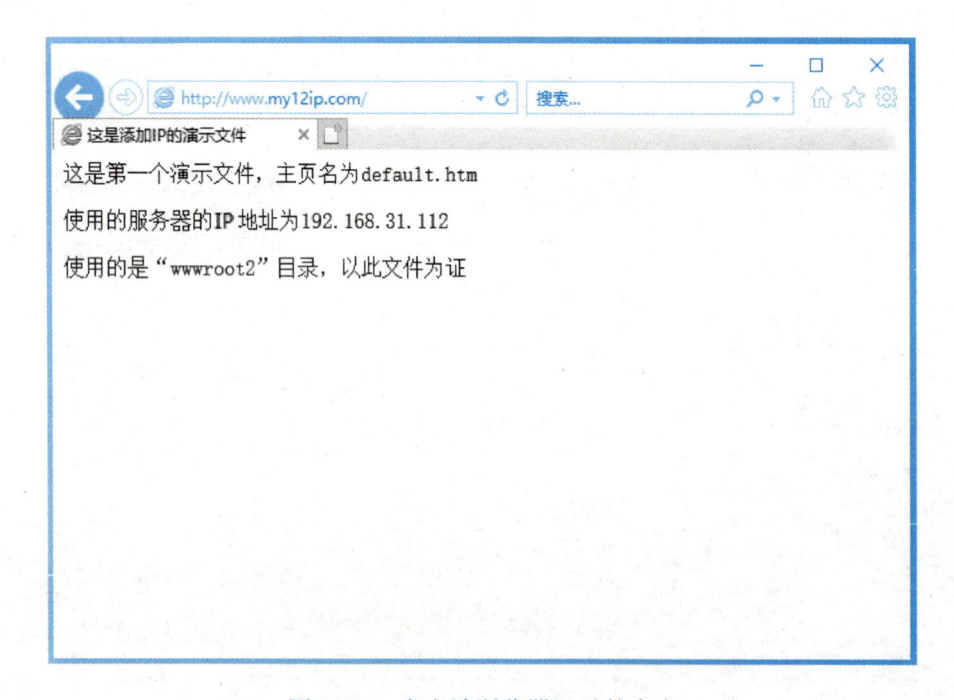

图 7-27　客户端浏览器显示的内容

从该图上可以看到其内容与刚才输入的内容一致，表示以另一个 IP 地址为地址的新的网站运行正常。

用同样的方法可以设置多个 IP 地址或使用多个端口号建立多个 Web 网站。

举一反三

1. 在服务器上，添加多个 IP 地址（如 3 个），在这些 IP 地址上建立多个 Web 网站。
2. 在 Web 服务器上，使用端口号建立多个 Web 网站，如端口 8800。
3. 修改步骤 6 中的部分内容，区别显示不同的 IP 地址创建不同的 Web 网站。

任务 3　使用主机创建多个 Web 网站

任务描述

大家知道，当前 IP 地址匮乏，如果通过 IP 地址来建立 Web 服务器，在公网中太不适用。如果使用端口号建立 Web 服务器，用户使用又不太方便，同时有些软件会使用一些端口，Web 服务占用端口太多可能会影响计算机的使用。使用主机的方式，可以解决这个问题。

本任务通过使用主机方式，学会基于主机的方式创建多个 Web 网站的方法。

自己动手

☞ 步骤 1　在 DNS 服务器中添加主机

打开 DNS 服务器，新建一个"myweb.com"作用域，在其上新建一个主机"www"，使其指向"192.168.31.111"IP 地址。保持 DNS 服务器在开机状态。

☞ 步骤 2　建立 Web 服务文件夹

回到 Web 服务器上，在硬盘上为网站建立一个文件夹，如"C:\inetpub\wwwroot3"作为新网站的根目录。

☞ 步骤3　创建网站

在 Web 服务器上，打开"Internet 信息服务（IIS）管理器"控制台，选中"网站"，右击，在弹出右键快捷菜单中单击"添加网站"命令，弹出"添加网站"对话框。

在"网站名称"文本框中输入网站的名称，本例为"添加主机网站"。在"物理路径"文本框选中刚建立的"C:\inetpub\wwwroot3"文件夹。在"绑定"区域"IP 地址"下拉列表框选择"192.168.31.111"的 IP 地址。在"主机名"文本框中输入 DNS 服务器刚设置的"www.myweb.com"主机，勾选"立即启动网站"复选框，如图 7-28 所示。

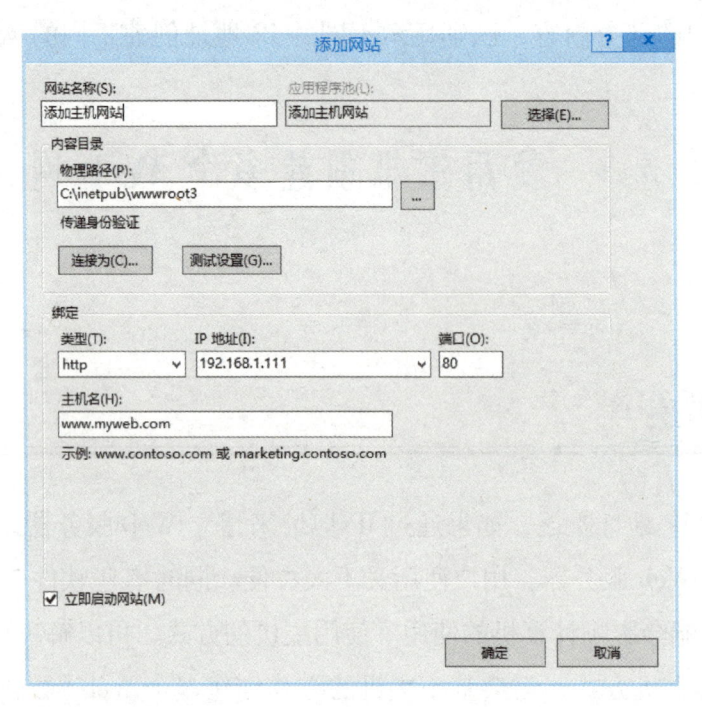

图 7-28　"添加网站"对话框

单击"确定"按钮，完成新网站的添加。

☞ 步骤4　启用目录浏览

在 Web 服务器上，打开"Internet 信息服务（IIS）管理器"控制台，选择要启用目录浏览的网站"第二个网站"，在中间功能视图中，双击"目录浏览"图标，出现"目录浏览"页面，在右端"操作"窗格中单击"启用"超链接即可。

☞ 步骤5　建立演示文件

在 Web 服务器上，用记事本建立一个文件 default.htm，存于"C:\inetpub\wwwroot3"目录中，其内容如下：

```
<html>
<head>
<title>这是个添加主机方式演示网页</title>
</head>
<body>
<p>这是个添加主机方式演示网页</p>
<p>主要是显示现在使用的是"192.168.31.111"的服务器</p>
<p>现在我们使用的是"添加主机方式的网站",请确认</p>
</body>
</html>
```

☞ **步骤 6　在浏览器中使用演示文件**

在客户端计算机上打开 IE 浏览器,在地址栏中分别输入"www.myweb.com"和"www.my2012.com"则显示的内容如图 7-29 所示。

图 7-29　两个打开的网站内容

项目 7　配置 Web 服务器

从图中可以看到两个使用同一个 IP 地址的网站同时打开了,并且内容不同,说明不是一个网站的内容。

☞ 步骤 7　添加虚拟目录

有的网站较大,或者网站的分项过多,不同类型的网页存放在不同的目录中,甚至存放在不同的服务器上,以便管理。为了方便访问这些网页可以采用添加虚拟目录的方法解决这个问题。

1. 在 Web 服务器上,新建一个文件夹和演示网页文件

为了说明问题,在服务器的根目录下建立一个文件夹 "C:\xnmu"。

在文件夹下用记事本建立一个文件 default.htm,其内容分别如下:

```
<html>
<head>
<title>这是个演示网页</title>
</head>
<body>
<p>这是个演示网页</p>
<p>主要是显示现在使用的是"192.168.31.111"的服务器</p>
<p>现在我们使用的是"虚拟目录的网站",请确认</p>
</body>
</html>
```

2. 在 Web 服务器上,添加虚拟目录

在 "Internet 信息服务(IIS)管理器" 控制台选中 "添加主机网站",右击,在弹出的右键快捷菜单中单击 "添加虚拟目录" 命令,弹出 "添加虚拟目录" 对话框,如图 7-30 所示。

图 7-30　"添加虚拟目录" 对话框

在"别名"文本框中填写"news"(当然本项只是个标记,可以填写任意值),在"物理路径"文本框中选择刚建立的目录及位置"C:\xnmu",单击"确定"按钮,完成虚拟目录的添加。再看"Internet 信息服务(IIS)管理器"控制台,在"添加主机网站"的下面就多了一个"news"内容,如图 7-31 所示。

图 7-31　添加虚拟目录后的"Internet 信息服务(IIS)管理器"控制台

3. 测试

在客户端计算机上打开 IE 浏览器,在地址栏中输入"www.myweb.com/news/",显示的内容如图 7-32 所示。

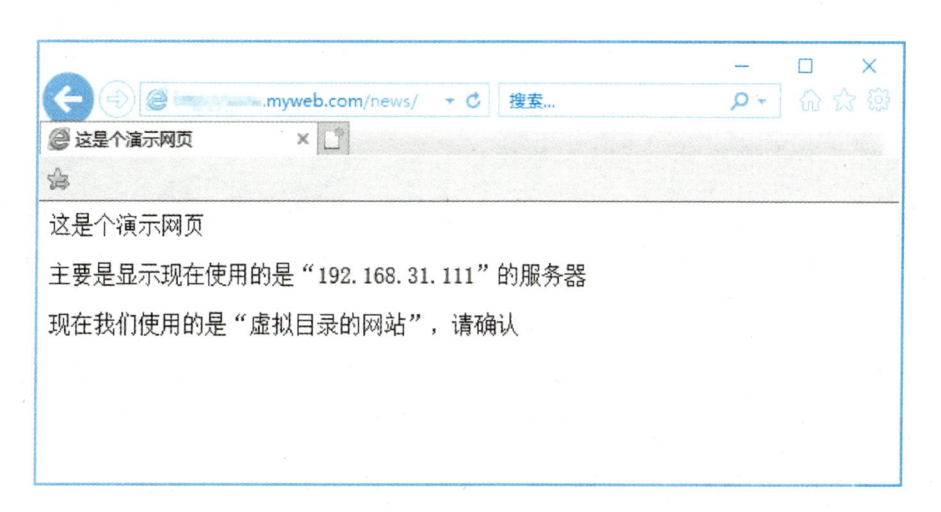

图 7-32　客户端浏览器显示的内容

从图中可以看到,这个网页就是"C:\xnmu"下"default.htm"文件中的内容。实际上虚拟目录可以是其他服务器的共享目录,这样就实现了把多个服务器上的内容添加到一个网站的目的。

举一反三

1. 申请一个域名，如 yourbook.cn，在 DNS 服务器中建立"www"主机，建立以 www 主机为主机的网站。

2. 一个域名为"chinaone.net"的注册网站，添加两个主机"www""news"，均指向同一个 IP 地址，但是其主页位置不同。实现输入"www.chinaone.cn""news.chinaone.cn"后打开不同的内容的功能。

3. 添加两个虚拟目录，看看浏览器显示结果如何。

知识拓展　Web 服务器

WWW 是 World Wide Web（环球信息网）的缩写，也可以简称为 Web，中文名称为"万维网"。它起源于 1989 年 3 月，是由欧洲量子物理实验室（CERN）所发展出来的主从结构分布式超媒体系统。通过万维网，人们只要通过使用简单的方法，就可以很迅速、方便地获取丰富的信息资料。由于用户在通过 Web 浏览器访问信息资源的过程中，无须关心一些技术性的细节，而且界面非常友好，因而 Web 在 Internet 上一推出就受到了热烈的欢迎，并迅速得到了爆炸性的发展。

互联网诞生前的很长时间，人们只是通过传统的媒体（如电视、报纸、杂志和广播等）获得信息。但随着计算机网络的发展，人们想要获取更多信息，已不再满足于传统媒体那种单方面传输和获取的方式，而希望有一种主观的选择性。现在，网络上提供各种类别的数据库系统，如文献期刊、产业信息、气象信息、论文检索等。由于计算机网络的发展，信息的获取变得非常及时、迅速和便捷。

到了 1993 年，WWW 的技术有了突破性的进展，它解决了远程信息服务中的文字显示、数据连接及图像传递的问题，使得 WWW 成为 Internet 上最为流行的信息传播方式。现在，Web 服务器成为 Internet 上最大的计算机群，Web 文档多、链接网页广。

WWW 采用的是客户/服务器结构，其作用是整理和存储各种 WWW 资源，并响应客户端软件的请求，把客户所需的资源传送到客户端的应用平台上。

使用最多的 Web 服务器软件有两个：信息服务器（IIS）和 Apache。

Web 服务器传送页面使浏览器可以浏览，然而应用程序服务器提供的是客户端应用程序可以调用的方法。确切一点，Web 服务器专门处理 HTTP 请求，但是应用程序服务器是通过很多协议来为应用程序提供商业逻辑。

Web 服务器可以解析 HTTP 协议。当 Web 服务器接收到一个 HTTP 请求时，会返回一个 HTTP 响应，如送回一个 HTML 页面。为了处理一个请求，Web 服务器可以响应一个静态页面或图片，进行页面跳转，或者把动态响应的产生委托给一些其他的程序，如 CGI 脚本、JSP 脚本、ASP 脚本、服务器端 JavaScript 或者一些其他的服务器端技术。无论它们的目的如何，这些服务器端的程序通常产生一个 HTML 响应让浏览器可以浏览。

要知道，Web 服务器的代理模型非常简单。当一个请求被送到 Web 服务器时，它只是把请求传递给可以很好地处理请求的程序。Web 服务器仅仅提供一个可以执行服务器端程序和返回（程序所产生的）响应的环境，而不会超出职能范围。服务器端程序通常具有事务处理、数据库连接和消息等功能。

虽然 Web 服务器不支持事务处理或数据库连接池，但它可以配置各种策略来实现容错性和可扩展性，如负载平衡、缓冲。

项 目 8

安装 ASP 和 PHP 应用程序

项目概述：

如今网站的设计早已不是过去的单纯推送模式的网页了，更多的是交互式网站。交互式网站主体设计使用程序语言，多数基于数据库，页面制作中使用脚本语言、精美的图片、生动的动画组成丰富多彩的网页，加上后台控制页面可以生成功能强大的页面，如网上办公、网上销售、网上招聘、物流管理、人事管理等多种模块。

ASP 即 Active Server Page 的缩写，是微软公司开发的服务器端脚本环境，可用来创建动态交互式网页并建立强大的 Web 应用程序。当服务器收到对 ASP 文件的请求时，它会处理包含在用于构建发送给浏览器的 HTML（Hyper Text Markup Language，超文本标记语言）网页文件中的服务器端脚本代码。除服务器端脚本代码外，ASP 文件也可以包含文本、HTML（包括相关的客户端脚本）和 com 组件调用。ASP 简单、易于维护，是小型页面应用程序的选择，甚至可以实现中等规模的企业应用程序。

ASP.NET 又称为 ASP+，不仅仅是 ASP 的简单升级，而是新一代脚本语言。ASP.NET 基于 .NET Framework 的 Web 开发平台，不但吸收了 ASP 以前版本的优点并参照 Java、VB 语言的开发优势加入了许多新的特色，同时也修正了以前的 ASP 版本的运行错误。ASP.NET 分为 2.0 版本和 4.0 版本。

PHP 即"超文本预处理器"，是一种通用开源脚本语言。PHP 是在服务器端执行的脚本语言，与 C 语言类似，是常用的网站编程语言。PHP 语言作为当今最热门的网站程序开发语言，它具有成本低、速度快、可移植性好、内置丰富的函数库等优点，因此被越来越多的企业应用于网站开发中。

本项目就是通过安装 ASP 和 PHP 应用程序，来实现网站支持 ASP 或 PHP 应用的网页。

项目准备：

本项目建议仍然使用项目 7 用的两台服务器，一台客户端计算机，具体设置如下：第 1 台服务器设置为域控制器，安装好 DNS 服务。第 2 台服务器为 Web 服务器，安装好 Web 服务器，IP 地址设为静态，同时设置好子网掩码。本例 IP 为 192.168.31.111，子网掩码为 255.255.255.0。

学习目标：

通过本项目的学习，使得建立起 ASP 或 PHP 类型的 Web 站点，能够被正确解释并实现。

任务 1　安装 ASP 和 ASP.NET 应用程序

任务描述

在 DNS 服务器上仍然使用作用域"my2012.com"，指向"192.168.31.111"地址的主机"www"。

通过安装 ASP 和 ASP.NET 应用程序，并在其相应的站点上安装配置相应的应用程序使之支持相应的网页。

自己动手

☞ 步骤 1　配置各服务器

打开 DNS 服务器，新建一个"my2012.com"作用域，在其上新建一个主机"www"，指向"192.168.31.111"IP 地址。保持 DNS 服务器在开机状态。

在 IP 地址为"192.168.31.111"的计算机上安装 IIS 8.0 并配置默认站点。

在 Windows Server 2012 安装文件中找到"sources\sxs"文件夹，将其复制到已安装 IIS 8.0 即 IP 地址为"192.168.31.111"的计算机上。

> 小知识　使用备用源
>
> 在 Windows Server 2012 系统中，安装 Web 服务器时一般都默认安装了 .NET Framework 4.5 程序（即 .NET 4.0 系统）。.NET Framework 3.5 功能（.NET 2.0 系统）则不包含在 Windows Server 2012 系统中，需要到安装文件"sources\sxs"文件夹中使用备用源路径安装。

项目 8　安装 ASP 和 PHP 应用程序

☞ **步骤 2　安装 ASP&ASP.NET 模块**

打开 IP 地址为"192.168.31.111"的计算机（应该已经安装 Windows Server 2012 服务器，并安装了 Web 服务器，配置了计算机名称，最好是 mysys.local 域成员服务器）。

在"服务器管理器-仪表板"窗口中，单击"添加角色和功能"超链接，弹出"添加角色和功能向导-开始之前"窗口，如图 8-1 所示。

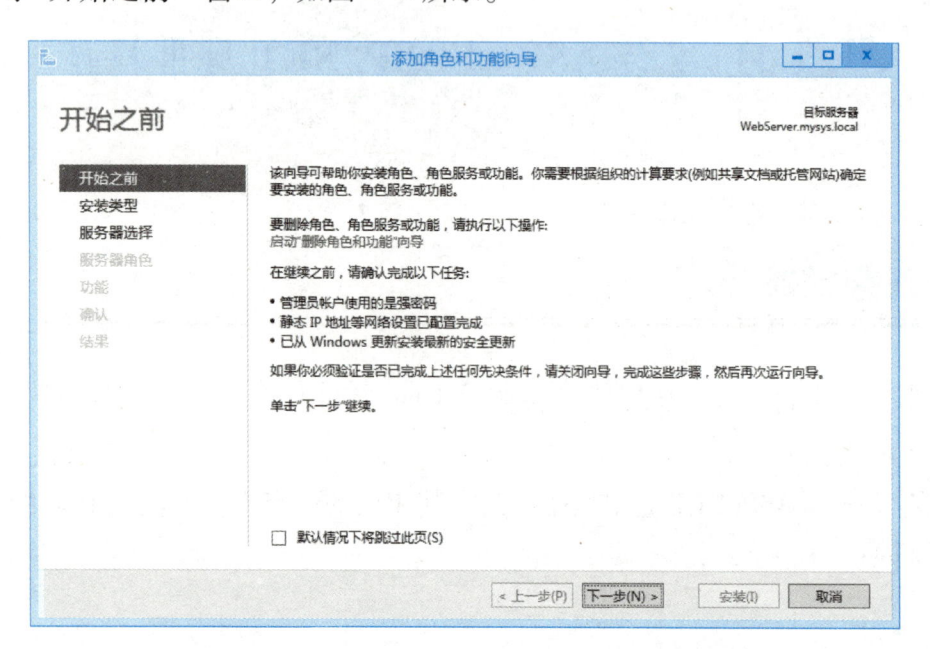

图 8-1　"添加角色和功能向导-开始之前"窗口

单击"下一步"按钮，弹出"添加角色和功能向导-选择安装类型"窗口，如图 8-2 所示。

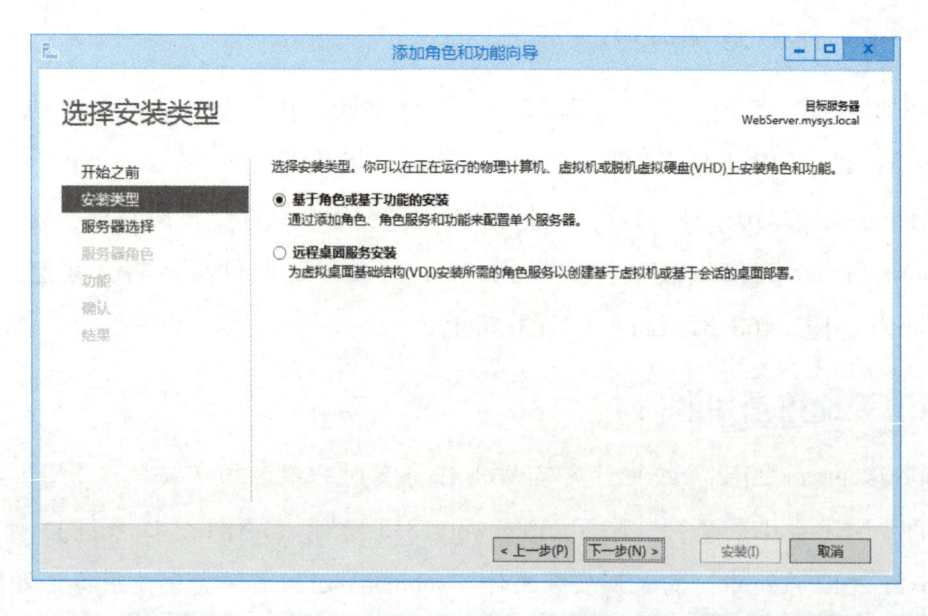

图 8-2　"添加角色和功能向导-选择安装类型"窗口

单击"下一步"按钮,弹出"添加角色和功能向导-选择目标服务器"窗口,如图 8-3 所示。

图 8-3 "添加角色和功能向导-选择目标服务器"窗口

选择要安装角色的服务器,本例选择名称为"WebServer.mysys.local"、IP 地址为"192.168.31.111"的服务器,单击"下一步"按钮,弹出"添加角色和功能向导-选择服务器角色"窗口,在该窗口中展开"Web 服务器(IIS)"项下面的"应用程序开发"项,如图 8-4 所示。

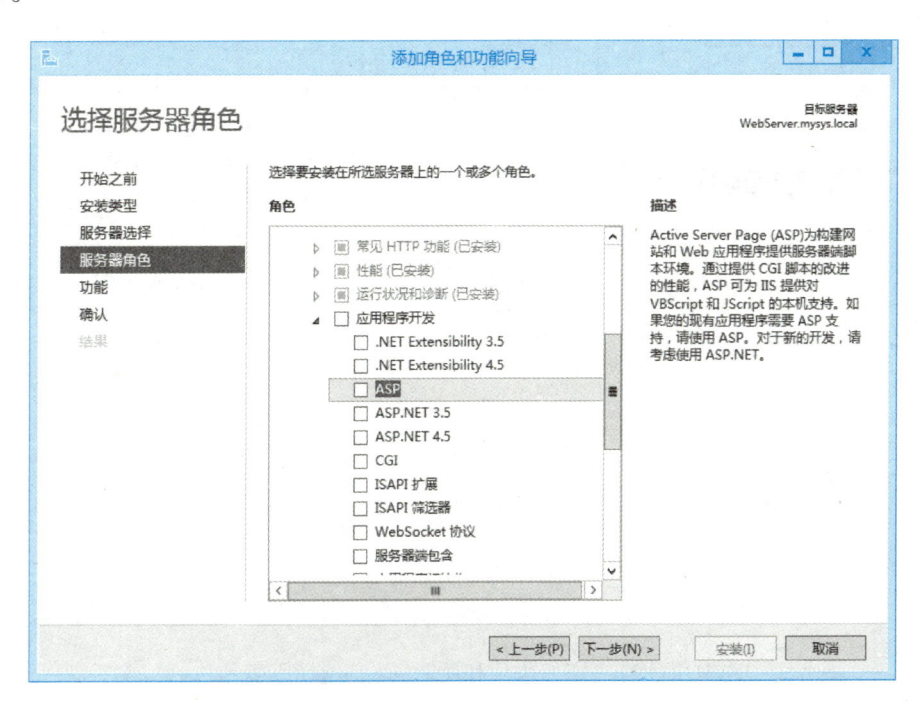

图 8-4 "添加角色和功能向导-选择服务器角色"窗口

项目 8　安装 ASP 和 PHP 应用程序

分别选中"ASP""ASP.NET 3.5""ASP.NET 4.5",系统会弹出如图 8-5 所示的"添加角色和功能向导-添加 ASP 所需的功能"警示框。

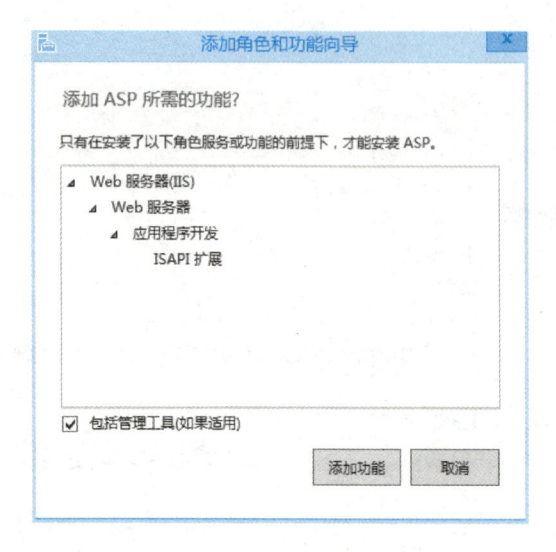

图 8-5　"添加角色和功能向导-添加 ASP 所需的功能"警示框

逐次单击"添加功能"按钮,系统开始安装必需的功能,等添加完毕会发现"应用程序开发"及下面的".NET Extensibility 3.5"".NET Extensibility 4.5""ASP""ASP.NET 3.5""ASP.NET 4.5"等复选框显示被选中,如图 8-6 所示。

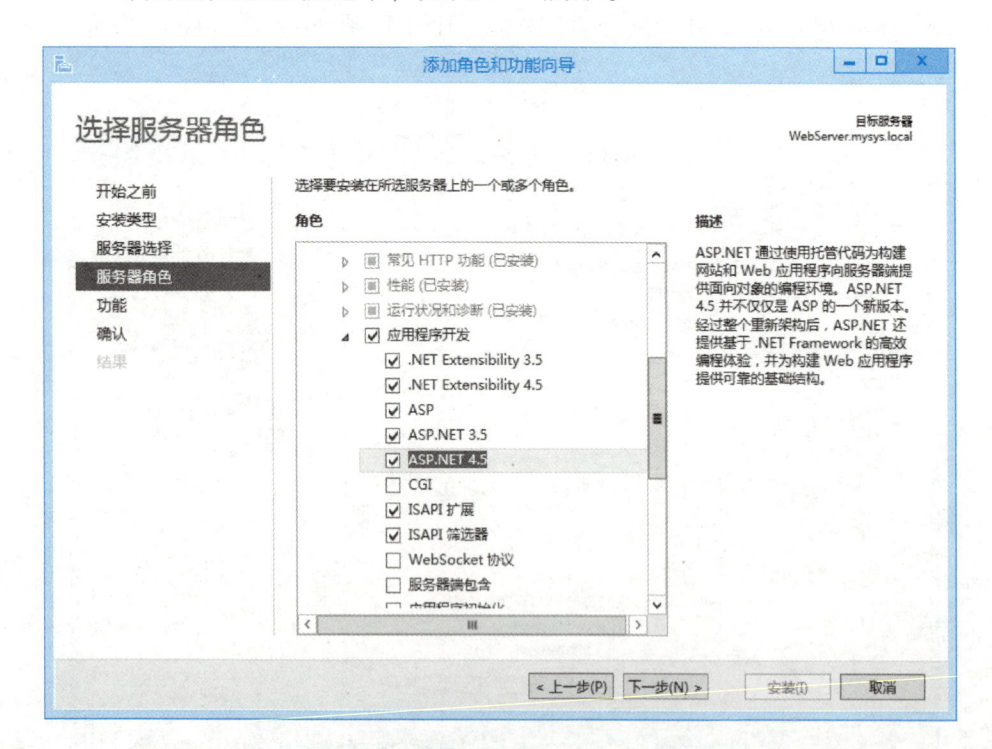

图 8-6　选中角色的"添加角色和功能向导-选择服务器角色"窗口

单击"下一步"按钮,弹出"添加角色和功能向导-选择功能"窗口,如图 8-7 所示。

任务 1　安装 ASP 和 ASP.NET 应用程序

图 8-7　"添加角色和功能向导-选择功能"窗口

选中".NET Framework 3.5 功能"和".NET Framework 4.5 功能"（如果没有安装），单击"下一步"按钮，弹出"添加角色和功能向导-确认安装所选内容"窗口，如图 8-8 所示。

图 8-8　"添加角色和功能向导-确认安装所选内容"窗口

仔细观察，会发现此窗口与以往的窗口有点区别，在窗口上面多了一行警示语，即"是否需要指定备用源路径？一个或多个安装选项在目标服务器上缺少源文件……"，表示需要

227

项目 8 安装 ASP 和 PHP 应用程序

单独提供安装程序的备用源路径，单击最下面的"指定备用源路径"超链接，弹出"添加角色和功能向导-指定备用源路径"对话框，如图 8-9 所示。

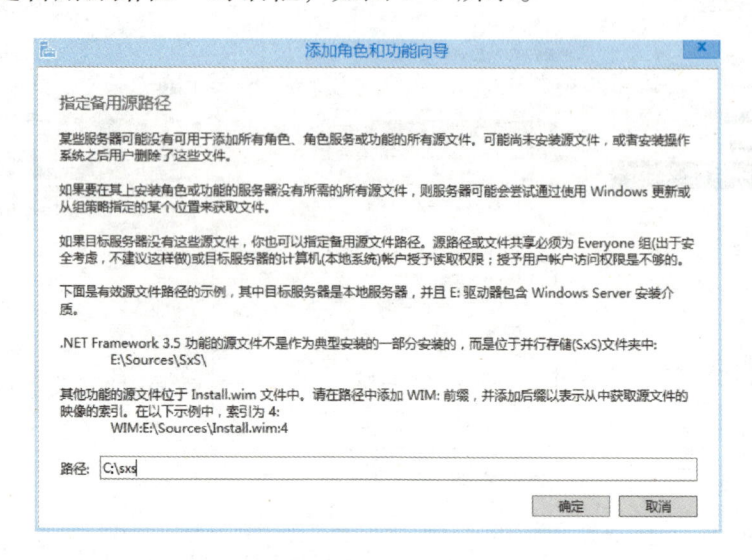

图 8-9 "添加角色和功能向导-指定备用源路径"对话框

在路径处输入备用源的路径，本例是将"\sxs"文件夹直接复制到了 C 盘的根目录，所以输入"C:\sxs"，单击"确定"按钮，回到"添加角色和功能向导-确认安装所选内容"窗口，单击"确定"按钮，弹出"添加角色和功能向导-安装进度"窗口，如图 8-10 所示。

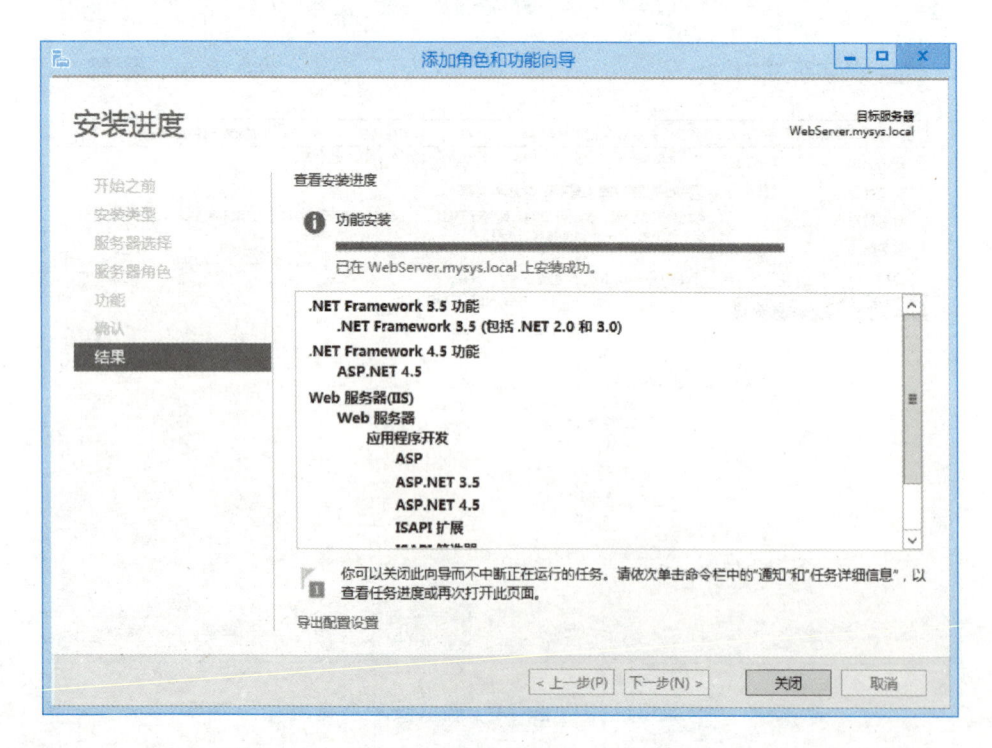

图 8-10 "添加角色和功能向导-安装进度"窗口

任务 1　安装 ASP 和 ASP.NET 应用程序

等待一会儿，系统会完成安装，单击"关闭"按钮即可完成。

☞ 步骤 3　启用 ASP 父路径

打开"Internet 信息服务（IIS）管理器"控制台，选中"网站"下面的"Default Web Site"，会看到中间的"Default Web Site 主页"下面多了很多内容，如图 8-11 所示。

图 8-11　安装 ASP 后的"Internet 信息服务（IIS）管理器"控制台

双击中间的"ASP"图标，弹出 ASP 属性窗口，在"行为"的下面找到"启用父路径"项，将"false"改为"True"，如图 8-12 所示。

图 8-12　ASP 属性

回到控制台，选择默认站点，将其启动。

229

步骤 4 编辑测试文件

用记事本编辑一个名为"aspshiyan.aspx"的文件，其内容如下：

```
<html>
<body>
<%
dim i
for i=1 to 6
    response.write("<h" & i & ">Asp 标题变化演示网页 " & i & "</h" & i & ">")
next
%>
</body>
</html>
```

将其复制到默认站点的文件夹中，即"C:\inetpub\wwwroot"目录下。

步骤 5 客户端测试 ASP 应用

在客户端的计算机，打开 IE 浏览器，在地址栏输入"www.my2012.com\aspshiyan.aspx"或输入 IP 地址"192.168.31.111\aspshiyan.aspx"后，都会显示如图 8-13 所示的结果。

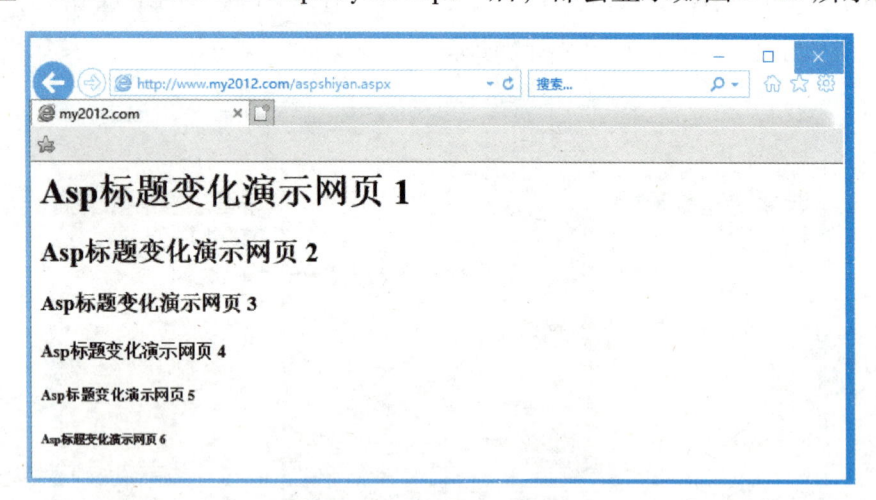

图 8-13 浏览器显示的结果

当看到这个内容时表示 ASP 应用程序起到了作用。

步骤 6 添加 ASP.NET 应用程序

如果使用的网站不是 ASP 的网站，而是 ASP.NET 2.0 或 ASP.NET 4.0 的网站，就需要添加 ASP.NET 应用程序。具体方法如下：

回到 Web 服务器，选中"Default Web Site"默认网站，右击，在弹出的右键快捷菜单中，选择"添加应用程序"命令，如图 8-14 所示。

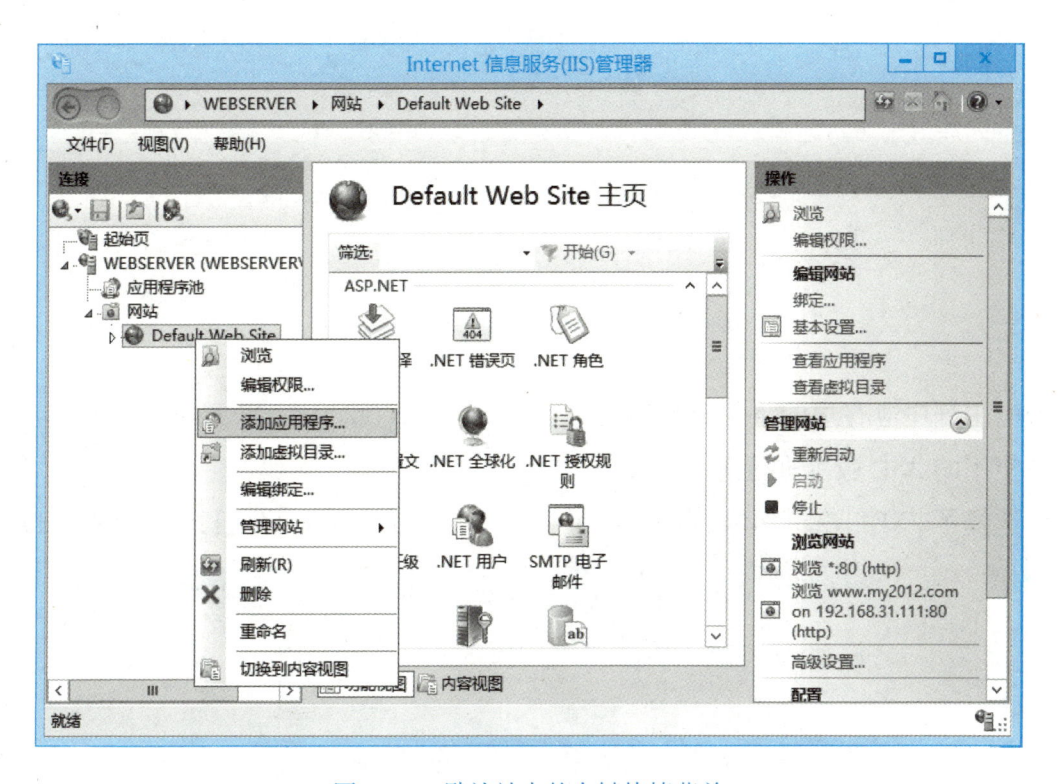

图 8-14 默认站点的右键快捷菜单

此时弹出"添加应用程序"对话框，如图 8-15 所示。

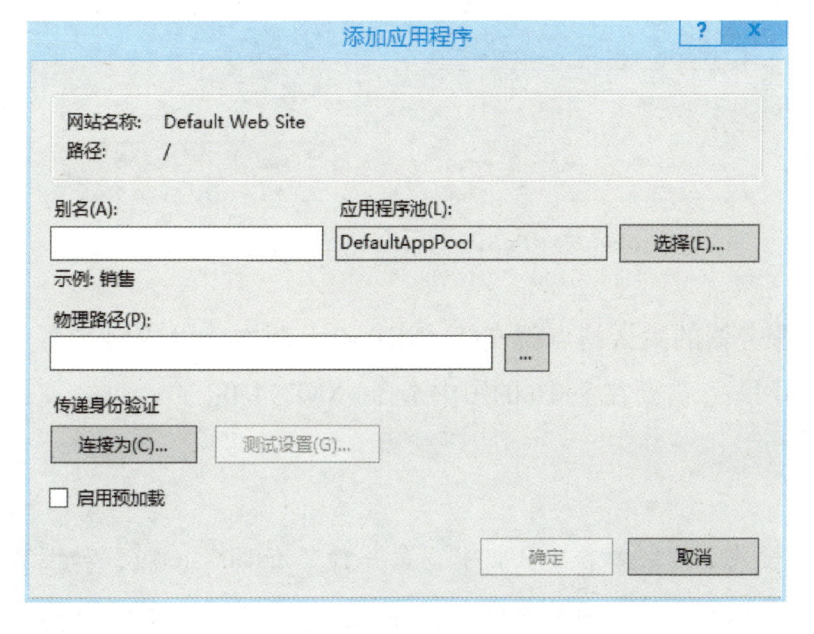

图 8-15 "添加应用程序"对话框

231

在"别名"文本框中输入一个别名,来标记应用程序的情况,在"物理路径"下面选择网站的物理路径,在"应用程序池"后面单击"选择"按钮,弹出"选择应用程序池"对话框,如图8-16所示。

图8-16 "选择应用程序池"对话框

单击应用程序池右边的下拉列表按钮,会看到.NET v2.0、.NET v4.0等内容,用户要根据网站使用的ASP版本进行选择。

本次选择了.NET v2.0版本,仍使用了"C:\inetpub\wwwroot"目录,如图8-17所示。

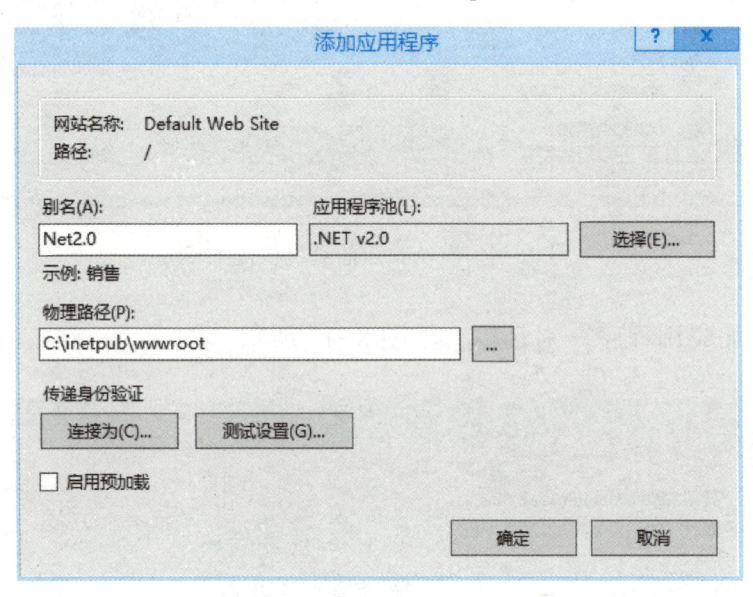

图8-17 选择.NET v2.0

这样该Web服务器的默认站点就支持.NET v2.0版本建设的网站了。如果想建立支持.NET v4.0版本的网站,需要在8-16的图中选择.NET v4.0。

提个醒

ASP.NET主要有2.0版本和4.0版本,每一种还有Classic版,加上ASP本身有5个版本。同时ASP各版本支持不同类型的数据库,所以要搭建完整的ASP网站需要专门的论述,本部分只是做个简单演示。

举一反三

1. 在服务器上安装 ASP、ASP.NET 2.0、ASP.NET 4.0 应用程序。
2. 用简单的 ASP 网页测试应用程序。

任务 2　安装 PHP 应用程序

任务描述

　　PHP 具有开源、跨平台、性能优越、免费性和快捷性等特点，是最流行的交互性网站制作工具之一。PHP 一般跟 Linux/UNIX 结合得更好，但是在 Windows 服务器上安装 PHP 也具有意义。本任务就是在 Windows Server 2012 Web 服务器上安装 PHP 应用程序，使得用 PHP 编写的交互性网页能够在 Windows Server 2012 Web 服务器上使用。

自己动手

☞ 步骤 1　安装 CGI 模块

　　打开 IP 地址为"192.168.31.111"的计算机（应该已经安装 Windows Server 2012 服务器，并安装了 Web 服务器，配置了计算机名称，最好是 mysys.local 域成员服务器）。

　　在"服务器管理器-仪表板"窗口中，单击"添加角色和功能"超链接，弹出"添加角色和功能向导-开始之前"窗口；单击"下一步"按钮，弹出"添加角色和功能向导-选择安装类型"窗口；继续单击"下一步"按钮，弹出"添加角色和功能向导-选择目标服务器"窗口；选择要安装角色的服务器，本例选择名称为"WebServer"、IP 地址为"192.168.31.111"的服务器，单击"下一步"按钮，弹出"添加角色和功能向导-选择服务器角色"窗口，在该窗口中展开"Web 服务器（IIS）"项下面的"应用程序开发"项，如图 8-18 所示。

233

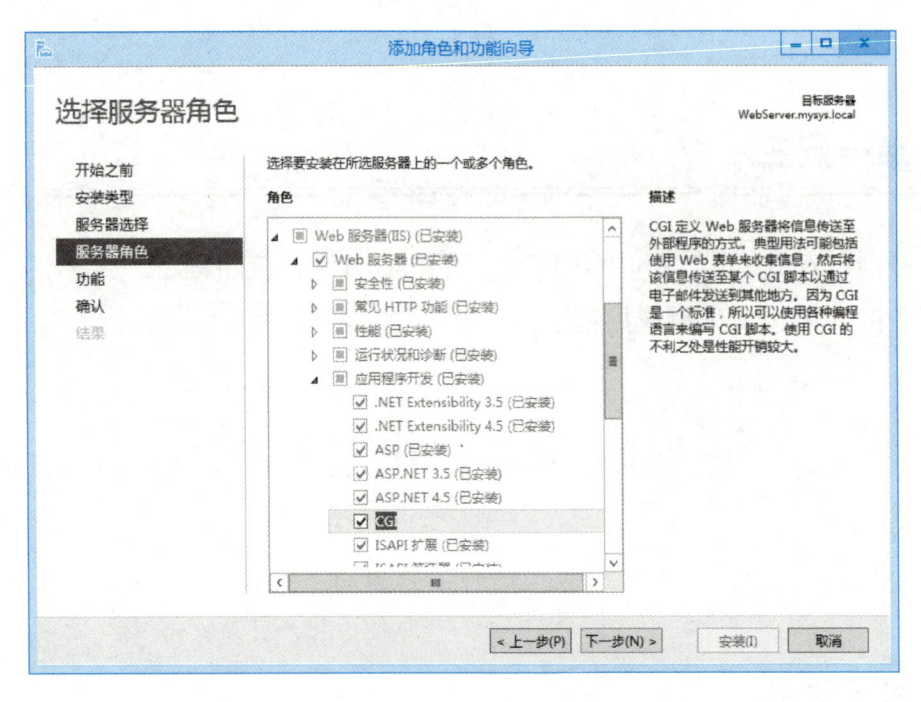

图 8-18 "添加角色和功能向导-选择服务器角色"窗口

勾选"CGI"复选框，单击"下一步"按钮，弹出"添加角色和功能向导-确认安装所选内容"窗口，如图 8-19 所示。

图 8-19 "添加角色和功能向导-确认安装所选内容"窗口

单击"安装"按钮，弹出"添加角色和功能向导-安装进度"窗口，稍等一会儿，会显示 CGI 安装成功，如图 8-20 所示。

单击"关闭"按钮，完成"CGI"程序模块的安装。

图 8-20 "添加角色和功能向导-安装进度"窗口

步骤 2　下载 PHP 和 WinCache 支持软件

1. 下载 PHP 软件

到官方网站下载新的 PHP 支持文件，本例为 php-7.1.32-nts-Win32-VC14-x64.zip，即 PHP7.1 VC14 的 64 位版本。

2. 下载 WinCache for PHP 支持软件

到官方网站下载与 PHP 版本对应的（php7.1、VC14、64 位）WinCache（Windows Cache Extention for PHP），本例为 wincache-2.0.0.8-dev-7.1-nts-vc14-x64.exe 文件。

3. 解压软件

将下载的 PHP 的 zip 文件解压到一个目录中，本例为 C:\php；将 WinCache 文件解压到上述文件夹的 ext 子文件夹内，本例为 C:\php\ext。

步骤 3　配置环境变量

打开"控制面板"窗口，选择"系统和安全"，单击"系统"超链接，弹出"系统"窗口，如图 8-21 所示。

单击左边的"高级系统设置"超链接，弹出"系统属性"对话框，选择"高级"选项卡，如图 8-22 所示。

单击下面的"环境变量"按钮，弹出"环境变量"对话框，如图 8-23 所示。

项目 8　安装 ASP 和 PHP 应用程序

图 8-21　"系统"窗口

图 8-22　"系统属性"对话框

图 8-23 "环境变量"对话框

在"系统变量"对话框，找到"Path"值，单击下面的"编辑"按钮，弹出"编辑系统变量"对话框，在"变量值"的后面添加"C:\php"（与步骤 2 中 PHP 压缩的目录要一致），如图 8-24 所示。

图 8-24 "编辑系统变量"对话框

单击"确定"按钮，回到"环境变量"对话框，逐个关闭以上的各个对话框，完成环境变量的编辑。

步骤 4　处理程序映射

在"Internet 信息服务（IIS）管理器"选中"Delault Web Site"网站，单击中间部分，找到"处理程序映射"图标，如图 8-25 所示。双击该图标，"Internet 信息服务（IIS）管理器"上就会出现已经启动的处理程序映射的内容，如图 8-26 所示。

在该窗口的右边，单击"添加模块映射"超链接，弹出"添加模块映射"对话框，在

项目 8　安装 ASP 和 PHP 应用程序

图 8-25　"处理程序映射"图标

图 8-26　处理程序映射的内容

"请求路径"文本框中输入"*.php";在"模块"下拉列表中选择"FastCgiModule"项;单击"可执行文件"后面的"…"按钮,选择"C:\php\php-cgi.exe"文件;在"名称"文本框中输入一个好记的名称,用来标记此模块,本例为"PHP",如图 8-27 所示。

图 8-27 "添加模块映射"对话框

单击"确定"按钮，弹出"添加模块映射"警示框，如图 8-28 所示。

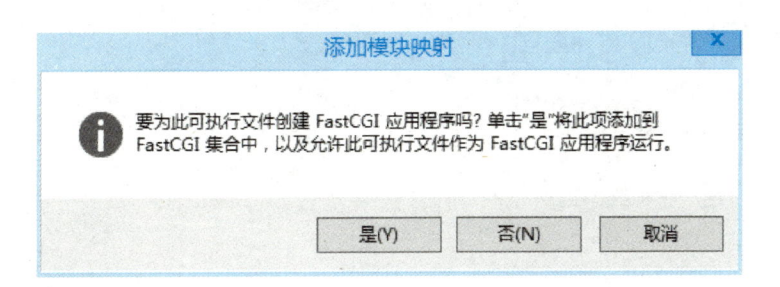

图 8-28 "添加模块映射"警示框

单击"是"按钮，完成添加模块映射。

☞ 步骤 5　编辑 PHP 演示文件

在建立的"C:\inetpub\wwwroot"文件夹下，用记事本建立一个文件名为 index.php 的文件，只有一行内容，如下：

<? php echo "Test PHP for iis8 Web Server" ;? >

最后保存即可。该句是一个简单的 PHP 编辑的网页程序，就是在浏览器上显示"Test PHP for iis8 Web Server"的文字。

☞ 步骤 6　设置默认主页文件

选择"Default Web Site"网站，双击"默认文档"图标，在右边单击"添加"超链接，弹出"添加默认文档"对话框，如图 8-29 所示。

项目 8　安装 ASP 和 PHP 应用程序

图 8-29　"添加默认文档"对话框

在"名称"文本框中，输入"index.php"（与步骤 5 的文件名称一致），单击"确定"按钮，回到"Internet 信息服务（IIS）管理器"，如图 8-30 所示。

图 8-30　"Internet 信息服务（IIS）管理器"窗口

使用右边的"上移"按钮，将"index.php"文件移到第一位。

步骤 7　客户端测试

在客户端计算机上打开 IE 浏览器，在地址栏输入"www.my12.com"的内容，会显示如图 8-31 所示的内容。

从该图上可以看到其内容与步骤 5 输入的内容一致，表示以 PHP 建设的网站运行正常。

举一反三

1. 在 Web 服务器上，按照任务 2 的步骤使得该服务器上的默认网站支持 PHP 网页。

图 8-31　客户端浏览器显示的内容

2. 在 Web 服务器上，建立一个新网站，按照任务 2 的步骤使得该网站也能支持 PHP 网页。

知识拓展　PHP

PHP 原始为 Personal Home Page 的缩写，现已经正式更名为 "PHP：Hypertext Preprocessor"。PHP 语言作为当今最热门的网站程序开发语言之一，它具有成本低、速度快、可移植性好、内置丰富的函数库等优点，因此被越来越多的企业应用于网站开发中。但随着互联网的不断更新换代，PHP 语言也出现了不少问题。

根据动态网站要求，PHP 语言作为一种语言程序，其优势逐渐在应用过程中显现，其技术水平的优劣将直接影响网站的运行效率。其特点是具有公开的源代码，在程序设计上与通用型语言，如 C 语言相似性较高，因此在操作过程中简单易懂，可操作性强。同时，PHP 语言具有较高的数据传送处理水平和输出水平，可以广泛应用在 Windows 系统及各类 Web 服务器中。如果数据量较大，PHP 语言还可以拓宽链接面，与各种数据库相连，缓解数据存储、检索及维护压力。随着技术的发展，PHP 语言搜索引擎还可以量体裁衣，实行个性化服务，如根据客户的喜好进行分类收集存储，极大地提高了数据运行效率。

1. PHP 语言的优点

（1）开源性和免费性。由于 PHP 解释器的源代码是公开的，所以安全系数较高的网站可以自己更改 PHP 的解释程序。另外，PHP 运行环境的使用也是免费的。

（2）快捷性。PHP 是一种非常容易学习和使用的一门语言，它的语法特点类似于 C 语言，但又没有 C 语言复杂的地址操作，而且又加入了面向对象的概念，再加上它具有简洁的语法规则，使得它操作编辑非常简单，实用性很强。

（3）数据库连接的广泛性。PHP 可以利用编译的不同函数与主流的数据库建立连接，如 MySQL、ODBC、Oracle 等，PHPLIB 就是常用的为一般事务提供的程序库。

（4）面向过程和面向对象并用。在 PHP 语言的使用中，可以分别使用面向过程和面向对象，也可以两者一起混用，这是其他很多编程语言做不到的。

2. PHP 语言的缺点

（1）PHP 的解释运行机制。在 PHP 中，所有的变量都是页面级的，无论是全局变量，还是类的静态成员，都会在页面执行完毕后被清空。

（2）设计缺陷，缺少关注。PHP 被称为是不透明的语言，没有一个明确的设计哲学。早期的 PHP 受到 Perl 的影响，带有 out 参数的标准库是由 C 语言引入，面向对象的部分又是从 C++和 Java 借鉴的。

（3）对递归的不良支持。PHP 并不擅长递归，它能容忍的递归函数的数量限制和其他语言比起来明显少很多。

项目 9

配置 FTP 服务器

项目概述：

网络管理员小韩要到外地出差一段时间，而网站仍需每天维护，有些内容必须自己亲自维护。同时，虚拟主机的用户也需要远程维护自己的网站。安装 FTP 服务器是解决这些问题的好办法。

FTP 服务是 IIS 服务中一个重要组成部分，主要用于 FTP 服务器和 FTP 客户端之间的文件传输。通过 FTP 服务，客户端可以从服务器下载文件，也可以从客户端上传文件到服务器。利用 FTP 服务，用户才可以从客户端将网页文件等内容上传到服务器。Web 服务器搭建后，依靠 FTP 服务，管理网站空间极为有利。同时，企事业单位可建立一个专门的 FTP 服务器，为员工提供下载公共文件的平台，如共享软件、公司的技术支持文件等。同时，员工还可利用这个平台，发布自己的软件或其他资料。

项目准备：

本项目共使用 3 台计算机，一台为"WebServer"服务器，IP 地址为"192.168.31.111"，子网掩码为"255.255.255.0"。第二台为"ADServer"服务器（192.168.31.108）的域控制器并处于开机状态，第三台为客户端计算机。

如果是在公网，必须申请一个公网的 IP，保证连接到 Internet 的用户能够连接此 IP 地址。也要保证域名是正式申请的域名。此时的客户机可以是任意能连接到 Internet 的计算机。

学习目标：

本项目就是通过安装 FTP 服务器并新建站点、FTP 站点的基本设置、新建多个 FTP 站点、安装并设置 FTP 客户端软件 4 个任务使读者初步掌握 FTP 服务器的配置，以及在客户端如何使用 FTP 客户端软件上传、下载文件。

任务 1　安装 FTP 服务器并新建站点

任务描述

FTP 服务包含在 Internet 信息服务中，但是需要专门选择安装。FTP 默认站点的配置也要简单得多，主要是站点的 IP 地址、默认目录等方面。

> **小知识　什么是 FTP**
>
> FTP 是 TCP/IP 协议组中的协议之一，是英文 File Transfer Protocol 的缩写。该协议是 Internet 文件传送的基础，它由一系列规格说明文档组成，目标是提高文件的共享性，提供非直接使用远程计算机，使存储介质对用户透明和可靠高效地传送数据。简单地说，FTP 就是完成两台计算机之间的文件传输，从远程计算机复制文件至自己的计算机上，称为"下载（download）"文件。若将文件从自己的计算机中复制至远程计算机上，则称为"上传（upload）"文件。在 TCP/IP 协议中，FTP 标准命令 TCP 端口为 21，PORT 方式数据端口为 20。
>
> 同大多数 Internet 服务一样，FTP 也是一个客户/服务器（C/S）系统。用户通过一个客户机程序连接至在远程计算机上运行的服务器程序。依照 FTP 协议提供服务，进行文件传送的计算机就是 FTP 服务器，而连接 FTP 服务器，遵循 FTP 协议与服务器传送文件的计算机就是 FTP 客户端。用户要连上 FTP 服务器，就要用到 FTP 的客户端软件，通常 Windows 自带 "ftp" 命令，这是一个命令行的 FTP 客户程序，另外常用的 FTP 客户程序还有 CuteFTP、FileZilla、FlashFXP、LeapFTP、WinSCP 等。
>
> FTP 支持两种工作方式，一种是 PORT 方式即主动方式，另一种是 PASV 方式即被动方式。
>
> PORT 方式下，FTP 客户端首先和 FTP 服务器的 TCP 21 端口建立连接，通过这个通道发送命令，客户端需要接收数据的时候在这个通道上发送 PORT 命令。PORT 命令包含了客户端用什么端口接收数据。在传送数据的时候，服务器端通过自己的 TCP 20 端口连接至客户端的指定端口发送数据。FTP 服务器必须和客户端建立一个新的连接用来传送数据。
>
> PASV 方式在建立控制通道的时候和主动模式类似，但建立连接后发送的不是 PORT 命令，而是 PASV 命令。FTP 服务器收到 PASV 命令后，随机打开一个高端端口（端口号

大于 1024）并且通知客户端在这个端口上传送数据的请求，客户端连接 FTP 服务器此端口，然后 FTP 服务器将通过这个端口进行数据的传送，这个时候 FTP 服务器不再需要建立一个新的和客户端之间的连接。

很多防火墙在设置的时候都是不允许接受外部发起的连接的，所以许多位于防火墙后或内网的 FTP 服务器不支持 PASV 模式，因为客户端无法穿过防火墙打开 FTP 服务器的高端端口。

本任务就是介绍 FTP 的安装、配置等内容，使读者基本掌握 FTP 服务器的使用。

自己动手

☞ 步骤 1 安装 FTP 服务器

本任务仍然使用项目 7 中使用的"WebServer"服务器。在"WebServer"服务器上的"服务器管理器-仪表板"窗口中单击"添加角色和功能"超链接，逐项弹出"添加角色和功能向导"的"开始之前""选择安装类型""选择目标服务器"三个窗口，都使用默认选择后，直接单击"下一步"按钮，弹出"添加角色和功能向导-选择服务器角色"窗口，展开中间"角色"下的"Web 服务器（IIS）"，选中"FTP 服务器"项，如图 9-1 所示。

图 9-1 "添加角色和功能向导-选择服务器角色"窗口

245

项目 9　配置 FTP 服务器

单击"下一步"按钮，弹出"添加角色和功能向导-选择功能"窗口，如图 9-2 所示。

图 9-2　"添加角色和功能向导-选择功能"窗口

直接单击"下一步"按钮，弹出"添加角色和功能向导-确认安装所选内容"窗口，如图 9-3 所示。

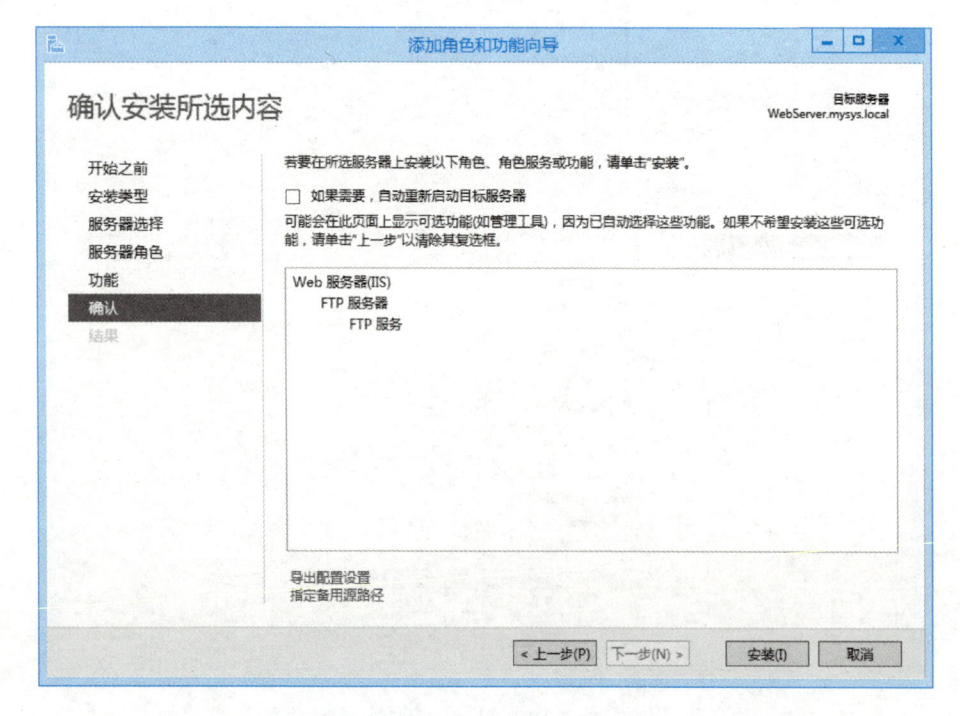

图 9-3　"添加角色和功能向导-确认安装所选内容"窗口

单击"安装"按钮，开始安装服务器，弹出"添加角色和功能向导-安装进度"窗口，稍等一会儿，服务器安装完毕，如图 9-4 所示。

图 9-4　"添加角色和功能向导-安装完毕"窗口

单击"关闭"按钮，FTP 服务器安装完毕。

☞ 步骤 2　新建 FTP 站点

打开"Internet 信息服务（IIS）管理器"控制台，选择"网站"，右击，弹出右键快捷菜单，如图 9-5 所示。

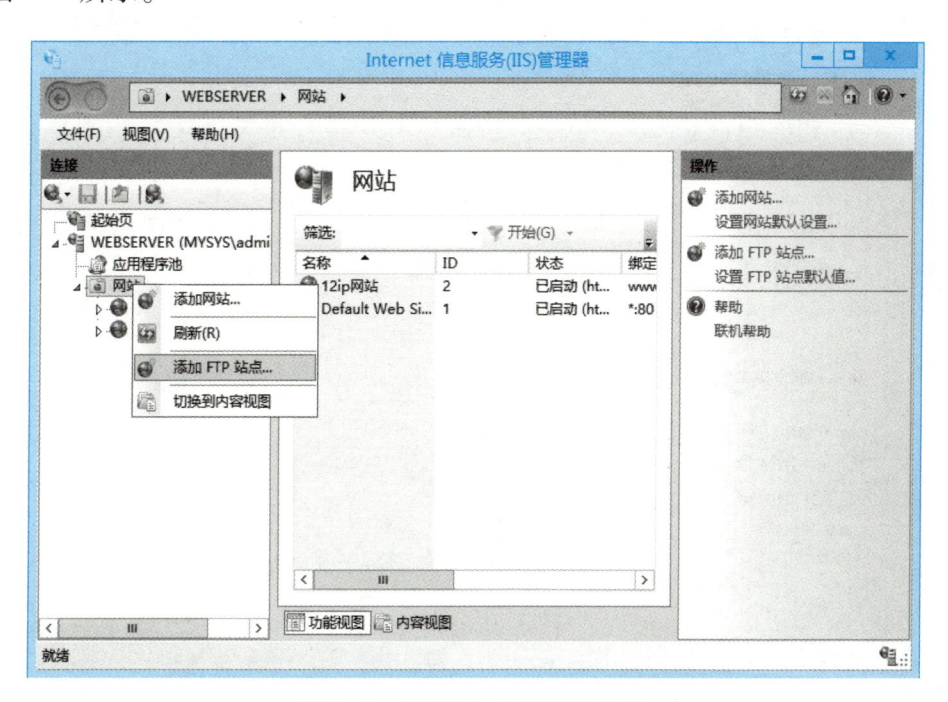

图 9-5　"网站"右键快捷菜单

单击"添加 FTP 站点"命令，弹出"添加 FTP 站点-站点信息"对话框，如图 9-6 所示。

图 9-6 "添加 FTP 站点-站点信息"对话框

在"FTP 站点名称"文本框中输入站点名称，本例是"Ftp 站点"，在下面的"物理路径"中使用默认的"C:\inetpub\ftproot"目录，单击"下一步"按钮，弹出"添加 FTP 站点-绑定和 SSL 设置"对话框，如图 9-7 所示。

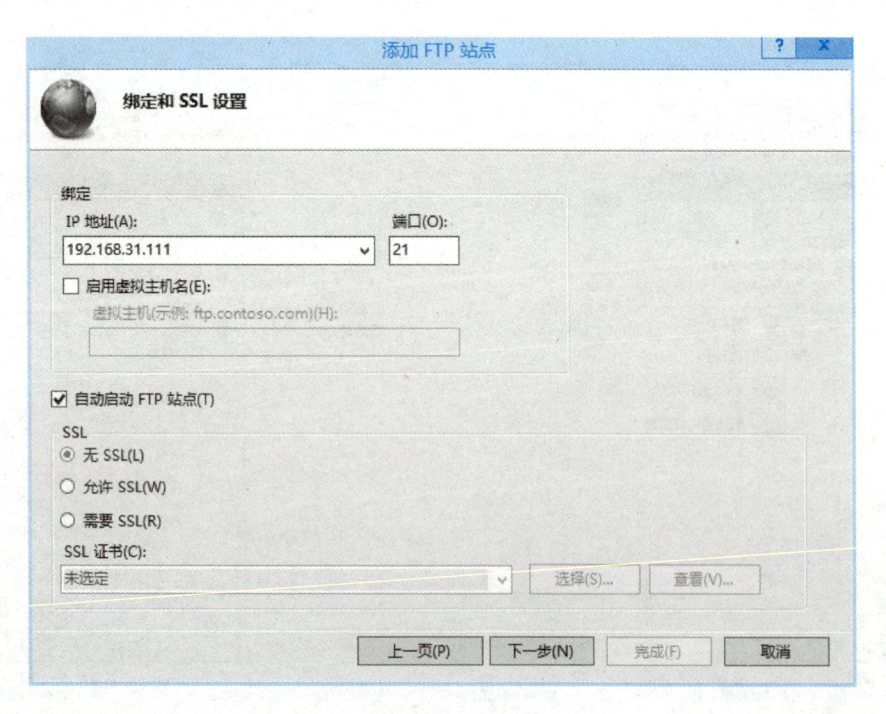

图 9-7 "添加 FTP 站点-绑定和 SSL 设置"对话框

任务 1　安装 FTP 服务器并新建站点

在"绑定"下面有三个选项,"IP 地址"填写该站点服务器的 IP 地址即可,"端口"填写 FTP 服务器默认的端口号 21,本次由于是第一个 FTP 站点,可以不用选择"启用虚拟主机名"复选框。在下面选中"自动启动 FTP 站点"复选框和"无 SSL"单选按钮,单击"下一步"按钮,弹出"添加 FTP 站点-身份验证和授权信息"对话框,如图 9-8 所示。

图 9-8　"添加 FTP 站点-身份验证和授权信息"对话框

本次是实验 FTP 站点,选择"身份验证"中的"匿名"和"基本"复选框,在"授权"下的"允许访问"中选择"所有用户",在权限下选中"读写"复选框,最后单击"完成"按钮完成 FTP 站点的添加。

☞ 步骤 3　建立测试文件

打开"C:\inetpub\ftproot"文件夹,在其下建立一个文件"测试 FTP 文件.txt",内容为"这是一个在 192.168.31.111 服务器上的 FTP 站点的测试文件。",或者其他的可以确定识别的文件内容即可。

☞ 步骤 4　设置 FTP 服务器主动模式

FTP 服务器有的时候不能够正常使用,是因为防火墙的设置,为了保证 FTP 站点的正常访问,建议使用如下方法设置服务器主动模式,具体方法如下:

在服务器上,打开"管理工具"→"高级安全 Windows 防火墙",弹出"本地计算机上的高级安全 Windows 防火墙"控制台,如图 9-9 所示。

项目 9 配置 FTP 服务器

图 9-9 "本地计算机上的高级安全 Windows 防火墙"控制台

在左边选择"入站规则"项，在右边"操作"窗格中单击"新建规则"超链接，弹出"新建入站规则向导-规则类型"对话框，如图 9-10 所示。

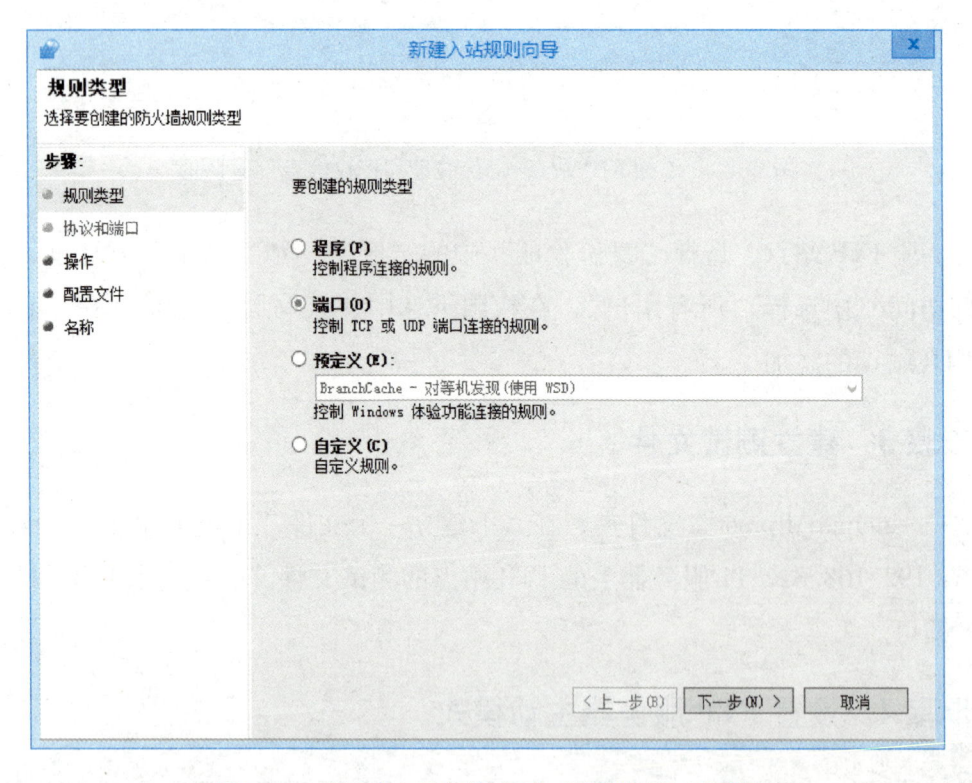

图 9-10 "新建入站规则向导-规则类型"对话框

在"要创建的规则类型"下面，选择"端口"单选按钮，单击"下一步"按钮，弹出"新建入站规则向导-协议和端口"对话框，如图 9-11 所示。

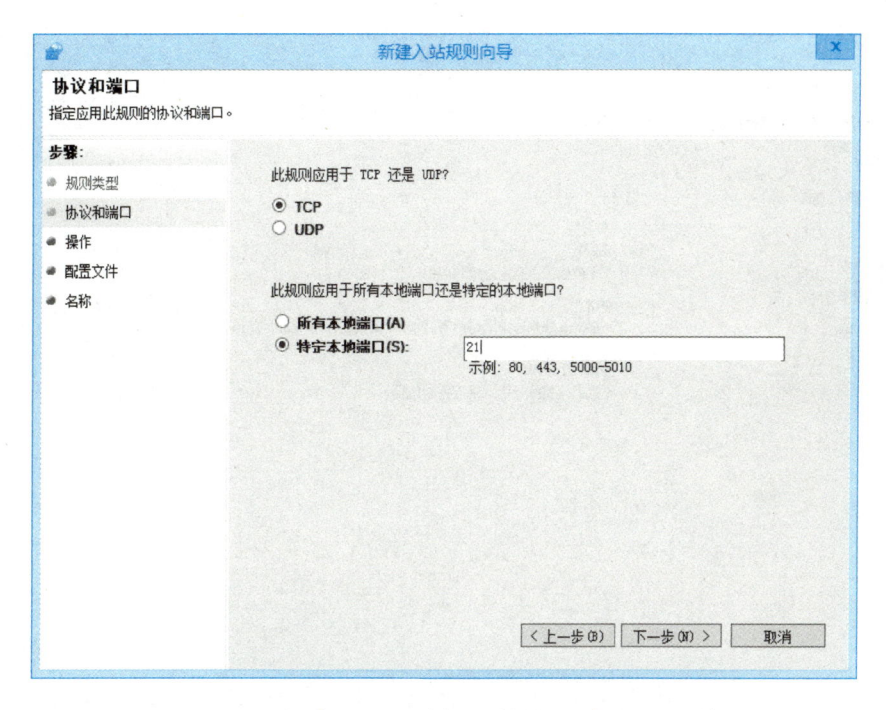

图 9-11 "新建入站规则向导-协议和端口"对话框

在"此规则应用于 TCP 还是 UDP"下面,选择"TCP"单选按钮。在下面选择"特定本地端口"单选按钮并在后面的文本框中输入"21",单击"下一步"按钮,弹出"新建入站规则向导-操作"对话框,如图 9-12 所示。

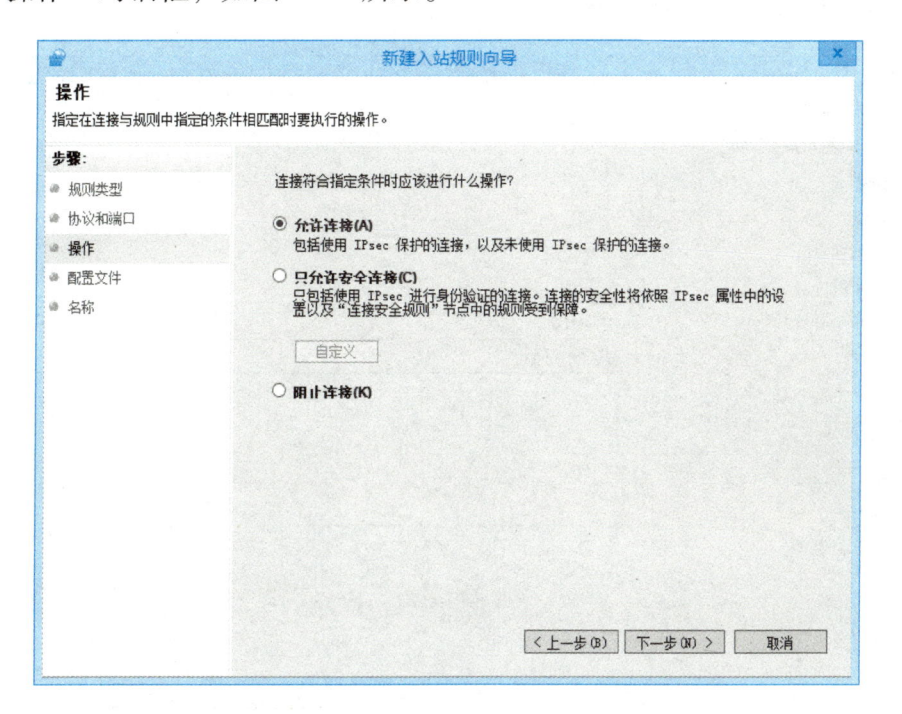

图 9-12 "新建入站规则向导-操作"对话框

选择"允许连接"单选按钮,单击"下一步"按钮,弹出"新建入站规则向导-配置文件"对话框,如图 9-13 所示。

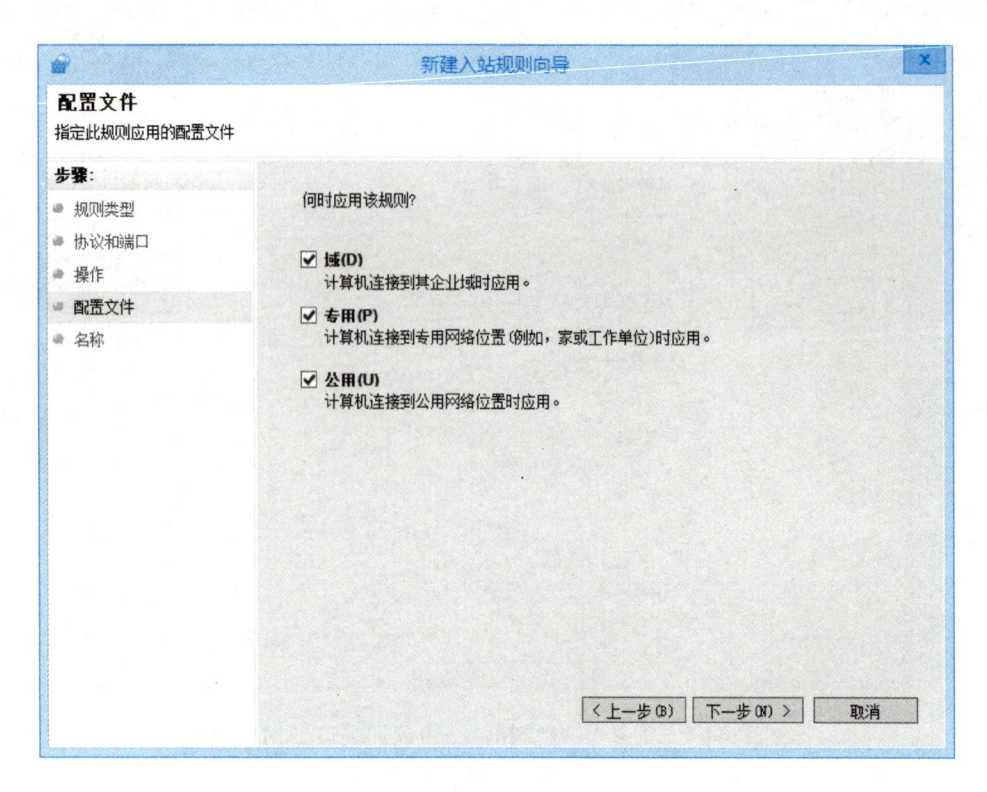

图 9-13 "新建入站规则向导-配置文件"对话框

将"域""专用""公用"三个复选框都选中,单击"下一步"按钮,弹出"新建入站规则向导-名称"对话框,如图 9-14 所示。

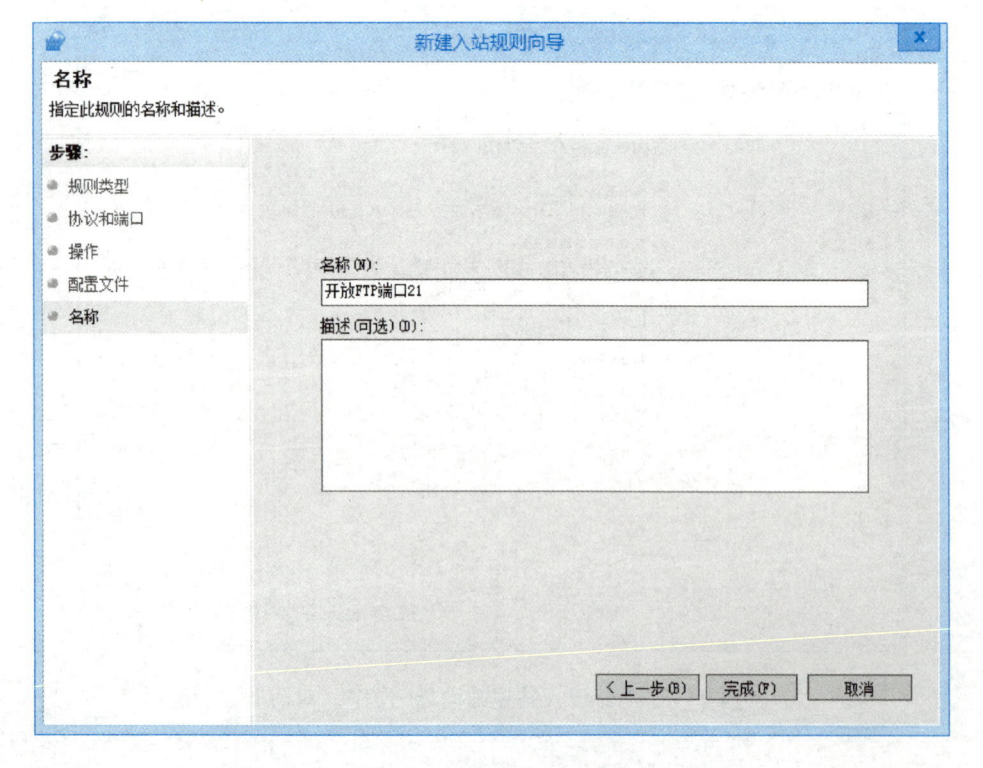

图 9-14 "新建入站规则向导-名称"对话框

在"名称"文本框中输入一个名称,如"开放 FTP 端口 21",单击"完成"按钮,完成 FTP 服务器主动模式的设置。

☞ 步骤 5 设置客户端浏览器被动方式

在客户端计算机,打开 IE 浏览器,在"工具"菜单下选择"Internet 选项",弹出 "Internet 选项"对话框,选择"高级"选项卡,在"设置"下找到"使用被动 FTP(用于防火墙和 DSL 调制解调器的兼容)"复选框,取消此设置,如图 9-15 所示。

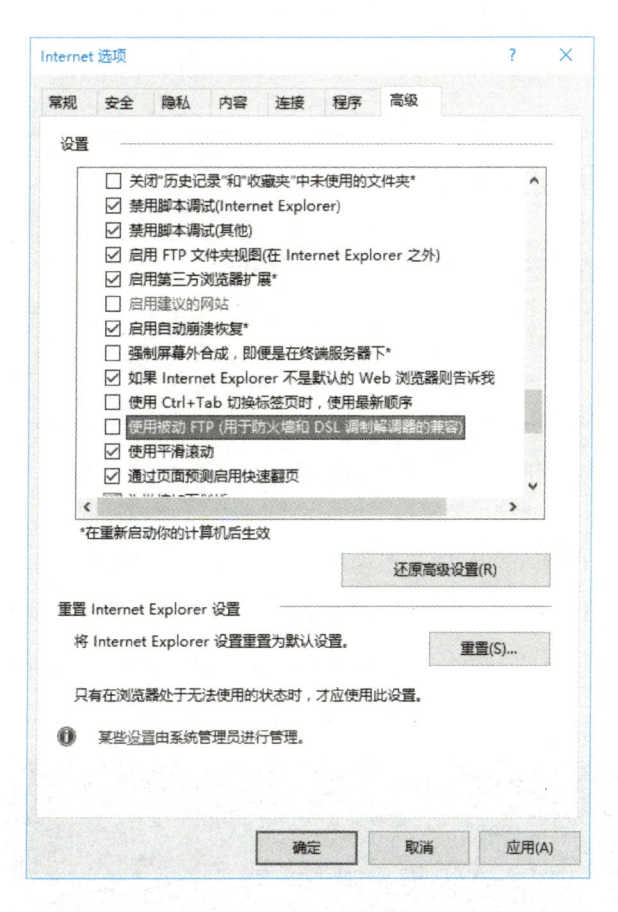

图 9-15 "Internet 选项"对话框

重新启动浏览器即可使以上设置生效。

☞ 步骤 6 在客户端测试

在客户端计算机,打开 IE 浏览器,在地址栏输入"ftp://192.168.31.111",会看到步骤 3 在"C:\inetpub\ftproot"文件夹下建立的"测试 FTP 文件.txt"文件,如图 9-16 所示。

单击该文件的超链接会显示该文件的内容"这是一个在 192.168.31.111 服务器上的 FTP 站点的测试文件。",与步骤 3 输入的内容一致,如图 9-17 所示。

253

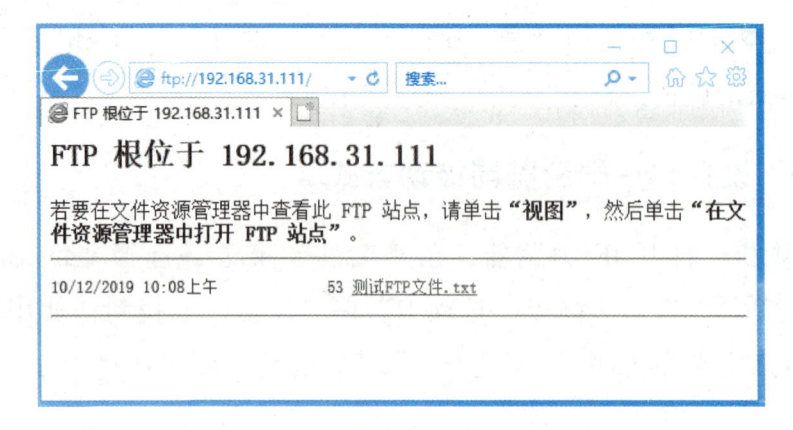

图 9-16　IE 浏览器中的内容

图 9-17　"测试 FTP 文件.txt"文件的内容

也可以使用命令方式测试，单击"开始"→"运行"命令，输入"cmd"，弹出命令窗口。输入"ftp 192.168.31.111"，在用户名后输入用户名"first"和密码，直接按回车键即可，在"ftp>"后面输入"dir"命令，会看到步骤 3 建立的这个文件，如图 9-18 所示。

图 9-18　在命令窗口测试 FTP 的情况

通过以上两种方法都证明 FTP 站点运行正常。

步骤 7　查看当前连接的用户

回到"WebServer"服务器上,打开"Internet 信息服务(IIS)管理器"控制台,选中"Ftp 站点"项,控制台的中间会出现"Ftp 站点主页"项,如图 9-19 所示。

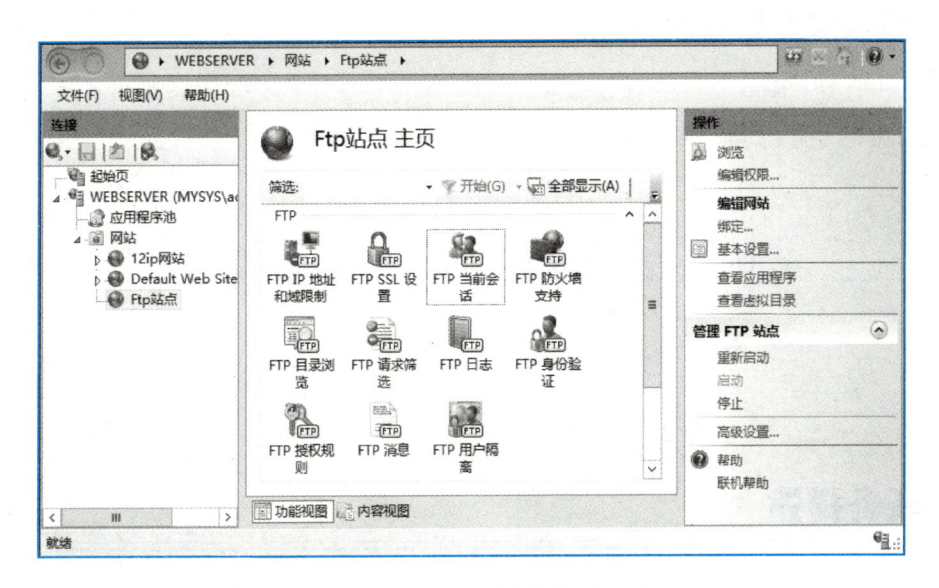

图 9-19　Ftp 站点主页

单击"Ftp 站点主页"中间的"FTP 当前会话",控制台的中间会出现 FTP 当前会话的内容,如图 9-20 所示。

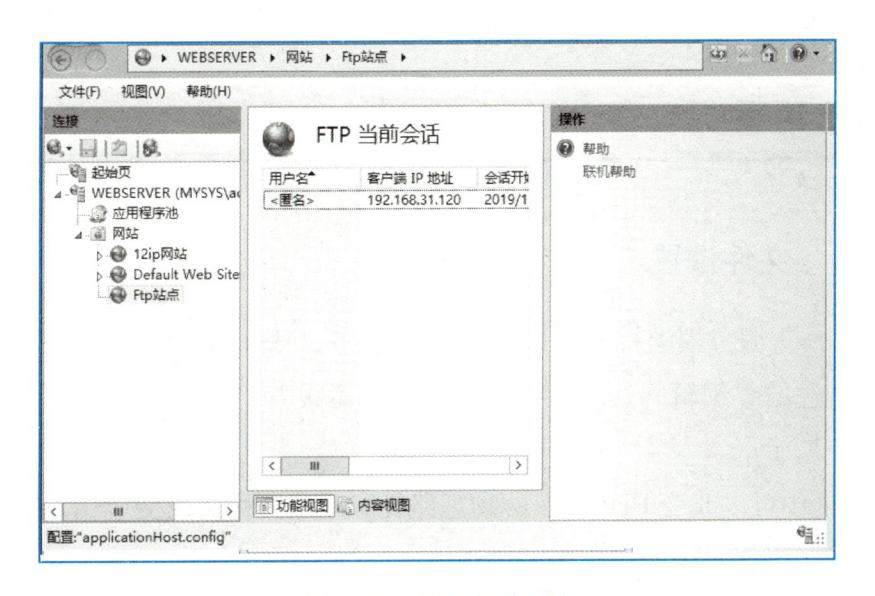

图 9-20　FTP 当前会话

在该内容中会看到,已经连接该服务器站点的计算机的 IP 地址等内容,从另外一个侧面说明 FTP 站点连接是正常的。

举一反三

1. 在服务器上安装 FTP 服务器。
2. 新建一个 FTP 站点。
3. 使用浏览器访问 FTP 服务器。

任务 2 FTP 站点的基本设置

任务描述

FTP 服务器站点可以通过改变文件的位置、编辑绑定设置、进行消息设置、通过 IP 地址限制用户登录、FTP 身份验证等方式设置 FTP 站点，实现站点的个性化。

本任务就是介绍以上内容，使读者更好地掌握 FTP 服务器的使用。

自己动手

☞ 步骤 1 文件位置

在"WebServer"服务器上打开"Internet 信息服务（IIS）管理器"控制台，选中新建的 Ftp 站点，在最右边的"编辑网站"下面，单击"基本设置"超链接，弹出"编辑网站"对话框，如图 9-21 所示。

在这个对话框中可以改变 FTP 站点的物理路径、网站名称及改变应用程序池等内容。

☞ 步骤 2 FTP 站点的绑定

在"WebServer"服务器上，打开"Internet 信息服务（IIS）管理器"控制台，选中"Ftp 站点"，右击，在弹出的右键快捷菜单中单击"编辑绑定"命令，弹出"网站绑定"对话框，如图 9-22 所示。

图 9-21 "编辑网站"对话框

图 9-22 "网站绑定"对话框

选中该网站,单击右边的"编辑"按钮,弹出"编辑网站绑定"对话框,如图 9-23 所示。

图 9-23 "编辑网站绑定"对话框

在此对话框中可以修改绑定的 IP 地址、端口号,添加或编辑主机名等。

☞ 步骤 3　FTP 站点的消息设置

选中"Ftp 站点",单击中间的"FTP 消息"图标,在中间会显示"FTP 消息"的内容,

项目 9　配置 FTP 服务器

如图 9-24 所示。

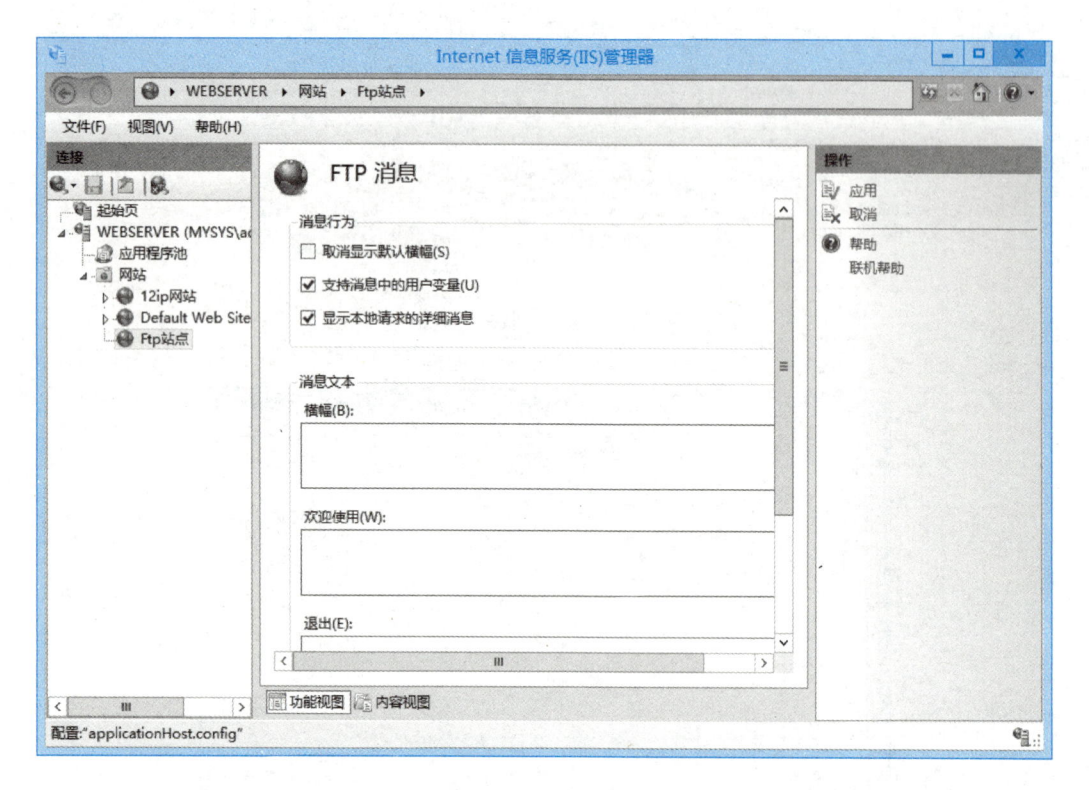

图 9-24　FTP 消息

这里可以勾选"支持消息中的用户变量"复选框，在消息中就可以使用用户变量了。

"横幅"中的内容是用户连接 FTP 站点时先看到的文字，本例为"注意：本站点仅供试用，不提供版权"。

"欢迎使用"中的内容是用户登录到 FTP 站点后会看到的文字，本例为"欢迎 %username% 访问 %sitename%"，其中 %username% 等为用户变量。

"退出"中的内容是在退出时显示的文字，本例为"再见 %username%"。

"最大连接数"中显示的内容是在登录的用户数量超过最大连接数量时显示的文字，本例为"本网站繁忙，稍后访问"。

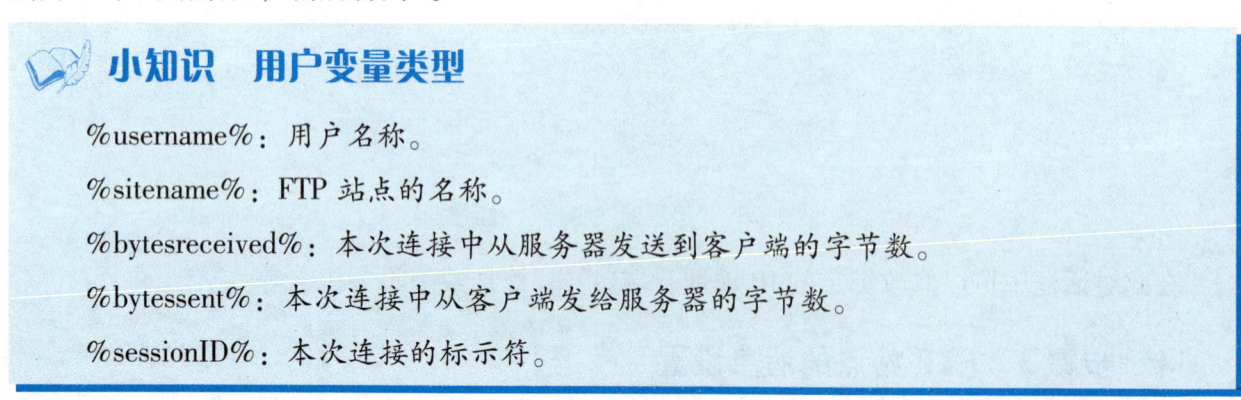

> **小知识　用户变量类型**
>
> %username%：用户名称。
>
> %sitename%：FTP 站点的名称。
>
> %bytesreceived%：本次连接中从服务器发送到客户端的字节数。
>
> %bytessent%：本次连接中从客户端发给服务器的字节数。
>
> %sessionID%：本次连接的标示符。

步骤 4　通过 IP 地址限制连接

选中"Ftp 站点",单击中间的"FTP IP 地址和域限制"图标,在中间会显示"FTP IP 地址和域限制"的内容,如图 9-25 所示。

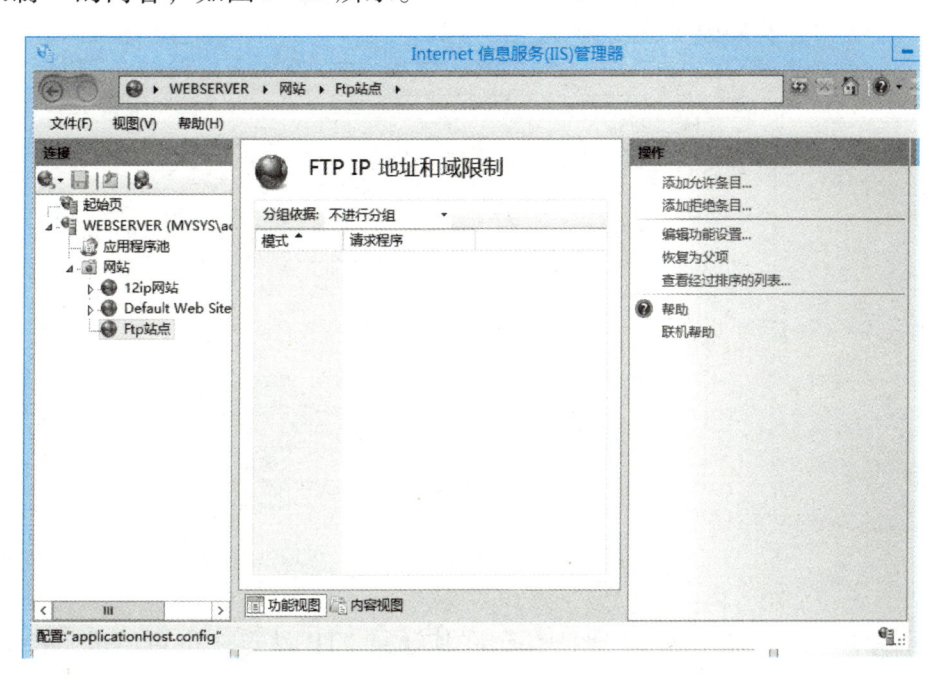

图 9-25　FTP IP 地址和域限制

单击右边的"添加拒绝条目"超链接,弹出"添加拒绝限制规则"对话框,如图 9-26 所示。

图 9-26　"添加拒绝限制规则"对话框

在此对话框中可以添加单个 IP 地址,限制其登录 FTP 站点,也可以限制一定范围的 IP 地址登录 FTP 站点。输入完成后,单击"确定"按钮,回到图 9-25 所示的控制台中。

项目 9　配置 FTP 服务器

单击右边"添加允许条目"超链接，弹出"添加允许限制规则"对话框，如图 9-27 所示。

图 9-27　"添加允许限制规则"对话框

在此对话框中可以添加单个 IP 地址，允许其登录 FTP 站点，也可以允许一定范围的 IP 地址登录 FTP 站点。输入完成后，单击"确定"按钮，回到图 9-25 所示的控制台中。

> **提个醒**
>
> 正常情况下，所有的 IP 地址计算机都可以登录。之所以添加允许条目，是在添加了拒绝条件之后，又想允许拒绝条件中的一部分 IP 地址的计算机登录才使用的。就是说，如果没有拒绝限制，或者在拒绝限制中只有单个 IP 地址，则不用本规则。

步骤 5　FTP 身份验证

选中"Ftp 站点"，单击中间的"FTP 身份验证"图标，在中间会显示"FTP 身份验证"的内容，如图 9-28 所示。

选中"匿名身份验证"项，单击右边的"禁用"就可以禁用匿名身份验证，如果已经禁用，则在右边会显示"启用"标志，单击"启用"就可以启用匿名身份验证。对于基本身份验证也是如此。

步骤 6　测试站点的使用

在客户端计算机，打开 IE 浏览器，在地址栏输入"ftp://192.168.31.111"就不会直接

任务 2　FTP 站点的基本设置

图 9-28　FTP 身份验证

出现服务器中"C:\inetpub\ftptoot"目录的内容，而是弹出用户登录对话框，如图 9-29 所示。

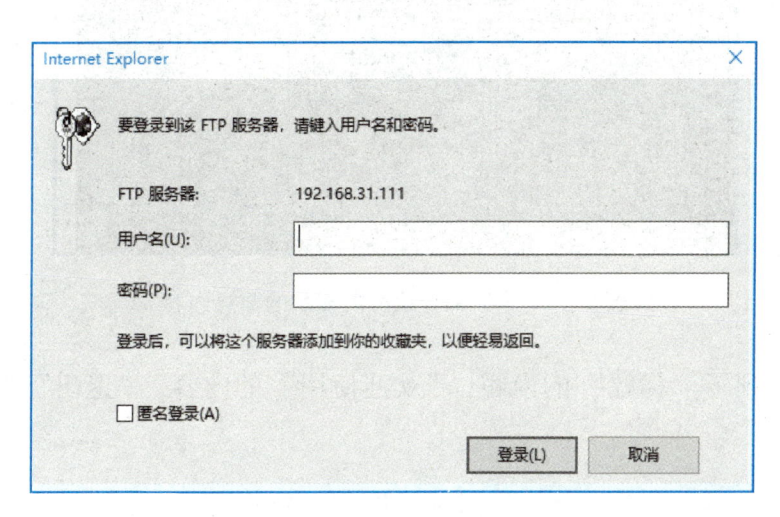

图 9-29　用户登录对话框

在"用户名"文本框中输入"first"，在"密码"文本框中输入 first 用户的密码，单击"登录"按钮，稍等片刻，在 IE 浏览器中就会出现如图 9-30 所示内容。

在此可以看到比图 9-16 多了一行"欢迎 first 访问 Ftp 站点"的内容，这是因为消息"欢迎使用"中设置了内容。

同样的，可以使用命令方式，使用 second 用户登录该 FTP 站点，并退出该站点的情况过程，如图 9-31 所示。

261

项目 9　配置 FTP 服务器

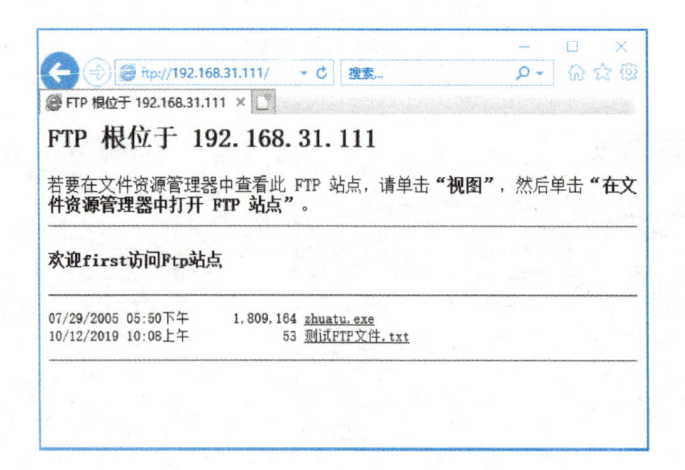

图 9-30　IE 浏览器的内容

图 9-31　FTP 命令执行后显示的消息内容

从图中可以看到了"横幅"的内容,"欢迎使用"的内容,"退出"的内容,与步骤 3 设置的一致。

举一反三

1. 设置你的 FTP 站点,使访问权限为不准匿名访问。
2. 设置你的 FTP 站点消息内容等信息,使 FTP 网站更有特色。
3. 尝试设置你的 FTP 站点,使一些 IP 地址不能访问新建立的 FTP 站点。

任务3　新建多个FTP站点

任务描述

一个FTP服务器可以建立很多FTP站点，并且通过权限、安全性等不同的设置，使得一些用户可以修改、上传文件到服务器，也可以通过物理目录、虚拟目录等方式使用FTP服务。

本任务就是介绍以上内容，使读者更好地掌握FTP服务器的使用。

自己动手

☞ 步骤1　新建FTP站点主目录

在"WebServer"服务器的磁盘上新建一个文件夹，把该文件夹作为存放新建FTP文件的主目录，本例是在"C"盘的"inetpub"目录下建立一个名为"secftproot"的文件夹，以备新建站点时使用。

在此文件夹下建立"测试FTP文件2.txt"的文本文件，其内容为"这是第二个在192.168.31.111服务器上的FTP站点，虚拟主机名为second的测试文件。"，以便在下面测试。

☞ 步骤2　新建FTP站点

在"WebServer"服务器上，打开"Internet信息服务（IIS）管理器"控制台，选中"网站"，右击，在弹出的右键快捷菜单中选择"添加FTP站点"命令，弹出"添加FTP站点-站点信息"对话框，如图9-32所示。

在"FTP站点名称"文本框中输入站点的名称，如"第二个FTP站点"，在"物理路径"选择FTP站点的物理路径，本例为"C:\inetpub\secftproot"，单击"下一步"按钮，弹出"添加FTP站点-绑定和SSL设置"对话框，如图9-33所示。

在"IP地址"文本框中输入本服务器的IP地址"192.168.31.111"，在"端口"文本

项目 9　配置 FTP 服务器

图 9-32　"添加 FTP 站点-站点信息"对话框

图 9-33　"添加 FTP 站点-绑定和 SSL 设置"对话框

框中仍然输入默认的"21"端口,在下面选中"启用虚拟主机名"复选框,在"虚拟主机"文本框输入虚拟主机的名称,本例为"second"。下面仍然选中"无 SSL"单选按钮,单击"下一步"按钮,弹出"添加 FTP 站点-身份验证和授权信息"对话框,如图 9-34 所示。

在"身份验证"下面只勾选"基本"复选框,不勾选"匿名"复选框,表示不允许匿名登录。在允许访问下面选中"指定用户"项,在用户名处输入可以登录的用户名,本例为"second"用户,在"权限"的下面选中"读取"和"写入"两个复选框,单击"完成"按钮,完成第二个 FTP 站点的建立。

☞ **步骤 3　设置站点权限**

选中刚建立的"第二个 FTP 站点"项,右击,在弹出的右键快捷菜单中单击"编辑权限"命令,弹出"secftproot 属性"对话框,如图 9-35 所示。

图 9-34 "添加 FTP 站点-身份验证和授权信息"对话框

图 9-35 "secftproot 属性"对话框

选择"共享"选项卡，单击下面的"共享"按钮，弹出"选择要与其共享的网络上的用户"对话框，如图 9-36 所示。

在用户名下输入要登录的用户名"second"，单击"添加"按钮，"second"用户就会添加到共享的目录中，如图 9-37 所示。

选中"second"用户，单击后面的下拉列表按钮，选择"读取/写入"项，使得"second"用户对"C:\inetpub\secftproot"文件夹有读写权限，单击"共享"按钮，弹出"你的文件夹已共享"对话框，如图 9-38 所示。

单击"完成"按钮完成权限的编辑。

项目 9　配置 FTP 服务器

图 9-36　"选择要与其共享的网络上的用户"对话框

图 9-37　已添加用户的"选择要与其共享的网络上的用户"对话框

图 9-38　"你的文件夹已共享"对话框

步骤 4　在客户端登录第二个站点

在客户端计算机，打开 IE 浏览器，在地址栏输入"ftp://192.168.31.111"，由于本 IP 地址有两个 FTP 站点，由于第一个没有虚拟主机名，直接用用户名登录即可。第二个 FTP 站点，使用"虚拟主机名|用户名"的方式登录即可，如图 9-39 所示。

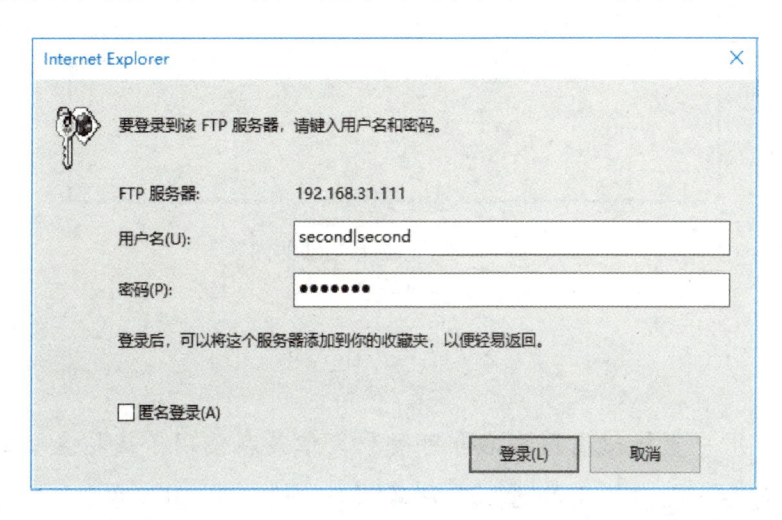

图 9-39　用户登录对话框

在"用户名"文本框中输入"second|second"用户名，在"密码"文本框中输入 second 用户的密码，单击"登录"按钮，稍等片刻，在 IE 浏览器中就会出现步骤 1 建立的文件，如图 9-40 所示。

图 9-40　IE 浏览器的内容

单击"测试 FTP 文件 2.txt"，浏览器会出现文件的内容，如图 9-41 所示。

从该内容上看，就是步骤 1 中在"测试 FTP 文件 2.txt"文件中建立的内容，说明现在登录的就是第二个 FTP 站点。

项目 9 配置 FTP 服务器

图 9-41 浏览器上文件的内容

> **提个醒**
>
> 一般情况下，用户直接使用用户名即可登录。但是在使用了虚拟主机的 FTP 站点登录时，用户名的前面要加上虚拟主机名。用户名"second|second"中第一个"second"为虚拟主机的名称，第二个"second"为用户名。

☞ 步骤 5 使用 FTP 命令传送文件

1. 建立测试文件和测试文件夹

在客户端计算机，建立一个名为"shiyan"的文件夹，在文件夹内建立一个文件，可以是任何文件，最好是文本文件，以方便验证。

2. 进入到测试文件夹内

进入到命令方式，使用"cd\shiyan"命令进入"shiyan"文件夹内，就是出现"C:\shiyan"这样的提示符。

3. 使用命令方式登录 FTP

输入"ftp 192.168.31.111"命令，会出现连接成功的提示，在"用户"的后面输入"second|second"这样的用户名，在"密码"处输入 second 用户的密码（注意：输入密码不显示任何字符，直接输入后按回车键即可），如果出现"230 user logged in"的字符，表示登录成功。

4. 上传文件

在"ftp>"提示符下，输入"send 文件名"命令即可把该文件上传到 FTP 服务器上。上传成功后，会出现发送了多少字节、用了多长时间等提示信息。

5. 下载文件

在"ftp>"提示符下，输入"get 文件名"命令就把 FTP 服务器上的文件下载到了本地计算机中。下载成功后，也会出现收到了多少字节、用了多长时间等提示信息。

具体过程如图9-42所示。

图9-42 文件上传和下载的过程

6. 分别查看结果

到客户端计算机的"C:\shiyan"文件夹内，查看下载的文件。

到服务器的"C:\inetpub\secftproot"文件夹内，查看上传的文件。

举一反三

1. 在服务器上安装一个新的FTP站点，并给其设置访问权限。
2. 使用浏览器访问该FTP站点，并上传和下载一些文件。

任务4　安装并设置FTP客户端软件

任务描述

FTP服务器建成后，用户就可以访问了。FTP文件服务器的访问可以利用Web浏览方法

和命令的方式。但是这两种方式都有局限性，存在操作复杂、不能够多个站点同时操作等缺点。

利用专门的 FTP 客户端软件访问 FTP，是大多数用户的选择。这些软件具有操作方便、功能强大、保密性好等特点，而且一般都可以多站点操作。现在常用的 FTP 客户端软件有 CuteFTP、LeapFTP 等。

本任务就是通过介绍 FTP 客户端软件 CuteFTP 的使用，使读者基本掌握访问 FTP 服务器的方法。

自己动手

☞ 步骤 1 安装 FTP 客户端软件

CuteFTP 是一个 FTP 客户端软件，它有很多版本，从 3.x 到 9.0 并有 XP、Pro 等之分，本例以 CuteFTP 8.3 professional 版本为例讲解 CuteFTP 软件的安装与使用。

从官方网站下载 CuteFTP 8.3 professional For Windows 版本，即 CuteFTPpro.exe 文件，复制到客户端计算机上。它是一个可执行文件，双击，弹出欢迎使用 CuteFTP 对话框，如图 9-43 所示。

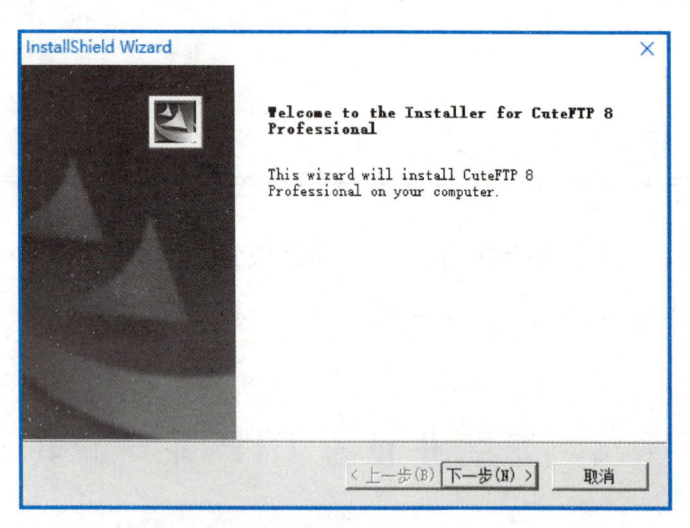

图 9-43 欢迎使用 CuteFTP 对话框

单击"下一步"按钮，弹出"许可证协议"对话框，如图 9-44 所示。

单击"是"按钮后，会弹出"选择目的地位置"对话框，如图 9-45 所示。

一般不再另行选择，单击"下一步"按钮，弹出"安装类型"对话框，如图 9-46 所示。

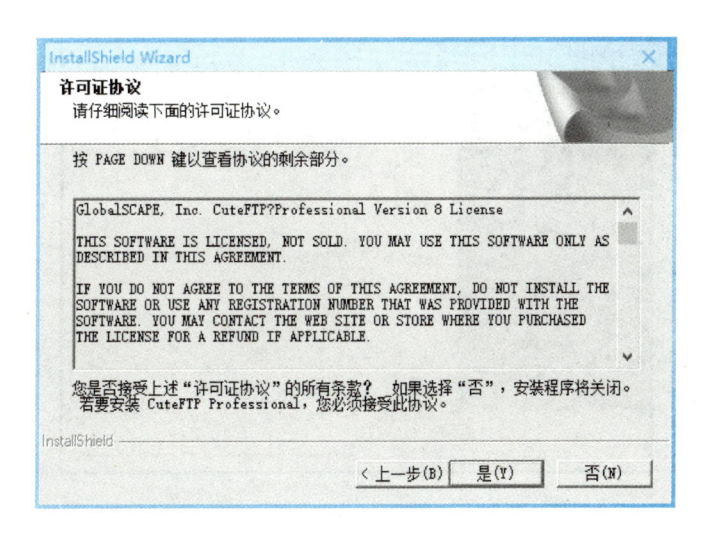

图 9-44 "许可证协议"对话框

图 9-45 "选择目的地位置"对话框

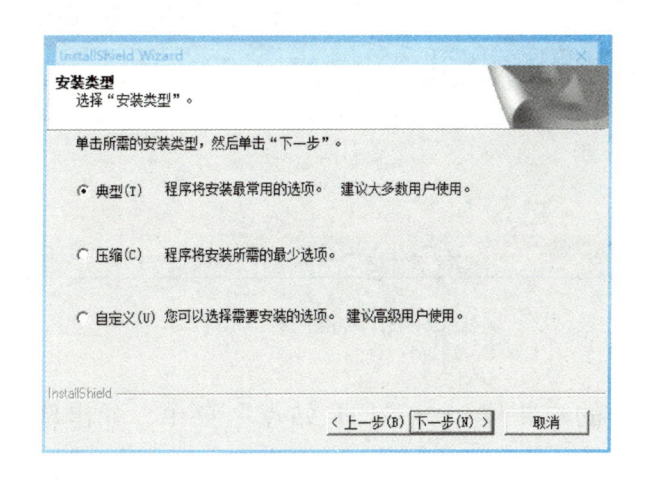

图 9-46 "安装类型"对话框

一般选择"典型"单选按钮,单击"下一步"按钮,弹出正在安装 CuteFTP 对话框,稍等片刻安装即完成,弹出完成安装对话框,如图 9-47 所示。

单击"完成"按钮完成软件的安装。该软件为共享软件,试用期为一个月,在一个月内用户可以购买该软件,或删除之。当然,在试用期间每次使用前都会弹出购买确认窗口。

项目 9 配置 FTP 服务器

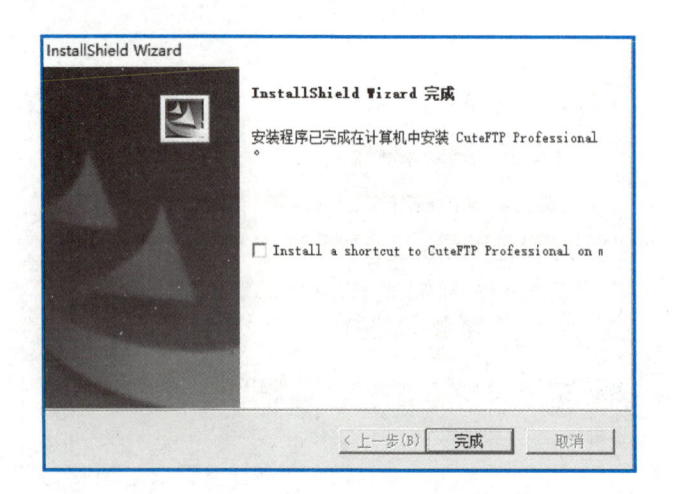

图 9-47 完成安装对话框

☞ **步骤 2 新建与配置站点**

依次单击菜单"开始"→"所有程序"→"GlobalSCAPE"→"CuteFTP 8 Professional",打开 CuteFTP 程序,弹出 CuteFTP 主窗口,如图 9-48 所示。

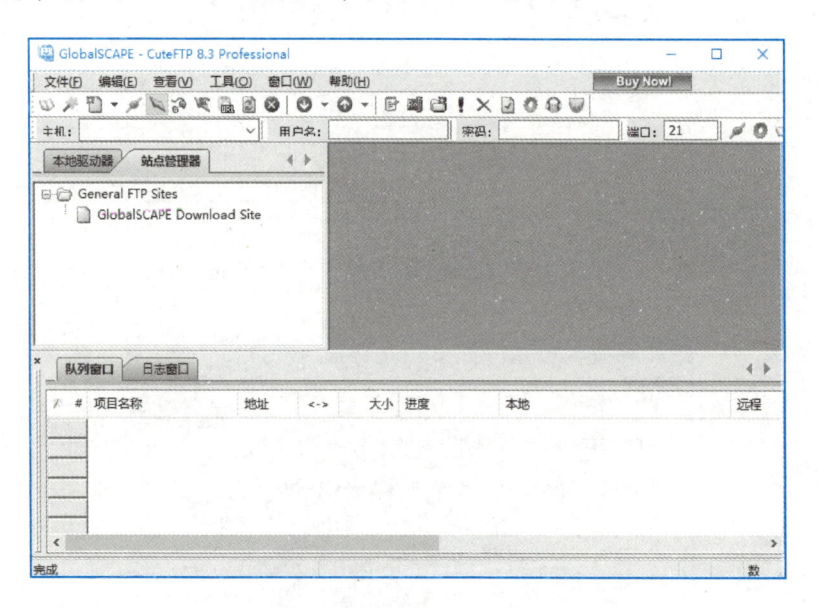

图 9-48 CuteFTP 主窗口

选择"文件"菜单下的"新建"→"FTP 站点"菜单,弹出新建 FTP 站点对话框,如图 9-49 所示。

选择"一般"选项卡,在"标签"文本框中输入网站的标签,内容不影响设置,建议使用一个网站名称,本例为"第二个 FTP 站点";在"主机地址"文本框中输入 FTP 服务器的 IP 地址或域名(本例为 192.168.31.111);在"用户名"文本框中输入要登录的用户名(本例为"second|second");在"密码"文本框中输入该用户名的密码;在"登录方法"处选择"普通"单选按钮。

272

图 9-49　新建 FTP 站点对话框

设置完成后，单击"连接"按钮，稍等片刻，客户端就和 FTP 服务器连接成功了。

☞ 步骤 3　上传文件

连接成功后，CuteFTP 主窗口如图 9-50 所示。

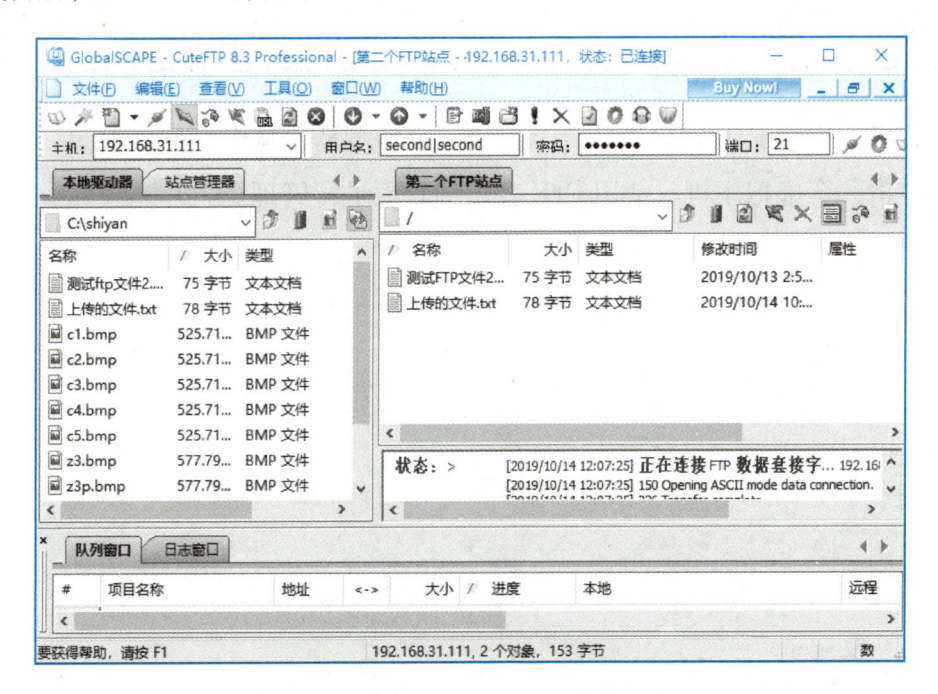

图 9-50　连接成功后的 CuteFTP 主窗口

在这个窗口中，上面一排显示了主机 IP 地址、用户名、密码、端口号等内容。下面左边部分为本地磁盘的内容，右边就是 FTP 站点的内容，即服务器"C：\inetpub \ secftproot"中的内容，可以看到，其内容与原来建立的内容是一样的。

如果想上传文件或目录，只需要在左边的本地窗口中选中一个文件或文件夹，用鼠标拖动到右边的 FTP 站点窗口，松开鼠标即可将本地文件上传到服务器上。此部分也支持 Shift 键和 Ctrl 键多选文件或文件夹。

☞ 步骤 4　删除文件

删除文件更是简单，在右边窗口，即服务器上 FTP 站点窗口选中要删除的文件，右击，在右键快捷菜单中单击"删除"命令，会弹出警告提示，单击"确定"按钮后即可删除该文件。

☞ 步骤 5　下载文件

下载文件与上传文件很类似，选中右边服务器上 FTP 站点中的文件或目录，用鼠标拖动到左边窗口下相应的目录中即可。

当然，FTP 客户端软件还有很多种，可以使用另外一个软件安装，但使用方法大同小异，这里不再赘述。

举一反三

1. 在计算机上安装 FTP 客户端软件，连接一个服务器，从中上传、下载一些文件。
2. 尝试申请一个虚拟主机，使用 FTP 客户端软件进行管理。

项目 10

配置认证服务器

项目概述：

随着 Internet 的发展，网络事务、网络处理、网上交易等越来越广泛的应用，网络安全问题也更加被重视。尤其在电子商务活动中，必须保证交易双方能互相确认身份，安全传输信息，同时还要防止信息被截获、篡改、假冒交易等情况。网络的安全认证就成了小韩公司一个很重要的任务了。这样，公司又购买了一台服务器专门用于电子证书服务。

Windows Server 2012 的认证主要包括电子证书和网络认证两个方面的认证服务，电子证书用于实现信息在网络传输中的安全，确保信息即便被截获，也不会导致信息泄露。网络认证主要用于实现网络接入的安全认证，如 VPN 和远程接入的安全认证、局域网接入的安全认证、无线网络接入的安全认证等。

项目准备：

为了方便，本项目使用了三台计算机，第一台是域控制器服务器，将域服务器、DNS 和 DHCP 安装在这台计算机上，其 IP 地址为"192.168.31.108"，子网掩码为"255.255.255.0"。第二台是成员服务器，安装了 Web 服务器、FTP 服务器和本项目准备安装的 CA（证书授权中心）服务器，其 IP 地址为"192.168.31.111"，子网掩码为"255.255.255.0"。第三台计算机作为客户端计算机，安装了 Windows 10 操作系统，与上两台服务器网络连通，用于测试。

学习目标：

本项目通过架设 CA 服务器、SSL 网站证书的安装与测试、数字证书的管理 3 个任务来掌握电子证书服务的使用，保证网络传输的安全。

任务 1　架设 CA 服务器

任务描述

为了保证网络信息传输安全,需要对接收者的身份进行验证,并对传输的信息进行加密。通常采用数字证书技术来实现,以保证传输信息的机密性、真实性、完整性和不可否认性。通过部署公钥基础设施(PKI),利用 PKI 提供的密钥体系来实现数字证书签发、身份认证、数字加密和数字签名等功能,从而为网络业务的开展提供安全保证。若要使用证书服务,必须在服务器上安装并部署 CA,然后由用户向该 CA 申请证书,使用公开密钥和私有密钥对要传送的信息进行加密和身份验证。

小知识　数字证书

数字证书就是标志网络用户身份信息的一系列数据,用来在网络通信中识别通信各方的身份,即要在 Internet 上解决"我是谁"的问题,就如同现实中我们每一个人都要拥有一张证明个人身份的身份证一样,以表明我们的身份。

数字证书是由权威公正的第三方机构即 CA 中心签发的,以数字证书为核心的加密技术可以对网络上传输的信息进行加密和解密、数字签名和签名验证,确保网上传递信息的机密性、完整性,以及交易实体身份的真实性,签名信息的不可否认性,从而保障网络应用的安全性。数字证书采用公钥密码体制,即利用一对互相匹配的密钥进行加密、解密。每个用户拥有一把仅为本人所掌握的私有密钥(私钥),用它进行解密和签名;同时拥有一把公共密钥(公钥)并可以对外公开,用于加密和验证签名。当发送一份保密文件时,发送方使用接收方的公钥对数据加密,而接收方则使用自己的私钥解密,这样,信息就可以安全无误地到达目的地了,即使被第三方截获,由于没有相应的私钥,也无法进行解密。通过数字的手段保证加密过程是一个不可逆过程,即只有用私有密钥才能解密。

PKI 是一套基于公钥的加密技术,为电子商务、电子政务等提供安全服务的技术和规范。它是通过使用公钥加密对参与电子交易的每一方的有效性进行验证和身份验证的数字证书颁发机构和其他注册机构。它包括认证机构、数字证书库、密钥备份及恢复系统、证书吊销系统、PKI 应用接口系统、Web 安全服务、电子交易系统、安全电子邮件和 VPN 的安全认证等。

自己动手

☞ 步骤 1　安装 CA 证书服务器

打开域控制器，配置好活动目录，安装好 DNS 和 DHCP 服务，使该服务器处于开机状态。

打开成员服务器，以域超级用户登录，安装好 Web 服务，准备以下操作。

打开"服务器管理器-仪表板"窗口，单击中间的"添加角色和功能"超链接，弹出"添加角色和功能向导-开始之前"窗口，如图 10-1 所示。

图 10-1　"添加角色和功能向导-开始之前"窗口

单击"下一步"按钮，弹出"添加角色和功能向导-选择安装类型"窗口，如图 10-2 所示。

本项选择"基于角色或基于功能的安装"单选按钮，单击"下一步"按钮，弹出"添加角色和功能向导-选择目标服务器"窗口，如图 10-3 所示。

选中唯一的服务器，单击"下一步"按钮，弹出"添加角色和功能向导-选择服务器角色"窗口，选中"Active Directory 证书服务"复选框，弹出"添加角色和功能向导-添加 Active Directory 证书服务所需的功能"对话框，如图 10-4 所示。

项目 10　配置认证服务器

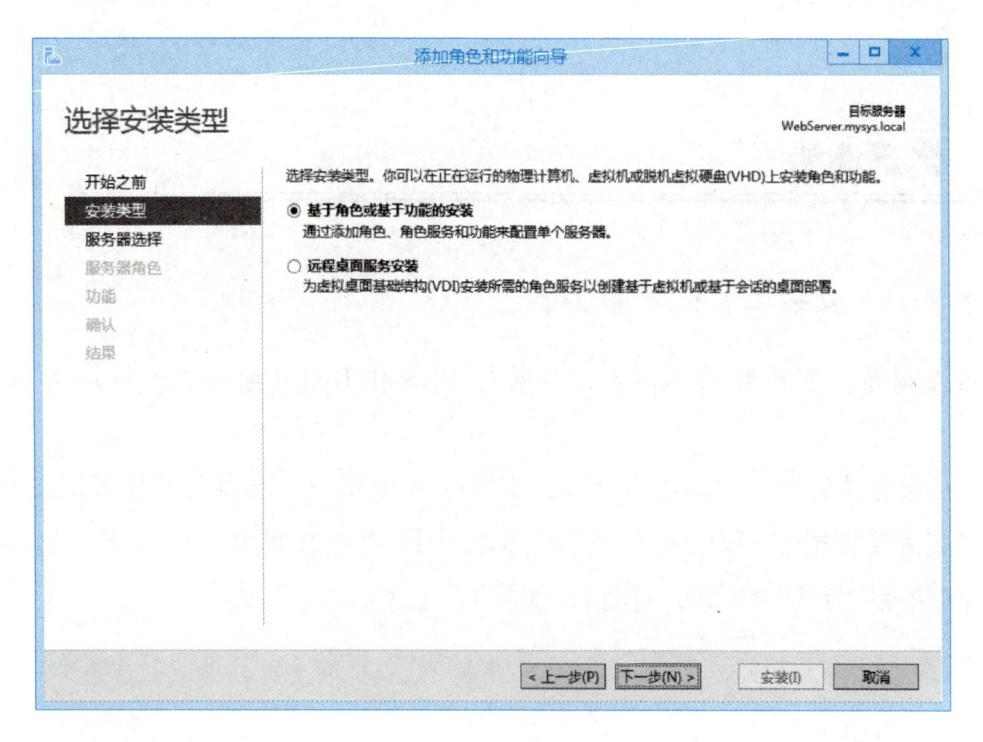

图 10-2 "添加角色和功能向导-选择安装类型"窗口

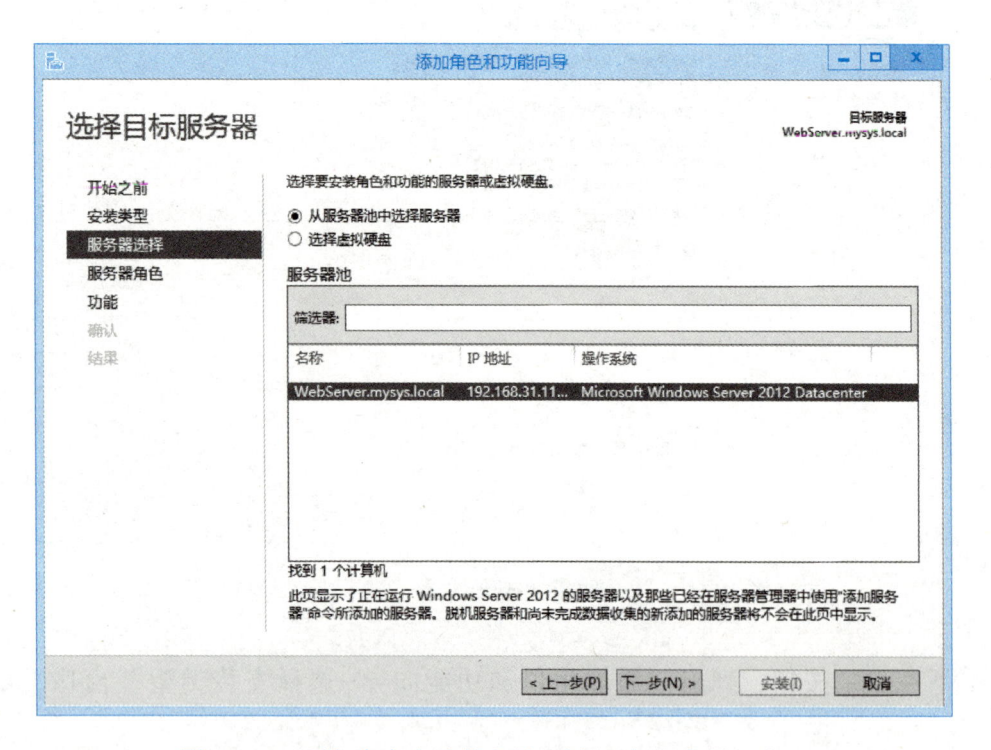

图 10-3 "添加角色和功能向导-选择目标服务器"窗口

单击"添加功能"按钮，回到"添加角色和功能向导-选择服务器角色"窗口，可以看到"Active Directory 证书服务"复选框被选中，如图 10-5 所示。

单击"下一步"按钮，弹出"添加角色和功能向导-选择功能"窗口，如图 10-6 所示。

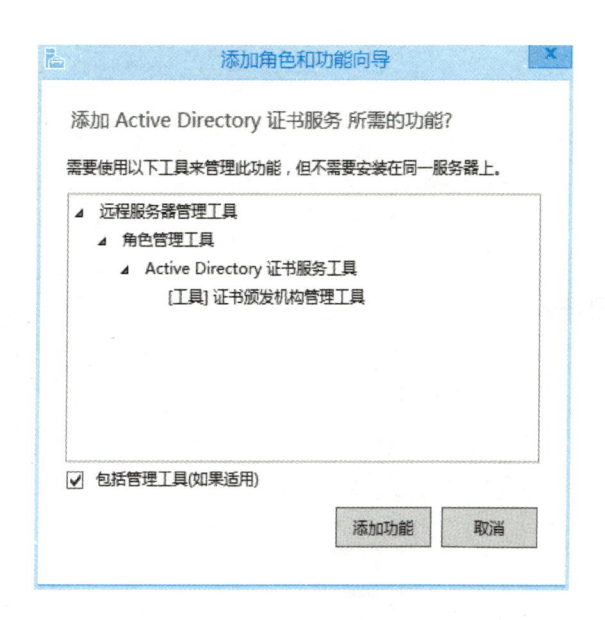

图 10-4 "添加角色和功能向导-添加 Active Directory 证书服务所需的功能"对话框

图 10-5 "添加角色和功能向导-选择服务器角色"窗口

本项不用选择，单击"下一步"按钮，弹出"添加角色和功能向导-Active Directory 证书服务"窗口，如图 10-7 所示。

本项不用选择，单击"下一步"按钮，弹出"添加角色和功能向导-选择角色服务"窗口，如图 10-8 所示。

在此页选择"证书颁发机构"和"证书颁发机构 Web 注册"复选框，单击"下一步"按钮，弹出"添加角色和功能向导-确认安装所选内容"窗口，如图 10-9 所示。

项目 10　配置认证服务器

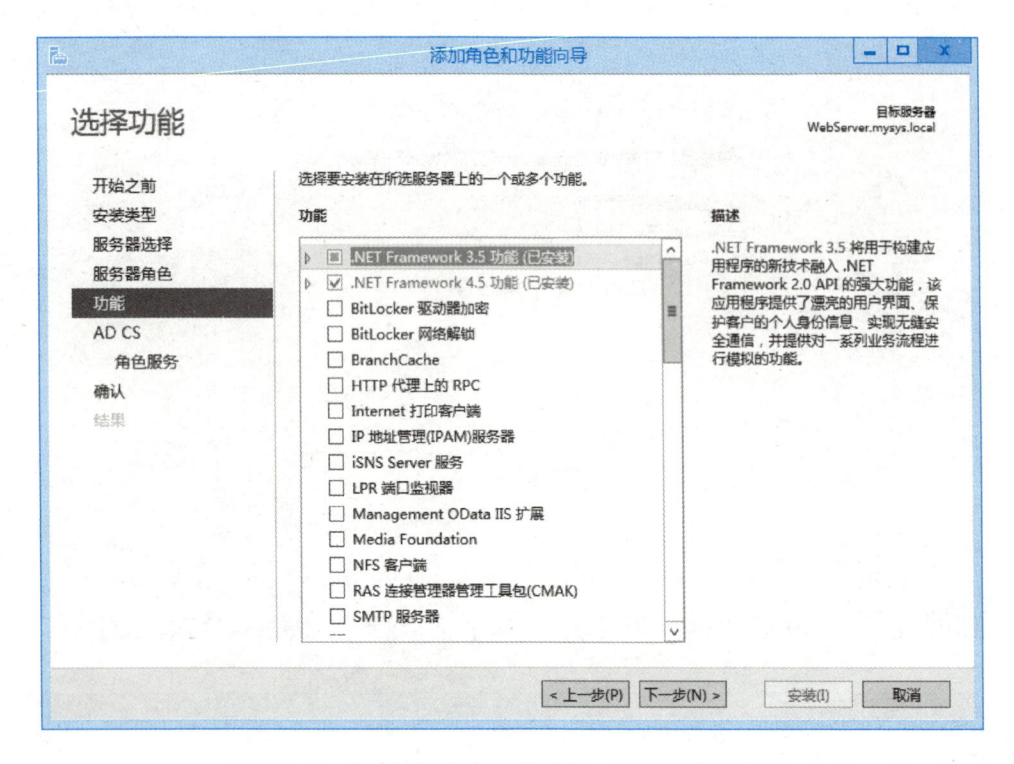

图 10-6　"添加角色和功能向导-选择功能"窗口

图 10-7　"添加角色和功能向导-Active Directory 证书服务"窗口

　　本项不用选择，单击"下一步"按钮，弹出"添加角色和功能向导-安装进度"窗口，稍等一会儿，角色和功能添加成功，如图 10-10 所示。

　　单击"关闭"按钮，完成 Active Directory 证书服务的安装。

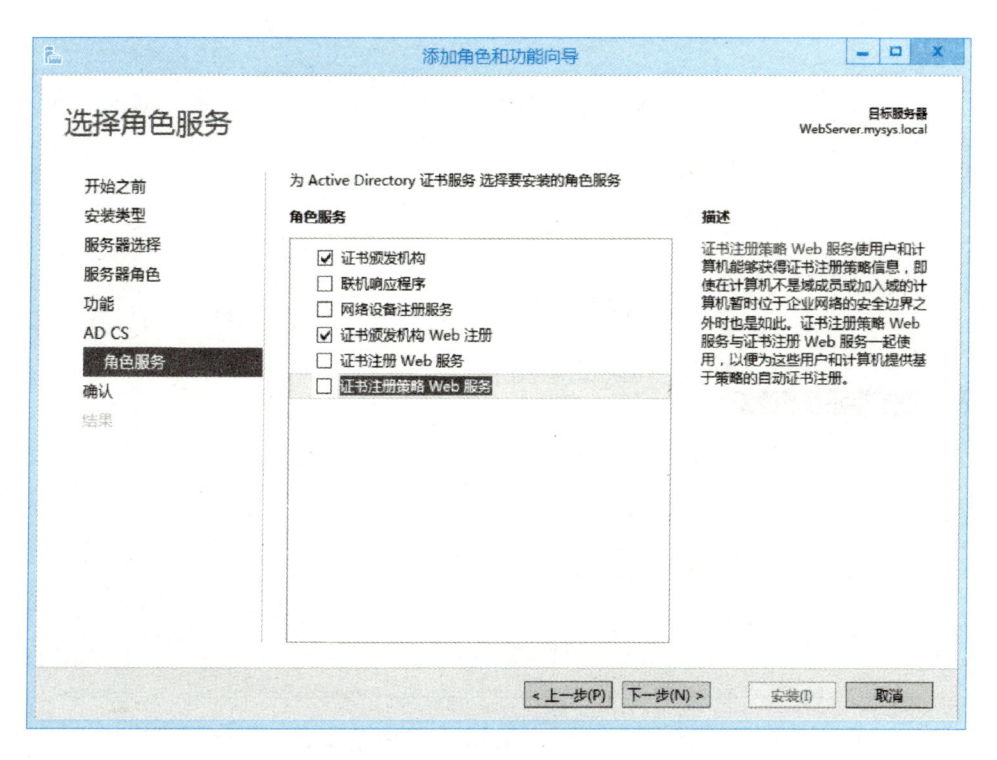

图 10-8 "添加角色和功能向导-选择角色服务"窗口

图 10-9 "添加角色和功能向导-确认安装所选内容"窗口

☞ 步骤 2　配置 Active Directory 证书服务

单击"服务器管理器-仪表板"窗口右上方的黄色感叹号，会弹出部署后配置的内容，如图 10-11 所示。

281

项目 10　配置认证服务器

图 10-10　"添加角色和功能向导-安装进度"窗口

图 10-11　部署后配置

单击"配置目标服务器上的 Active Directory 证书服务"超链接，弹出"AD CS 配置-凭据"窗口，如图 10-12 所示。

单击"下一步"按钮，弹出"AD CS 配置-角色服务"窗口，如图 10-13 所示。

选择"证书颁发机构"和"证书颁发机构 Web 注册"复选框，单击"下一步"按钮，弹出"AD CS 配置-设置类型"窗口，如图 10-14 所示。

图 10-12 "AD CS 配置-凭据"窗口

图 10-13 "AD CS 配置-角色服务"窗口

选择"企业 CA"单选按钮,单击"下一步"按钮,弹出"AD CS 配置-CA 类型"窗口,如图 10-15 所示。

项目 10　配置认证服务器

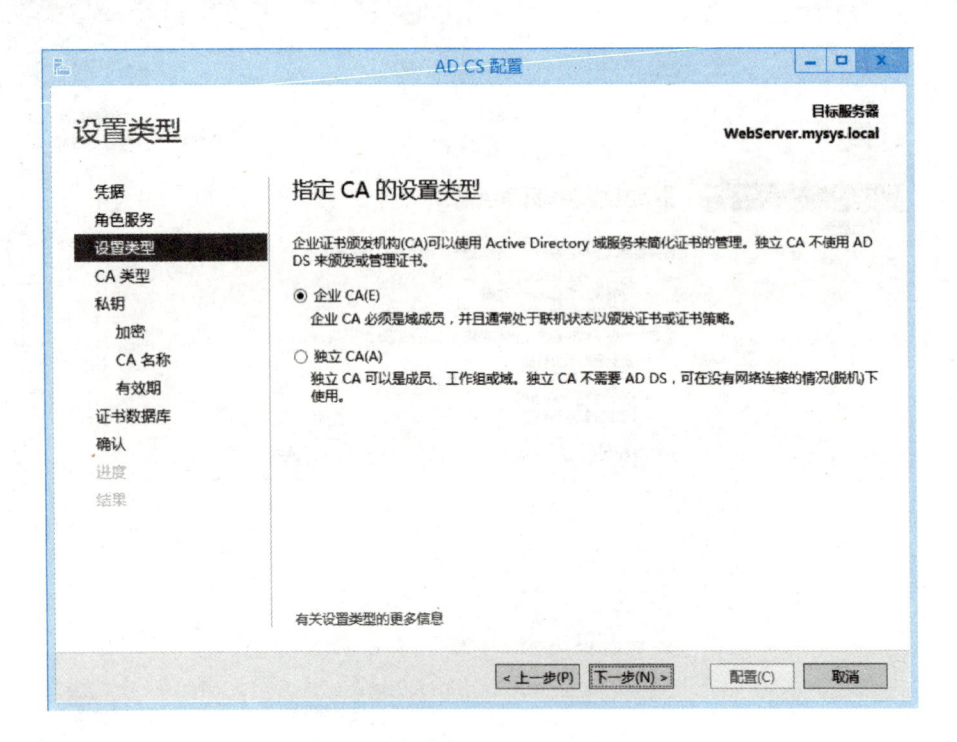

图 10-14　"AD CS 配置-设置类型"窗口

图 10-15　"AD CS 配置-CA 类型"窗口

☞ **步骤 3　设置私钥与配置加密**

选择"根 CA"单选按钮，单击"下一步"按钮，弹出"AD CS 配置-私钥"窗口，如图 10-16 所示。

图 10-16 "AD CS 配置-私钥"窗口

选择"创建新的私钥"单选按钮，单击"下一步"按钮，弹出"AD CS 配置-CA 的加密"窗口，如图 10-17 所示。

图 10-17 "AD CS 配置-CA 的加密"窗口

这个窗口一般修改"密钥长度"，长度越长加密越好，但是越耗费时间和资源，本例使用默认选择。

☞ **步骤 4　配置 CA 名称、有效期、数据库等**

单击"下一步"按钮，弹出"AD CS 配置-CA 名称"窗口，如图 10-18 所示。

图 10-18　"AD CS 配置-CA 名称"窗口

在"此 CA 的公用名称"文本框处输入 CA 服务器的名称，本例为"mysys-WEBSERVER-CA"。在"可分辨名称后缀"文本框中选择默认项。单击"下一步"按钮，弹出"AD CS 配置-有效期"窗口，如图 10-19 所示。

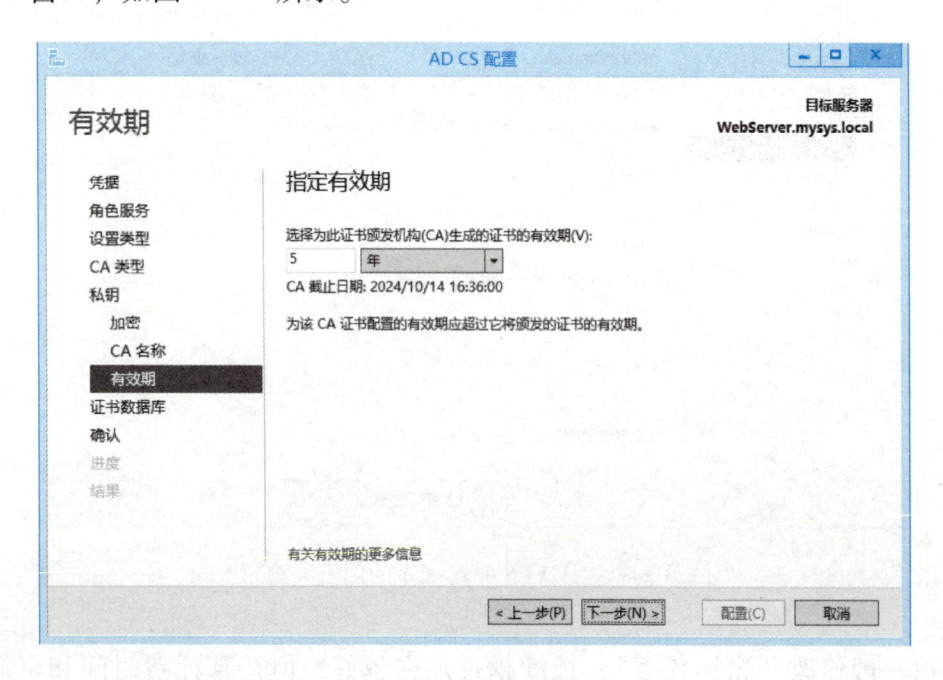

图 10-19　"AD CS 配置-有效期"窗口

有效期默认是 5 年，具体操作时要根据实际需求设置有效期，单击"下一步"按钮，弹出"AD CS 配置-CA 数据库"窗口，如图 10-20 所示。

图 10-20 "AD CS 配置-CA 数据库"窗口

使用默认的数据库位置和日志的位置即可。

☞ 步骤 5　确认并完成 CA 证书服务器的安装

单击"下一步"按钮，弹出"AD CS 配置-确认"窗口，如图 10-21 所示。

图 10-21 "AD CS 配置-确认"窗口

单击"配置"按钮,开始配置系统。等待一会儿,会弹出"AD CS 配置-结果"窗口,如图 10-22 所示。

图 10-22 "AD CS 配置-结果"窗口

单击"关闭"按钮,完成 CA 服务器的配置。

步骤 6　查看"certsrv-[证书颁发机构]"控制台

这时再选择"服务器管理器-仪表板"窗口右上方的"工具"项,会发现多了一个"证书颁发机构"菜单选项,单击,弹出"certsrv-[证书颁发机构]"控制台,如图 10-23 所示。

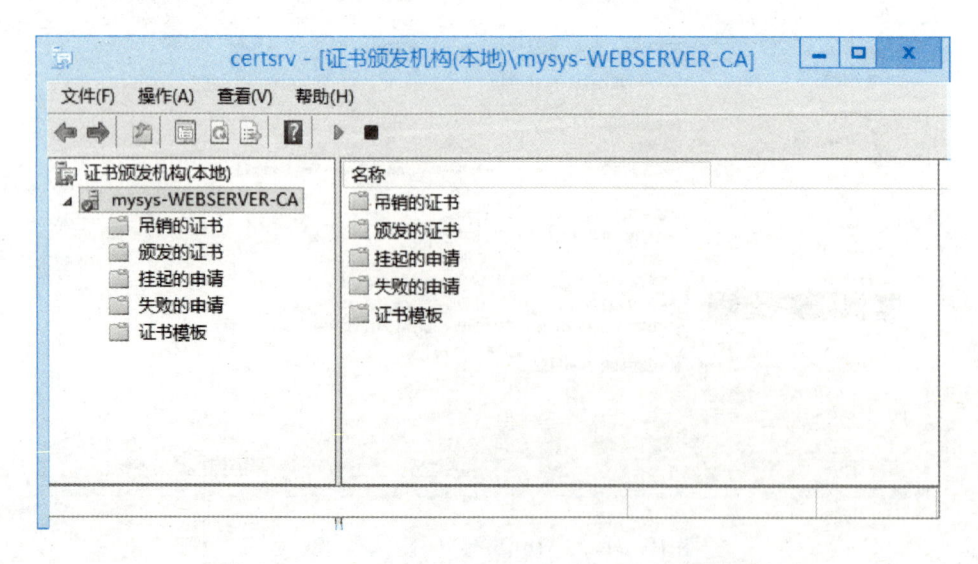

图 10-23 "certsrv-[证书颁发机构]"控制台

使用这个控制台可以管理证书。选择"mysys-WEBSERVER-CA"下的"证书模板"会看到一些发放证书的模板，如图 10-24 所示。

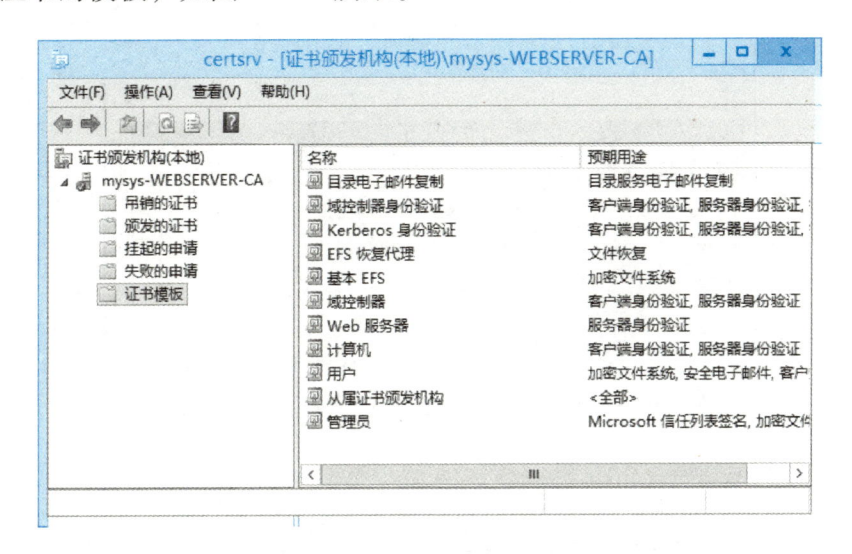

图 10-24 "证书模板"中的内容

企业根 CA 可发放的证书种类有很多，而且它是根据"证书模板"来发放的。从图中可以看到证书有文件加密证书、保护电子邮件安全的证书、验证客户端身份的证书和服务器身份验证证书等。

步骤 7 手动使计算机信任企业 CA

1. 下载 CA 证书链

在客户端计算机上打开浏览器，在地址栏输入证书服务器的 IP 地址，本例为"192.168.31.111/certsrv"，弹出用户登录对话框，输入域用户和密码，会出现安装证书的网页，如图 10-25 所示。

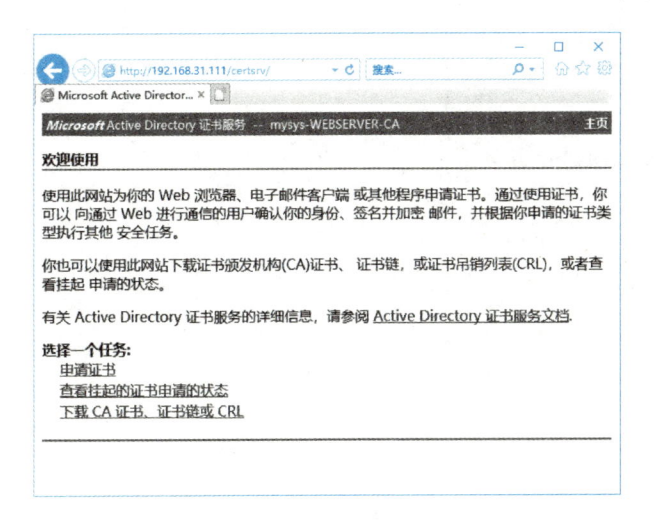

图 10-25 安装证书的网页

在此网页上单击"下载 CA 证书、证书链或 CRL"超链接，出现"下载 CA 证书、证书链或 CRL"网页，如图 10-26 所示。

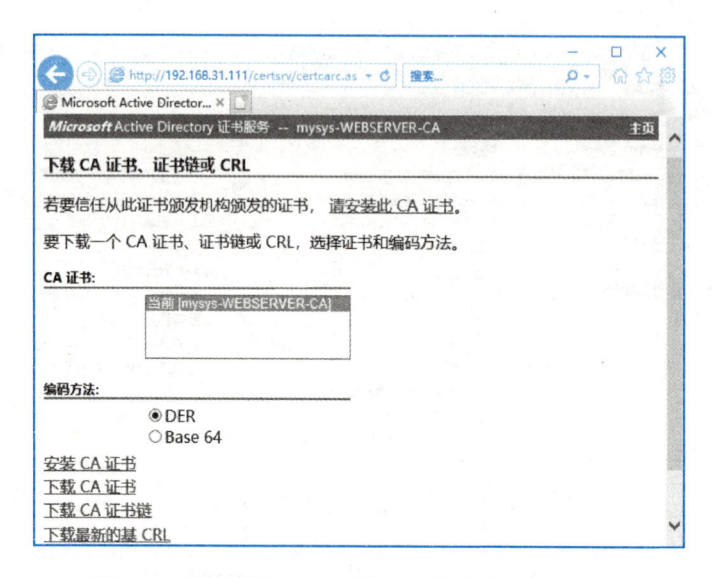

图 10-26 "下载 CA 证书、证书链或 CRL"网页

单击"下载 CA 证书链"超链接，会弹出保存文件对话框，默认文件名为"certnew.p7b"，单击"保存"按钮，给该文件选择一个文件目录保存即可（请记住这个文件和文件位置），关闭浏览器。

2. 添加独立管理单元

仍然在客户端计算机上，单击"开始"→"运行"命令，在其中输入"MMC"，单击"确定"按钮，打开 MMC 控制台。

在该控制台中选择"文件"菜单下的"添加/删除管理单元"命令，如图 10-27 所示。

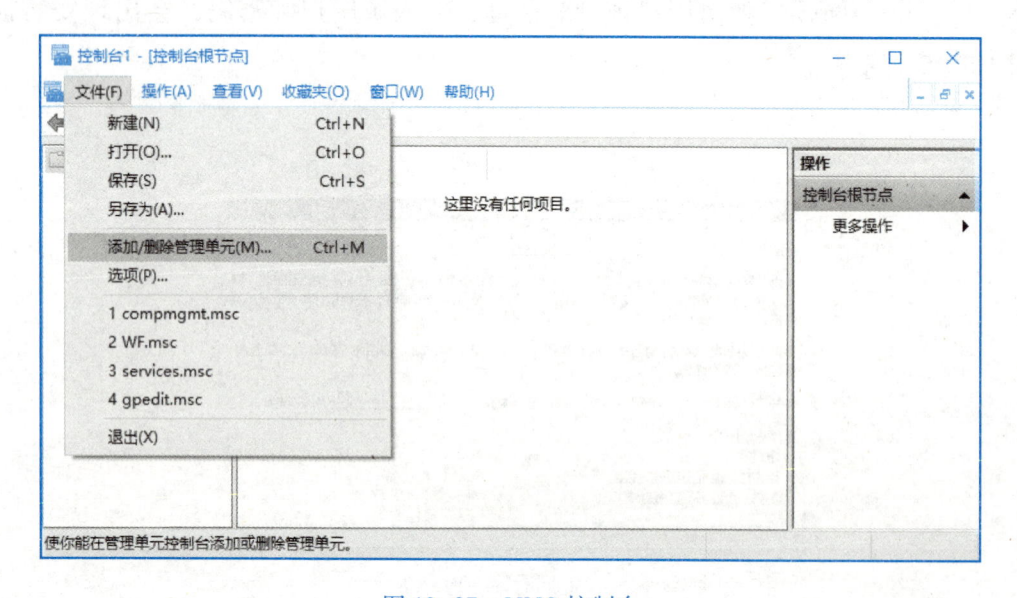

图 10-27 MMC 控制台

打开"添加或删除管理单元"对话框,如图 10-28 所示。

图 10-28 "添加或删除管理单元"对话框

在左边"可用的管理单元"列表框中选择"证书"选项,然后单击"添加"按钮,弹出"证书管理单元"对话框,如图 10-29 所示。

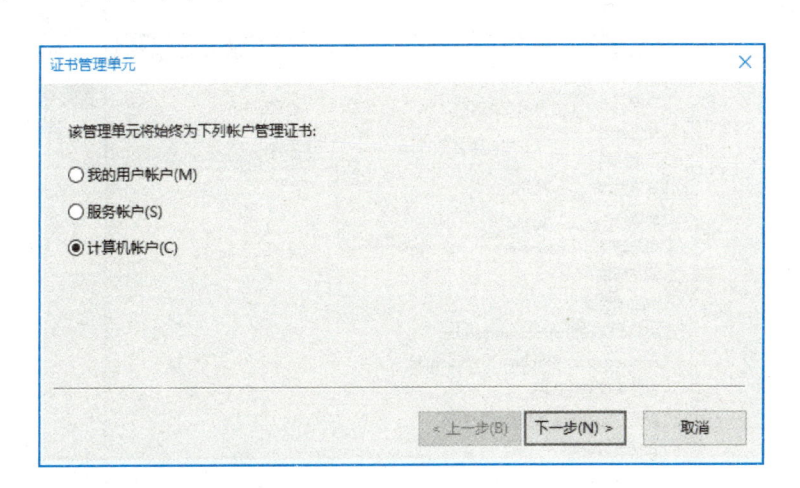

图 10-29 "证书管理单元"对话框

在该对话框中,选中"计算机账户"单选按钮,单击"下一步"按钮,弹出选择计算机对话框,如图 10-30 所示。

选择"本地计算机(运行此控制台的计算机)"单选按钮,单击"完成"按钮,完成独立管理单元的添加。

项目 10　配置认证服务器

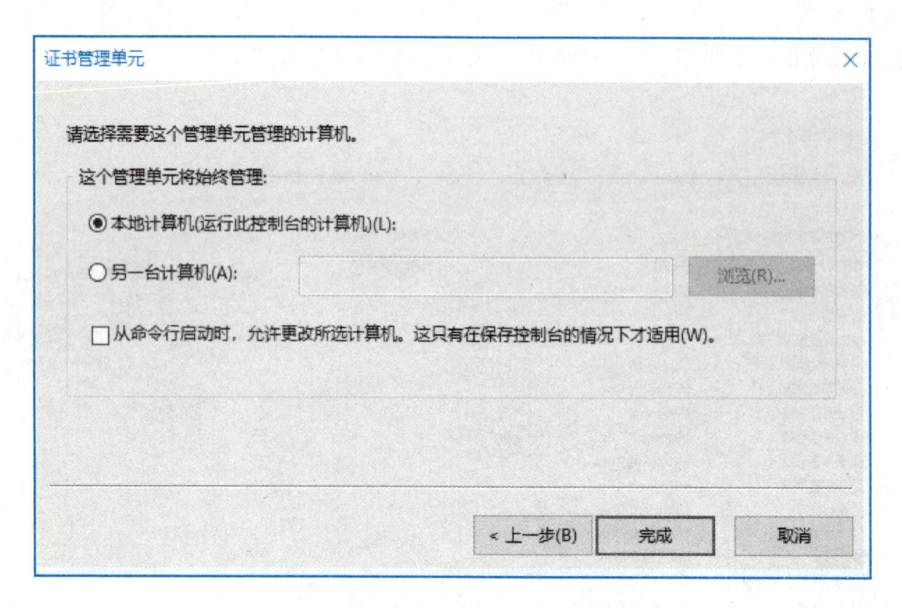

图 10-30　选择计算机对话框

3. 导入证书

在控制台中，选择"证书（本地计算机）"项，选中"受信任的根证书颁发机构"项，右击，弹出右键快捷菜单，如图 10-31 所示。

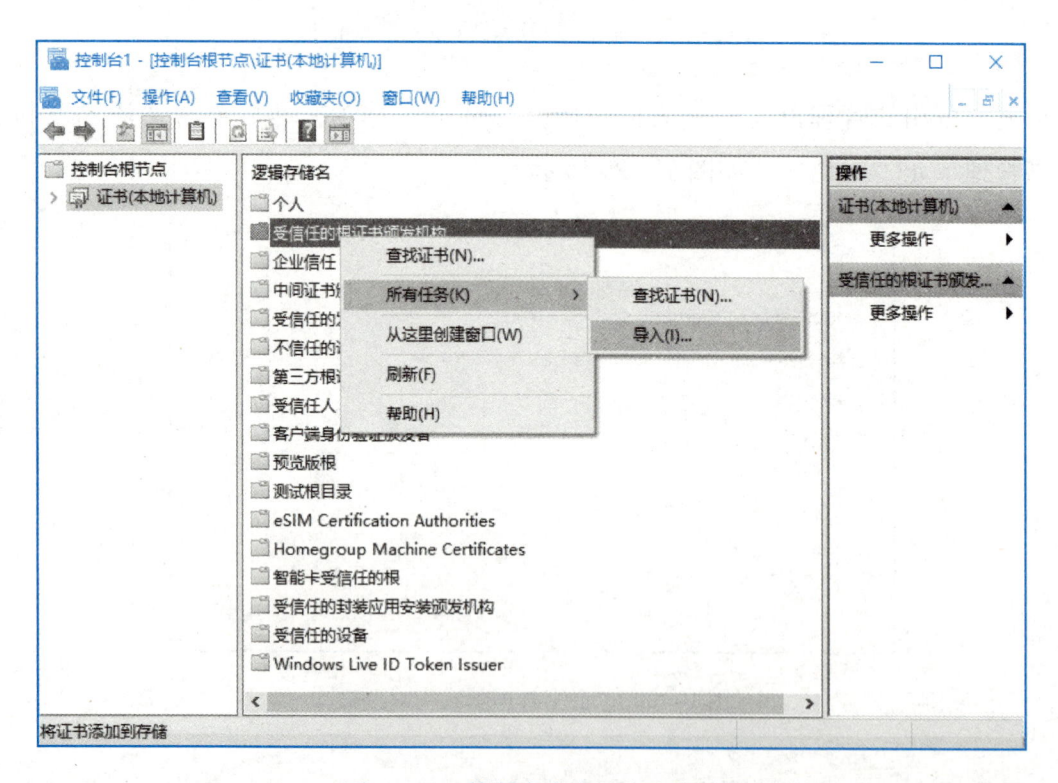

图 10-31　控制台中右键快捷菜单

选择"所有任务"后面的"导入"命令，弹出"欢迎使用证书导入向导"对话框，如图 10-32 所示。

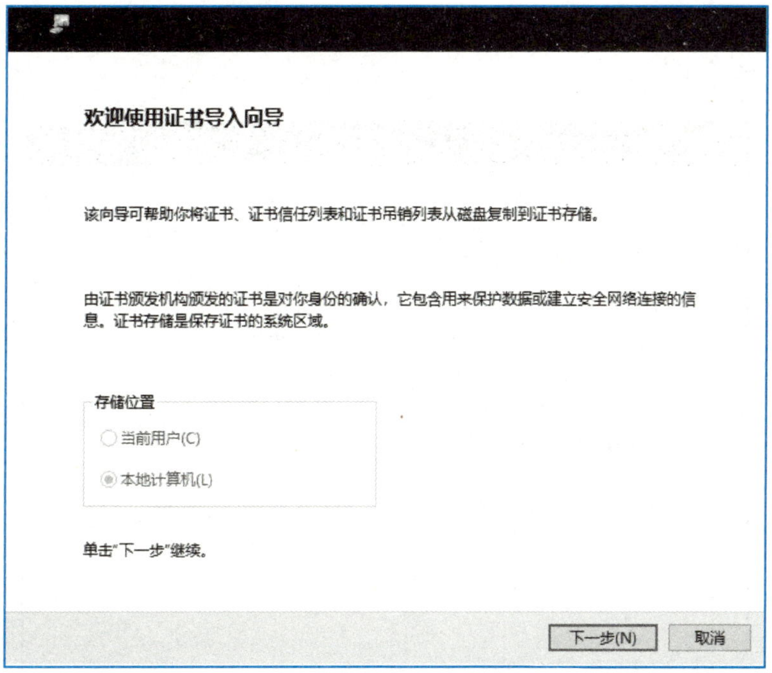

图 10-32 "欢迎使用证书导入向导"对话框

单击"下一步"按钮,弹出"要导入的文件"对话框,如图 10-33 所示。

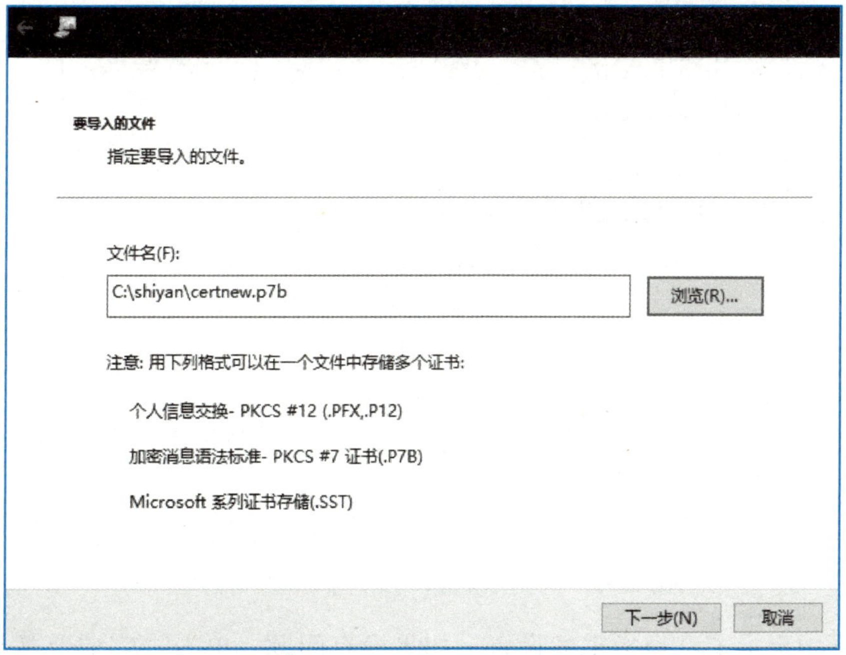

图 10-33 "要导入的文件"对话框

单击"文件名"文本框后的"浏览"按钮,选择前面下载的"certnew.p7b"文件及目录地址,单击"下一步"按钮,弹出"证书存储"对话框,如图 10-34 所示。

选择"将所有的证书都放入下列存储"单选按钮,使用下面的"证书存储"中"受信任的根证书颁发机构"默认选项。单击"下一步"按钮，弹出"正在完成证书导入向导"对话框，如图 10-35 所示。

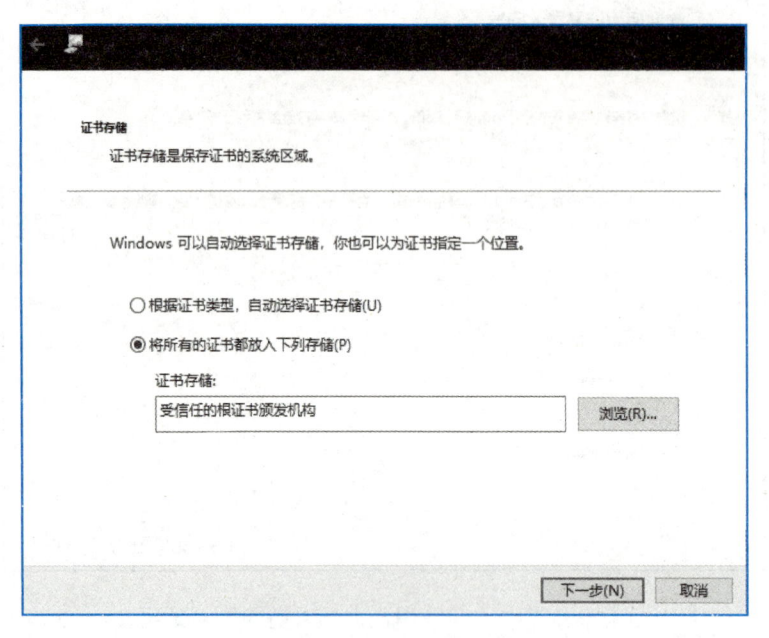

图 10-34 "证书存储"对话框

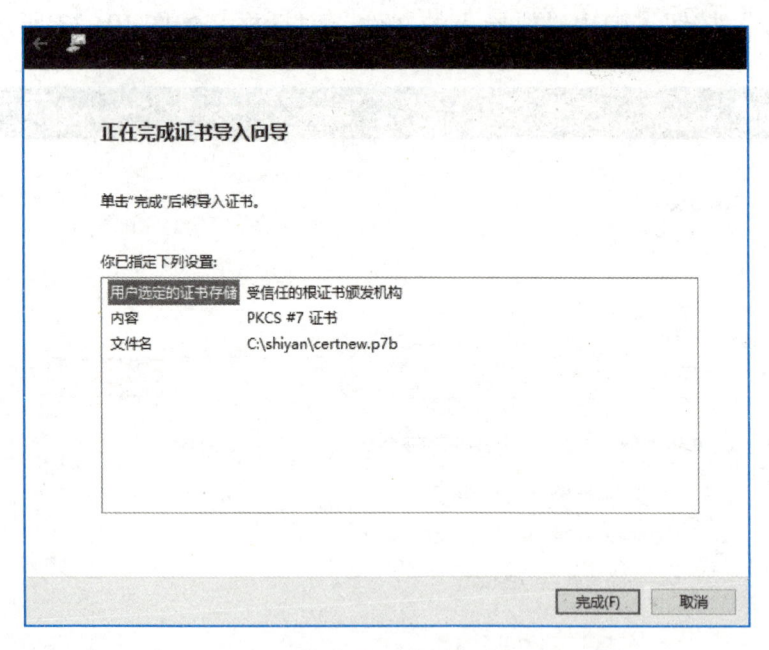

图 10-35 "正在完成证书导入向导"对话框

在该对话框中提示了已经指定的设置，如果没有问题，单击"完成"按钮，稍等片刻，完成证书的发放，弹出"导入成功"提示框，如图 10-36 所示。

单击"确定"按钮，完成证书的发放。

这时，再打开控制台，就会发现有一个"mysys-WEBSERVER-CA"证书，如图 10-37 所示。

至此，个人证书申请完毕，该计算机就可以使用此证书了。

图10-36 "导入成功"提示框

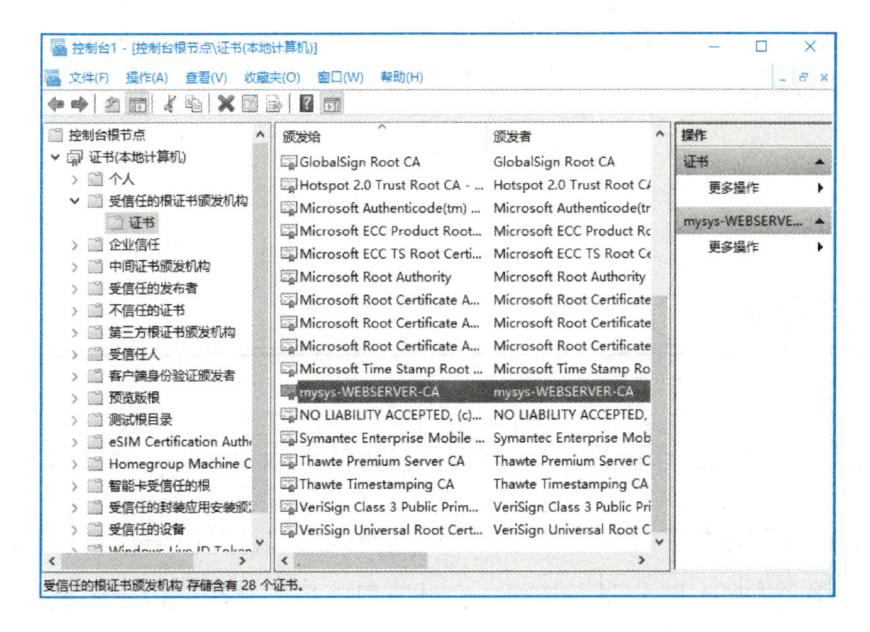

图10-37 "mysys-WEBSERVER-CA"证书

举一反三

1. 在服务器上安装 CA 证书服务器。
2. 给加入域的计算机安装企业证书。

任务 2　SSL 网站证书的安装与测试

任务描述

如果网站只是要对内部员工、企业的合作伙伴提供服务，则可以自行利用自己架设的

CA，为申请证书的计算机提供网站服务。

本任务原则上需要 4 台计算机，域控制器、CA 证书服务器（成员服务器）、Web 服务器（成员服务器）和一台测试用的客户机。

但是为了简单起见，本任务只使用了 3 台计算机，将 CA 证书服务器与 Web 服务器合二为一。

虽然使用了一台计算机作为服务器，但在理解上一定要把 CA 服务器与 Web 服务器及域控制器分开，理解为 3 台服务器，只是这 3 台服务器用 2 台计算机完成。

本任务就是一个 CA 证书的应用实例，来说明证书的作用。当然，证书的使用远不止此。

自己动手

步骤 1　让网站与客户端计算机信任 CA 服务器

按照任务 1 步骤 7 的方法，使得准备做客户端测试用的计算机信任 CA 服务器。

如果 Web 服务器与 CA 服务器不是同一台计算机，也需要按照以上方法使得 Web 服务器计算机信任 CA 服务器。

本例因为是一台计算机作为 Web 服务器和 CA 服务器，所以只完成客户端测试用的计算机信任 CA 服务器即可。

步骤 2　在网站上创建证书申请文件

在 Web 服务器计算机上，打开"Internet 信息服务（IIS）管理器"控制台，如图 10-38 所示。

选择 Web 服务器，双击中间"服务器证书"图标，"Internet 信息服务（IIS）管理器"控制台显示服务器证书页，如图 10-39 所示。

在最右边的"操作"窗格中，单击"创建证书申请"超链接，弹出"申请证书-可分辨名称属性"对话框，如图 10-40 所示。

在"通用名称"文本框中输入 Web 服务器的 IP 地址或域名（如果有 DNS 服务器并将 Web 主机解析成功）。其他的"组织""组织单位""城市/地点"等文本框中的内容只是一个标识，其内容不影响功能。填写完毕，单击"下一步"按钮，弹出"申请证书-加密服务提供程序属性"对话框，如图 10-41 所示。

任务 2　SSL 网站证书的安装与测试

图 10-38　"Internet 信息服务（IIS）管理器"控制台服务器页

图 10-39　"Internet 信息服务（IIS）管理器"控制台服务器证书页

本例选择"加密服务提供程序"和"位长"下拉列表框的默认内容，单击"下一步"按钮，弹出"申请证书-文件名"对话框，如图 10-42 所示。

297

图 10-40 "申请证书-可分辨名称属性"对话框

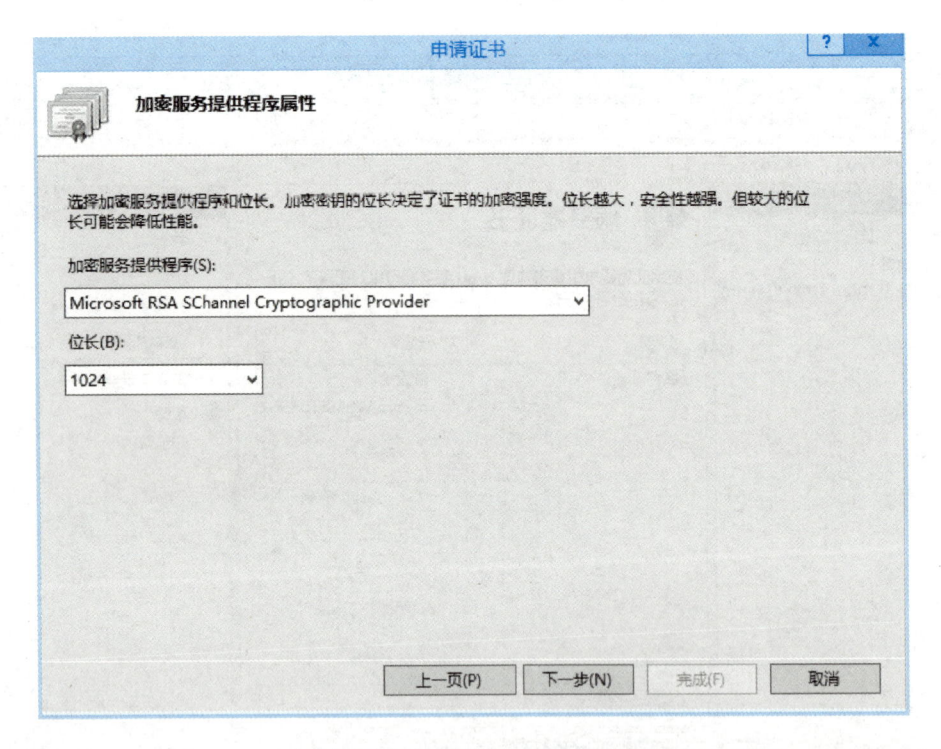

图 10-41 "申请证书-加密服务提供程序属性"对话框

在"为证书申请指定一个文件名"文本框中输入文本文件的名称和位置（如果该文件名与同位置下的文件同名，会提示是否覆盖）。选择完毕，单击"完成"按钮，完成证书申请。请记住这个文件名和位置以便下面使用。

图 10-42 "申请证书-文件名"对话框

☞ 步骤 3　IIS 上申请与下载证书

接着在 Web 服务器计算机上打开 IE 浏览器，在地址栏输入 CA 证书服务器的 IP 地址/certsrv。本例应该输入"192.168.31.111/certsrv"，由于是向企业 CA 申请证书，所以会弹出输入域系统管理员账户和密码的登录对话框，如图 10-43 所示。

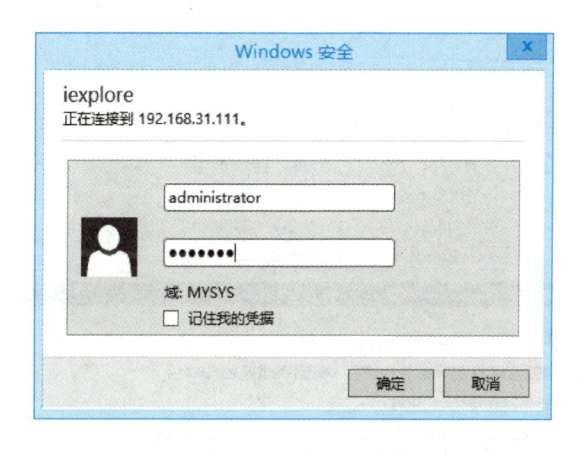

图 10-43　登录对话框

输入超级用户的用户名"administrator"，在"密码"文本框中输入域超级用户的密码，单击"确定"按钮，浏览器出现"欢迎使用"页面，如图 10-44 所示。

单击"申请证书"超链接，弹出"申请一个证书"页面，如图 10-45 所示。

在此页面上单击"高级证书申请"超链接，弹出"高级证书申请"页面，如图 10-46 所示。

单击"使用 base64 编码的 CMC 或 PKCS#10 文件提交一个证书申请，或使用 base64 编码的 PKCS#7 文件续订证书申请"超链接，弹出"提交一个证书申请或续订申请"页面。

299

图 10-44 "欢迎使用"页面

图 10-45 "申请一个证书"页面

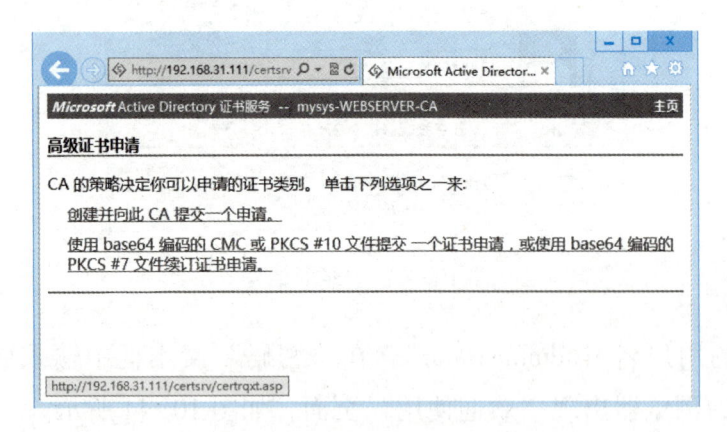

图 10-46 "高级证书申请"页面

找到步骤 2 中保存的文本文件，用记事本打开，复制全部文件的内容，粘贴在该页面"保存的申请"下面的文本框中，如图 10-47 所示。

单击"提交"按钮，弹出"证书已颁发"页面，如图 10-48 所示。

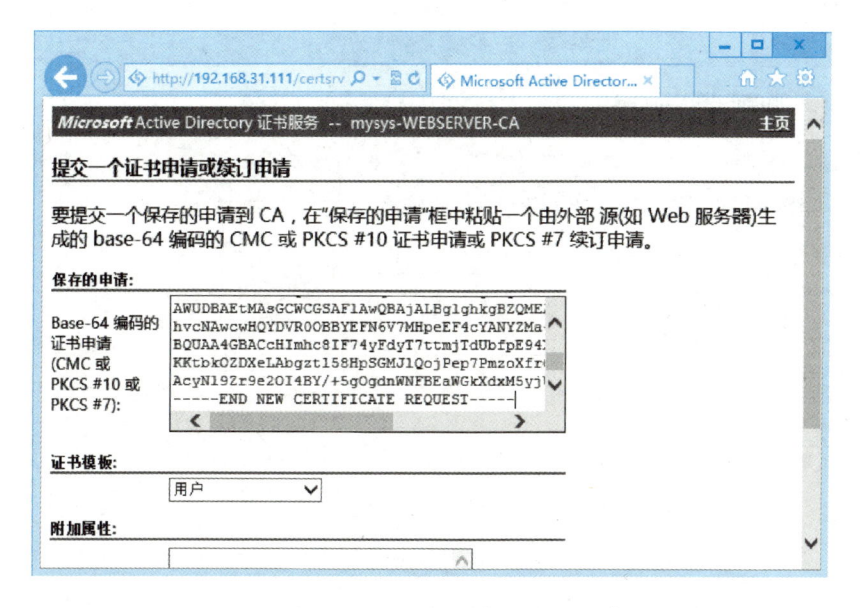

图 10-47 "提交一个证书申请或续订申请"页面

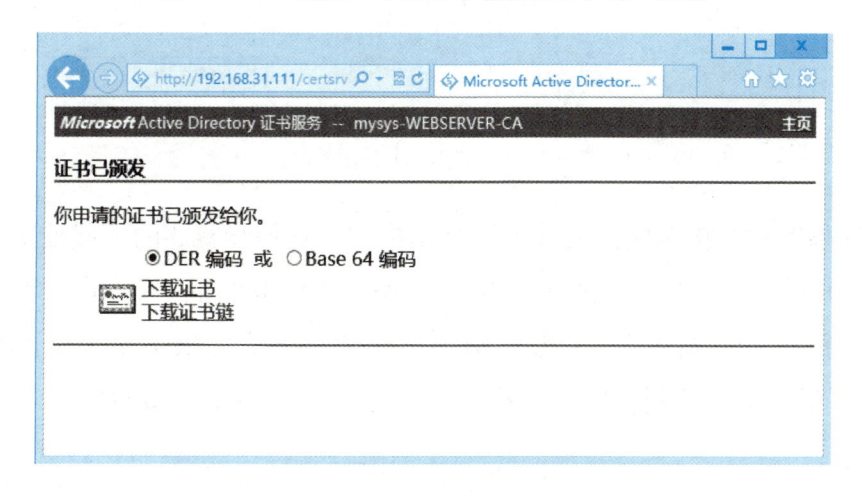

图 10-48 "证书已颁发"页面

选择"DER 编码"单选按钮，单击"下载证书"超链接，弹出保存文件对话框，单击"保存"按钮，将证书文件存储起来，本证书的默认文件名为"certnew.cer"。

> **提个醒**
>
> 以上下载证书的方法是企业 CA 的下载方法，如果 CA 服务器是一个独立 CA，则还需要等 CA 系统管理员发放证书后，再来连接 CA 下载证书。

☞ 步骤 4　安装证书到 IIS

在"Internet 信息服务（IIS）管理器"控制台中，选中服务器，单击中间的"服务器证书"图标，再单击最右边的"操作"窗格中"完成证书申请"超链接，弹出"完成证书申请-指定证书颁发机构响应"对话框，如图 10-49 所示。

301

项目 10　配置认证服务器

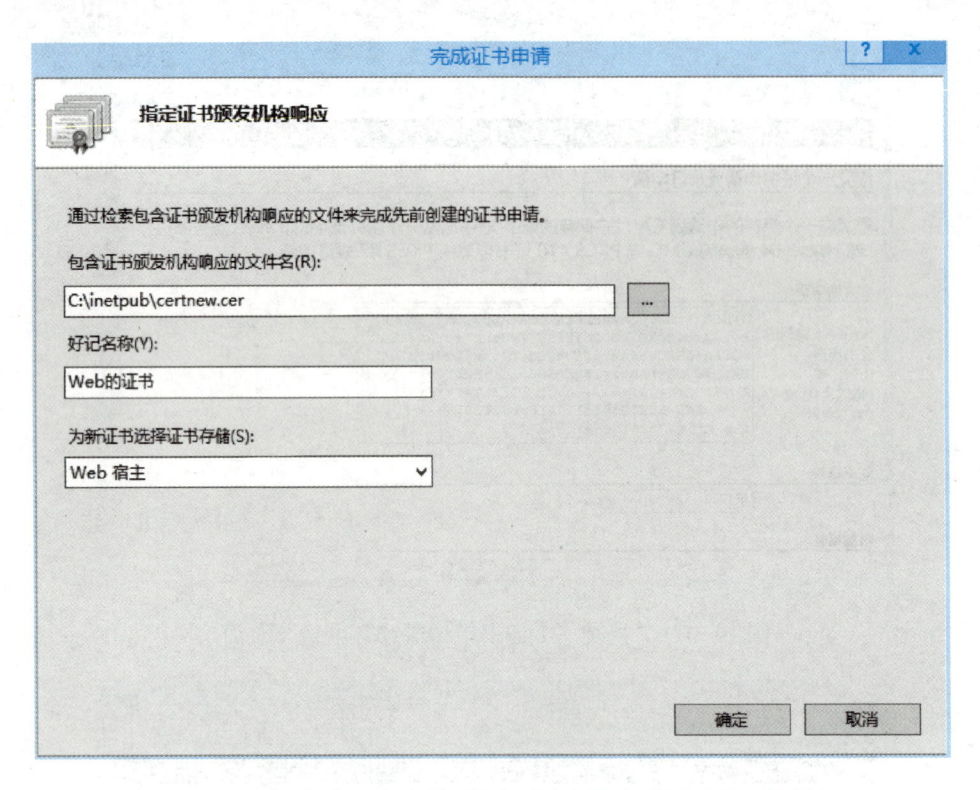

图 10-49　"完成证书申请-指定证书颁发机构响应"对话框

在"包含证书颁发机构响应的文件名"文本框中，选择步骤 3 的下载证书文件。在"好记名称"文本框中输入一个容易记忆的名称，本例为"Web 的证书"，在"为新证书选择证书存储"下面选择"Web 宿主"。单击"确定"按钮，完成证书的申请。再回到"Internet 信息服务（IIS）管理器"控制台中可以看到发放的证书，如图 10-50 所示。

图 10-50　"Internet 信息服务（IIS）管理器"控制台中的证书

图中的"Web 的证书 192.168.31.111"就是安装在 Web 服务器上该站点的证书。

☞ 步骤 5　https 协议绑定到 Web 站点

在"Internet 信息服务（IIS）管理器"控制台选中"Default Web Site"项目，单击最右边的"操作"窗格中"编辑站点"下的"绑定"超链接，弹出"网站绑定"对话框，如图 10-51 所示。

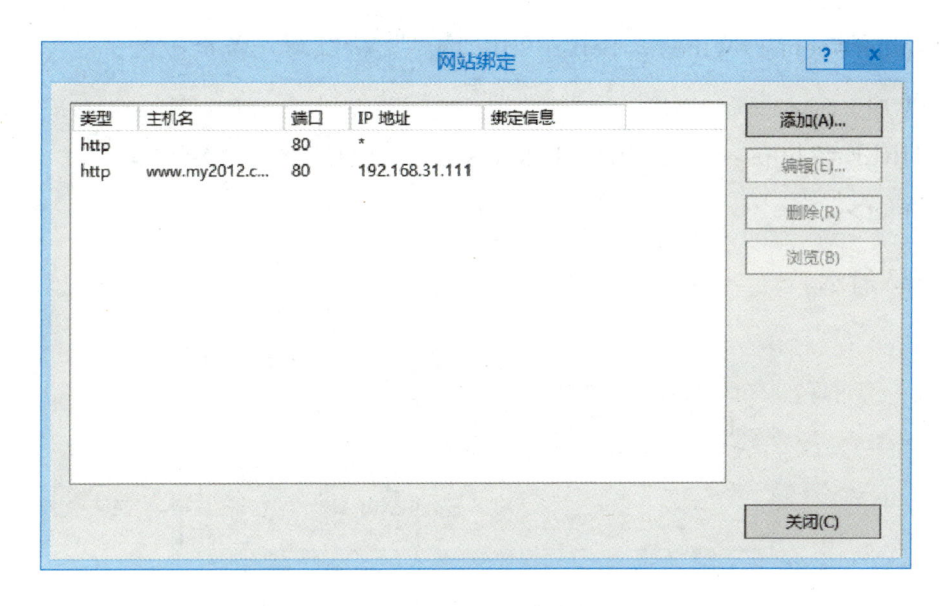

图 10-51　"网站绑定"对话框

单击"添加"按钮，弹出"添加网站绑定"对话框，如图 10-52 所示。

图 10-52　"添加网站绑定"对话框

在"类型"下拉列表框中选择"https"项。在"IP 地址"下拉列表框中选择"192.168.31.111"，也可使用"全部未分配"项。在"端口"文本框中使用"443"。在

"SSL 证书"下拉列表框中输入任意的内容,作为标识。最后单击"确定"按钮,回到"网站绑定"对话框,再单击"关闭"按钮,完成绑定。

步骤 6　创建网站的测试网页

在 Web 服务器的默认站点的逻辑根目录"C:\inepub\wwwroot"下新建一个子目录,如"sale",同时使用记事本建立一个"default.htm"文件,文件内容如下:

```
<h2 align=center>Windows Server 2012 网站架构练习　首页</h2>
<center>
<A HREF="https://192.168.31.111/sale/">SSL 安全连接</A>
</center>
```

如图 10-53 所示。

图 10-53　逻辑根目录"default.htm"的内容

在"sale"目录中使用记事本也建立一个"default.htm"文件,内容只有一句:

```
<h2 align=center>只有已经认证的用户才能够看到此信息的 SSL 网页</h2>
```

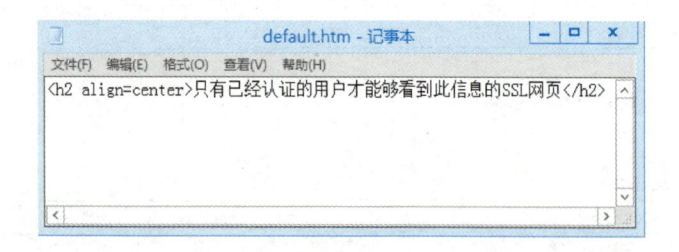

如图 10-54 所示。

图 10-54　"sale"目录"default.htm"的内容

步骤 7　SSL 连接测试

到安装过证书的客户端计算机上,打开 IE 浏览器,在地址栏输入"192.168.31.111"后,会出现前面输入的内容,如图 10-55 所示。

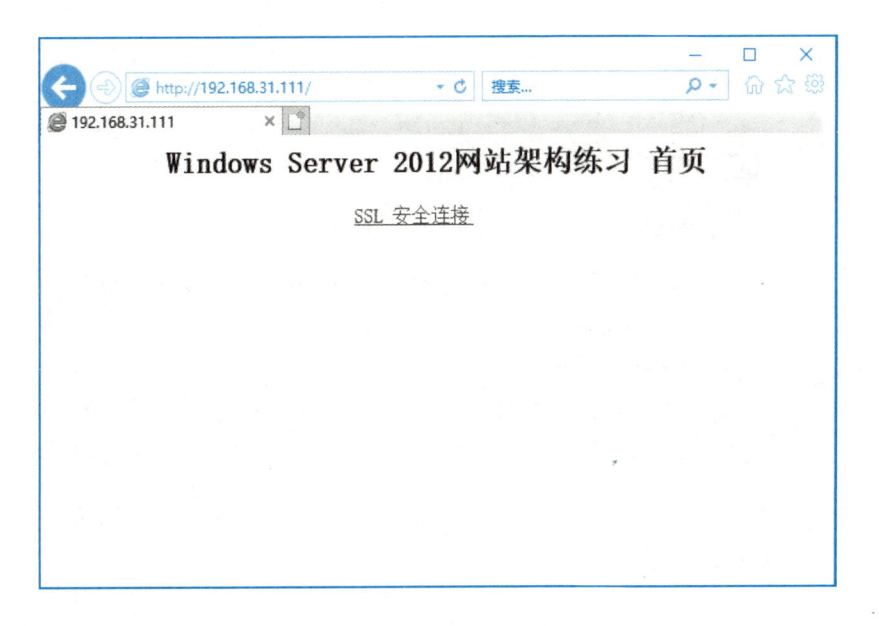

图 10-55 默认站点的内容

单击"SSL 安全连接"超链接，会连接到"sale"目录下的内容，如图 10-56 所示。

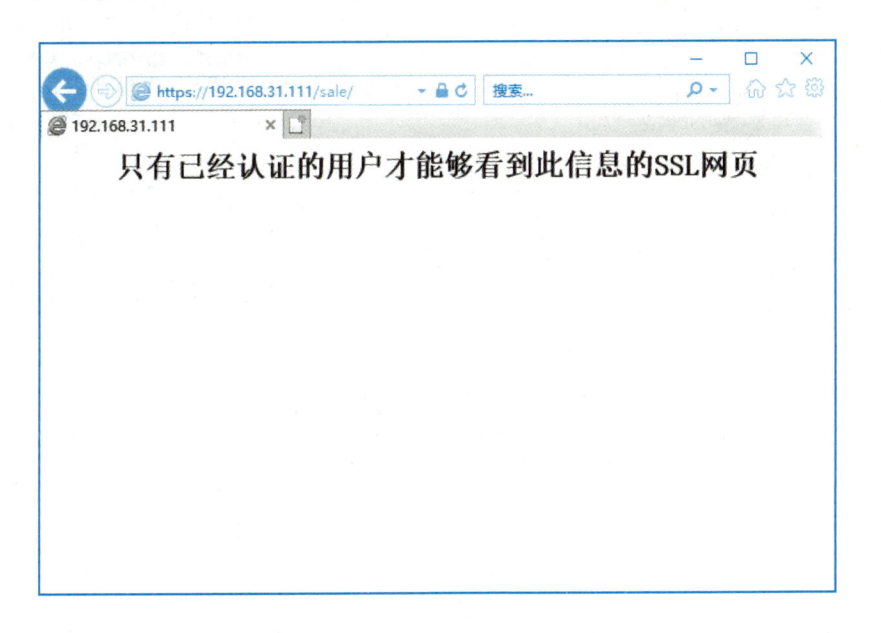

图 10-56 "sale"目录下的内容

说明该计算机能够访问 SSL 网站了，配置成功。

到一台没有安装过证书的客户端计算机上，打开 IE 浏览器，在地址栏输入"192.168.31.111"后，会出现图 10-55 所示的内容。再单击"SSL 安全连接"超链接，这时就不会出现图 10-56 所示的内容，而是出现了"此网站的安全证书有问题"的提示，如图 10-57 所示。

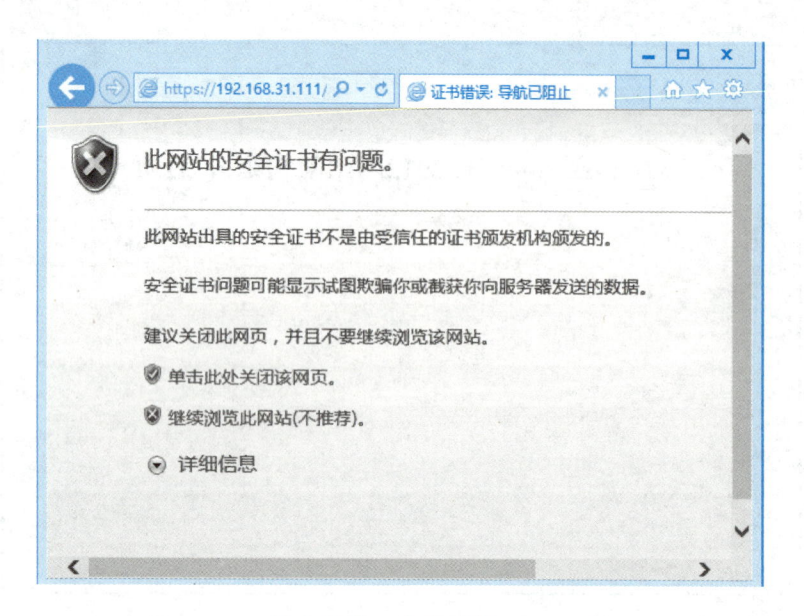

图 10-57　没有安装证书的计算机显示的情况

图 10-58 所示的网络拓扑示意图，基本说明了 SSL 网站证书浏览情况。

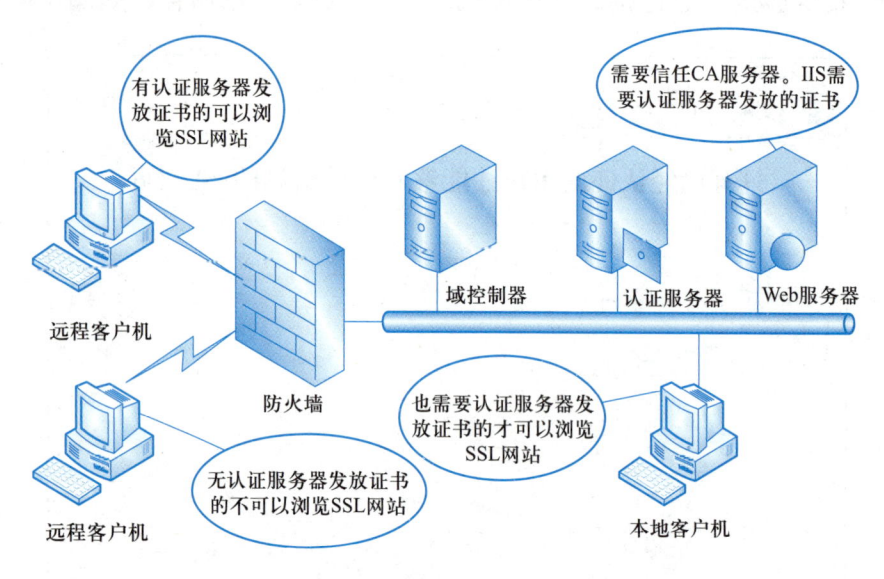

图 10-58　SSL 网站证书浏览拓扑示意图

举一反三

1. 在安装 CA 的服务器上配置 Web 服务器的 SSL 网站证书。
2. 测试配置的 Web 服务器。

任务 3　数字证书的管理

任务描述

数字证书管理是系统管理员一项重要的工作。首先，应及时对证书进行备份，以保证证书的安全。其次，数字证书都有一定的有效期，超过有效期后，证书就不能再使用，所以要随时检查证书的有效期，保证正常使用。以上这些都涉及数字证书的管理。

本任务就是介绍数字证书的基本管理方法。

自己动手

☞ **步骤 1　CA 服务器的停止与启动**

在 CA 服务器上，启动"certsrv-［证书颁发机构］"控制台。选中要停止服务的服务器，右击，在弹出的快捷菜单中展开"所有任务"，选择"停止服务"命令，稍等片刻该服务就停止服务了，如图 10-59 所示。

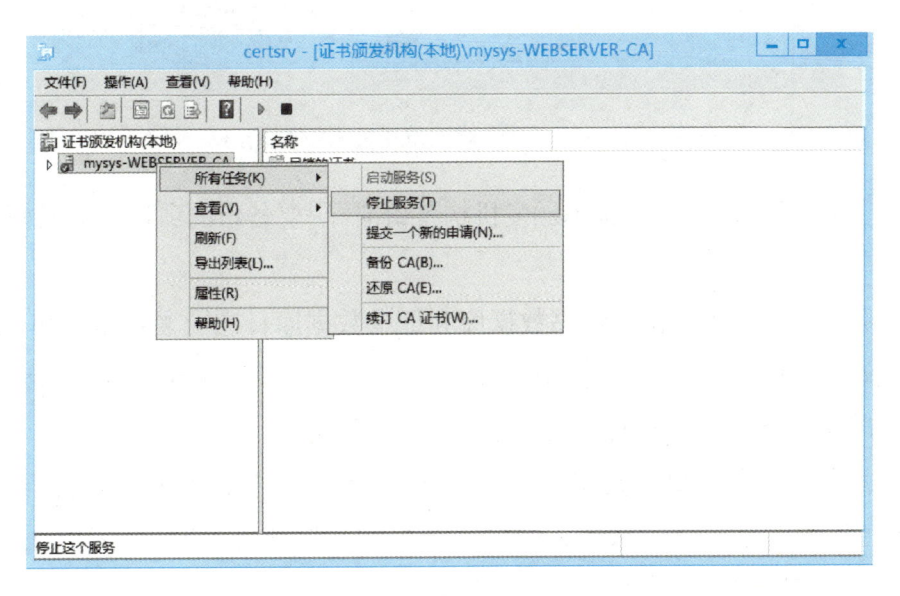

图 10-59　"停止服务"命令

启动服务也是一样的，在图 10-59 所示的"certsrv-［证书颁发机构］"控制台中，选中要启动服务的服务器，右击，在弹出的右键快捷菜单中展开"所有任务"，选择"启动服务"命令，稍等片刻该服务器就启动服务了。

☞ 步骤 2　CA 的备份与还原

如果硬盘出现故障或其他原因导致证书丢失，所有用户都将需要重新申请数字证书，由此造成的损失和影响都是巨大的，所以数字证书的及时备份就显得很重要了。

1. 备份 CA

在 CA 服务器上，启动"certsrv-［证书颁发机构］"控制台。选中要备份的服务器，右击，在弹出的右键快捷菜单中展开"所有任务"，选择"备份 CA"命令，弹出"证书颁发机构备份向导-欢迎使用证书颁发机构备份向导"对话框，如图 10-60 所示。

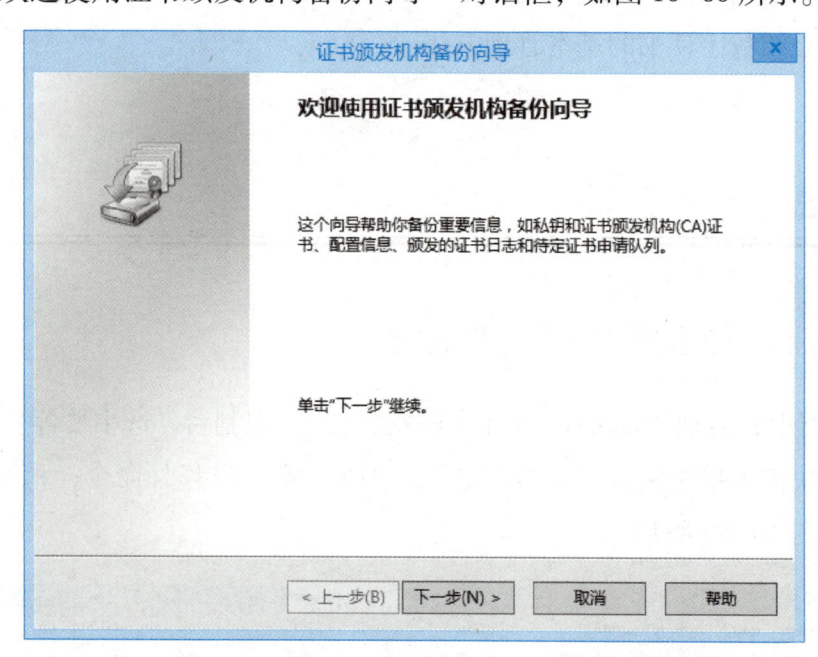

图 10-60　"证书颁发机构备份向导-欢迎使用证书颁发机构备份向导"对话框

单击"下一步"按钮，弹出"证书颁发机构备份向导-要备份的项目"对话框，如图 10-61 所示。

勾选"私钥和 CA 证书"和"证书数据库和证书数据库日志"复选框。单击"浏览"按钮，选择要把文件备份的目录，注意该目录必须是空的。最后单击"下一步"按钮，弹出"证书颁发机构备份向导-选择密码"对话框，如图 10-62 所示。

在该对话框的"密码"和"确认密码"文本框中输入同样的密码，并且牢记该密码，以便还原时使用。单击"下一步"按钮，弹出"证书颁发机构备份向导-完成证书颁发机构备份向导"对话框，如图 10-63 所示。

在该对话框中单击"完成"按钮，结束 CA 的备份。把该目录复制到安全地方，以备还

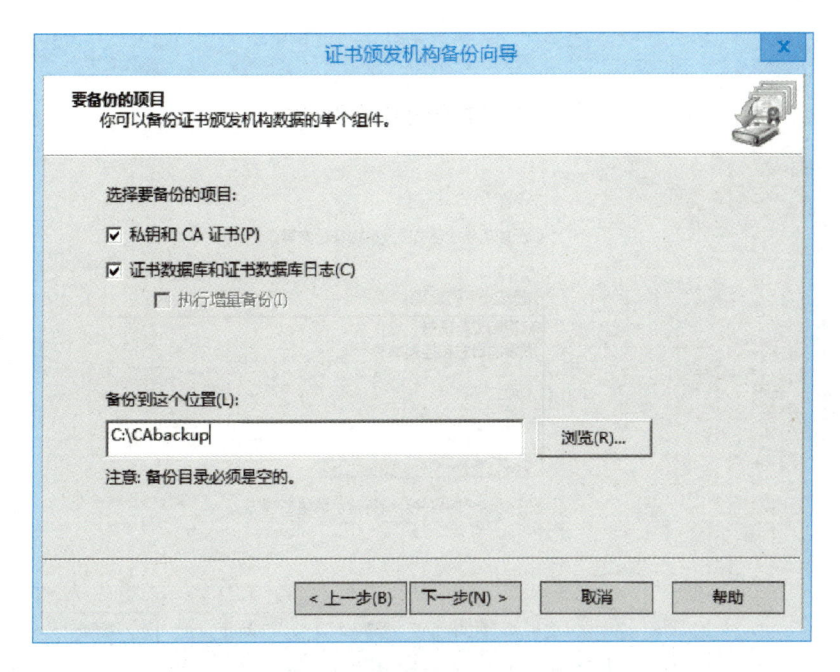

图 10-61 "证书颁发机构备份向导-要备份的项目"对话框

图 10-62 "证书颁发机构备份向导-选择密码"对话框

原证书时使用。

2. 还原证书

还原证书前把备份的证书目录复制回服务器中，并用步骤 1 的方法停止 CA 服务。

与备份证书很类似，在 CA 服务器上启动"certsrv-[证书颁发机构]"控制台。选中要备份的服务器，右击，在弹出的右键快捷菜单中展开"所有任务"，选择"还原 CA"命令，弹出"证书颁发机构还原向导-欢迎使用证书颁发机构还原向导"对话框，如图 10-64 所示。

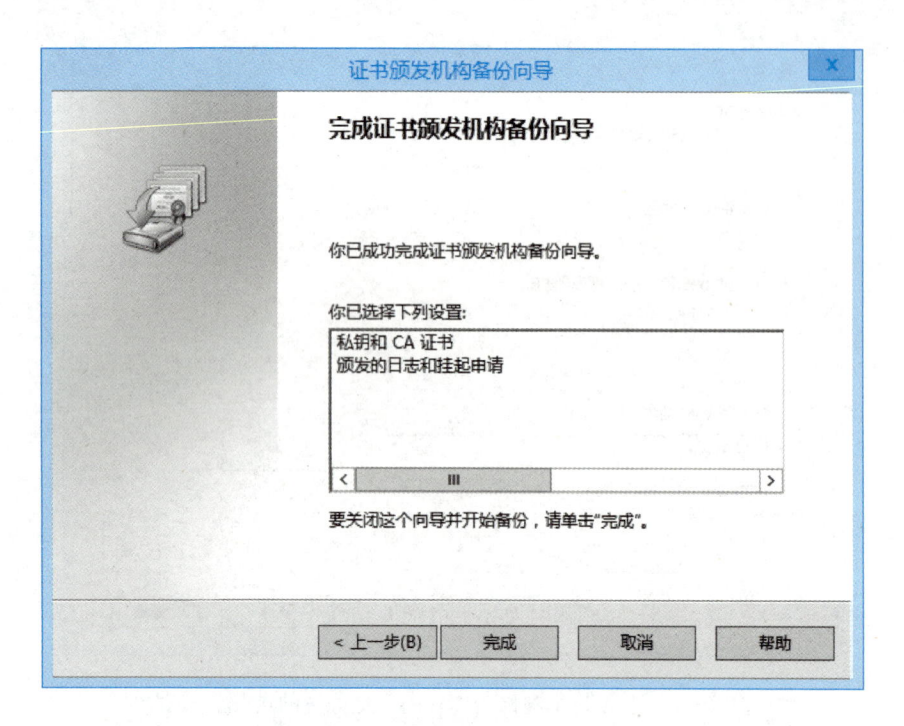

图 10-63 "证书颁发机构备份向导-完成证书颁发机构备份向导"对话框

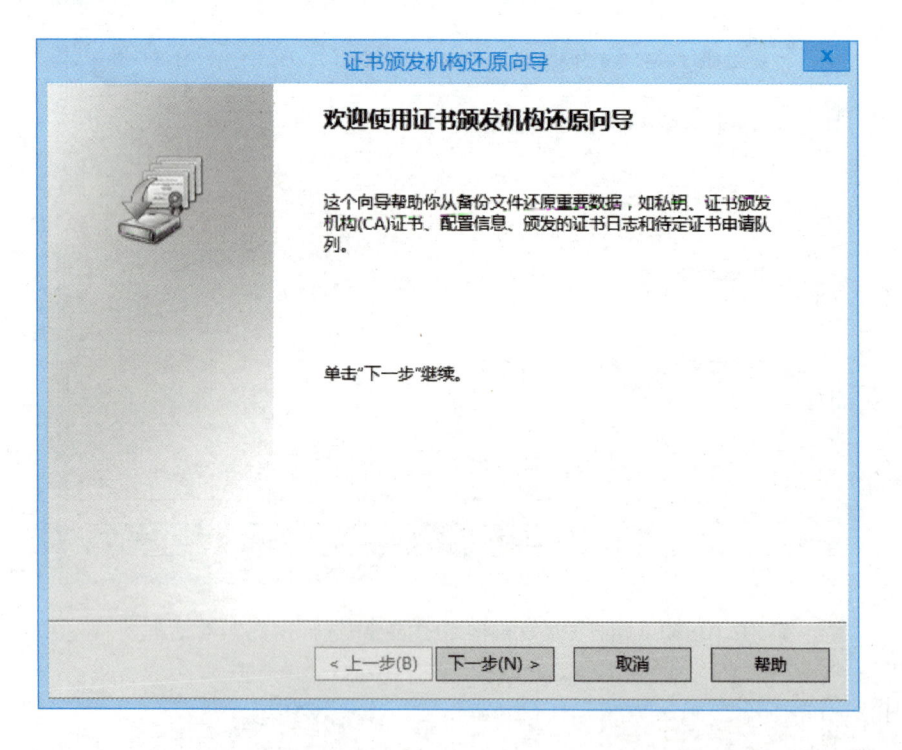

图 10-64 "证书颁发机构还原向导-欢迎使用证书颁发机构还原向导"对话框

单击"下一步"按钮，弹出"证书颁发机构还原向导-要还原的项目"对话框，如图 10-65 所示。

在这个对话框中选中需要还原的项目，注意一定要与备份的项目相同，同时单击"浏览"按钮，选择备份 CA 的目录，单击"下一步"按钮，弹出"证书颁发机构还原向导-提供密码"对话框，如图 10-66 所示。

图 10-65　"证书颁发机构还原向导-要还原的项目"对话框

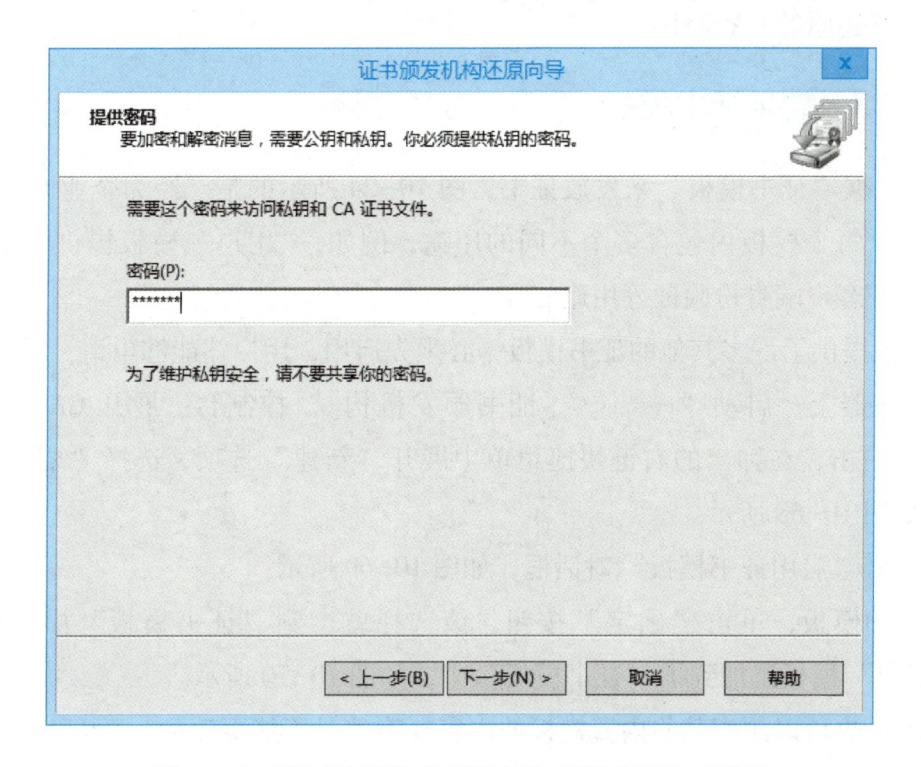

图 10-66　"证书颁发机构还原向导-提供密码"对话框

这时输入备份 CA 时设定的密码，单击"下一步"按钮，如果密码正确，则会弹出"证书颁发机构还原向导-完成证书颁发机构还原向导"对话框，如图 10-67 所示。

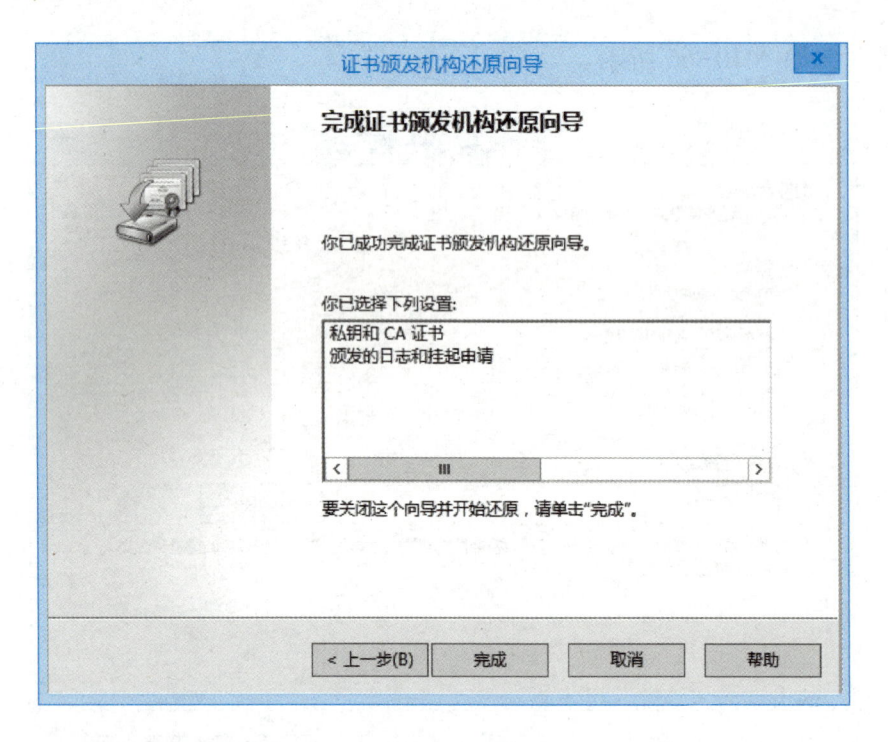

图 10-67 "证书颁发机构还原向导-完成证书颁发机构还原向导"对话框

单击"完成"按钮，稍等片刻，证书还原成功，提示重新启动证书服务，重启证书服务，同时使用新还原的 CA 证书。

☞ 步骤 3　启用证书模板

企业 CA 根据"证书模板"来发放证书，图 10-24 所示的是已经为企业 CA 开放可供申请的证书模板，每个模板内包含多个不同的用途，例如，"用户"模板提供加密文件系统、电子邮件保护、客户端身份验证等用途。

企业 CA 还提供了许多其他的证书模板，必须先启用，用户才能够申请。

在 CA 服务器上，启动"certsrv-［证书颁发机构］"控制台。展开 CA 服务器，选中"证书模板"，右击，在弹出的右键快捷菜单中展开"新建"选项，选择"要颁发的证书模板"命令，如图 10-68 所示。

这时会弹出"启用证书模板"对话框，如图 10-69 所示。

选择需要的模板，单击"确定"按钮，该选择就会到"证书模板"中。本例就是将"Exchange 用户"模板添加到了"证书模板"中，如图 10-70 所示。

同时管理员也可以改变某些内置模板的内容（有些是不能更改的），可以选中某个模板，右击，在弹出的右键快捷菜单中选择"属性"命令，在"属性"对话框中可以更改模板内的设置。

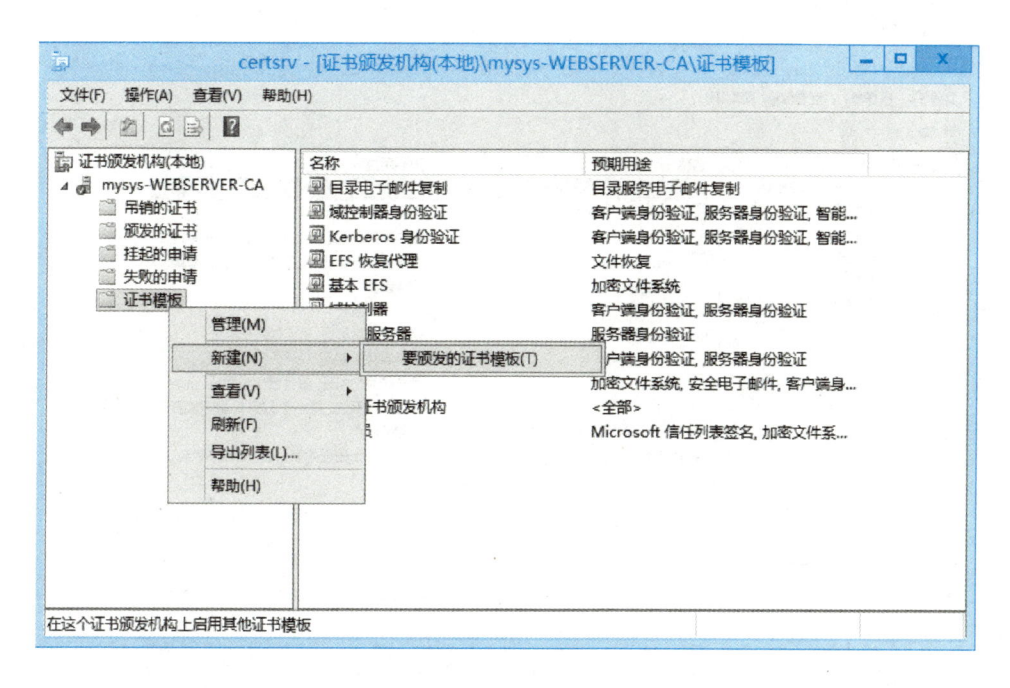

图 10-68　新建证书模板命令

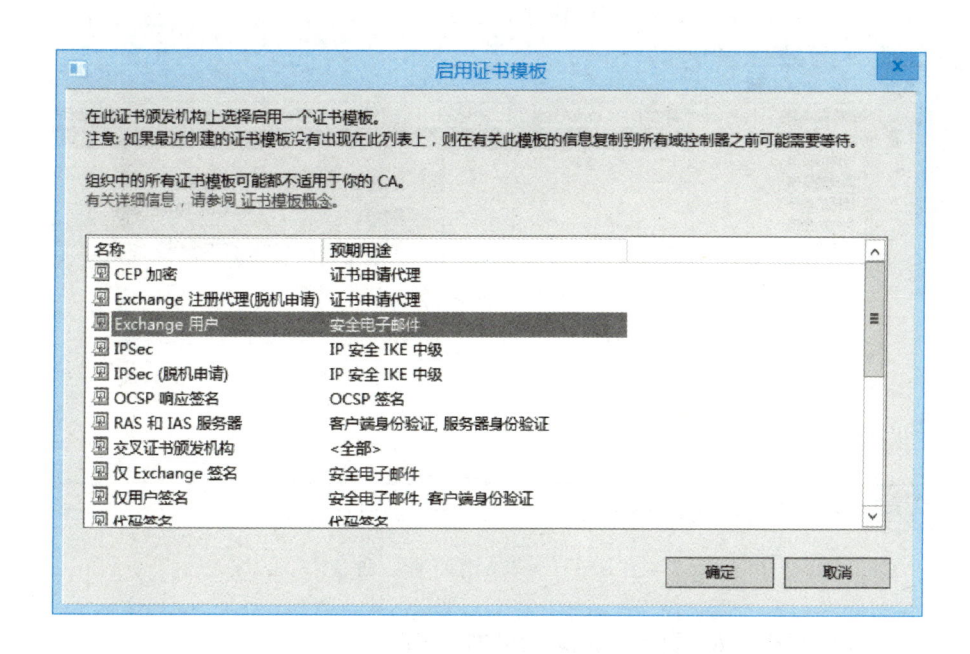

图 10-69　"启用证书模板"对话框

步骤 4　吊销证书

1. 吊销证书

在 CA 服务器上,启动"certsrv-[证书颁发机构]"控制台。选择"颁发的证书"选项,显示所有已经颁发的证书,选中要吊销的证书,右击,弹出右键快捷菜单中,展开"所有任务",单击"吊销证书"命令,如图 10-71 所示。

项目10 配置认证服务器

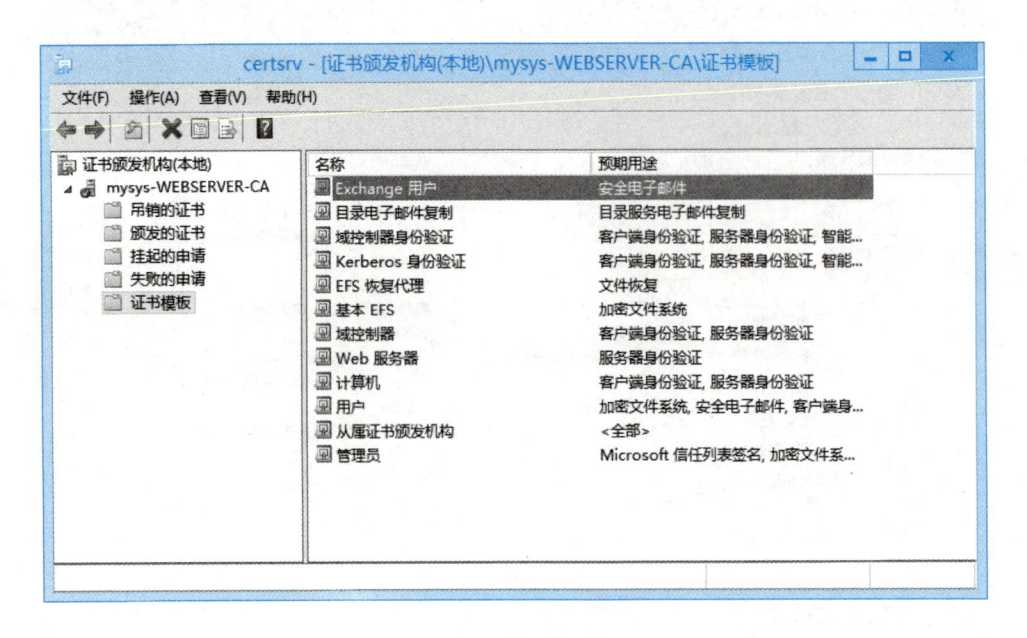

图 10-70 添加模板结果

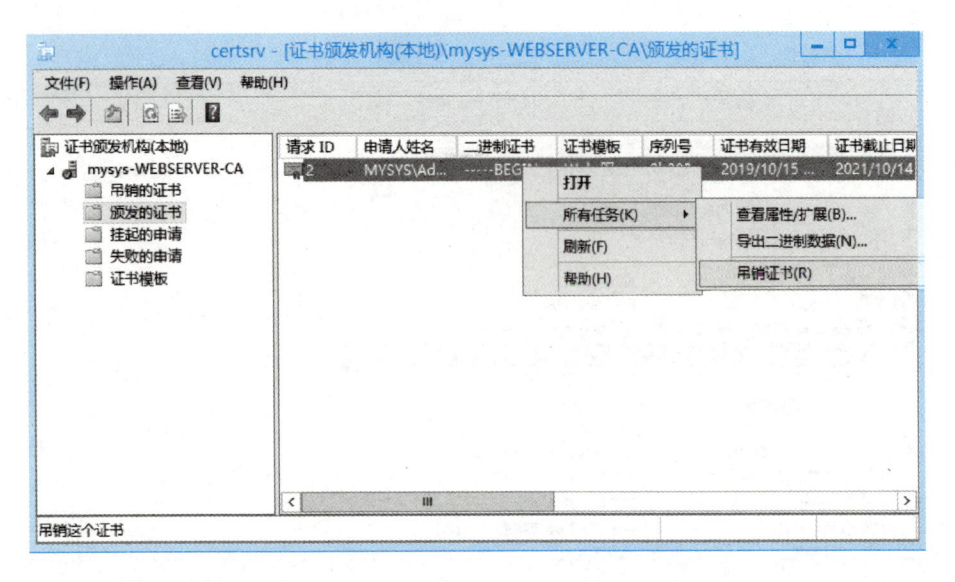

图 10-71 "吊销证书"命令

这时弹出"证书吊销"对话框，如图 10-72 所示。

在"理由码"的下拉列表框中选择吊销的原因，日期和时间一般使用默认值，单击"是"按钮，此证书吊销成功。

注意，只有在"理由码"中选择"证书待定"才可以解除吊销的证书，所以对于以后想解除吊销的证书需要选择"证书待定"项才可以，其他理由都是彻底吊销了此证书。

2. 发布 CRL

证书的吊销是在服务器端进行的，客户端的计算机并不会得到相应的通知。所以，必须由 CA 将证书吊销列表（CRL）发布之后，网络上的计算机要下载该 CRL 才知道哪些证书已经被吊销。

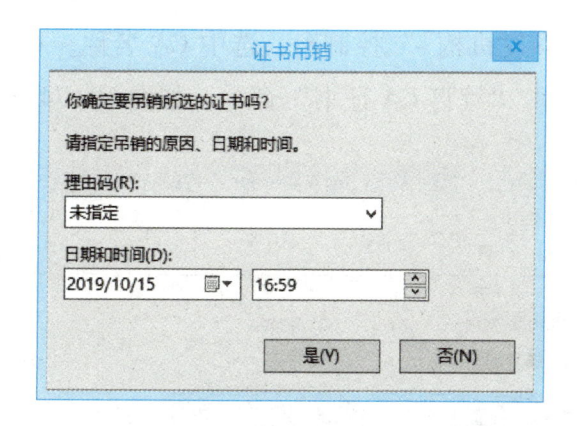

图 10-72 "证书吊销"对话框

在"certsrv-[证书颁发机构]"控制台，选中"吊销的证书"选项，显示所有已经吊销的证书。右击，弹出右键快捷菜单，选择"所有任务"，单击"发布"命令，弹出"发布CRL"对话框。对于第一次发布CRL，选择"新的CRL"单选按钮，以后再发布CRL就可以选择"仅增量CRL"单选按钮。单击"确定"按钮，CRL发布成功。

CRL的发布也可以使用自动发布方式，CA将每周发布一次，每天发布增量。如果要改变发布周期，可以打开"certsrv-[证书颁发机构]"控制台。选中"吊销的证书"选项，显示所有已经吊销的证书。右击，弹出右键快捷菜单，选择"属性"项，弹出"吊销的证书属性"对话框，如图10-73所示，在该对话框中修改即可。

图 10-73 "吊销的证书 属性"对话框

步骤5 续订CA证书

每个证书都有一定的有效期，当到有效期后，证书会失效，若要继续使用证书，必须在证书到期前续订证书。

项目 10　配置认证服务器

打开"certsrv-［证书颁发机构］"控制台，选中 CA 名称。右击，在弹出的右键快捷菜单中选择"所有任务"，单击"续订 CA 证书"命令，如图 10-74 所示。

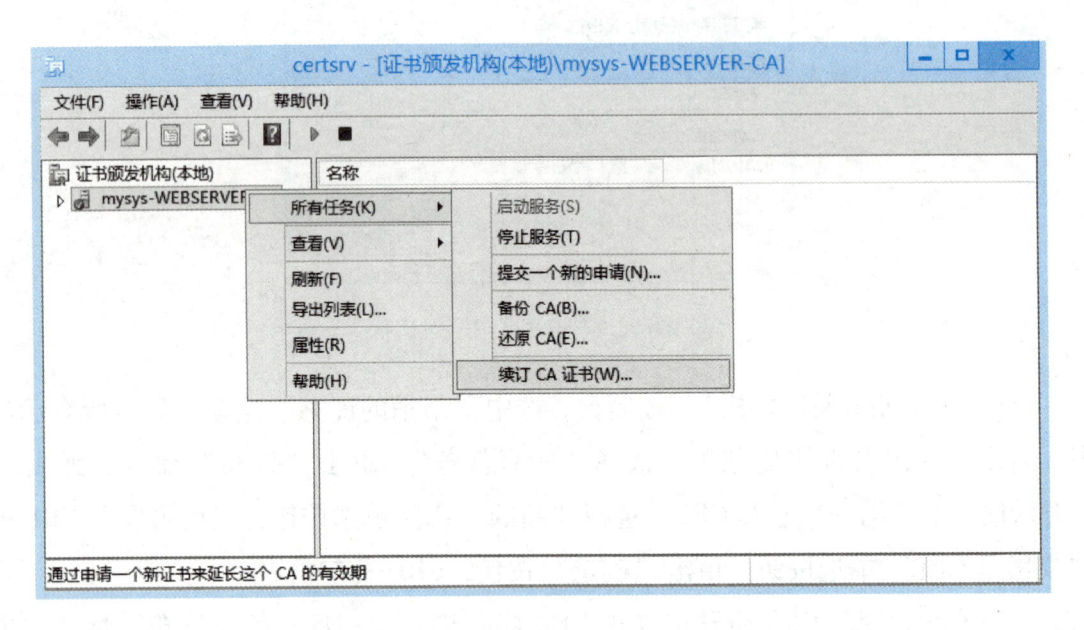

图 10-74　"续订 CA 证书"命令

这时，弹出"续订 CA 证书"对话框，如图 10-75 所示。

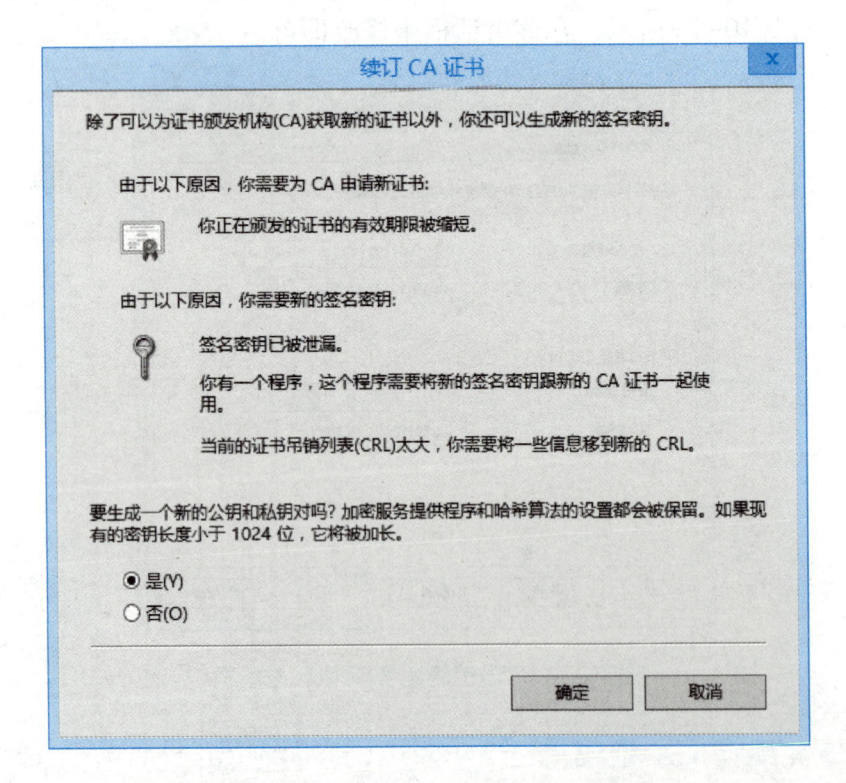

图 10-75　"续订 CA 证书"对话框

若重建一组新的密钥，可以选择"是"单选按钮，若不重建选择"否"单选按钮。单击"确定"按钮，就实现了 CA 证书的续订。

举一反三

1. 备份并还原证书服务器上的数字证书。
2. 吊销一个或几个数字证书，并发布 CRL。

知识拓展　X.509 证书的格式

在接触 CA 时，常常会听到一个名词 X.509。那么 X.509 是什么呢？它有什么样的格式呢？

X.509 是一种非常通用的证书格式，是一种行业标准或者行业解决方案，在 X.509 方案中，默认的加密体制是公钥密码体制。为进行身份认证，X.509 标准及公共密钥加密系统提供了数字签名的方案。用户可生成一段信息及其摘要（也称为信息"指纹"）。用户用专用密钥对摘要加密以形成签名，接收者用发送者的公共密钥对签名解密，并将之与收到的信息"指纹"进行比较，以确定其真实性。

X.509 所有的证书都符合 ITU-T X.509 国际标准，因此理论上可以用于任何其他符合 X.509 标准的应用。在一份证书中，必须证明公钥及其所有者的姓名是一致的。对 X.509 证书来说，认证者总是 CA 或由 CA 指定的人，一份 X.509 证书是一些标准字段的集合，这些字段包含有关用户或设备及其相应公钥的信息。X.509 标准定义了证书中应该包含哪些信息，并描述了这些信息是如何编码的（即数据格式），所有的 X.509 证书包含以下数据：

- X.509 版本号：指出该证书使用了哪个版本的 X.509 标准，版本号会影响证书中的一些特定信息。目前的版本是 3。
- 证书持有人的公钥：包括证书持有人的公钥、算法（指明密钥属于哪种密码系统）的标识符和其他相关的密钥参数。
- 证书的序列号：由 CA 给予每一个证书分配的唯一的数字型编号，当证书被取消时，实际上是将此证书序列号放入由 CA 签发的 CRL（certificate revocation list，证书作废表或证书黑名单表）中。这也是序列号唯一的原因。
- 主题信息：证书持有人唯一的标识符（或称 DN，distinguished name），这个名字在 Internet 上应该是唯一的。DN 由许多部分组成，如：

CN=Bob Allen, OU=Total Network Security Division

O = Network Associates, Inc.

C = US

这些信息指出该科目的通用名、组织单位、组织和国家或者证书持有人的姓名、服务处所等信息。

- 证书的有效期：证书起始日期和时间及终止日期和时间，指明证书在这两个时间内有效。

- 认证机构：证书发布者，是签发该证书的实体唯一的 CA 的 X.509 名字。使用该证书意味着信任签发证书的实体（注意：在某些情况下，如根或顶级 CA 证书，发布者自己签发证书）。

- 发布者的数字签名：这是使用发布者私钥生成的签名，以确保这个证书在发放之后没有被篡改过。

- 签名算法标识符：用来指定 CA 签署证书时所使用的签名算法。

项目 11

配置 NAT 服务器和 VPN 服务器

项目概述：

随着网络的发展，目前世界上的 IPv4 地址已经严重不足，虽然推出了 IPv6 计划，但是由于设备、发展、基础建设等问题，在 IPv6 还没有普及和完善的情况下，一般公司内部仍然大多数使用私有的 IPv4 地址。而和外网通信则通过 NAT 服务器进行网络地址转换的方式进行。

NAT 服务器是局域网与 Internet 通信的桥梁。在局域网内部，使用自己的私有 IP 地址，当本地计算机想与 Internet 通信时，NAT 服务器则通过修改来源端或目的端的 IP 地址（也可以是修改来源端或目的端的端口号）实现，如图 11-1 所示。

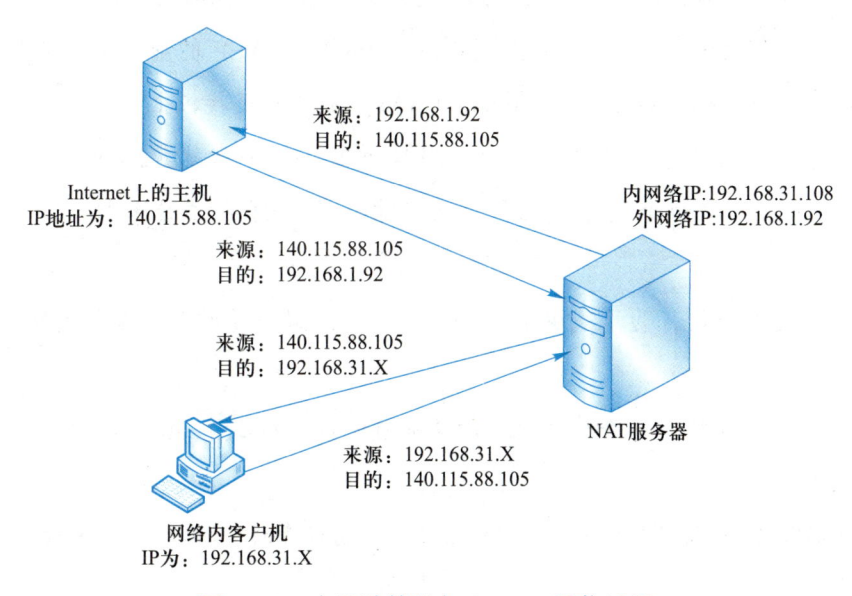

图 11-1 本地计算机与 Internet 通信过程

这样每个单位只要有一个对外的公共 IP 地址，就能够实现本单位内部所有计算机与 Internet 通信了。

项目 11　配置 NAT 服务器和 VPN 服务器

小韩的公司发展很快，在很多地方建立了分公司，而各公司之间网络的传输量很大，单纯靠电子邮件等传送不能满足要求。分公司的计算机也想达到和总公司一样的局域网方式，共享公司的网络资源。VPN 技术可以解决这个问题，需要的只是加一台 VPN 服务器，将分公司的计算机接入 Internet 就可以使用局域网资源。

虚拟专用网络（VPN）技术的主要作用是将远程用户的计算机通过电信运营商（如中国电信、中国联通、中国移动等）提供的线路，连接到单位或公司的局域网中，使远程用户的计算机也能够访问单位或公司内部局域网中的共享资源。那些适用于局域网连接用户的所有服务，如文件共享、Web 服务器访问和消息等都可以被远程用户使用。

VPN 是单位或企业内部网络的扩展，可以帮助远程的下属单位、企业的分支机构、商业伙伴等与单位或企业建立可信任的安全连接，并保证数据的安全传输。

项目准备：

完成本项目任务 1 需要准备两台计算机和一台交换机，其中在一台计算机上安装 Windows Server 2012 操作系统，并且要求该计算机有两个网卡，一个网卡的 IP 地址与公网设置在一个网段，称为外网卡，另一个网卡的 IP 地址与内网在一个网段中与交换机相连，称为内网卡。另一台计算机可以安装任何 Windows 操作系统，其 IP 地址的设置与内网在一个网段中通过交换机与上一台计算机的内网网卡相连，用于测试 NAT 服务器。

如果是使用虚拟机，需要建立两个虚拟机。建议第一台计算机的两个网卡，一个使用桥接方式与本机相连，另一个使用定制方式，将其定制到 VMnet8（NAT）的虚拟交换机上。第二台计算机的网卡使用定制方式，也将其定制到 VMnet8（NAT）的虚拟交换机上。

任务 2 和任务 3 需要 3 台计算机，一台是域控制器，另一台就是加入域的 Windows Server 2012 系统的计算机，需要两个网卡，配置同上。第 3 台是客户端计算机，用于测试 VPN 的连接。

本项目是跨网络连接的，为了减少不必要的麻烦，建议关闭所有计算机的防火墙。

学习目标：

能够正确地配置 NAT 服务器并使其他的计算机通过该 NAT 连接 Internet 网络；能够正确地使用客户端计算机上网。

能够正确地架设 VPN 服务器、设置 VPN 客户端，初步掌握 VPN 服务器的架设、VPN 服务器的基本设置方法。

任务 1　配置 NAT 服务器

任务描述

由于公共 IPv4 地址的匮乏，一个单位或企业申请到的公网 IPv4 地址有限，利用有限的 IP 地址使更多的计算机上网是很多用户的需求。本任务就是通过搭建 NAT 服务器，使得一个网络区域的所有用户都能够上网。

自己动手

☞ 步骤 1　部署环境

在服务器上安装两个网卡，一个命名为"内网络"，另一个命名为"外网络"（网络连接的重命名：选中"本地连接"，右击，在右键快捷菜单中选择"重命名"命令，即可修改网络连接为"外网络"。用同样方法将"本地连接 2"修改为"内网络"），如图 11-2 所示。

图 11-2　内网络和外网络

"内网络"的 IP 地址与内部的局域网在同一网段，本例 IP 地址为"192.168.31.108"，子网掩码为"255.255.255.0"，连接到局域网内，不设网关。DNS 使用本机的服务器 IP 地址（要已经安装了 DNS 服务），如图 11-3 所示。

"外网络"的 IP 地址为能够接入 Internet 的 IP 地址，本例为"192.168.1.92"，子网掩码为"255.255.255.0"，网关为"192.168.1.1"，DNS 是电信提供商的 DNS 服务器 IP 地址（如河北省中国联通的首选 DNS 服务器为"202.99.160.68"，备选 DNS 服务器为"202.99.166.4"。不同省市不同的电信提供商其 DNS 地址是不同的，用户可以上网查询，也可以咨询电信运营商），如图 11-4 所示。

本例是在二级 NAT 服务器下做的实验。如果是用专线连接，公网的 IP 地址和子网掩码必须申请专线时提供，如"221.192.212.5"，子网掩码为"255.255.255.248"，网关为"221.192.212.6"，通过专线或光纤连接到 Internet。那么"外网络"IPv4 的 IP 地址设置就设为以上地址。

👉 步骤 2　安装网络策略和访问服务角色

在"服务器管理器-仪表板"窗口中，单击"添加角色和功能"超链接，弹出"添加角色和功能向导-开始之前"窗口。连续单击"下一步"按钮，直至弹出"添加角色和功能向导-选择目标服务器"窗口，选择要安装角色的服务器，本例选择名称为"AdServer"、IP 地址为"192.168.31.108"的服务器。单击"下一步"按钮，弹出"添加角色和功能向导-选择服务器角色"窗口，如图 11-5 所示。

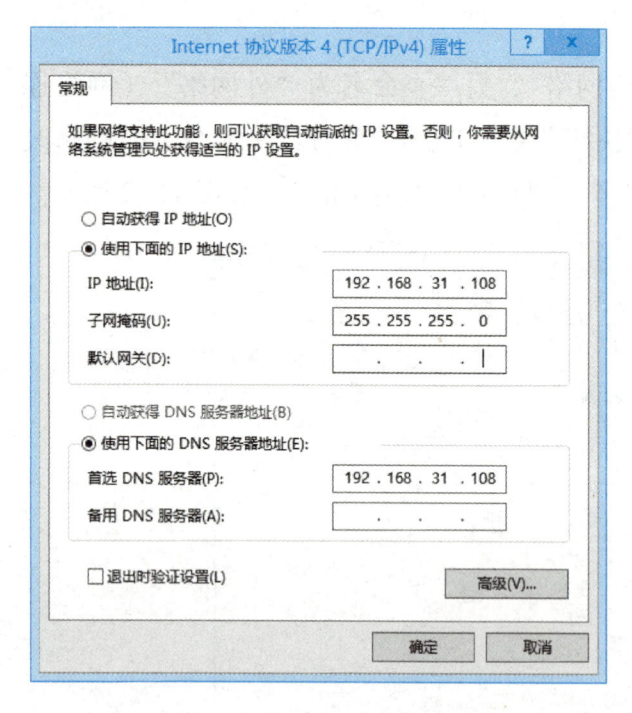

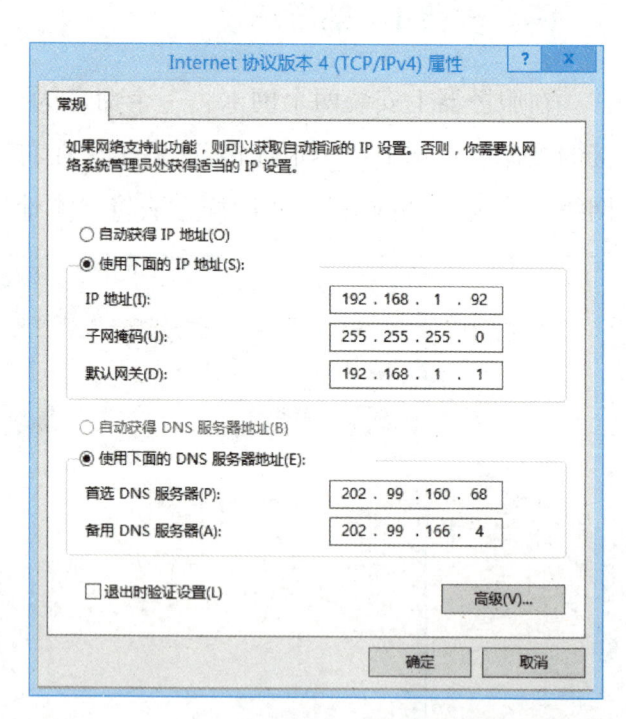

图 11-3　"内网络"的 IPv4 配置　　　　图 11-4　"外网络"的 IPv4 设置

勾选"远程访问"复选框，弹出"添加角色和功能向导-添加远程访问所需的功能"警示框，如图 11-6 所示。

图 11-5 "添加角色和功能向导-选择服务器角色"窗口（1）

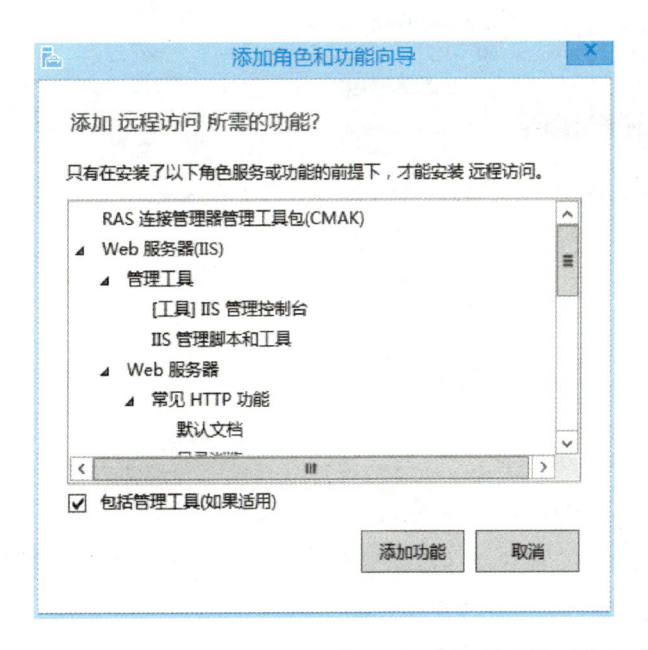

图 11-6 "添加角色和功能向导-添加远程访问所需的功能"警示框

单击"添加功能"按钮，返回"添加角色和功能向导-选择服务器角色"窗口，如图 11-7 所示。

此时就会看到"远程访问"复选框被选中，同时由于远程访问用到 Web 服务的一些功能，"Web 服务器"复选框也被选中。单击"下一步"按钮，弹出"添加角色和功能向导-选择功能"窗口，如图 11-8 所示。

单击"下一步"按钮，弹出"添加角色和功能向导-远程访问"窗口，如图 11-9 所示。

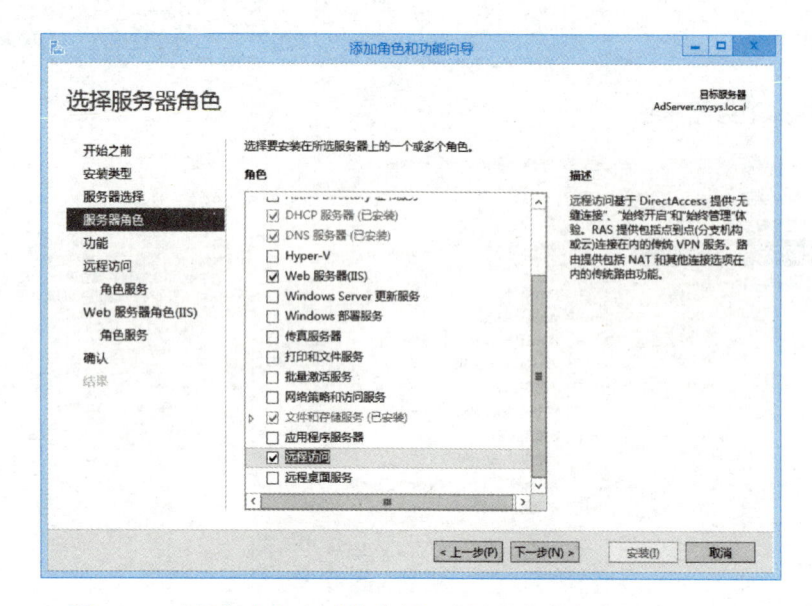

项目 11　配置 NAT 服务器和 VPN 服务器

图 11-7　"添加角色和功能向导-选择服务器角色"窗口（2）

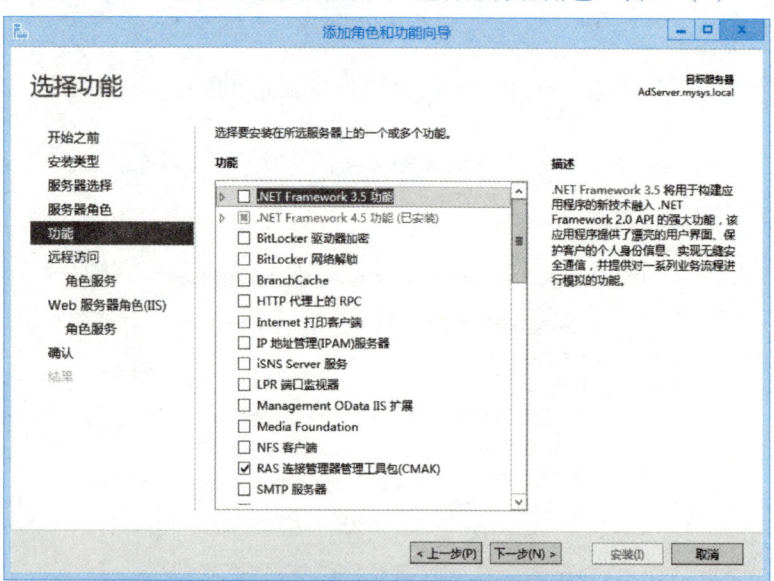

图 11-8　"添加角色和功能向导-选择功能"窗口

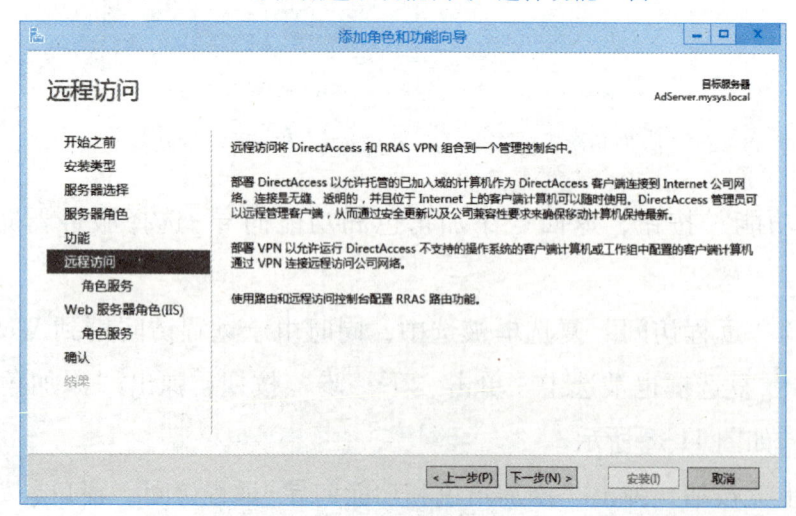

图 11-9　"添加角色和功能向导-远程访问"窗口

单击"下一步"按钮,弹出"添加角色和功能向导-选择角色服务"窗口,如图 11-10 所示。

图 11-10 "添加角色和功能向导-选择角色服务"窗口

勾选"DirectAccess 和 VPN（RAS）"和"路由"复选框,单击"下一步"按钮,会弹出 Web 服务器的安装及 Web 服务器的角色安装对话框,直接连续两次单击"下一步"按钮,弹出"添加角色和功能向导-确认安装所选内容"窗口,如图 11-11 所示。

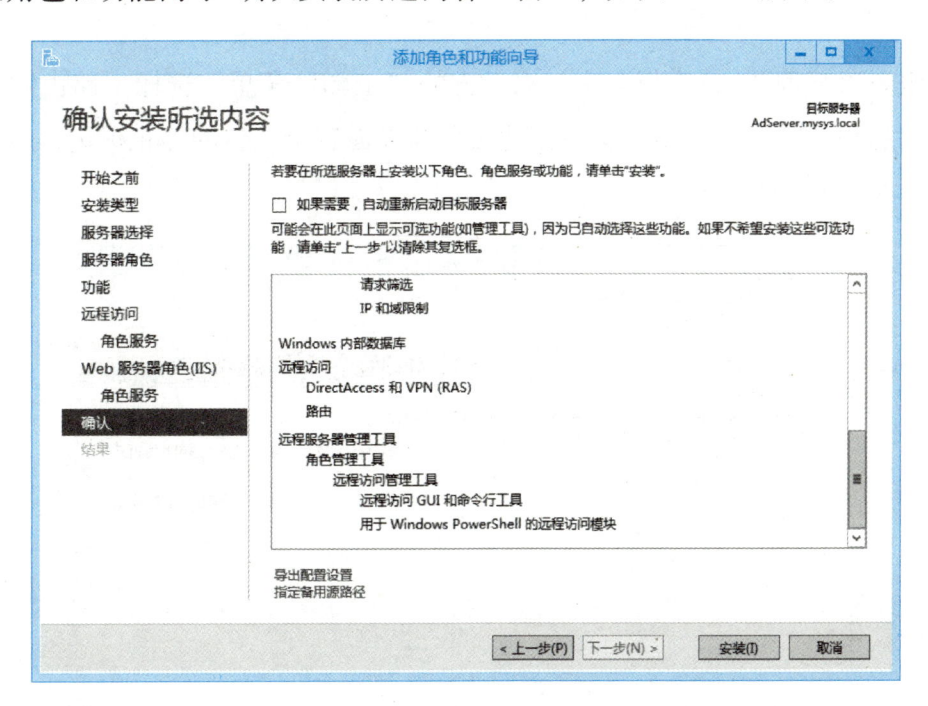

图 11-11 "添加角色和功能向导-确认安装所选内容"窗口

单击"安装"按钮,开始安装路由和远程访问服务,出现"添加角色和功能向导-安装进度"窗口，稍等一会儿，会看到该角色安装成功，如图 11-12 所示。

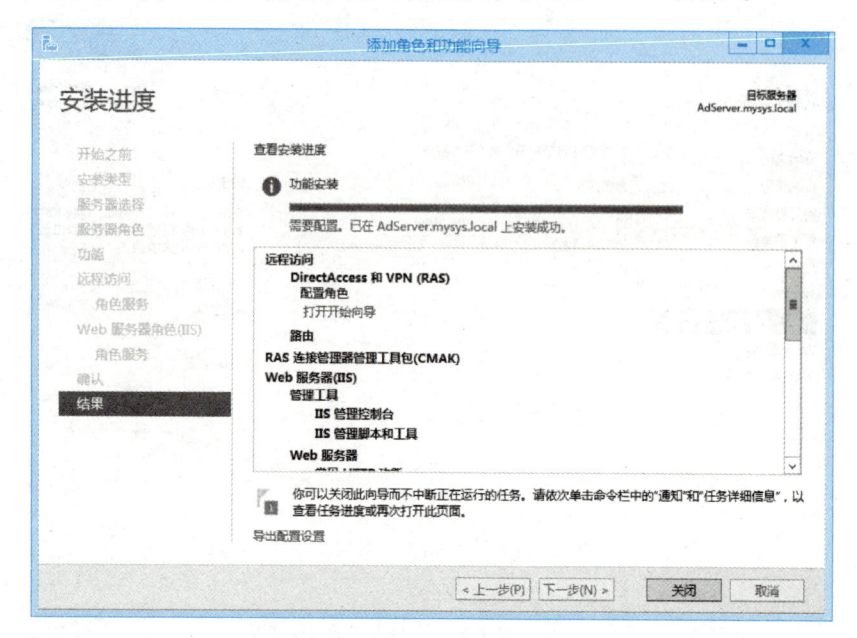

图 11-12 "添加角色和功能向导-安装进度"窗口

单击"完成"按钮，路由和远程访问服务安装成功。

☞ 步骤 3　配置 NAT

安装完"路由和远程访问服务"后，在管理工具中多了一个"路由和远程访问"控制台。

单击"服务器管理器-仪表板"窗口右上方的"工具"菜单，选择"路由和远程访问"，打开"路由和远程访问"控制台，会看到此服务器前面有个红色的停止标记，表示该服务器还不能使用，如图 11-13 所示。

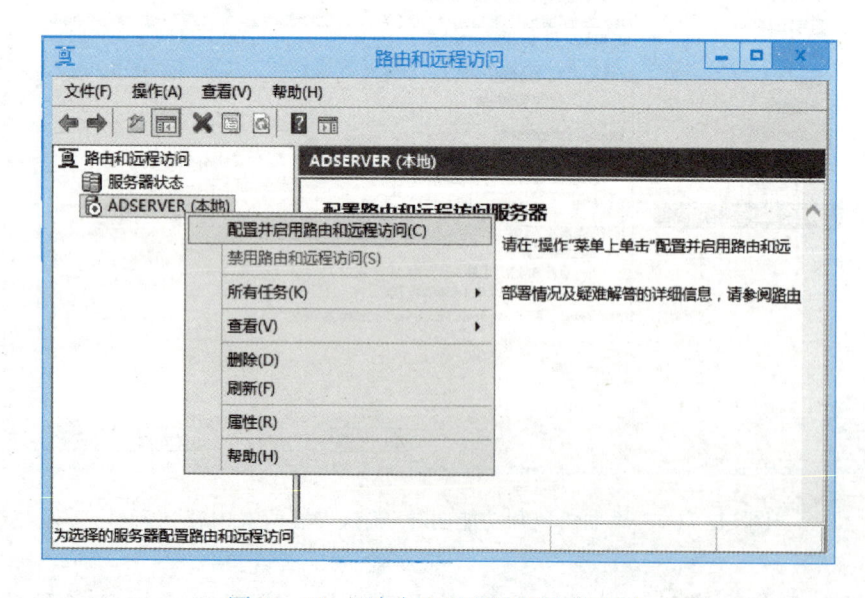

图 11-13 "路由和远程访问"控制台

任务 1　配置 NAT 服务器

选中该服务器，右击，在右键快捷菜单中选择"配置并启用路由和远程访问"命令，弹出"路由和远程访问服务器安装向导"对话框，如图 11-14 所示。

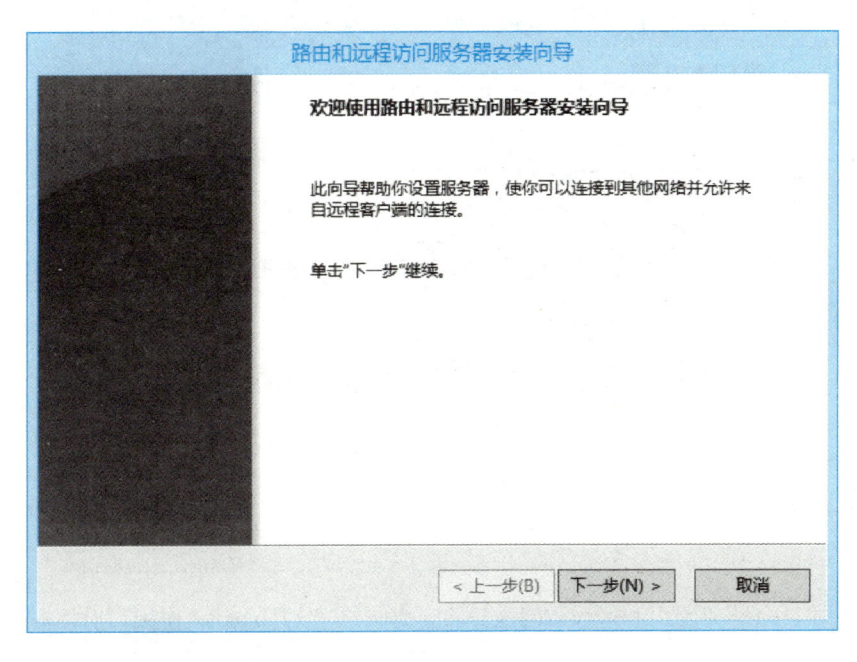

图 11-14　"路由和远程访问服务器安装向导"对话框

单击"下一步"按钮，弹出"路由和远程访问服务器安装向导-配置"对话框，如图 11-15 所示。

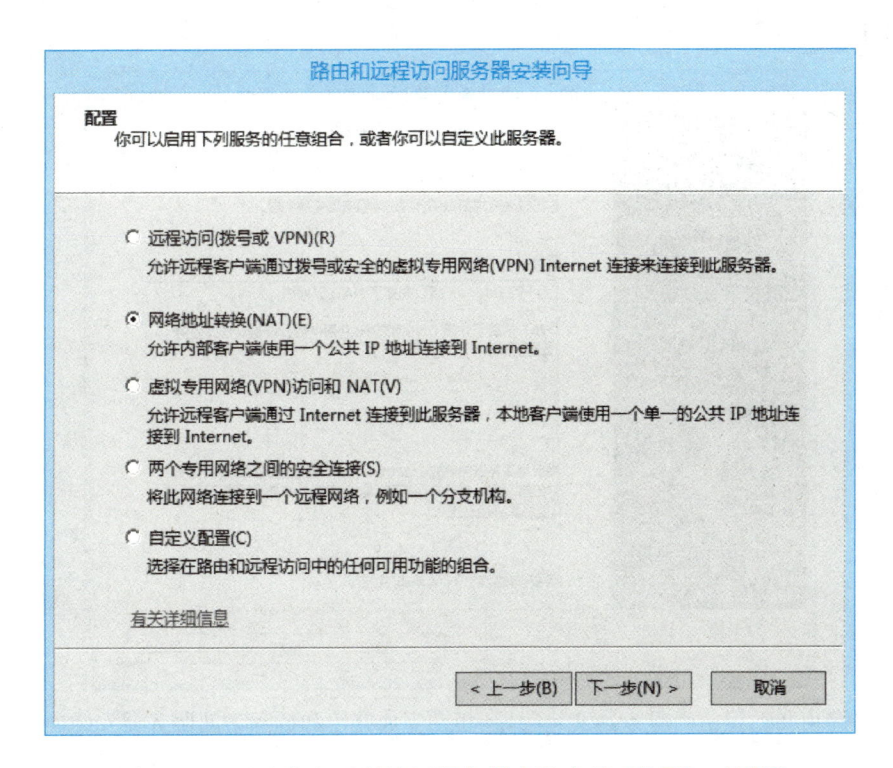

图 11-15　"路由和远程访问服务器安装向导-配置"对话框

项目 11　配置 NAT 服务器和 VPN 服务器

选择"网络地址转换（NAT）"单选按钮，单击"下一步"按钮，弹出"路由和远程访问服务器安装向导-NAT Internet 连接"对话框，如图 11-16 所示。

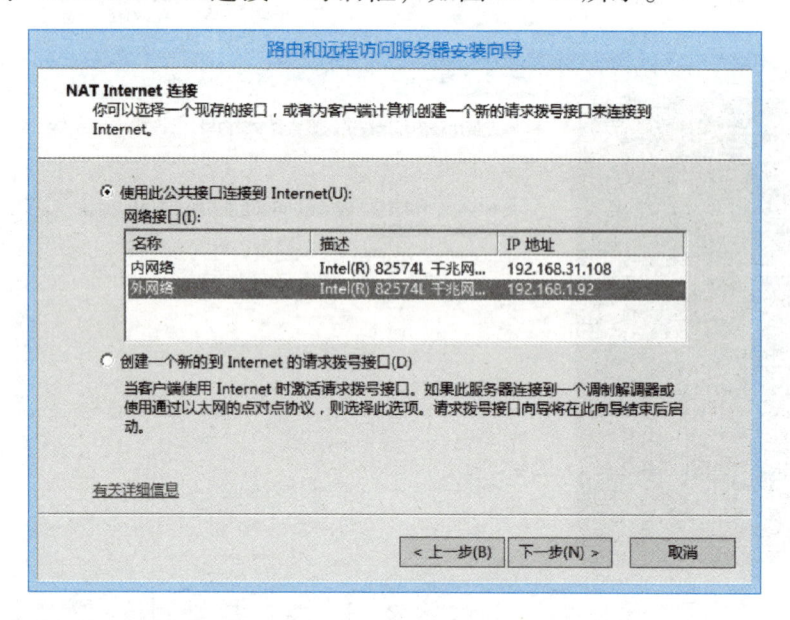

图 11-16　"路由和远程访问服务器安装向导-NAT Internet 连接"对话框

在该对话框中选择"使用此公共接口连接到 Internet"单选按钮，选择下面列表框中的"外网络"项，表示使用这个 IP 地址对外连接到 Internet，选择完毕单击"下一步"按钮，弹出"路由和远程访问服务器安装向导-正在完成路由和远程访问服务器安装向导"对话框，如图 11-17 所示。

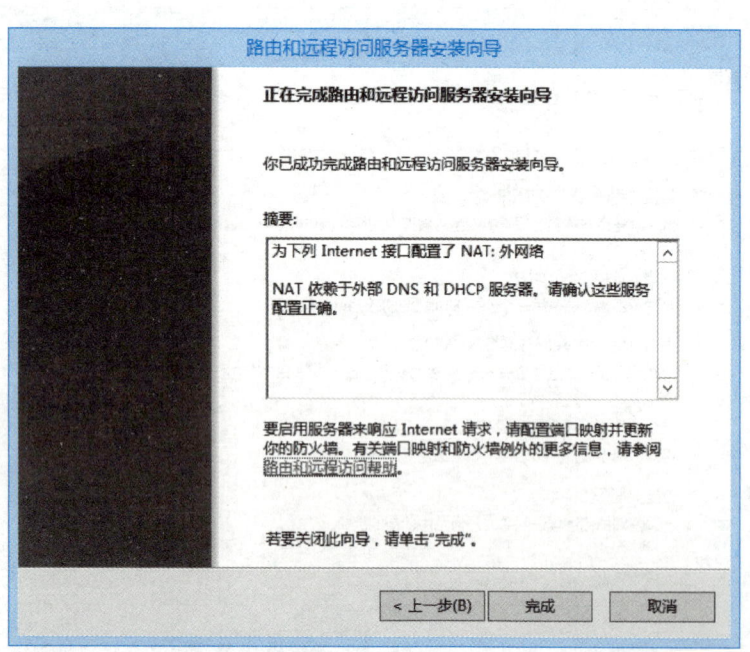

图 11-17　"路由和远程访问服务器安装向导-正在完成路由和远程访问服务器安装向导"对话框

单击"完成"按钮，开始配置系统，等待一会儿配置完毕。再打开"路由和远程访问"控制台，会看到该服务器的图标前变成了绿色运行标识，如图 11-18 所示。

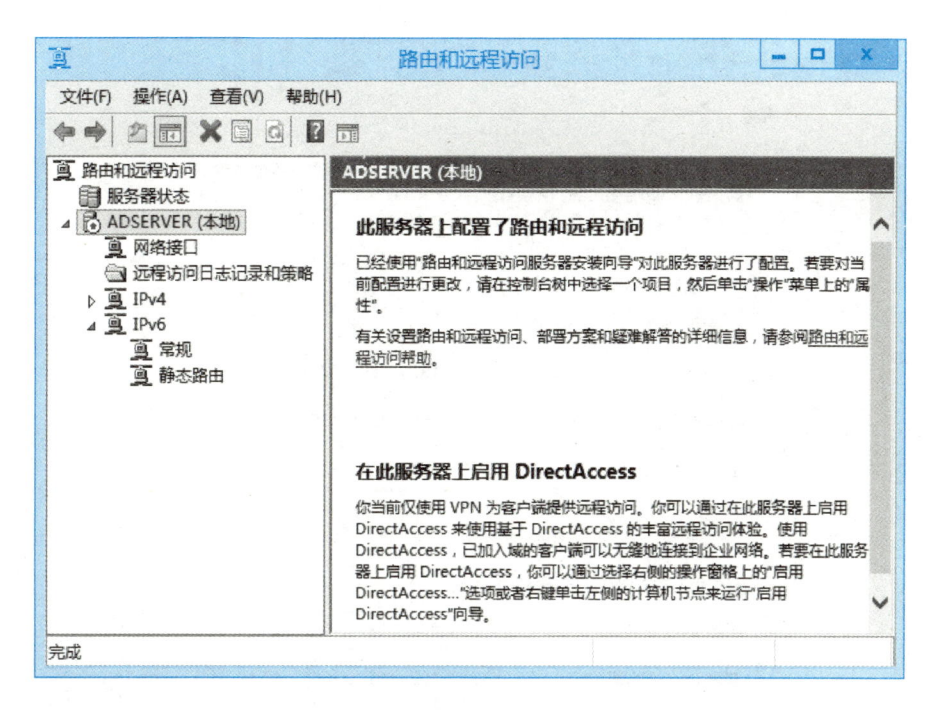

图 11-18　正在运行中的"路由和远程访问"控制台

至此，NAT 服务的服务器端配置完毕。

☞ 步骤 4　配置客户端计算机网络

到客户端计算机中，选中"本地连接"，右击，在弹出的右键快捷菜单中选择"属性"命令，再选中"Internet 协议版本 4（TCP/IPv4）"项，单击"属性"按钮，弹出"Internet 协议版本 4（TCP/IPv4）属性"对话框，如图 11-19 所示。

选择"使用下面的 IP 地址"单选按钮，在"IP 地址"文本框中输入一个 IP 地址，必须与 NAT 服务器的内网络在一个网段内，本例为"192.168.31.120"。在"子网掩码"文本框中输入子网掩码，也要保证与内网络在一个网络中，本例为"255.255.255.0"。在"默认网关"文本框中输入 NAT 服务器内网络的 IP 地址，本例为"192.168.31.108"。在下面选择"使用下面的 DNS 服务器地址"单选按钮，如果自己的网络已配置 DNS 服务器，可以输入自己的 DNS 服务器的 IP 地址，本例为"202.99.160.68"，"备用 DNS 服务器"文本框中输入"202.99.166.4"，为河北省中国联通的 DNS 服务器地址。不同的省份不同的网络其 DNS 服务器是不同的，请在网上查询，或咨询电信运营商。

配置完毕，单击"确定"按钮，完成客户端的设置。

☞ 步骤 5　在客户端测试

在客户端打开 IE 浏览器，输入要查看的网络地址，这时该计算机就可以通过 NAT 服务器接入 Internet。图 11-20 所示就是新浪网首页的页面。

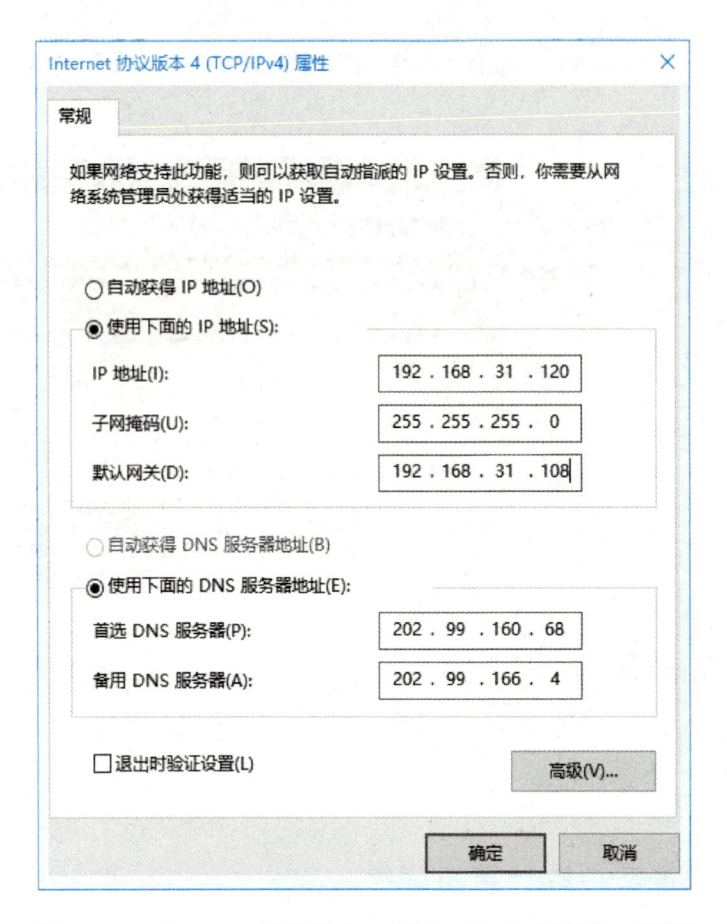

项目 11　配置 NAT 服务器和 VPN 服务器

图 11-19　"Internet 协议版本 4（TCP/IPv4）属性"对话框

图 11-20　新浪网首页

NAT 服务器设置成功。

举一反三

1. 在服务器上安装 NAT 服务。
2. 设置内部网络的客户端使之能够通过 NAT 服务器接入 Internet。

任务 2　架设 VPN 服务器

任务描述

　　VPN 服务器的硬件环境也需要两个网卡，一个网卡的 IP 地址与单位或企业内部的局域网在同一网段，另一个网卡的 IP 地址必须是个公网的 IP 地址，通过光纤或专线与 Internet 相连。这样，远程的计算机才能够使用这个虚拟专用网络。VPN 服务器要部署在一个域环境下，且本身是域成员服务器。网络拓扑图如图 11-21 所示。

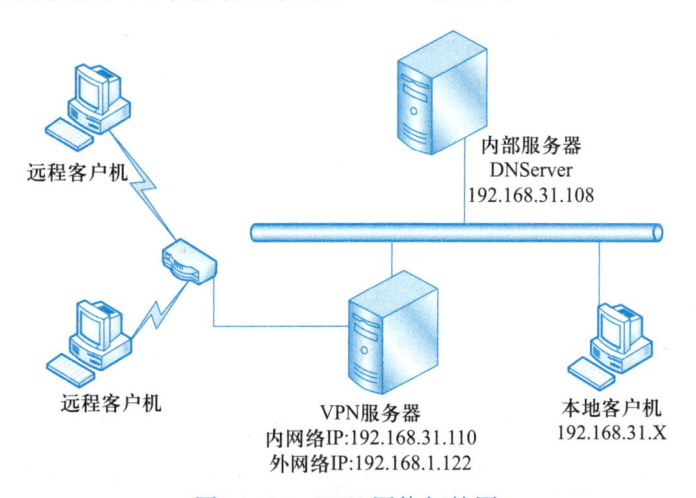

图 11-21　VPN 网络拓扑图

　　本任务使用 3 台计算机，第 1 台为域控制器，IP 地址为"192.168.31.108"，子网掩码为"255.255.255.0"。第 2 台为 VPN 服务器，内网卡的 IP 地址为"192.168.31.110"，子网掩码为"255.255.255.0"，首选 DNS 服务器设为"192.168.31.108"；外网卡的 IP 地址为"192.168.1.122"，子网掩码为"255.255.255.0"。第 3 台为测试用计算机，IP 地址与 VPN 服务器的外网在一个网络中即可。

本任务就是在这个环境下，介绍 VPN 服务器的安装、配置、测试等内容，使读者基本掌握 VPN 服务器的架设与使用。

自己动手

步骤 1　部署 VPN 服务器环境

设置域控制器 IP 地址为"192.168.31.108"，子网掩码为"255.255.255.0"，默认网关设置为 VPN 服务器的内网络的 IP 地址（192.168.31.110），如图 11-22 所示。

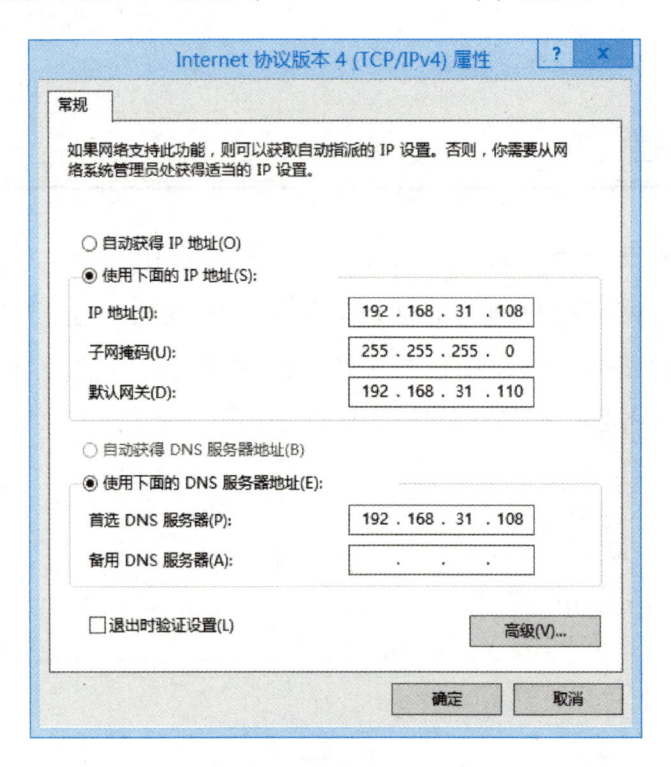

图 11-22　域控制器 IP 地址设置

在 VPN 服务器上安装两个网卡，一个网卡的 IP 地址与内部的局域网在同一网段（内网络），本例 IP 地址为"192.168.31.110"，子网掩码为"255.255.255.0"，首选 DNS 服务器为"192.168.31.108"，不设网关连接到局域网内，如图 11-23 所示。

VPN 服务器的外网络 IP 地址设置不能与内网络在一个网段，在本例测试环境下为"192.168.1.122"，子网掩码为"255.255.255.0"，如图 11-24 所示。

建议做一个实际公网 VPN 网络的演示服务器，给每个学生提供一个用户，使学生在家庭通过 Internet 就可以访问学校的局域网络，使其享受到技术带来的快乐。

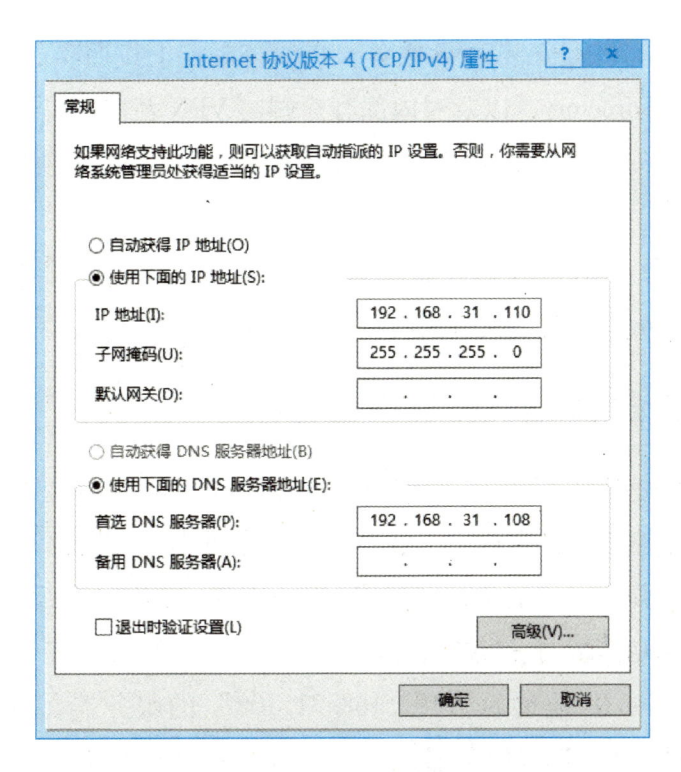

图 11-23　VPN 内网络的 IP 地址设置

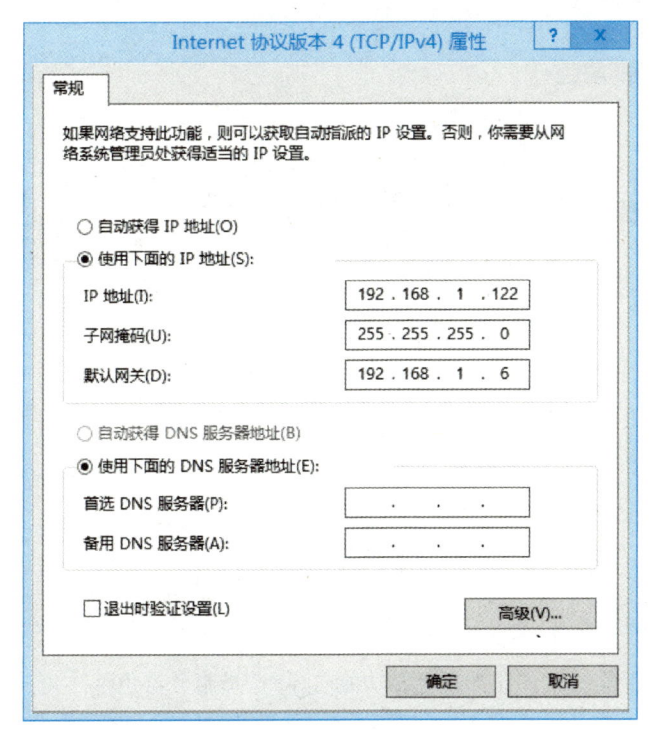

图 11-24　VPN 外网络 IP 地址设置

☞ 步骤 2　配置与安装域控制器服务

域控制器的 Active Directory 数据库内存储着域用户的账户，VPN 客户端的用户将利用域用户账户来连接 VPN 服务器。

（1）在域控制器计算机上安装 DNS 服务。在域控制器上按照项目 5 的方法安装 DNS 服务器，用来支持 Active Directory，以及对内部客户端与 VPN 客户端提供 DNS 名称解析服务。

（2）在域控制器上安装 DHCP 服务。在域控制器计算机上按照项目 6 的方法安装 DHCP 服务器。

（3）设置共享目录和用户权限。在磁盘根目录下，建立一个共享文件夹（本例为 share）。设置域用户"first"，对该文件夹有读和查看的权利。

☞ 步骤 3　在域控制器安装 WINS 服务器

安装 WINS 服务器可以让 VPN 客户端通过 NetBIOS 计算机名与内部计算机通信。

具体方法是：在域控制器计算机上，在"服务器管理器-仪表板"窗口中，单击"添加角色和功能"超链接，弹出"添加角色和功能向导-开始之前"。连续单击"下一步"按钮，直至弹出"添加角色和功能向导-选择目标服务器"窗口，选择要安装角色的服务器，本例选择名称为"AdServer"、IP 地址为"192.168.31.108"的服务器，单击"下一步"按钮，弹出"添加角色和功能向导-选择服务器角色"窗口，如图 11-25 所示。

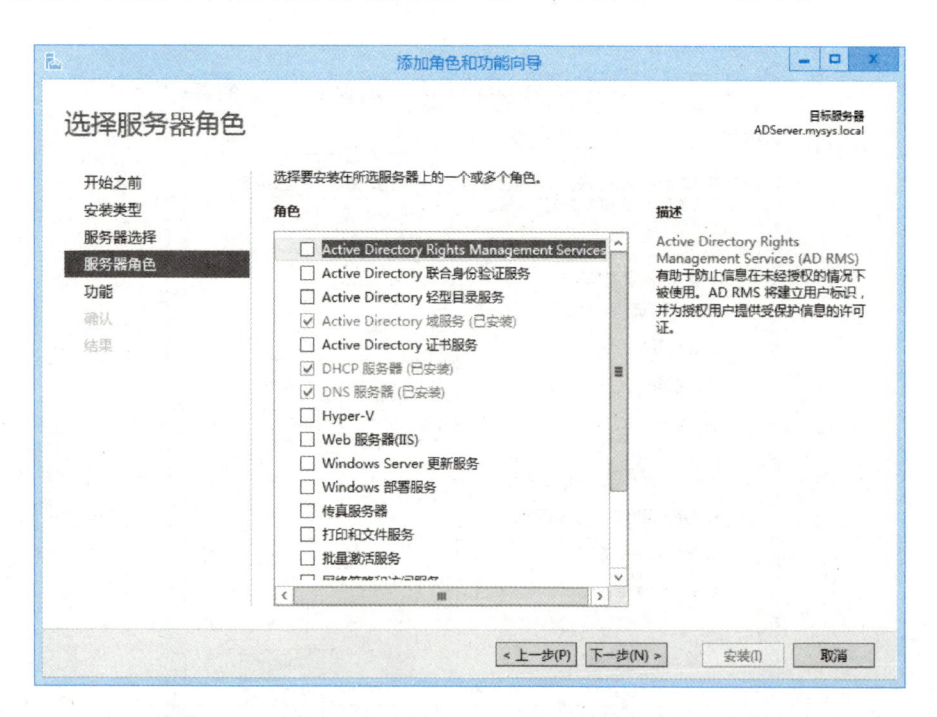

图 11-25　"添加角色和功能向导-选择服务器角色"窗口

注意本次在此窗口中不进行任何选择，直接单击"下一步"按钮，弹出"添加角色和功能向导-选择功能"窗口，在此窗口中找到"WINS 服务器"复选框，会弹出"添加角色和功能向导-添加 WINS 服务器所需的功能"警示框，如图 11-26 所示。

单击"添加功能"按钮，回到"添加角色和功能向导-选择功能"窗口，此时"WINS

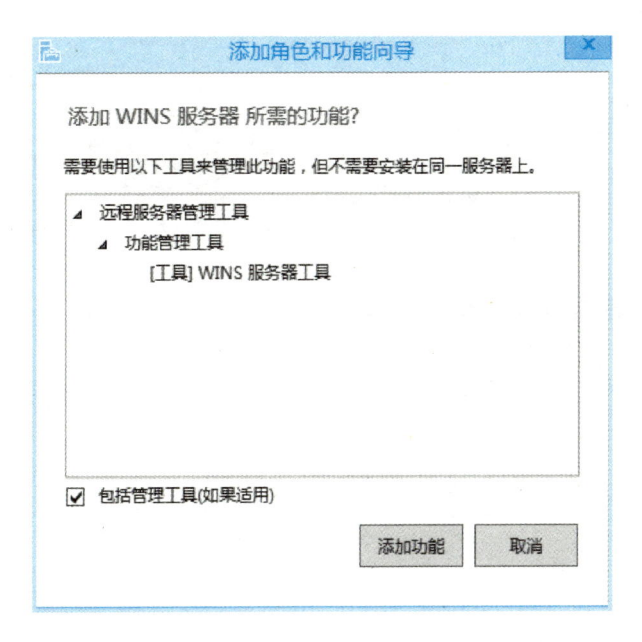

图 11-26 "添加角色和功能向导-添加 WINS 服务器所需的功能"警示框

服务器"复选框已经被选中,如图 11-27 所示。

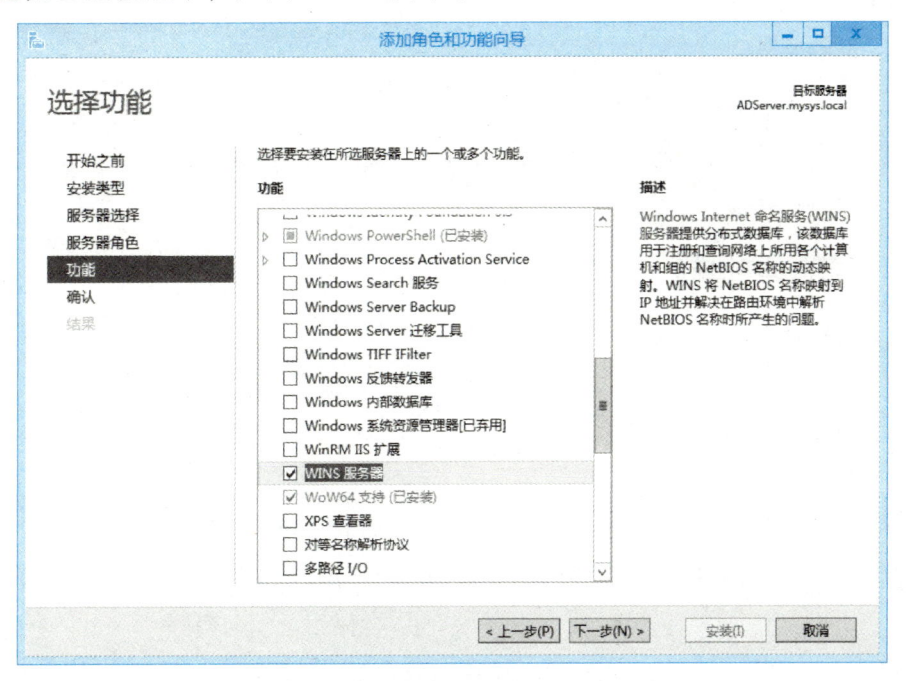

图 11-27 "添加角色和功能向导-选择功能"窗口

单击"下一步"按钮,弹出"添加角色和功能向导-确认安装所选内容"窗口,如图 11-28 所示。

单击"安装"按钮,开始安装 WINS 服务器,弹出"添加角色和功能向导-安装进度"窗口,等待一会儿,安装完毕,如图 11-29 所示。

单击"完成"按钮,完成 WINS 服务器的安装。

项目 11　配置 NAT 服务器和 VPN 服务器

图 11-28　"添加角色和功能向导-确认安装所选内容"窗口

图 11-29　"添加角色和功能向导-安装进度"窗口

☞ **步骤 4　在域控制器添加与配置 DHCP 作用域**

在域控制器计算机上，打开 DHCP 控制台，建立一个新的 IPv4 作用域，弹出新建作用域向导（以下操作省略部分图片，详细可以参看图 6-15~图 6-25 的相关内容）。

在"新建作用域向导-作用域名称"窗口，在"名称"文本框中输入作用域的名称（此项必填，但名称不影响结果，只作为标记），在"描述"文本框中填写说明（此项可选）。

单击"下一步"按钮，弹出"新建作用域向导-IP 地址范围"窗口，如图 11-30 所示。

任务 2　架设 VPN 服务器

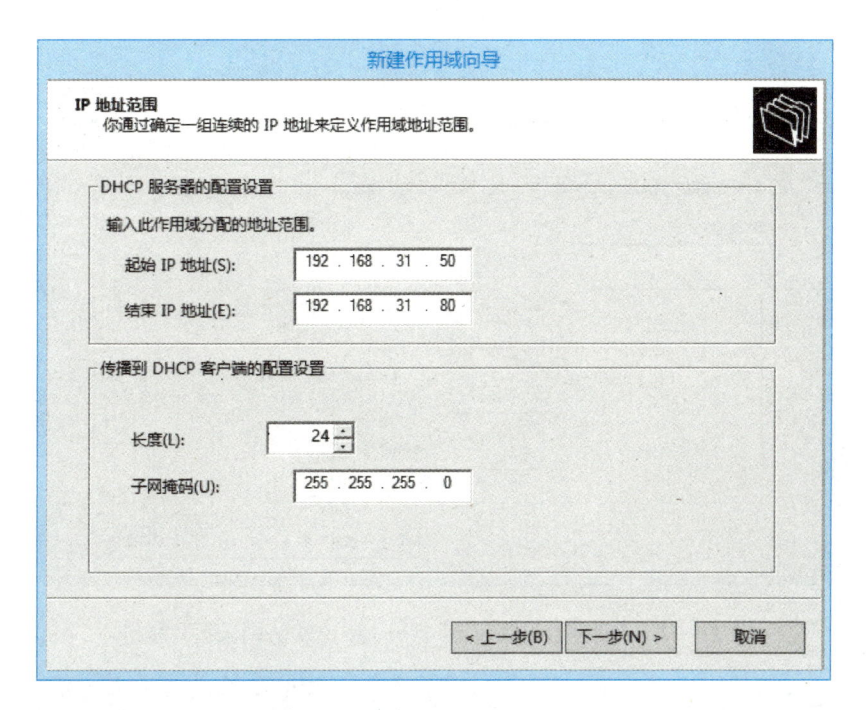

图 11-30　"新建作用域向导-IP 地址范围"窗口

在"起始 IP 地址"文本框中，输入 DHCP 作用域的起始 IP 地址（本例为"192.168.31.50"）。在"结束 IP 地址"文本框中，输入 DHCP 作用域的结束 IP 地址（本例为"192.168.31.80"）。在"长度"后面的选择框中使用默认的"24"，在"子网掩码"文本框中输入"255.255.255.0"。单击"下一步"按钮，弹出"新建作用域向导-添加排除和延迟"窗口。

在此 DHCP 作用域，建议不要有分隔项，所以此窗口无须填写，直接单击"下一步"按钮，弹出"新建作用域向导-租用期限"窗口。在此窗口中也保持默认选项，单击"下一步"按钮，弹出"新建作用域向导-配置 DHCP 选项"窗口。选择"是，我想现在配置这些选项"单选按钮，单击"下一步"按钮，弹出"新建作用域向导-路由器（默认网关）"窗口，如图 11-31 所示。

该窗口也无须填写任何内容，单击"下一步"按钮，弹出"新建作用域向导-域名称和 DNS 服务器"窗口，如图 11-32 所示。

在"父域"文本框中使用默认的域名（mysys.local），在"IP 地址"文本框中输入域服务器计算机的 IP 地址（本例为"192.168.31.108"），单击"添加"按钮，将地址添加到下面的文本框中，单击"下一步"按钮，弹出"新建作用域向导-WINS 服务器"窗口，如图 11-33 所示。

在"IP 地址"文本框中输入 WINS 服务器的 IP 地址（本例为"192.168.31.108"），单击"添加"按钮，将该 IP 地址添加到下面的文本框中。单击"下一步"按钮，弹出"新建作用域向导-激活作用域"窗口。选择"是，我想现在激活此作用域"单选按钮，单击"下

337

图 11-31 "新建作用域向导-路由器（默认网关）"窗口

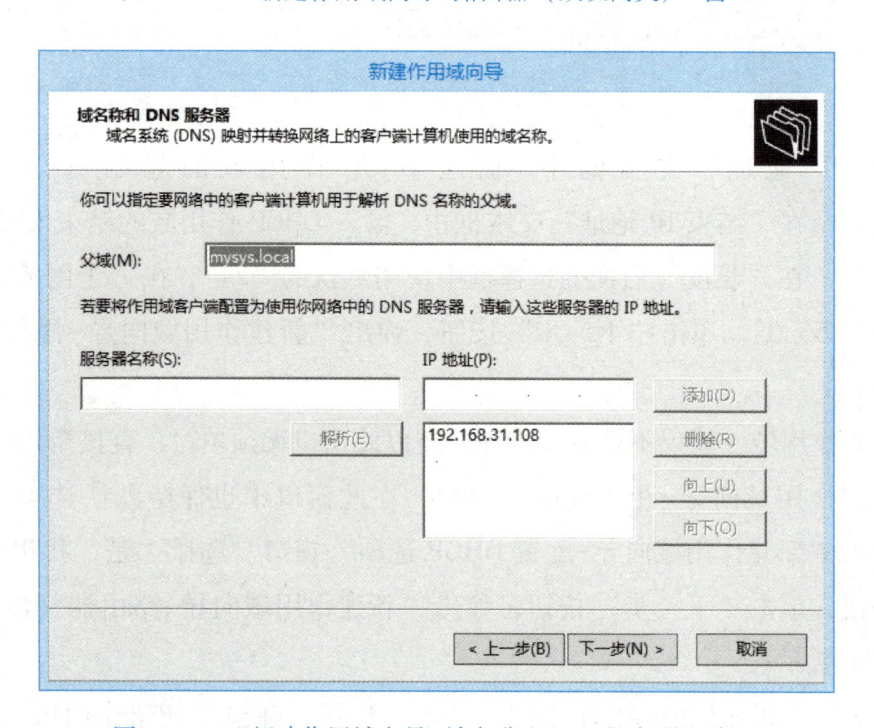

图 11-32 "新建作用域向导-域名称和 DNS 服务器"窗口

一步"按钮，弹出"新建作用域向导-正在完成新建作用域向导"对话框。单击"完成"按钮，完成此 DHCP 作用域的建立与配置。

☞ 步骤 5 安装远程访问服务角色

打开 VPN 服务器，在该服务器上安装远程访问角色。

本步骤参照任务 1 步骤 2 安装远程访问服务角色。注意在图 11-10 所示的对话框中，只选中"角色服务"下面的"DiretAccess 和 VPN（RAS）"复选框。

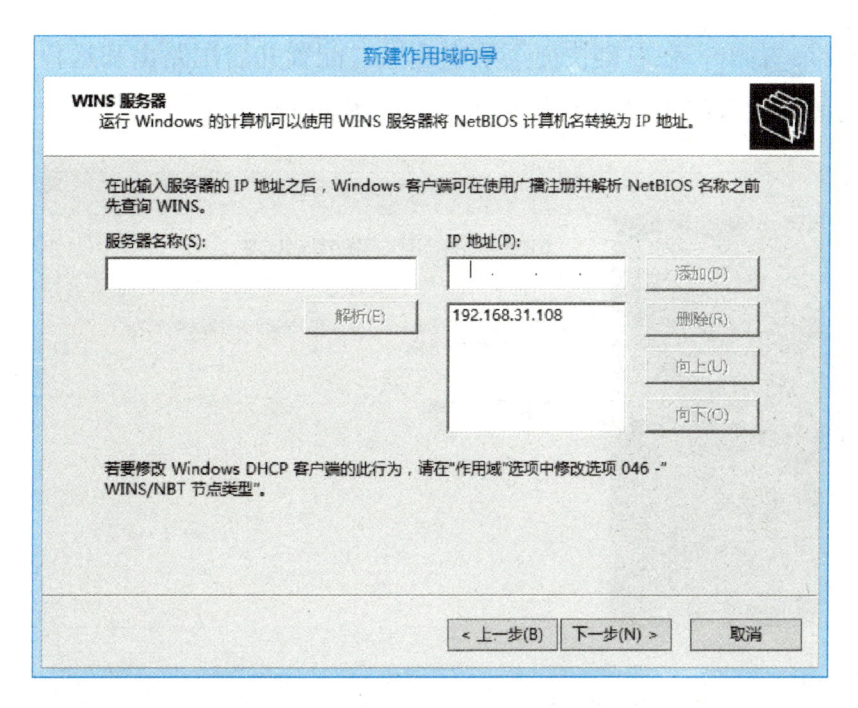

图 11-33 "新建作用域向导-WINS 服务器"窗口

☞ 步骤 6 安装 VPN

安装完"远程访问服务"后，在管理工具多了"路由和远程访问"控制台。

单击"服务器管理器-仪表板"窗口右上方的"工具"菜单，选择"路由和远程访问"，打开"路由和远程访问"控制台，会看到此服务器前面有个红色的停止标记，表示该服务器还不能使用，如图 11-34 所示。

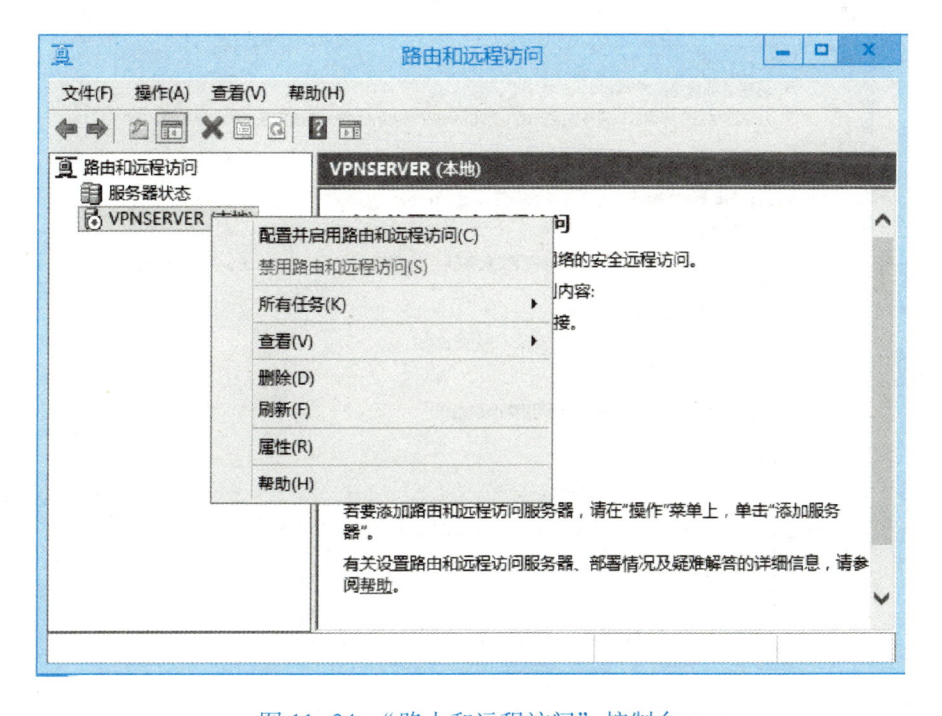

图 11-34 "路由和远程访问"控制台

选中该服务器，右击，在右键快捷菜单中选择"配置并启用路由和远程访问"命令，弹出"路由和远程访问服务器安装向导"对话框，如图 11-35 所示。

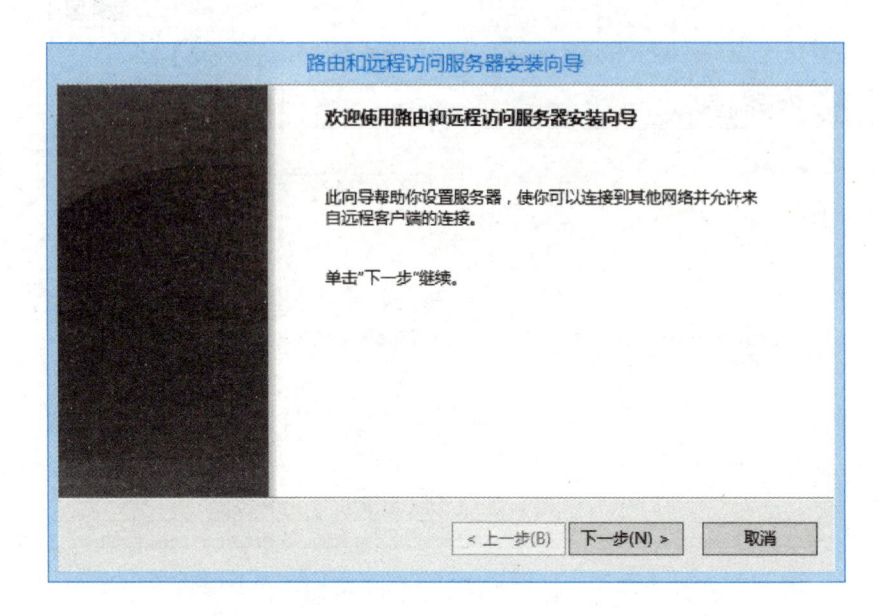

图 11-35 "路由和远程访问服务器安装向导"对话框

单击"下一步"按钮，弹出"路由和远程访问服务器安装向导-配置"对话框，如图 11-36 所示。

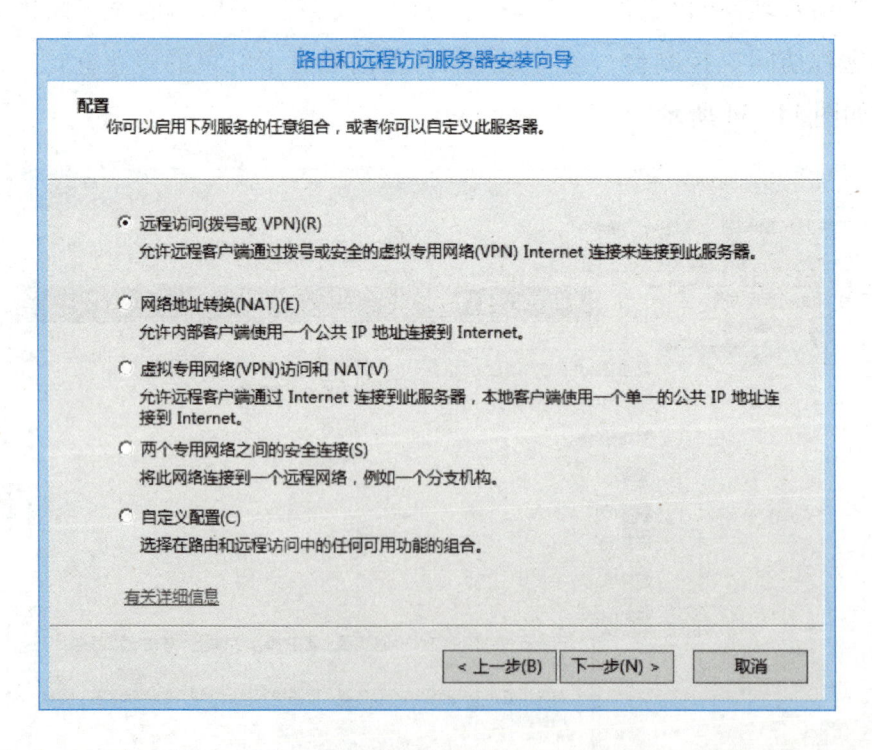

图 11-36 "路由和远程访问服务器安装向导-配置"对话框

在此对话框中选择"远程访问（拨号或 VPN）"单选按钮，单击"下一步"按钮，弹出

"路由和远程访问服务器安装向导-远程访问"对话框，如图 11-37 所示。

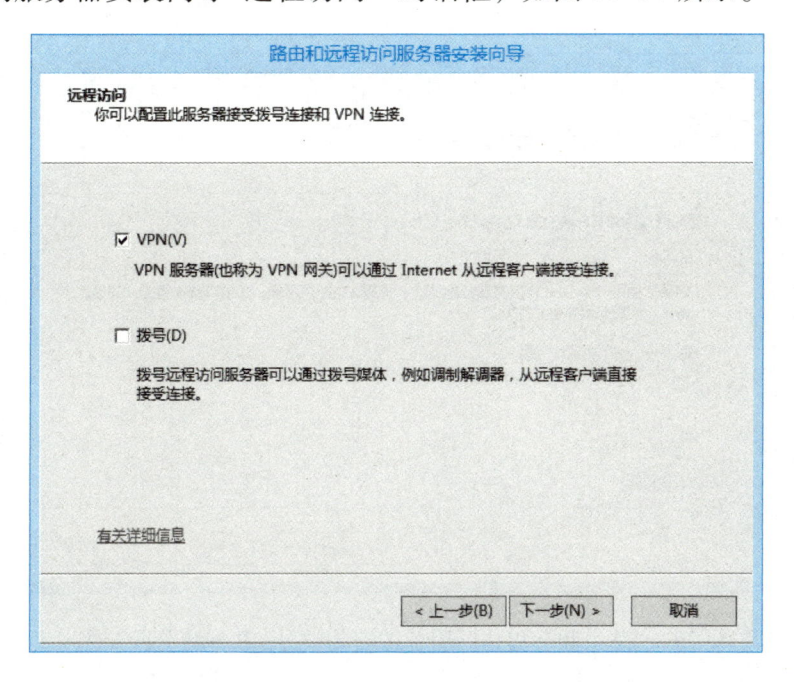

图 11-37 "路由和远程访问服务器安装向导-远程访问"对话框

选择"VPN"复选框，单击"下一步"按钮，弹出"路由和远程访问服务器安装向导-VPN 连接"对话框，如图 11-38 所示。

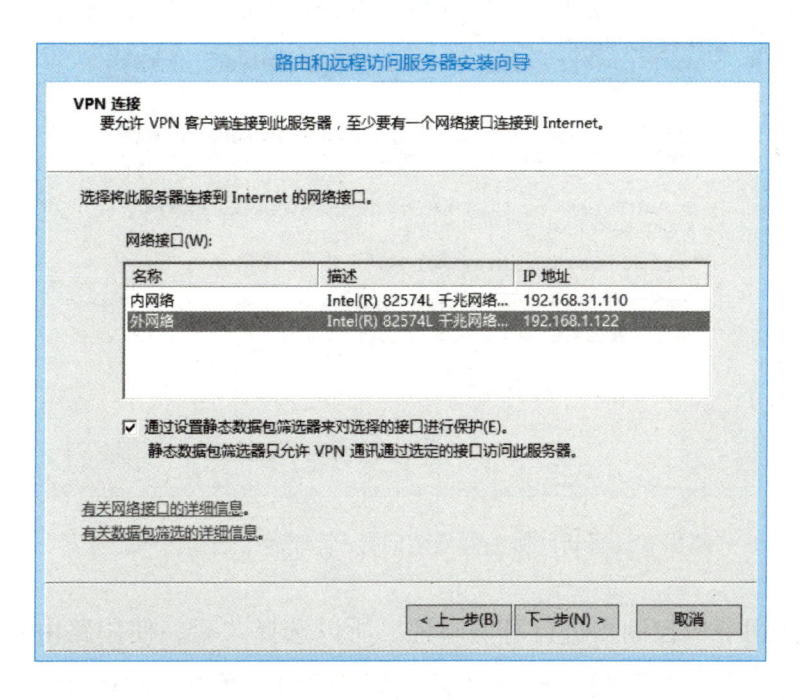

图 11-38 "路由和远程访问服务器安装向导-VPN 连接"对话框

选择"外网络"，表示使用此 IP 地址与外界进行 VPN 服务，并勾选"通过设置静态数据包筛选器来对选择的接口进行保护"复选框，单击"下一步"按钮，弹出"路由和远程访问服务器安装向导-IP 地址分配"对话框，如图 11-39 所示。

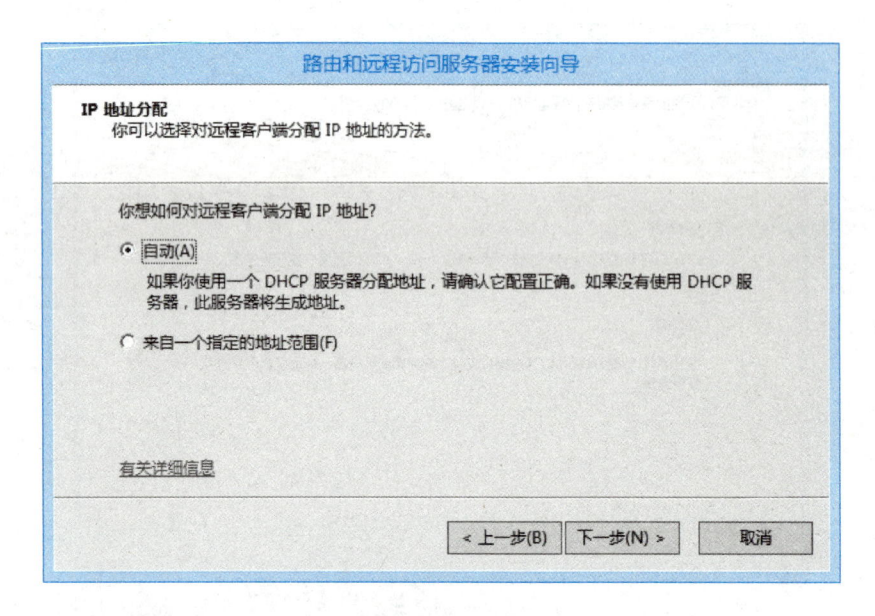

图 11-39 "路由和远程访问服务器安装向导-IP 地址分配"对话框

选择"自动"单选按钮，单击"下一步"按钮，弹出"路由和远程访问服务器安装向导-管理多个远程访问服务器"对话框，如图 11-40 所示。

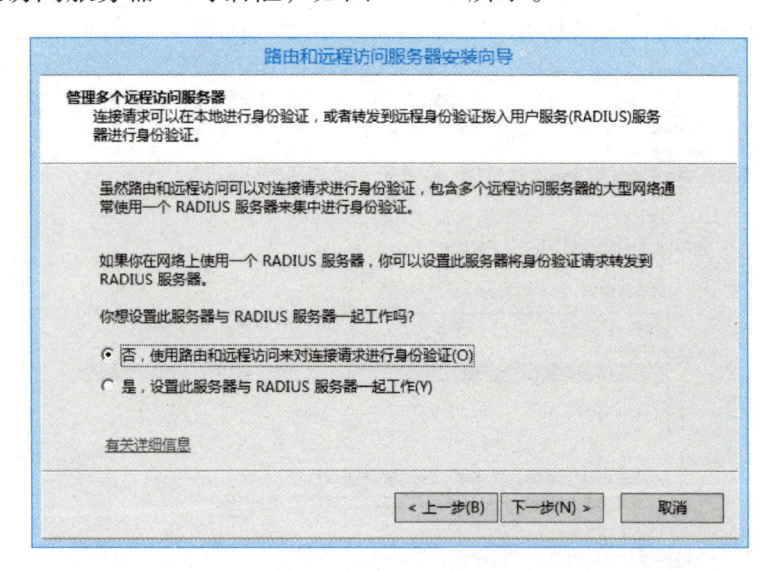

图 11-40 "路由和远程访问服务器安装向导-管理多个远程访问服务器"对话框

由于本任务使用了域控制器进行身份验证，所以选择"否，使用路由和远程访问来对连接请求进行身份验证"单选按钮，单击"下一步"按钮，弹出"路由和远程访问服务器安装向导-摘要"对话框，如图 11-41 所示。

单击"完成"按钮，有时会弹出一个警告提示，单击"确定"按钮即可完成 VPN 服务器的安装。

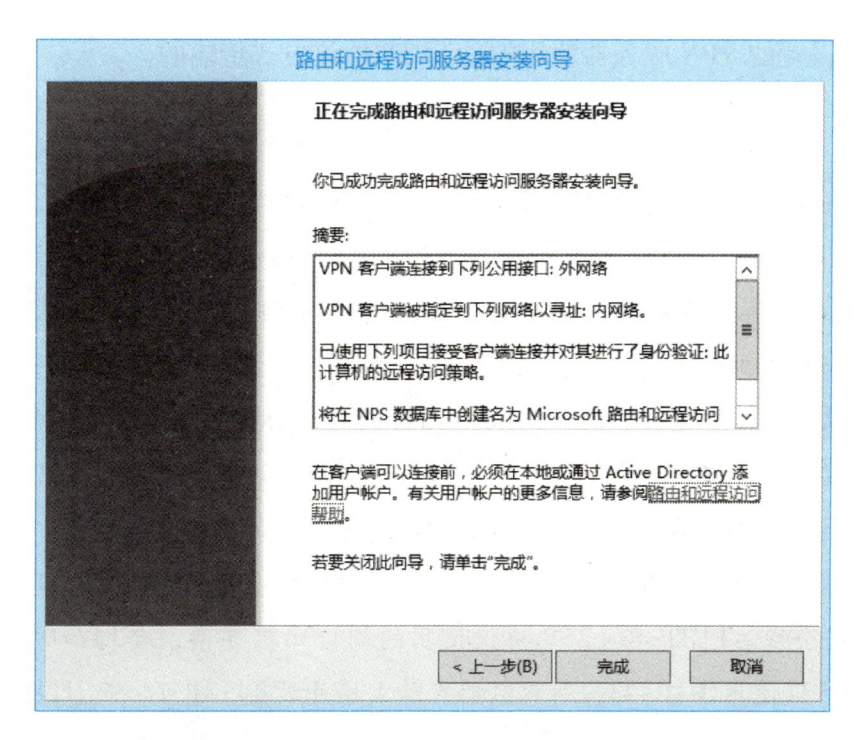

图 11-41 "路由和远程访问服务器安装向导-摘要"对话框

👉 步骤 7　检查是否开放 PPTP VPN 流量

打开"控制面板"窗口，在"系统和安全"下打开"Windows 防火墙"，单击右上方的"高级设置"，弹出"高级安全 Windows 防火墙"窗口。确保"路由和远程访问（GRE-In）"和"路由和远程访问（PPTP-In）"规则已经启用，如图 11-42 所示。

图 11-42　查看 PPTP

因为本方法设置的 VPN 服务器使用的是 PPTP 协议方式传输的。

> **小知识　隧道协议**
>
> Windows Server 2012 支持 PPTP、L2TP、SSTP 和 IKEv2 等几种 VPN 通信协议。
>
> ● PPTP 协议（点对点隧道协议）是在 NT 4.0 和 Windows 98 中首次被支持的隧道协议。PPTP 是点对点协议（PPP）的扩展，并协调使用 PPP 的身份验证、压缩和加密机制，通过 Microsoft 端到端加密技术对数据包进行加密、封装和隧道传输。
>
> ● L2TP 协议（第二层隧道协议）是基于 RFC 的隧道协议，该协议是一种业内标准。与 PPTP 不同，该协议的加密依赖于加密服务的 Internet 协议安全性（IPSec）。L2TP 和 IPSec 的组合称为 L2TP/IPSec。L2TP/IPSec 提供专用的数据封装和加密的主要虚拟专用网（VPN）服务。
>
> ● SSTP 协议是安全性较高的协议，采用的是 HTTPS 协议，因此可以通过 SSL 安全措施来保证传输安全性。PPTP 与 L2TP 协议使用的端口比较复杂，会增加防火墙设置的困难度，而 HTTPS 仅使用端口 443，所以只要在防火墙开放 443 即可，而 HTTPS 也是企业普遍采用的协议。
>
> ● IKEv2 是采用 IPSec 信道模式的协议，利用此协议所支持的功能，移动用户可以更方便地通过 VPN 连接企业内部网络。

步骤 8　设置 DHCP 中继代理程序

打开"路由和远程访问"控制台，展开"IPv4"，选中"DHCP 中继代理程序"，右击，在弹出的右键快捷菜单中选择"属性"命令，如图 11-43 所示。

图 11-43　"DHCP 中继代理程序"右键快捷菜单

在弹出的"DHCP 中继代理 属性"对话框中，在"服务器地址"输入"192.168.31.108"，即前面设置的 DHCP 服务器的 IP 地址，单击"添加"按钮，将 DHCP 服务器的 IP 地址添加到以下列表中，如图 11-44 所示。

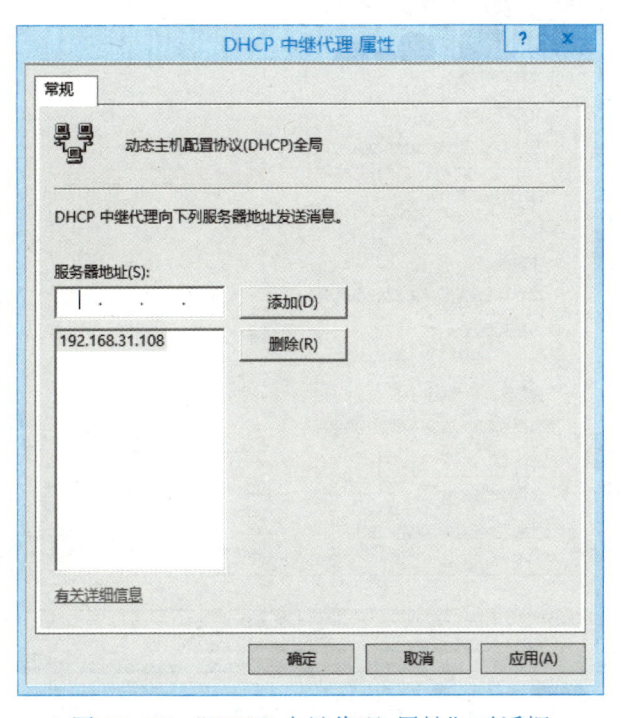

图 11-44 "DHCP 中继代理 属性"对话框

最后单击"确定"按钮，完成 DHCP 中继代理程序的设置。至此 VPN 服务器端设置完毕。

☞ 步骤 9　设置用户远程访问权限

想让用户登录 VPN 服务器，必须给用户设置相应的访问权限才可以进行远程访问。本例想让用户"first"能够访问 VPN 服务器，具体操作如下：

在域控制器服务器上，选择打开"Active Directory 用户和计算机"控制台。在该控制台的左侧选择"Users"，在右侧窗格中选择要远程访问 VPN 服务器的用户"first"，右击，在弹出的右键快捷菜单中单击"属性"命令，弹出"first 属性"对话框，如图 11-45 所示。

选择"拨入"选项卡，在"网络访问权限"区域中，选中"允许访问"单选按钮，单击"确定"按钮。这时就能够以"first"用户在远程登录 VPN 服务器了。

☞ 步骤 10　VPN 服务器的停止与启动

在"路由和远程访问"控制台，在 VPN 服务器启动状态，选中服务器名称，右击，在弹出的右键快捷菜单中选择"所有任务"，单击"停止"命令，即可停止 VPN 服务器。

如果想启动 VPN 服务，只需选中服务器名称，右击，在弹出的右键快捷菜单中选择

"所有任务",单击"启动"命令,即可启动 VPN 服务器。

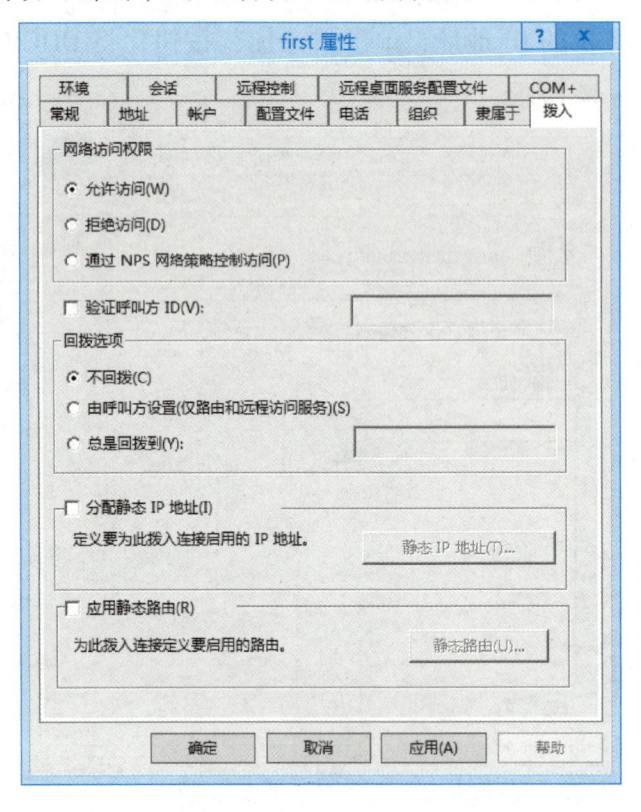

图 11-45 "first 属性"对话框

举一反三

1. 配置 VPN 服务器硬件环境,安装 VPN 服务器。
2. 设置两个用户,使之允许远程访问 VPN 服务器,并赋予相应的权限。

任务 3 设置 VPN 客户端

任务描述

搭建 VPN 服务器的目的就是使远程用户的计算机能够访问单位或公司内部局域网中的共享资源,使远程的计算机和本地局域网计算机一样方便、安全地访问单位或公司内部局域网络

服务。

VPN 客户端的接入可以使用局域网接入，也可以使用 Internet 方式接入。

本任务通过在 Windows 系统下，采用连接 Internet 方式接入 VPN 服务器客户端配置连接方法，使读者基本掌握如何设置 VPN 客户端访问 VPN 服务器的方法。

如果使用公网测试，那么客户端计算机可以没有连接任何局域网，只是通过宽带 Internet 连接，安装 Windows 7 及以上系统，IP 地址必须为自动获取。同时，上一个任务的服务器的公网 IP 地址必须是通过电信供应商提供的，并且通过固定 IP 连接到了 Internet。

自己动手

步骤 1 设置客户端 IP 地址

设置客户端的 IP 地址与 VPN 服务器的外网在一个网段，即 "192.168.1.X"（注意不是 "192.168.31.X"），子网掩码为 "255.255.255.0"。

步骤 2 连接 VPN 服务器

在客户端计算机上，选中任务栏右下角的网络图标，右击，在弹出的右键快捷菜单中，单击 "网络和共享中心"，弹出 "网络和共享中心" 窗口，如图 11-46 所示。

图 11-46 "网络和共享中心" 窗口

项目 11　配置 NAT 服务器和 VPN 服务器

单击"设置新的连接或网络"超链接,弹出"设置连接或网络-选择一个连接选项"对话框,如图 11-47 所示。

图 11-47　"设置连接或网络-选择一个连接选项"对话框

选择"连接到工作区"项,单击"下一步"按钮,弹出"连接到工作区-您想使用一个已有的连接吗"对话框,如图 11-48 所示。

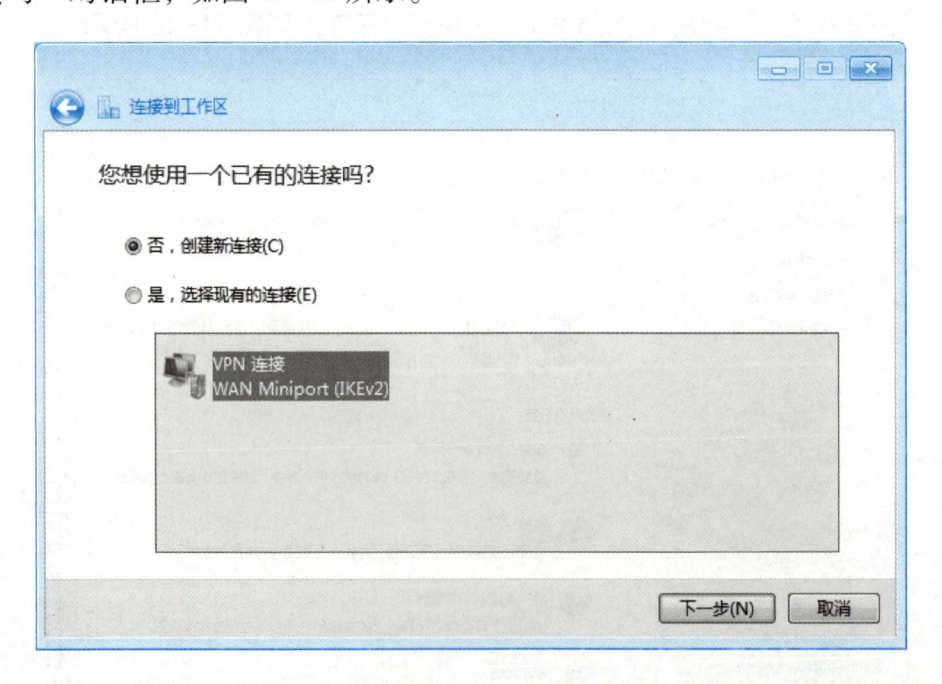

图 11-48　"连接到工作区-您想使用一个已有的连接吗"对话框

选择"否,创建新连接"单选按钮,同时选中下面的"VPN 连接",再单击"下一步"

按钮，弹出"连接到工作区-您想如何连接"对话框，如图 11-49 所示。

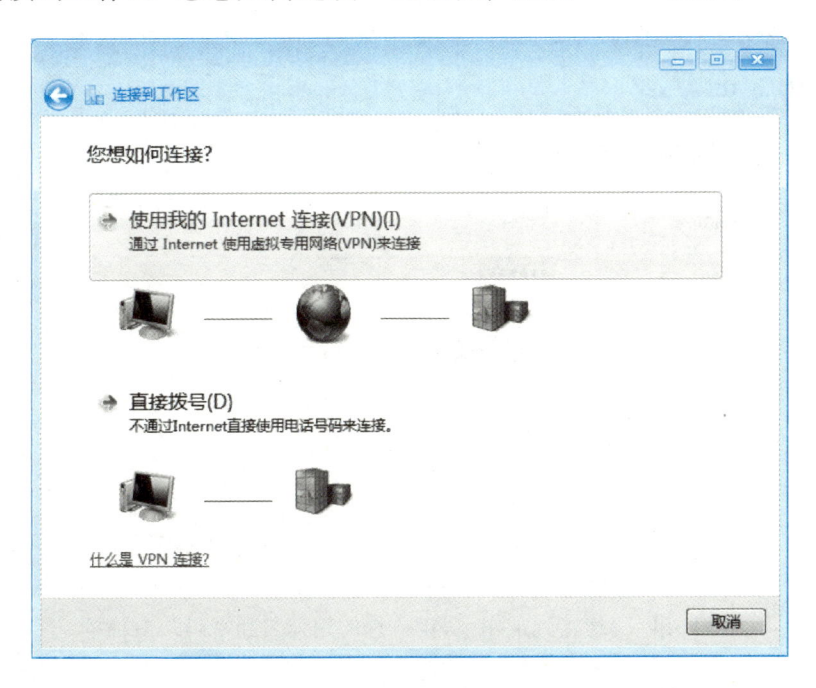

图 11-49 "连接到工作区-您想如何连接"对话框

在新的对话框中有 2 个选项，单击"使用我的 Internet 连接（VPN）"超链接，弹出"连接到工作区-键入要连接的 Internet 地址"对话框，如图 11-50 所示。

图 11-50 "连接到工作区-键入要连接的 Internet 地址"对话框

在"Internet 地址"文本框中输入 VPN 服务器的外网地址（192.168.1.122），在"目标名称"文本框中输入一个易记的名称即可，本例为"VPN 连接"，单击"下一步"按钮，弹出"连接到工作区-键入您的用户名和密码"对话框，如图 11-51 所示。

图 11-51 "连接到工作区-键入您的用户名和密码"对话框

在"用户名"文本框中输入要登录的用户名（本例为"first"），在"密码"文本框中输入登录用户密码，在"域"文本框中不输入任何内容，单击"连接"按钮，弹出"连接到工作区-正在连接到 VPN 连接"对话框，如图 11-52 所示。

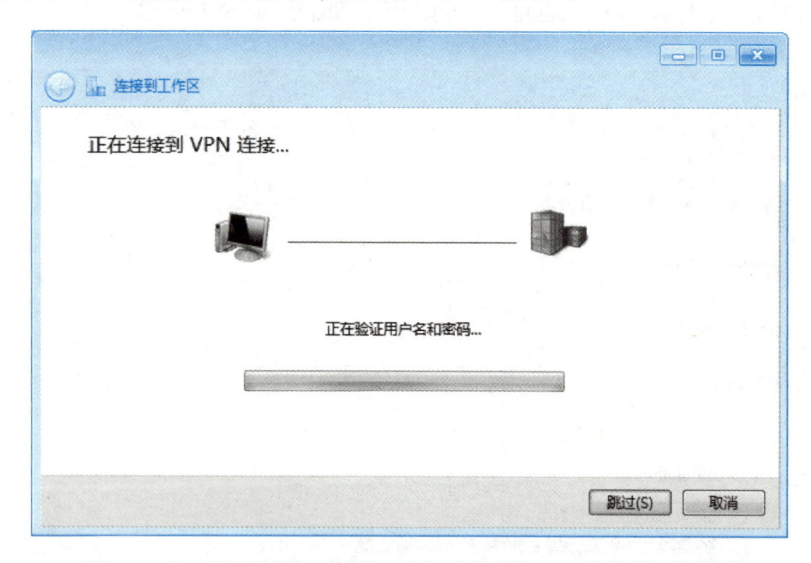

图 11-52 "连接到工作区-正在连接到 VPN 连接"对话框

稍等一会儿，连接完成。

步骤 3 验证 VPN 连接

（1）在客户端计算机中进入到命令窗口，使用"ping 域控制器的 IP 地址"命令，会看到已经连通了 VPN 连接。

本例在命令窗口输入"ping 192.168.31.108",会看到回复的内容,如图 11-53 所示。表示该计算机与域控制器在一个网络。

图 11-53　ping 命令窗口

这里要注意的是,在步骤 1 中,客户端计算机的 IP 地址设置为"192.168.1.X"而现在却能够 ping 通"192.168.31.X"的网段。

(2)回到域控制器服务器中,在"DHCP"控制台中可以看到"192.168.31.50"的 IP 地址已经被一个 PC 计算机租用,如图 11-54 所示。

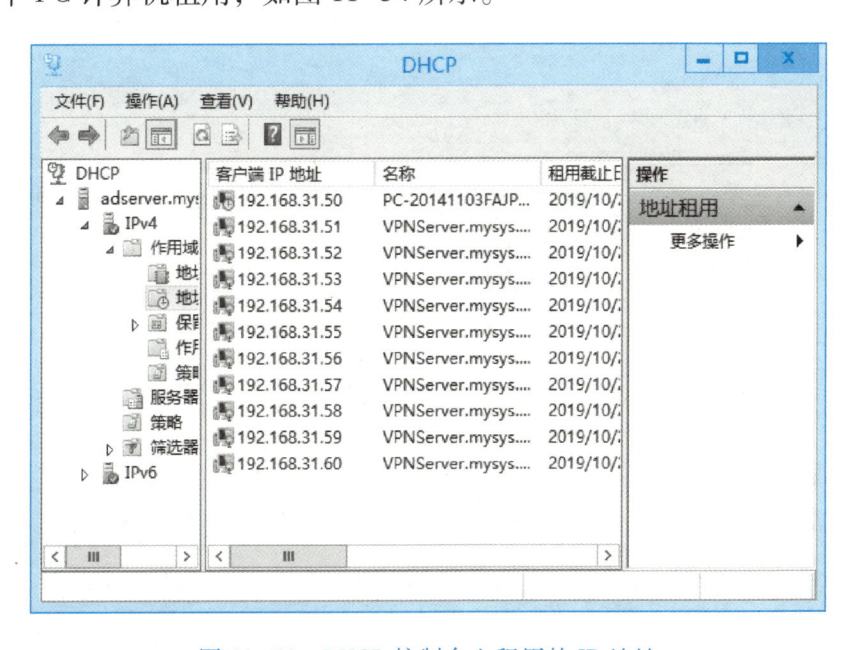

图 11-54　DHCP 控制台上租用的 IP 地址

项目 11　配置 NAT 服务器和 VPN 服务器

从服务器端也验证了 VPN 连接成功。

☞ 步骤 4　连接域网络服务器

回到已经连接 VPN 的客户机上，在"开始"菜单中选择"运行"项，在"打开"后面的文本框中输入"\\192.168.31.108"，单击"确定"按钮，弹出"Windows 安全-输入网络密码"对话框，如图 11-55 所示。

图 11-55　"Windows 安全-输入网络密码"对话框

单击"确定"按钮，弹出网络资源管理器，如图 11-56 所示。

图 11-56　网络资源管理器

在该窗口中可以看到任务 2 步骤 2 中共享的文件夹。实现了本地访问远程网络功能。

举一反三

在计算机上设置 VPN 连接，连接到你的 VPN 服务器和局域网中。

项目 12

Hyper-V 虚拟化

项目概述：

虚拟化，是指通过虚拟化技术将一台计算机或多台计算机虚拟为多台逻辑计算机。在一台计算机或一个计算机集群上同时运行多个逻辑计算机，每个逻辑计算机可运行不同的操作系统，并且应用程序都可以在相互独立的空间内运行而互不影响，从而显著提高计算机的工作效率。

Hyper-V 是微软提出的一种系统管理程序虚拟化技术，能够实现桌面虚拟化。Hyper-V 主机部署有两种模式，一种是单 Hyper-V 主机模式，就是只有一台运行 Hyper-V 的 Windows Server 2012 服务器，并运行一定数量的虚拟机。另一种是多 Hyper-V 主机模式，就是至少包含两台运行 Hyper-V 的 Windows Server 2012 服务器（最多 16 台），并运行一定数量的虚拟机。

Hyper-V 对计算机硬件的基本要求是：Intel 或 AMD 64 位处理器；CPU 支持 Inter VT 或 AMD-V，且确认主板 BIOS 已经启用 Inter VT 或 AMD-V；CPU 必须具备硬件的数据执行保护（DEP）功能，而且该功能必须启动，即 BIOS 已经启用 Inter XD 或 AMD NX；内存最低限度为 2 GB。建议使用 Wodows Server 2012 数据中心版（虚拟机数量无限制），最低也要标准版（只能建两个虚拟机）。

项目准备：

完成本项目需要准备一台计算机，具体配置：CPU 要求主频在 2.0 GHz 以上，64 位；内存在 2 GB 以上；硬盘空间建议 60 GB，最佳空间为 80 GB；显示器分辨率在 800 像素 * 600 像素以上。同时需要准备一张 Widows Server 2012 的 DVD 系统安装光盘或安装镜像文件。安装镜像文件可以到微软下载中心网站下载。建议有条件的使用实体的计算机进行本项目。

学习目标：

本项目通过安装 Windows Server 2012 Hyper-V 服务、创建虚拟交换机和虚拟机 2 个任务，使读者对 Hyper-V 有一个基本的了解，具有初步使用 Hyper-V 建立虚拟机的能力。

任务 1　安装 Hyper-V 虚拟化角色

任务描述

本任务是在 Windows Server 2012 服务器上正确安装 Hyper-V 服务。

Windows Server 2012 标准版提供完整的 Windows Server 功能，限制使用两台虚拟主机。Windows Server 2012 数据中心版提供完整的 Windows Server 功能，不限制虚拟主机数量。其他版本不能够安装此服务。

自己动手

步骤 1　准备计算机

安装服务需要在 BIOS 中启用 Inter VT 或 AMD-V，同时启用 Inter XD 或 AMD NX。

1. 启用 Inter XD 或 AMD NX

如果是 VMWare 虚拟机，需要选中要安装 Hyper-V 的虚拟机，单击"编辑虚拟机设置"项，弹出"虚拟机设置"对话框，选中"处理器"项，在右边"虚拟化引擎"下面勾选"虚拟化 IntelVT-x/EPT 或 AMD-V/RVI（V）"复选框，如图 12-1 所示。

最后单击"确定"按钮退出。

2. 编辑"Windows Server 2012.vmx"文件

如果不编辑该文件，当你添加 Hyper-V 服务器角色时会出现如图 12-2 所示的错误信息。

找到该虚拟机的文件夹，在该文件夹中找到"Widows Server 2012.vmx"文件，使用记事本编辑该文件，在该文件的最后添加"hypervisor.cpuid.v0 = "FLASE""和"mce.enable = "TRUE""两行内容，保存后退出，如图 12-3 所示。

步骤 2　设置服务器固定 IP 地址与计算机名

1. 更改计算机名

参照项目 1 任务 1 中步骤 6，更改该计算机的计算机名称，可以使用原工作组，也可以另

项目 12　Hyper-V 虚拟化

图 12-1　"虚拟机设置"对话框

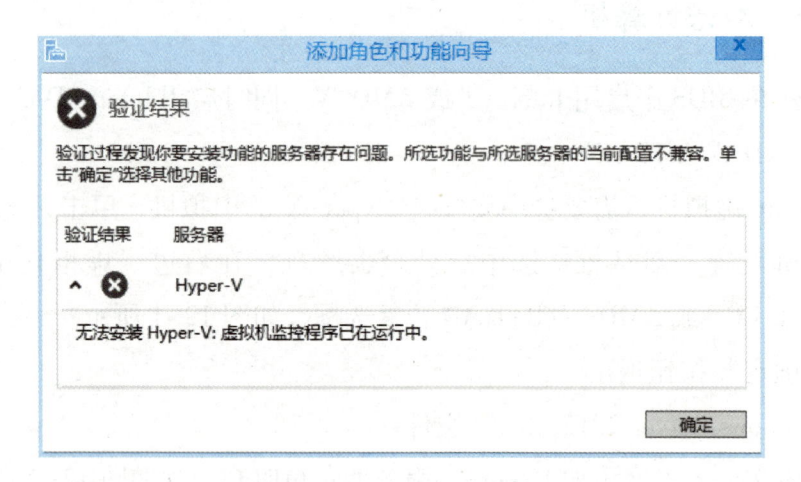

图 12-2　添加 Hyper-V 服务器角色错误信息

起名称，但是不要加入任何域。本例是将计算机名设置为"HV"，工作组仍然使用 Workgroup。

2. 设置固定 IP 地址

请参照项目 1 任务 1 步骤 7 设置该计算机 IP 地址为固定值。此项目不需要客户端计算机，IP 地址内容没有要求。在实战中要根据具体的网络使用相应的 IP 地址。

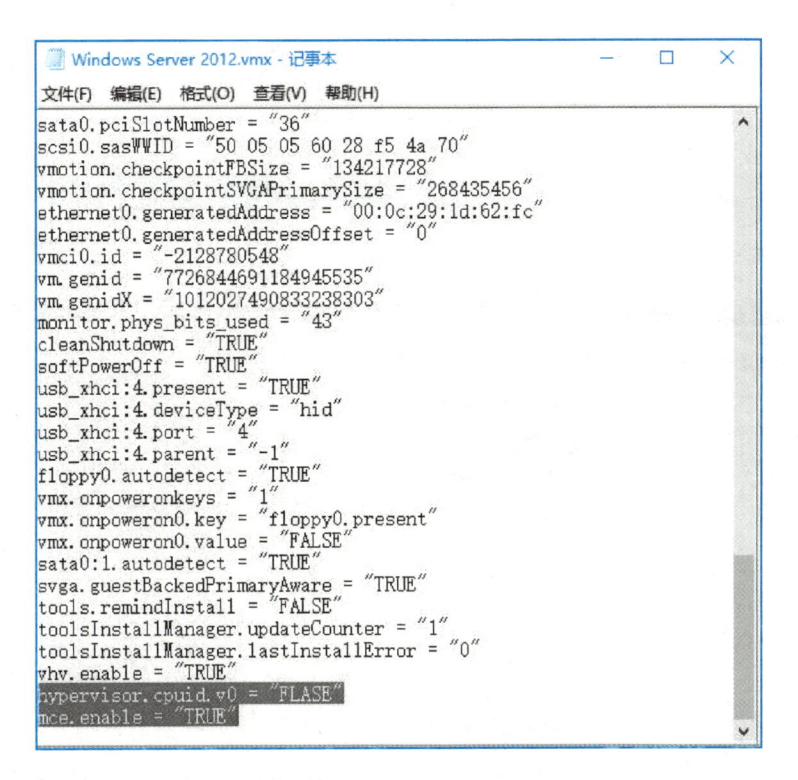

图 12-3　添加的两行内容

步骤 3　安装 Hyper-V 服务

启动 Windows Server 2012 后，稍等片刻"服务器管理器"就会自动启动。打开"服务器管理器-仪表板"窗口，如图 12-4 所示。

图 12-4　"服务器管理器-仪表板"窗口

项目 12　Hyper-V 虚拟化

在右边"配置此本地服务器"下面，单击"添加角色和功能"项，系统就会弹出"添加角色和功能向导-开始之前"窗口，如图 12-5 所示。

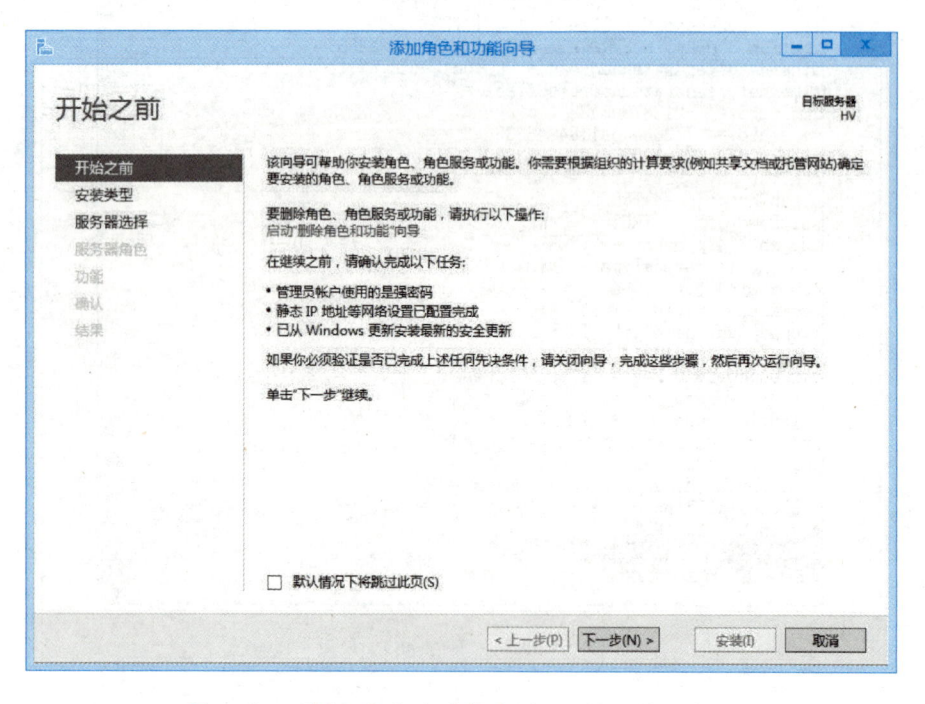

图 12-5　"添加角色和功能向导-开始之前"窗口

单击"下一步"按钮，弹出"添加角色和功能向导-选择安装类型"窗口，如图 12-6 所示。

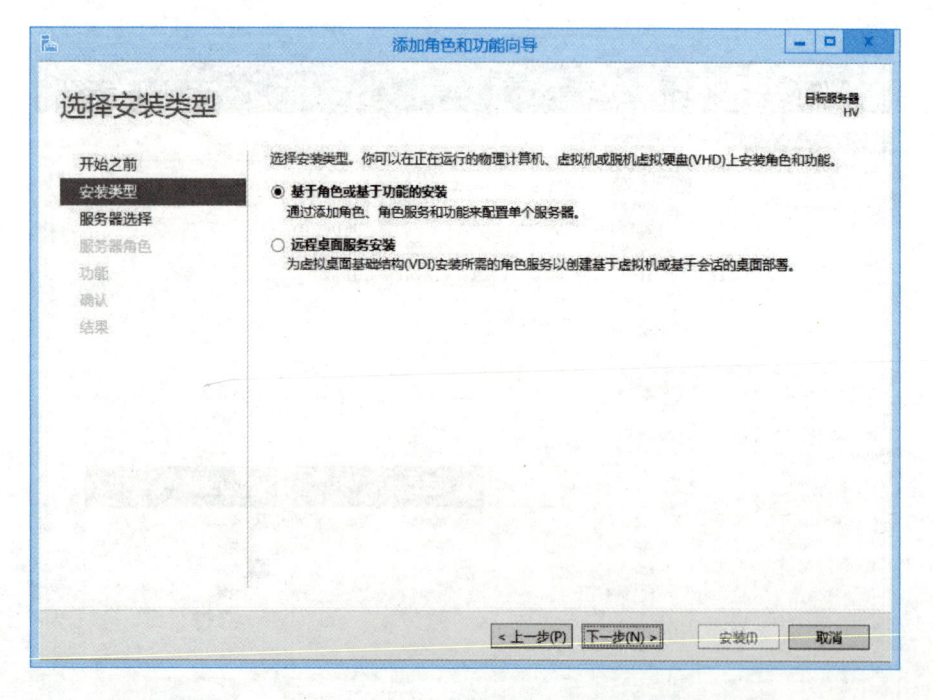

图 12-6　"添加角色和功能向导-选择安装类型"窗口

选择"基于角色或基于功能的安装"单选按钮，单击"下一步"按钮，弹出"添加角色和功能向导-选择目标服务器"窗口，如图 12-7 所示。

图 12-7 "添加角色和功能向导-选择目标服务器"窗口

因为只有一个服务器，所以直接选择该服务器，单击"下一步"按钮，弹出"添加角色和功能向导-选择服务器角色"窗口，如图 12-8 所示。

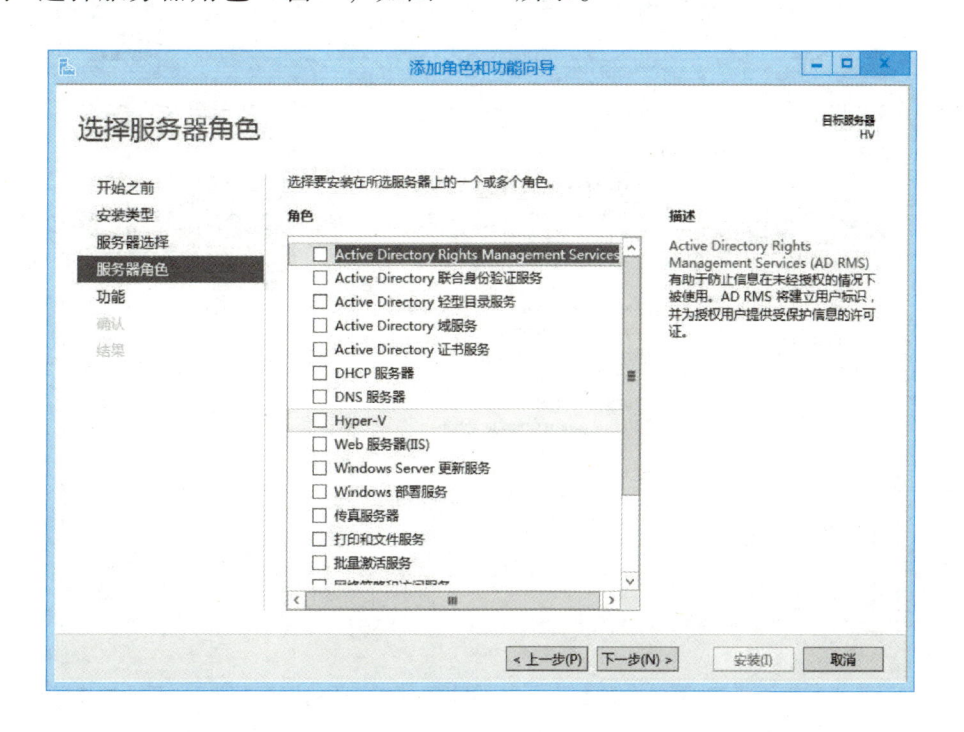

图 12-8 "添加角色和功能向导-选择服务器角色"窗口

选中"Hyper-V"复选框,单击"下一步"按钮,出现"添加角色和功能向导-添加 Hyper-V 所需的功能"对话框,如图 12-9 所示。

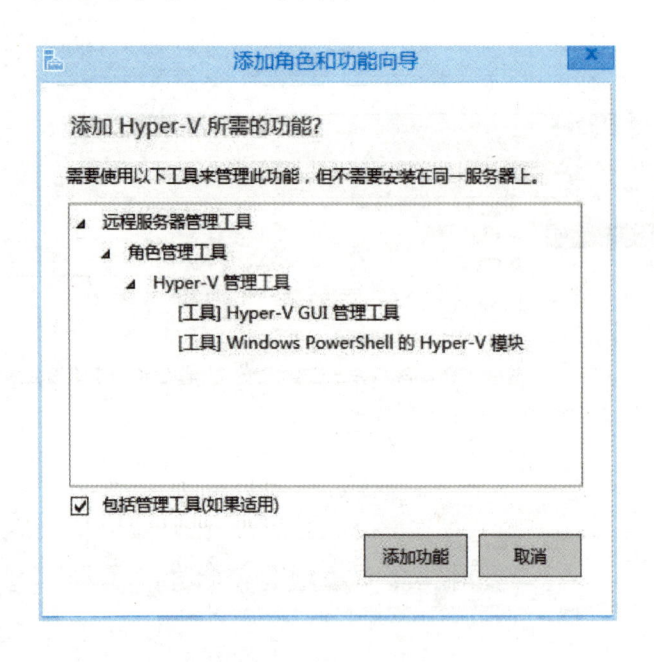

图 12-9 "添加角色和功能向导-添加 Hyper-V 所需的功能"对话框

在这个对话框中一般勾选"包括管理工具"复选框,单击"添加功能"按钮,返回"添加角色和功能向导-选择功能"窗口,如图 12-10 所示。

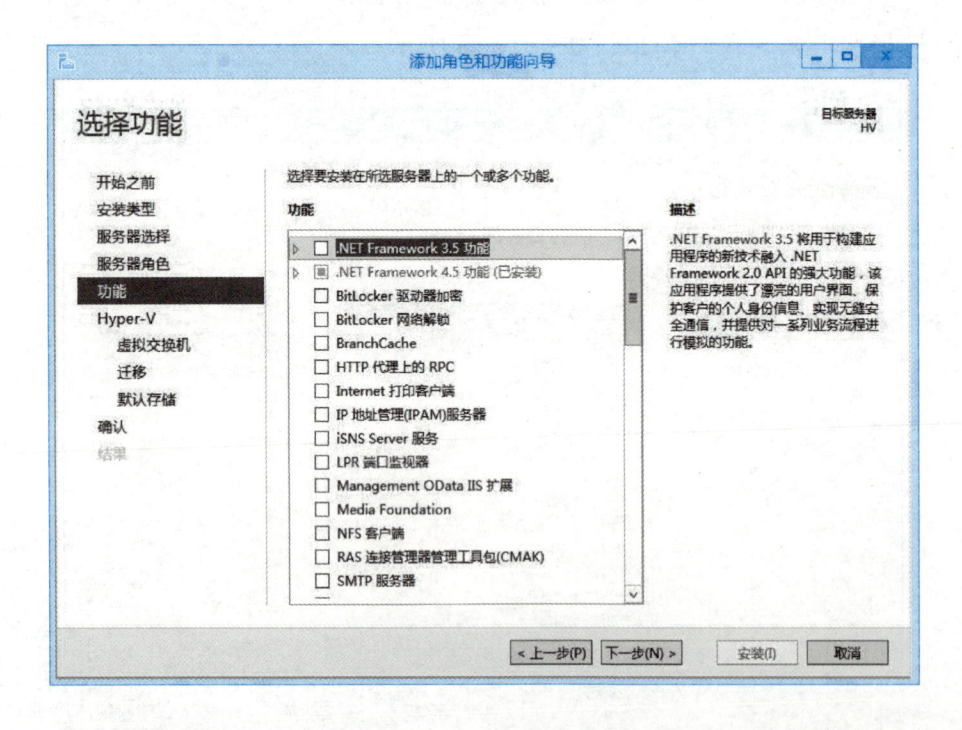

图 12-10 "添加角色和功能向导-选择功能"窗口

该步骤不用考虑过多,直接单击"下一步"按钮,系统会返回"添加角色和功能向导-选择服务器角色"窗口,如图12-11所示。

图12-11 "添加角色和功能向导-选择服务器角色"窗口

☞ 步骤4　安装Hyper-V服务

这时再看该窗口,"Hyper-V"一项已经被选中,单击"下一步"按钮,弹出"添加角色和功能向导-Hyper-V"窗口,如图12-12所示。

图12-12 "添加角色和功能向导-Hyper-V"窗口

项目 12　Hyper-V 虚拟化

直接单击"下一步"按钮，弹出"添加角色和功能向导-创建虚拟交换机"窗口，如图 12-13 所示。

图 12-13　"添加角色和功能向导-创建虚拟交换机"窗口

在该窗口中的右边显示该服务器网卡信息，服务器上有几个网卡就会显示几个，本例不进行选择，到任务 2 时再配置。直接单击"下一步"按钮，弹出"添加角色和功能向导-虚拟机迁移"窗口，如图 12-14 所示。

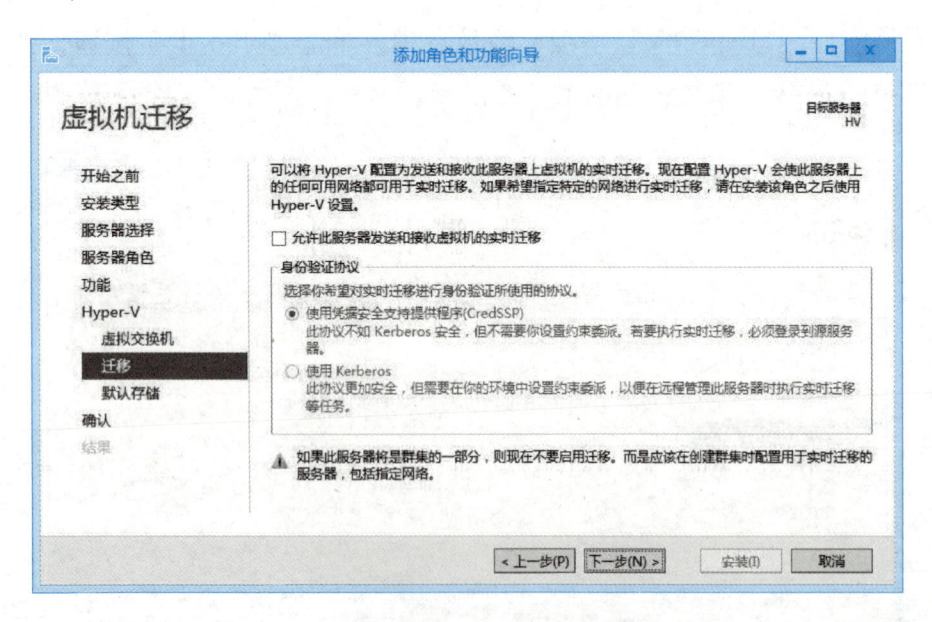

图 12-14　"添加角色和功能向导-虚拟机迁移"窗口

Hyper-V 支持虚拟机的迁移，在本例中不作选择，直接单击"下一步"按钮，弹出"添加角色和功能向导-默认存储"窗口，如图 12-15 所示。

图 12-15 "添加角色和功能向导-默认存储"窗口

在本窗口中可以单击右边的"浏览"按钮，调整"虚拟硬盘文件的默认位置"和"虚拟机配置文件的默认位置"，调整完毕后，单击"下一步"按钮，弹出"添加角色和功能向导-确认安装所选内容"窗口，如图 12-16 所示。

图 12-16 "添加角色和功能向导-确认安装所选内容"窗口

单击"安装"按钮，开始安装 Hyper-V 服务器角色，根据服务器配置的不同需要不同的时间，最后在"添加角色和功能向导-安装进度"窗口中，安装进度条到头，同时下面出现"在 HV 上重新启动挂起……"字样，如图 12-17 所示。

项目 12　Hyper-V 虚拟化

图 12-17　"添加角色和功能向导-安装进度"窗口

☞ **步骤 5　重新启动系统**

单击"关闭"按钮，系统会弹出是否立即重新启动对话框，建议立即重新启动。重新启动后，再打开"服务器管理器-仪表板"窗口，右边就多了"Hyper-V"的角色图标，如图 12-18 所示。

图 12-18　"Hyper-V"图标

该服务器的 Hyper-V 角色安装完成。

举一反三

1. 在安装了 Windows Server 2012 的计算机上安装 Hyper-V。
2. 登录刚安装的服务器操作系统，设置计算机名称，设置固定的 IP 地址，并安全退出。

> **小知识　独立服务器**
>
> 独立服务器是指虽然运行有 Windows Server 2012 操作系统，但不作为域成员的计算机。也就是说它是一台具有独立操作功能的计算机，在此计算机上不再提供其他计算机用户的账号信息，也不支持登录网络的身份验证等工作。独立服务器可以以工作组的形式与其他计算机组建成对等网，与其他计算机相互提供资源。本项目建立的就是独立服务器。

任务 2　创建虚拟交换机和虚拟机

任务描述

安装 Hyper-V 服务后，还需要创建虚拟交换机来保证虚拟机与外部网络的通信；同时还需要创建不同的虚拟机来实现虚拟机的安装。

本任务介绍如何创建虚拟交换机和一台虚拟机，并在该虚拟机上安装 Windows Server 2008 系统。

自己动手

☞ **步骤 1　创建虚拟交换机**

打开"服务器管理器-仪表板"窗口，单击"工具"菜单，选择"Hyper-V 管理器"，弹出"Hyper-V 管理器"窗口，如图 12-19 所示。

选中"HV"服务器，单击右侧的"虚拟交换机管理器"，打开"HV 的虚拟交换机管理

项目 12　Hyper-V 虚拟化

器"窗口，如图 12-20 所示。

图 12-19　"Hyper-V 管理器"窗口

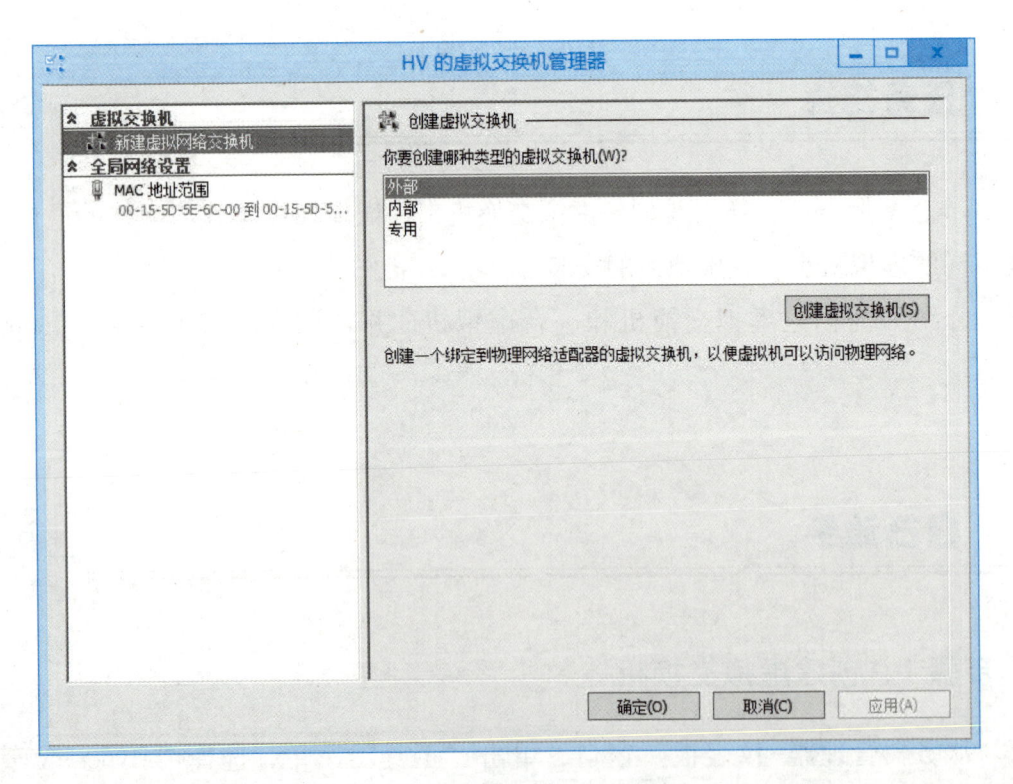

图 12-20　"HV 的虚拟交换机管理器"窗口

在本窗口左侧框中选中"新建虚拟网络交换机",在右侧框中选中"外部",单击下面的"创建虚拟交换机"按钮,弹出"HV 的虚拟交换机管理器"属性窗口,如图 12-21 所示。

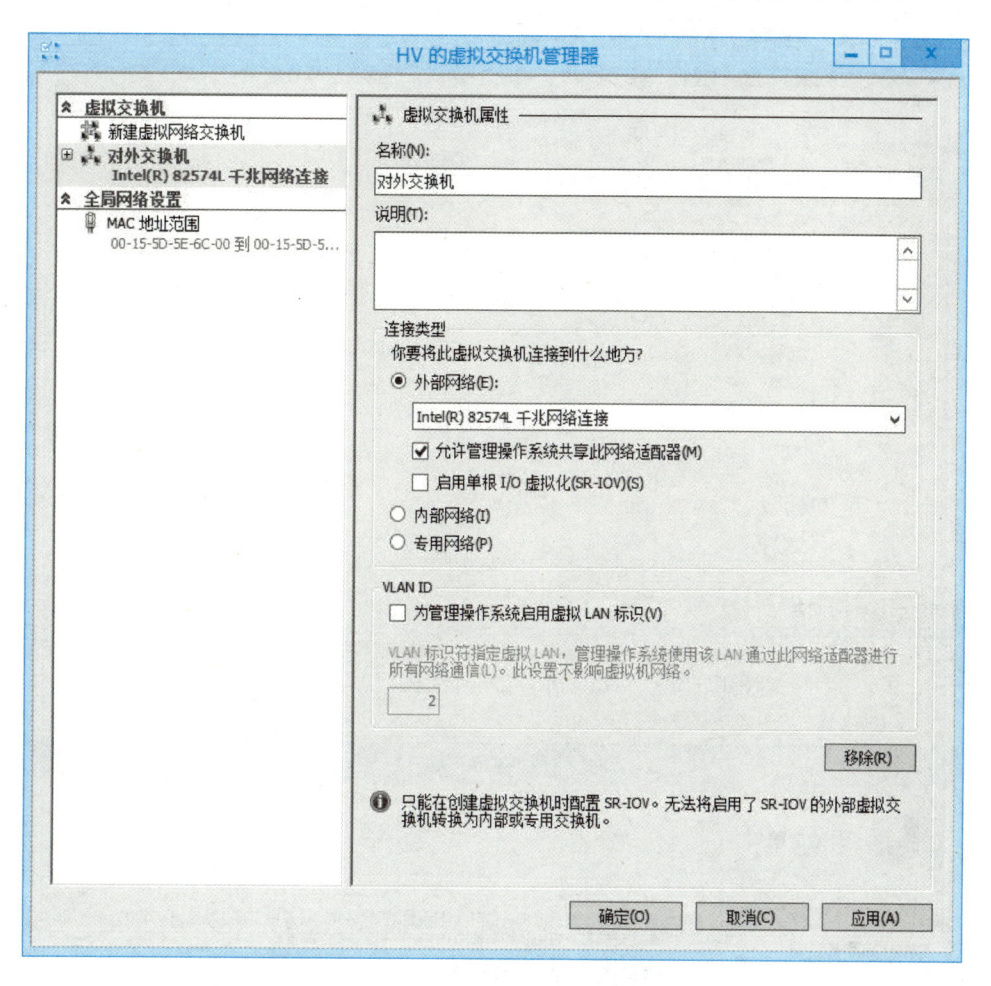

图 12-21 "HV 的虚拟交换机管理器"属性窗口

在"名称"文本框中填写交换机的名称,本例为"对外交换机",选中"外部网络"单选按钮和"允许管理操作系统共享此网络适配器"复选框,最后单击"确定"按钮。弹出"应用网络更改"警示框,如图 12-22 所示。

单击"是"按钮,完成虚拟交换机的创建。此时,再打开"网络连接"窗口会看到,网络中多了"vEthernet(对外交换机)"硬件图标,如图 12-23 所示。

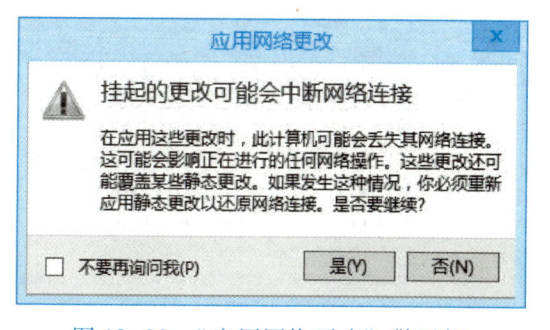

图 12-22 "应用网络更改"警示框

☞ **步骤 2　新建虚拟机**

在图 12-19 所示的"Hyper-V 管理器"窗口中,选中"HV"服务器,单击右侧"新建"旁的箭头,弹出该项的操作菜单,单击菜单中的"虚拟机",弹出"新建虚拟机向导-开始之前"对话框,如图 12-24 所示。

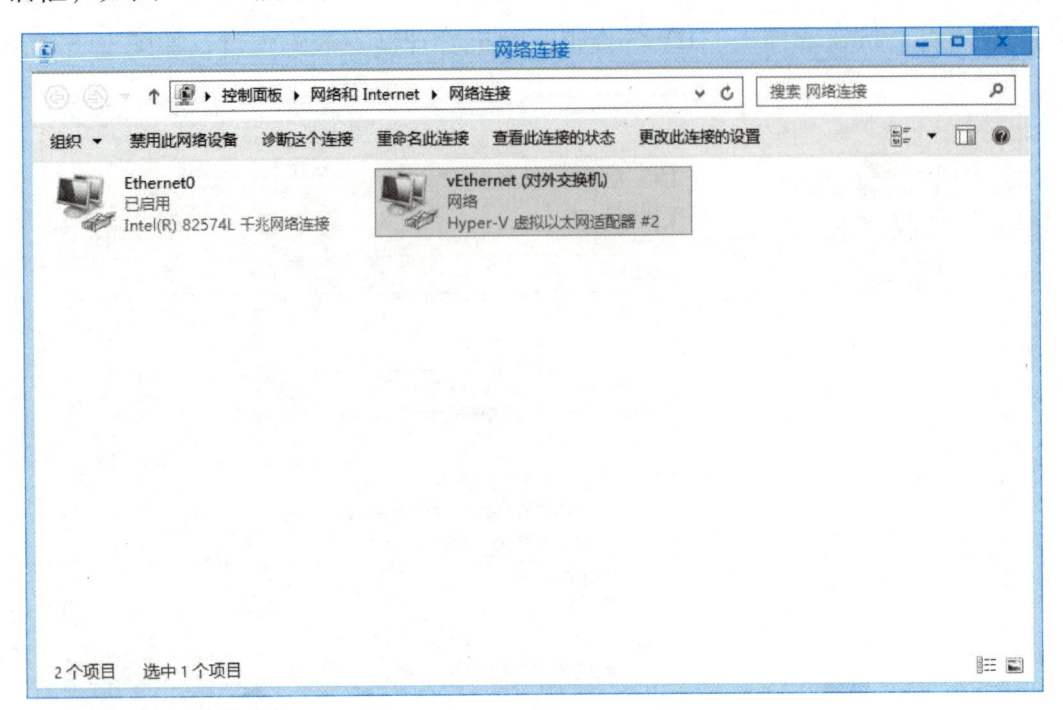

图 12-23 "vEthernet(对外交换机)"硬件图标

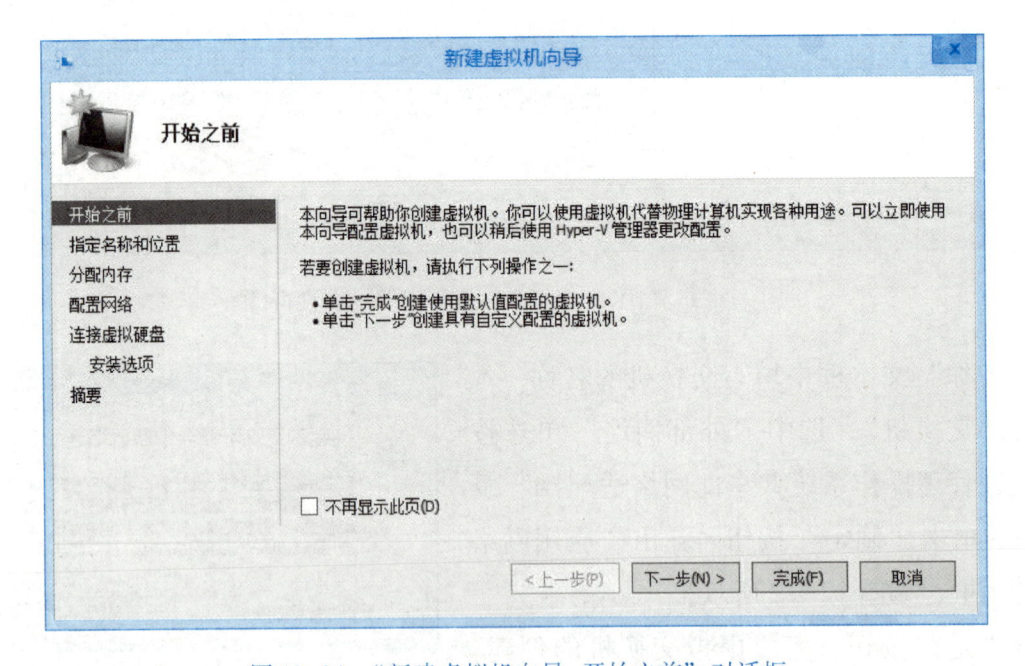

图 12-24 "新建虚拟机向导-开始之前"对话框

单击"下一步"按钮,弹出"新建虚拟机向导-指定名称和位置"对话框,如图 12-25 所示。

在"名称"文本框中输入虚拟机的名称,本例输入"Win2008Server",位置使用了默认位置。单击"下一步"按钮,弹出"新建虚拟机向导-分配内存"对话框,如图 12-26 所示。

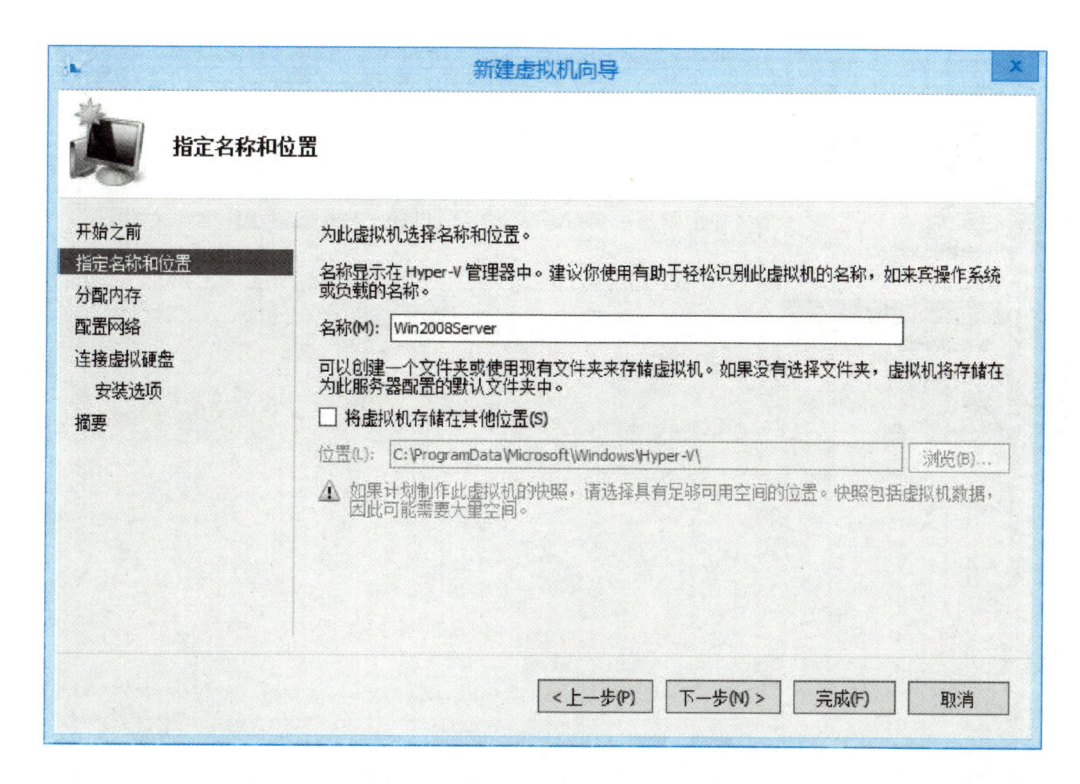

图 12-25 "新建虚拟机向导-指定名称和位置"对话框

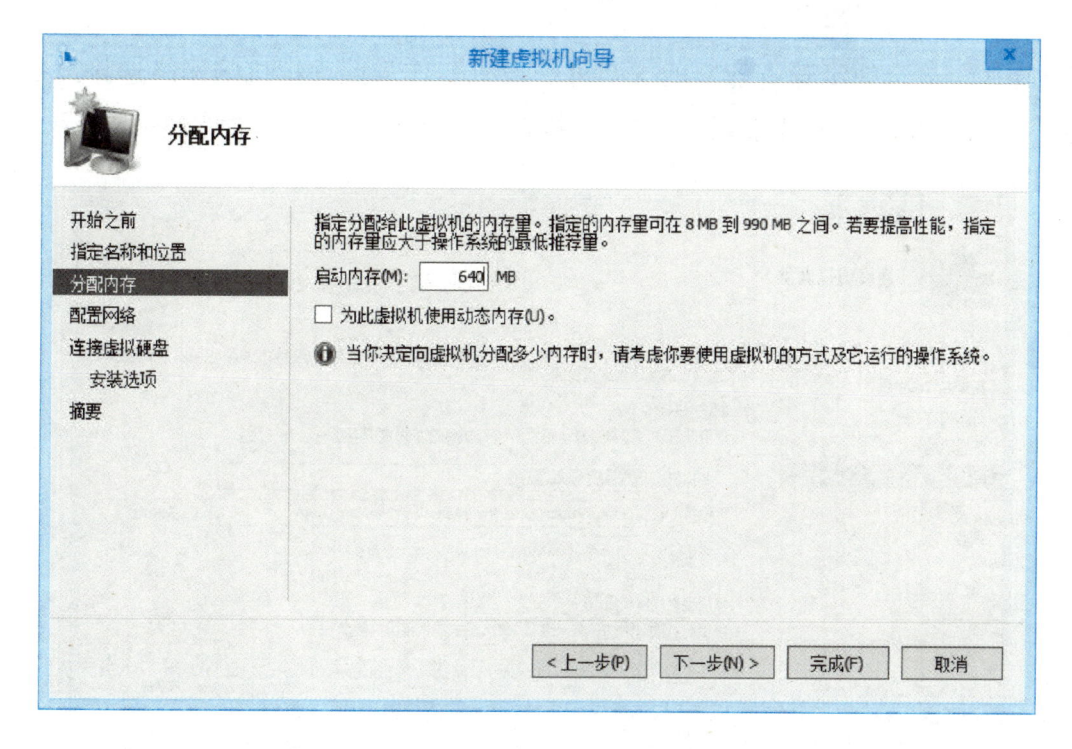

图 12-26 "新建虚拟机向导-分配内存"对话框

一般使用默认大小即可，也可以勾选"为此虚拟机使用动态内存"复选框，单击"下一步"按钮，弹出"新建虚拟机向导-配置网络"对话框，如图 12-27 所示。

项目 12　Hyper-V 虚拟化

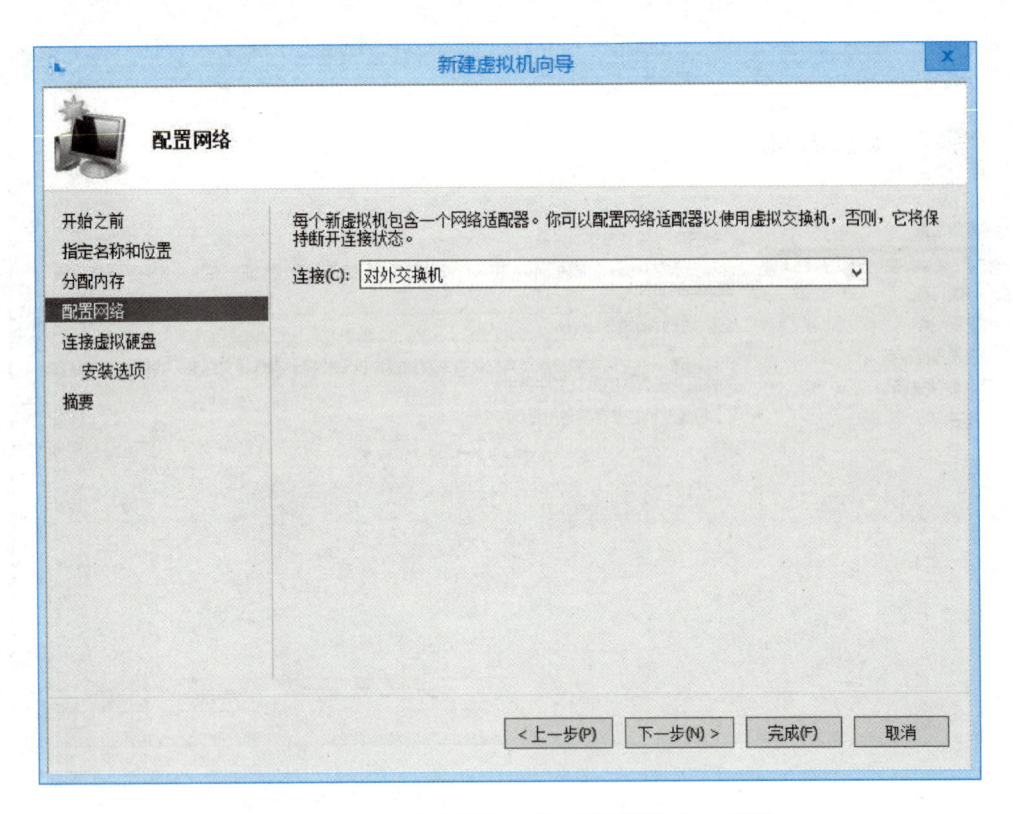

图 12-27　"新建虚拟机向导-配置网络"对话框

在"连接"处选择步骤 1 建立的"对外交换机"作为此虚拟机的网络连接设备，单击"下一步"按钮，弹出"新建虚拟机向导-连接虚拟硬盘"对话框，如图 12-28 所示。

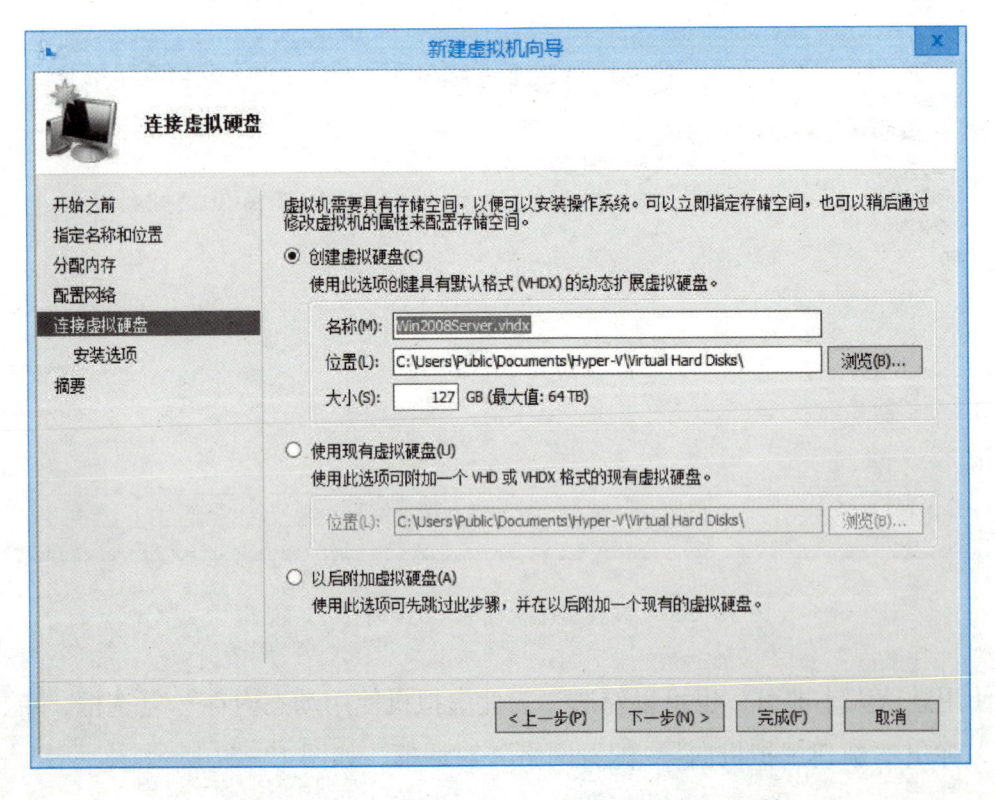

图 12-28　"新建虚拟机向导-连接虚拟硬盘"对话框

如果没有特殊的要求，一般选择默认即可，单击"下一步"按钮，弹出"新建虚拟机向导-安装选项"对话框，如图 12-29 所示。

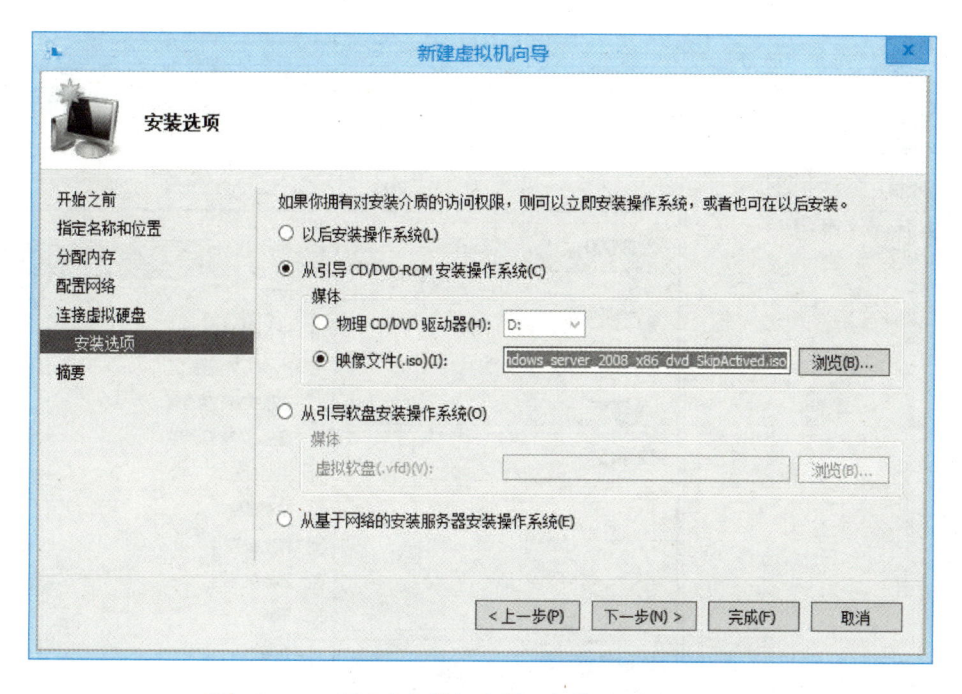

图 12-29 "新建虚拟机向导-安装选项"对话框

本例是想安装 Windows Server 2008 系统，所以选中了"映像文件"单选按钮，并在其后面的文本框中选择相应的映像文件（就是 Windows Server 2008 系统的光盘镜像文件的位置和名称）。单击"下一步"按钮，弹出"新建虚拟机向导-正在完成新建虚拟机向导"对话框，如图 12-30 所示。

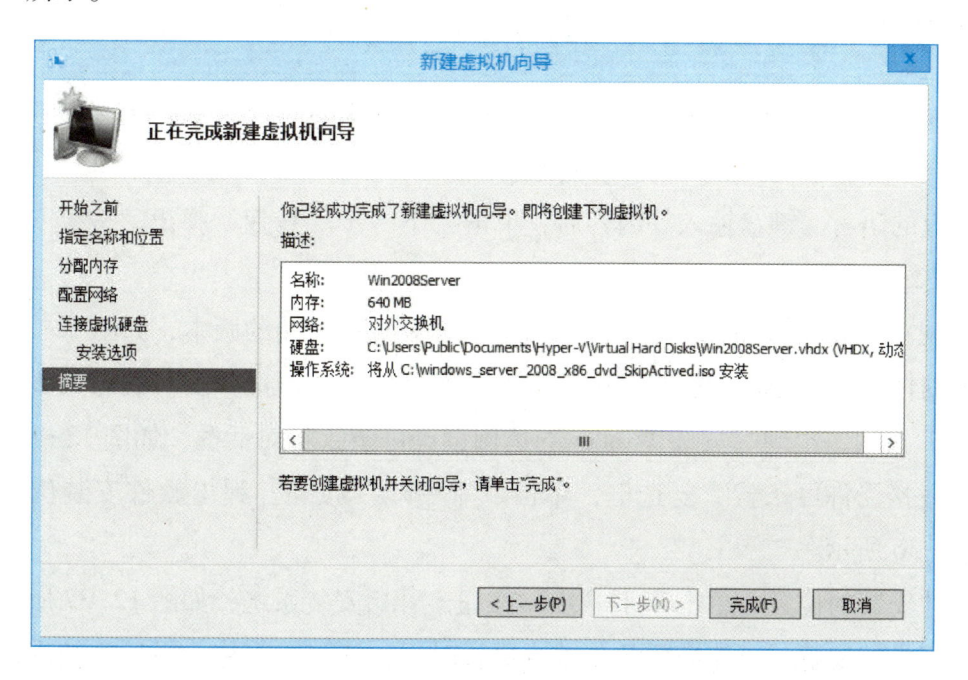

图 12-30 "新建虚拟机向导-正在完成新建虚拟机向导"对话框

单击"完成"按钮，完成新建虚拟机任务。

再回到"Hyper-V 管理器"窗口中，就会看到新建的"Win2008Server"的虚拟机了，如图 12-31 所示。

图 12-31 新建"Win 2008 Server"虚拟机

☞ 步骤 3 安装 Windows Server 2008 系统

在"Hyper-V 管理器"窗口中，双击中间的"Win2008Server"虚拟机，开始安装 Windows Server 2008 系统，如图 12-32 所示。

选择相应的语言、键盘输入等内容后，单击"下一步"按钮，弹出"安装 Windows"对话框，如图 12-33 所示。

单击"现在安装"按钮，开始安装系统。首先要选择安装的版本，如图 12-34 所示。

可以根据情况选择相应的版本，由于本次是实验用，建议选择安装内容最少的版本，单击"下一步"按钮，出现"安装 Windows-请阅读许可条款"对话框，如图 12-35 所示。

勾选"我接受许可条款"复选框，单击"下一步"按钮，弹出软件安装位置选择对话框，如图 12-36 所示。

确定软件安装的位置，单击"下一步"按钮，开始安装系统，如图 12-37 所示。

根据计算机的配置，可能需要几分钟或更长时间，请耐心等待。最后系统出现安装完成对话框，如图 12-38 所示。

任务 2　创建虚拟交换机和虚拟机

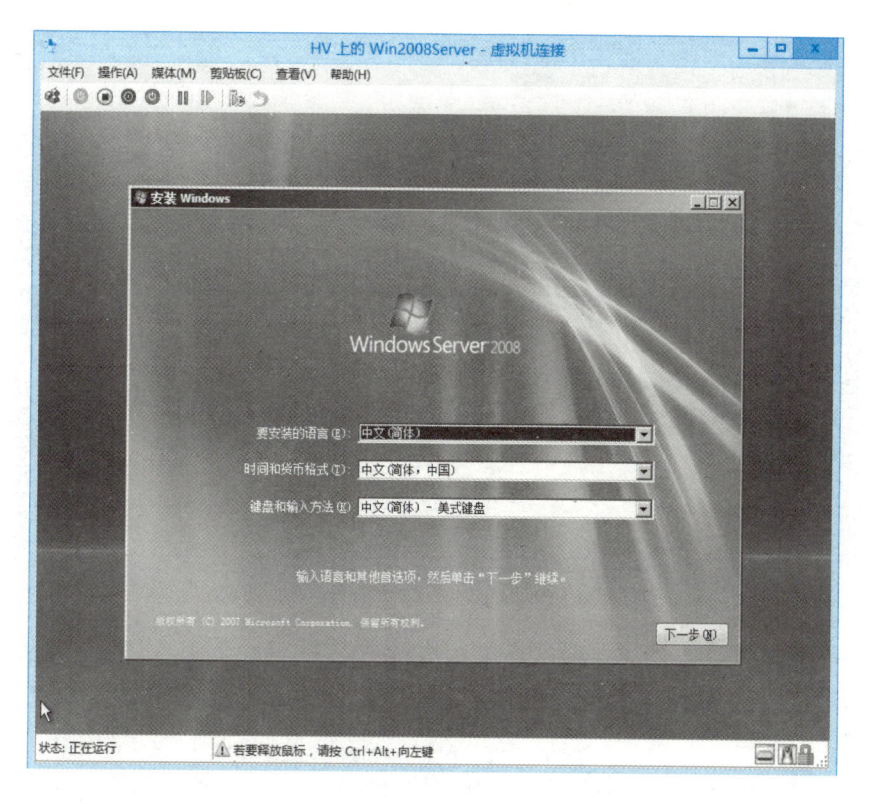

图 12-32　安装 Windows Server 2008 系统

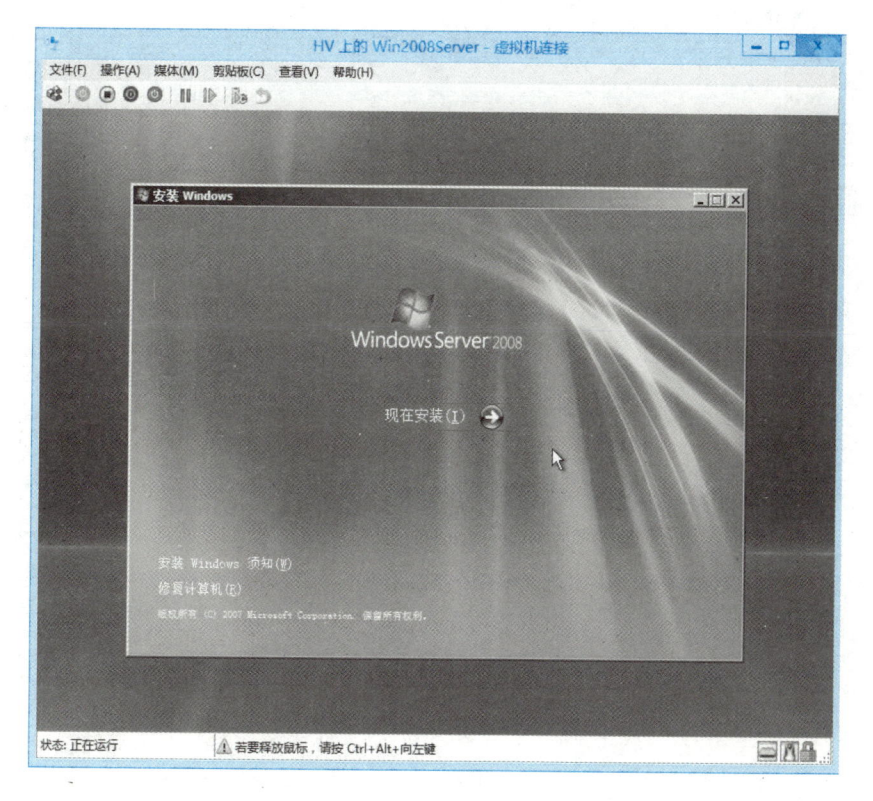

图 12-33　"安装 Windows"对话框

373

项目 12　Hyper-V 虚拟化

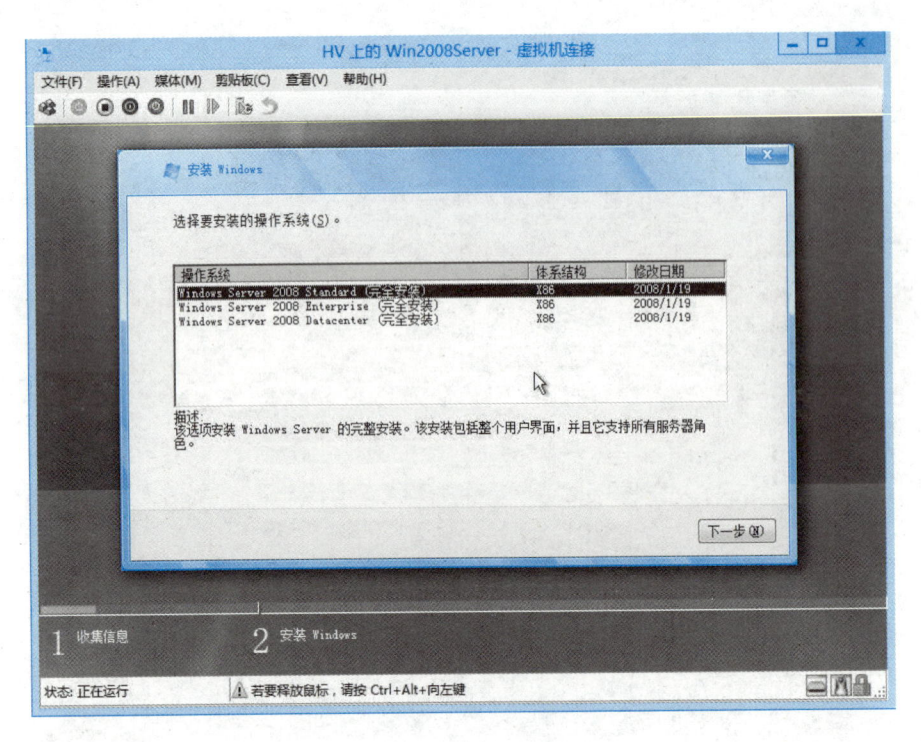

图 12-34　选择安装的版本

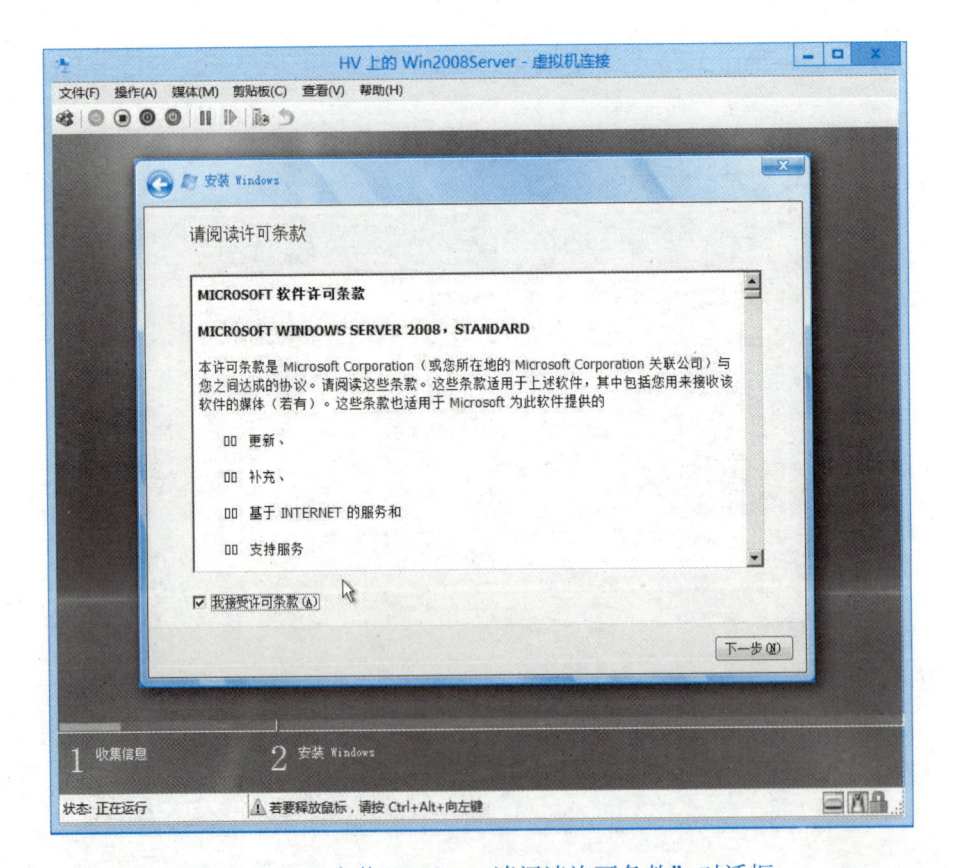

图 12-35　"安装 Windows-请阅读许可条款"对话框

图 12-36　软件安装位置选择对话框

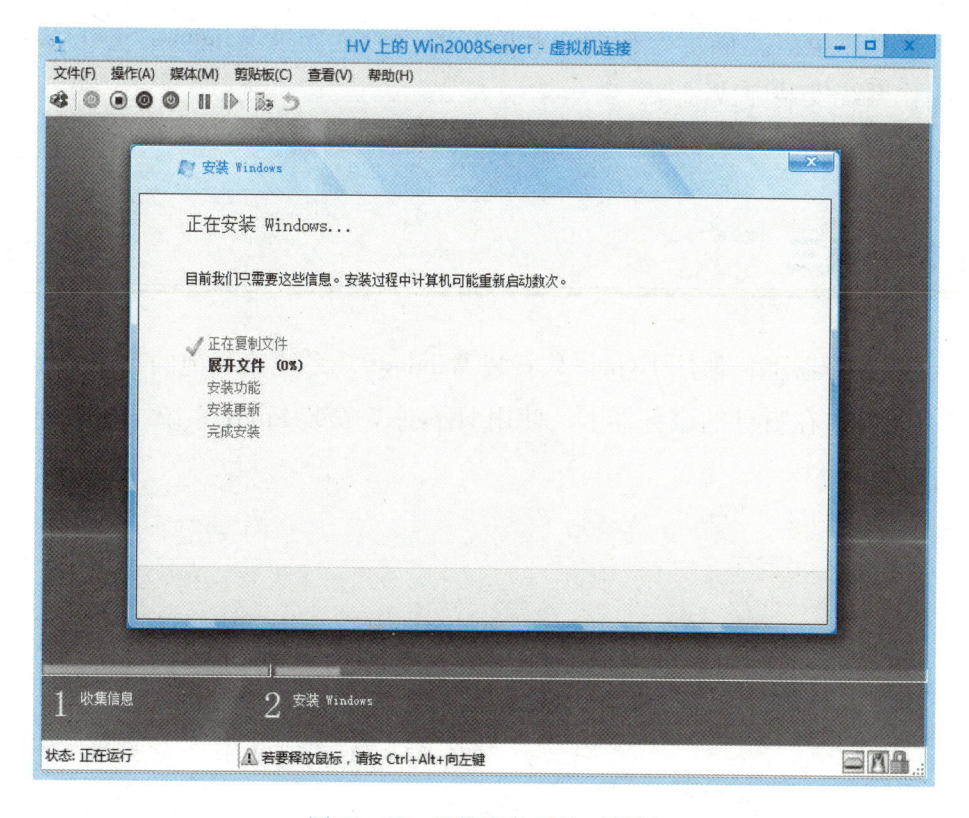

图 12-37　开始安装系统对话框

项目 12　Hyper-V 虚拟化

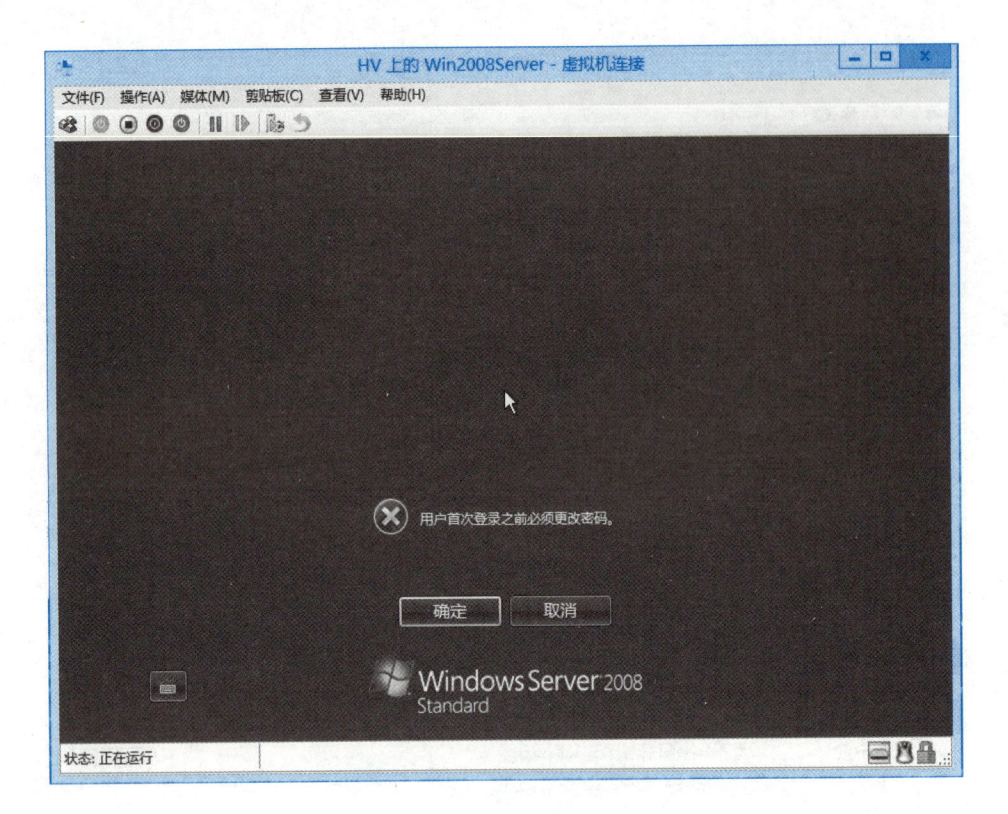

图 12-38　安装完成对话框

此时，用户可以单击"确定"按钮，开始修改密码，登录 Windows Server 2008 系统了。虚拟机上的操作系统安装完成。

举一反三

1. 在自己的服务器上，使用 Hyper-V 安装 Windows 7 系统或其他的 Windows 系统。
2. 如果有条件，在自己的服务器上，使用 Hyper-V 安装 Linux 系统，如 CentOS S7 系统。

郑重声明

高等教育出版社依法对本书享有专有出版权。任何未经许可的复制、销售行为均违反《中华人民共和国著作权法》，其行为人将承担相应的民事责任和行政责任；构成犯罪的，将被依法追究刑事责任。为了维护市场秩序，保护读者的合法权益，避免读者误用盗版书造成不良后果，我社将配合行政执法部门和司法机关对违法犯罪的单位和个人进行严厉打击。社会各界人士如发现上述侵权行为，希望及时举报，我社将奖励举报有功人员。

反盗版举报电话　（010）58581999　58582371

反盗版举报邮箱　dd@hep.com.cn

通信地址　北京市西城区德外大街4号　高等教育出版社法律事务部

邮政编码　100120

读者意见反馈

为收集对教材的意见建议，进一步完善教材编写并做好服务工作，读者可将对本教材的意见建议通过如下渠道反馈至我社。

咨询电话　400-810-0598

反馈邮箱　zz_dzyj@pub.hep.cn

通信地址　北京市朝阳区惠新东街4号富盛大厦1座
　　　　　高等教育出版社总编辑办公室

邮政编码　100029

防伪查询说明

用户购书后刮开封底防伪涂层，使用手机微信等软件扫描二维码，会跳转至防伪查询网页，获得所购图书详细信息。

防伪客服电话

（010）58582300

学习卡账号使用说明

一、注册/登录

访问http://abook.hep.com.cn，点击"注册"，在注册页面输入用户名、密码及常用的邮箱进行注册。已注册的用户直接输入用户名和密码登录即可进入"我的课程"页面。

二、课程绑定

点击"我的课程"页面右上方"绑定课程"，在"明码"框中正确输入教材封底防伪标签上的20位数字，点击"确定"完成课程绑定。

三、访问课程

在"正在学习"列表中选择已绑定的课程，点击"进入课程"即可浏览或下载与本书配套的课程资源。刚绑定的课程请在"申请学习"列表中选择相应课程并点击"进入课程"。

如有账号问题，请发邮件至：4a_admin_zz@pub.hep.cn。